国防科技图书出版基金

阵列信号空域稀疏重构与波达方向估计

Spatial Sparse Reconstruction and Direction-of-Arrival Estimation of Array Signals

刘章孟　黄知涛　郭福成　周一宇　著

国防工业出版社

·北京·

图书在版编目（CIP）数据

阵列信号空域稀疏重构与波达方向估计 / 刘章孟等著. —北京：国防工业出版社，2022.1

ISBN 978-7-118-11510-9

Ⅰ. ①阵…　Ⅱ. ①刘…　Ⅲ. ①阵列雷达—信号恢复—研究　Ⅳ. ①TN959

中国版本图书馆 CIP 数据核字（2021）第 223944 号

※

国防工业出版社出版发行

（北京市海淀区紫竹院南路 23 号　邮政编码 100048）

三河市腾飞印务有限公司印刷

新华书店经售

*

开本 710×1000　1/16　印张 15½　字数 268 千字

2022 年 1 月第 1 版第 1 次印刷　印数　1—2000 册　定价 126.00 元

国防书店：(010) 88540777　发行邮购：(010) 88540776

发行传真：(010) 88540775　发行业务：(010) 88540717

PREFACE 前言

随着低截获概率技术的广泛应用和电磁辐射源空间密度的显著增大，阵列处理系统所面临的信号环境日趋复杂，低信噪比、小样本和空域邻近信号等非理想条件下的阵列处理需求日益普遍。这些问题的出现给当前以子空间类方法为主体的阵列信号处理理论及方法的适用性带来了严峻挑战。利用入射信号的空域稀疏性对阵列观测数据进行建模，可以显著增大信号子空间与噪声子空间之间的分离度，进而提升阵列的超分辨能力。这一结论已经在阵列信号处理领域的前期研究成果中得到初步证明。然而，已有稀疏重构类阵列测向算法大多针对特定问题提出，系统性不强，且由于重构算法自身的性能并不能直接满足参数估计的精度要求，相应的阵列信号处理方法的测向精度相比于传统子空间类方法仍然存在差距。

本书从阵列信号处理和稀疏重构这两类问题的联系与区别角度出发，建立了以准确的信号空域特征重构为基础、以高精度波达方向估计为目的的稀疏重构阵列处理基本理论框架，给出了不同条件下的阵列信号空域稀疏重构与测向系列方法。对阵列信号空域稀疏性的建模与利用，本质上是将阵列观测数据中的信号分量约束在与阵列结构对应的观测流形上，把信号分量与观测噪声更好地区分开来，从而增强了阵列测向方法在各种非理想条件下的性能，为阵列信号测向问题提供了新的解决方案。

本书共 8 章：第 1 章阐述本书写作的初衷与内容结构；第 2 章建立阵列信号空域稀疏重构与波达方向估计的基本框架和理论基础，并针对窄带信号给出基本的稀疏重构测向方法；第 3 章和第 4 章分别针对窄带信号和宽带信号，介绍独立和相关/相干信号测向方法；第 5 章和第 6 章考虑观测数据中不同样本对应的阵列流形之间存在差异的情况，给出了多模型多观测联合稀疏重构测向方法，以及在传感器的运动方式可自主控制的情况下，介绍了基于圆周旋转长基线干涉仪的虚拟阵列二维测向模型和方法；第 7 章和第 8 章将阵列信号测向问题扩展到阵列流形非理想情形，在阵列误差可建模的情况下给出了阵列误差自校正与波达方向估计方法，在阵列误差不可建模的情况下给出了基于深度神经网络的鲁棒测向方法。

本书主要由刘章孟撰写，黄知涛参与了第 1 章至第 4 章的部分撰写工作，郭福成参与了第 6 章的部分撰写工作，周一宇参与了全书的统稿和审核。此外，美国伊利诺伊大学芝加哥分校 S. Yu Philip 教授参与了第 8 章内容的讨论，国防工业出版社编辑为本书的出版付出了大量的心血，在此一并感谢。

刘章孟

2021 年 6 月

CONTENTS 目录

CONTENTS

第 1 章
绪　论

阵列信号处理技术广泛应用于雷达、通信、水声和医学成像等领域，自提出以来就受到了国内外大量研究机构和学者的关注[1-2]。从 20 世纪 70 年代开始，逐渐形成了以子空间类方法为代表的一系列研究成果，对推动阵列信号处理领域相关问题的解决起到了至关重要的作用。

然而，经过几十年的发展，以信号、噪声与空间之间的正交性为基础的超分辨阵列信号处理理论和方法体系在低信噪比、小样本等信号环境适应能力方面的固有局限仍然存在，这一局限极大地降低了各种阵列处理系统在日益复杂信号环境中的效能[3]。因此，能否充分利用低信噪比、小样本等条件下有限的入射信号信息实现准确的信号个数估计和高精度波达方向估计，对突破阵列信号处理理论进一步发展完善所遇到的瓶颈、应对阵列信号处理方法实际应用所面临的挑战具有重要意义。

1.1　背景及意义

1.1.1　阵列信号处理理论的发展瓶颈

阵列信号处理技术是伴随着阵列系统的广泛应用逐渐发展起来的。最初的空域滤波和波束形成等阵列处理方法早在第二次世界大战期间就已出现，这些方法与用于时间序列分析的傅里叶变换具有类似的原理，其空间分辨能力受到阵列孔径的极大限制[4-6]。

子空间类测向方法的出现显著增强了波束形成类方法的超分辨能力，代表性成果包括多重信号分类（Multiple Signal Classification，MUSIC）、参数估计旋转不变技术（Estimation of Signal Parameter via Rotational Invariance Technique，ESPRIT）方法等[7-12]。此类方法借助入射信号阵列响应向量与阵列输出协方差矩阵噪声子空间之间的正交性实现对入射信号的波达方向估计，在已知信号个数和适宜信噪比、快拍数条件下具有近似最优的性能[13]，因此在提出之后受到了该领域研究人员的广泛关注和深入研究，并迅速成为超分辨阵列信号处理理论体系的基础[3]。子空间类波达方向估计方法以基本的窄带独立信号模型为基础，但同时也极大地促进了阵列信号处理领域大量相关问题的解决，如相关信号测向[14-21]、二维测向[22-27]、目标跟踪[28-30]、宽带信号测向[31-35] 以及非理想噪声[36-38] 和阵列模型[39-47] 条件下的信号测向等。它们还能够与信号的时域统计特征相结合，以进一步改善测向方法在特定信号环境中的性能[48-52]。子空间类测向方法的优越性能不但为大量理论结果所支持[13,53]，而且在实际测向系统中也得到了验证[46,54]。鉴于子空间类测向方法在适宜信号环境中的性能优势及其对解决阵列信号处理领域相关问题的广泛借鉴意义，该方法自提出以来一直主导着阵列信号处理技术的发展。截至 2020 年前后，阵列信号处理理论和方法体系仍然是以子空间方法为基础的[3]。

然而，伴随着以子空间类方法为主体的阵列信号处理体系的不断发展，人们对此类方法局限性的认识也逐渐加深。子空间类方法的实现过程决定了它们对阵列输出协方差矩阵及其信号/噪声子空间估计值的准确度具有极强的依赖性，在低信噪比和小样本等信号环境中，协方差矩阵和子空间估计精度的下降会导致此类方法的性能显著恶化[11,55-65]。子空间类方法在信号环境适应能力方面的局限在很大程度上是由协方差矩阵的子空间分解过程所带来的信号与噪声子空间之间的能量渗透引起的[66]。通过将不同形式的子空间方法结合起来，可以在一定程度上改善其稳健性和测向性能[67-71]，但始终无法根本消除子空间分解过程给阵列信号测向问题所造成的性能局限[71]。

与子空间类方法不同，极大似然（Maximum Likelihood，ML）类测向方法借助特定维数模型与观测数据之间的最佳拟合实现对入射信号的波达方向估计[72]。在假定入射信号个数先验已知的条件下，极大似然类方法对低信噪比、小样本等信号环境的适应能力远优于子空间类测向方法[13,53,73-76]，因此在子空间类方法难以适用的场合受到了较多关注[77-83]。但极大似然类方法的局限性也是非常明显的，即它们需要对所有信号方向进行联合搜索，由此所带来的计算量是多数实际阵列测向系统难以接受的。部分研究人员试图使用各种快速算法替代这一高维搜索过程以提高极大似然类测向方法的计算效率[84-91]，但这些方法的优越性能以较高精度的信号方向预估结果为前提，用于阵元位置误差校正的极大似然方法甚至将 MUSIC 方法的测向结果作为初始值[92]。对信号方向先验信息的依赖导致各种简化的极大似然类测向方法在低信噪比、小样本等信号环境适应能力方面的优势难以很好地发挥出来。

子空间类和极大似然类测向方法也有一个共同的不足之处，即它们都需要事先已知入射信号个数。这一需求激发了对信号个数估计方法的大量研究工作，其中基于 Akaike 信息准则（Akaike Information Criterion，AIC）和最小描述长度（Minimum Description Length，MDL）的方法在已有成果中最为典型且得到了广泛认可[93-99]。尽管理论分析结果已经证明理想信号环境中的源个数估计过程并不会制约波达方向估计方法的性能[62]，但这一结论并不具有普适性。这是因为 AIC 方法并不是一种一致检测方法[96,99-100]，MDL 方法在有限样本和高信噪比条件下的一致性也不理想[101-103]，而且它们的检测性能还受到观测模型准确度和样本数的极大限制[95,98,104]。

综合以上分析不难看出，当前以子空间类测向方法为主体的阵列信号处理理论体系的进一步发展完善受到了对低信噪比、小样本等信号环境适应能力的显著局限，而极大似然类方法受计算效率的制约难以很好地发挥其性能优势，且对源个数先验信息的依赖进一步削弱了已有测向方法对上述非理想信号环境的适应性，因此，阵列信号处理理论体系发展和广泛应用存在亟待突破的瓶颈。

1.1.2 阵列信号处理方法的实用挑战

在阵列信号处理理论不断发展的同时，阵列测向系统凭借其在远距离探测、低截获概率信号处理等方面的优势，受到了电子侦察、移动通信等大量军事和商业领域工程应用人员的青睐。美国“军号”侦察卫星、E-3 预警机、RC-135 电子情报侦察飞机、法国“迪皮伊·德·洛梅”号电子侦察舰等新型侦察平台上都加装了先进的天线系统，用于对其广阔覆盖范围内的多个目标进行同时侦收，以获取感兴趣的电子情报。在移动通信领域，欧洲电信委员会明确提出智能天线是下一代移动通信系统必不可少的关键技术之一，且在受到广泛认可的移动通信方案中都把智能天线作为特征技术阐述在内。这说明包括高精度波达方向估计在内的阵列处理技术将会在移动通信领域发挥关键作用，所得到的高精度定位结果还能为用户提供紧急呼叫等基于位置信息的服务。

在阵列测向系统的各种典型应用场合中，阵列信号处理方法实现高精度测向的能力正受到日趋复杂信号环境的严峻挑战。电子侦察的非合作性以及移动通信环境的时变特性都会造成阵列接收数据信噪比的降低和样本数量的减少，各种电子侦察系统和移动通信基站的大覆盖范围会显著增加接收数据中多个信号时域混叠的可能性，系统安装难度的增大还会引起阵列误差无法实时校准的问题。

阵列测向系统应用领域的拓展及其所面临信号环境的变化给阵列信号处理理论与方法的环境适应能力提出了一系列更高要求，归纳起来主要表现在以下几个方面：

首先，能适应低信噪比条件下的测向要求。信号环境日益复杂的一个突出特点是各类雷达、通信、导航等辐射源为增强自身的隐蔽性并防止己方信号被侦收，大多采用了扩频、功率控制、低旁瓣等低截获概率技术[105-108]，使得阵列接收信号信噪比大大降低。海、空、天电磁活动中对更宽频段、更广空域、更远距离上进行阵列处理的需求使这一现象变得尤为突出。子空间类测向方法的高信噪比阈值极大地限制了它们在此类信号环境中的实用性[11,55-58]。

其次，能适应小样本条件下的测向要求。随着民用和军用辐射源频段日益扩展，各类有意、无意辐射源数目迅速增多，并且为了达到反侦察、抗干扰等目的，跳时、跳频等辐射源参数快速变化的技术得到了广泛应用[105,109-115]，阵列信号处理系统所面临的信号环境也因此在时域上呈现出快速变化等明显特点，导致阵列接收信号具有很强的时变特征。当目标存在高速运动时，测向过程所关心的信号方向参数更是实时变化[28,30]。在上述信号环境中，阵列系统能够用于测向的样本数非常有限，无法进行长时间数据积累以得到高精度协方差矩阵估计值，从而导致传统子空间类阵列处理方法的性能严重恶化[59-60]。

再次，能适应对密集多目标的测向要求。随着雷达、通信等电子系统的广泛应用，飞机、舰船等平台上往往配有一定数量的雷达和通信设备，导致阵列测向系统所接收到的辐射源具有很广的地理分布范围，而在某些地域又十分密集[116]。辐射源数目的显著增加导致多个辐射源时域上严重混叠、频域上相互交织、空域上高度密集，且不同信号之间的相似性也会显著增强。这些新情况的出现对测向方法的超分辨能力和相关信号处理能力提出了更高的要求，而子空间类方法在此类信号环境中的性能是难以保证的[61-63]。

最后，能适应模型失配条件下的测向要求。对于各种星载、机载等平台上的阵列测向系统而言，由于系统在工作过程中难以进行及时校准，阵列模型误差很难完全避免。且各种模型误差因素往往与上述低信噪比、小样本和空域邻近多目标等复杂信号环境因素相互交织，给高精度的测向过程带来了更大困难。子空间类方法在此类信号环境适应能力方面的显著局限也极大地制约了其在模型失配条件下的阵列校准与测向性能。

总之，各种主观和客观因素造成了目前广泛存在的低信噪比、小样本、空间邻近多信号和模型失配等阵列测向环境，而这些环境中所隐藏的电磁辐射源信息往往是阵列处理系统最为关心的。因此，发展对上述环境具有更强适应能力的阵列处理技术已经成为阵列测向系统充分发挥效能无法回避的问题。然而，低信噪比、小样本等条件下的阵列处理需求也正是现有方法的局限所在。以子空间类测向方法为主体的超分辨阵列信号处理理论体系 40 多年的发展成果表明，此类方法很难从根本上解决上述非理想信号环境中的测向问题，因而有必要寻求一条能够更有效利用入射信号信息的途径，以应对阵列测向系统实际应用所面临的挑战。

1.2 国内外研究现状

无论是低信噪比还是小样本环境中的阵列处理问题，其实质都是从有限的观测信息中获得感兴趣的信源参数。从 2006 年左右开始兴起的稀疏重构技术在解决信息缺失条件下信号恢复问题的过程中体现出了极大优势，已经被应用于与阵列处理相关的跳频信号参数估计[117]、雷达[118] 和医学成像[119,120] 等领域，并取得了良好效果，为稀疏重构类阵列处理技术的发展奠定了基础。

1.2.1 稀疏重构技术研究现状

稀疏重构是指利用信号在特定变换域上的稀疏性（信号仅由远小于其维数的若干个分量构成），从包含信号所有可能分量的完备或超完备集合中选取少量几个基函数重构原始信号的过程。稀疏重构技术最初是为了提取原始信号中的主要信息而发展起来的[121-124]，随后得到了不断的丰富和拓展，相关研究成果已经被广泛应用于压缩感知[126,127]、信号分析[128]、线性预测[123,129]、聚类[129]、图像处理[119,130-131] 等领域。经过不断的充实完善，截至 2020 年左右的稀疏重构方法主要包括匹配追踪、ℓ_p 范数和稀疏贝叶斯学习三类。

匹配追踪（Matching Pursuit，MP）方法是由 Mallat 和 Zhang 于 1993 年为解决信号的时频分解问题而提出的[121]，这类方法通过逐次提取信号中最主要的时频分量得到原始信号在时频域上的稀疏表示形式。随后，MP 方法的基本思想被应用于不同的信号环境，并相继演变出了 OMP[132-133]、ORMP[134-135] 和 StOMP[136] 等方法，以及多组观测向量条件下的 M-OMP[137-138]、M-ORMP[137] 等方法，并具体解决了通道估计与均衡[139]、音频信号分析[128] 和非线性系统辨识[140] 等问题。然而，为了实现对原始信号的准确重构，MP 类方法对观测模型的稀疏度等条件提出了较高的要求，在不同信号分量之间相关性较强时其性能会显著恶化[141-144]。

ℓ_p（$0\leqslant p\leqslant 1$）范数是表征模型稀疏性的规范 ℓ_0 范数（模型维数）在数学上的推广形式，对于不同的 p 值，ℓ_p 范数具有不同的局部极值点数目和全局收敛性，而局部极值点数目的不同也会造成对应目标函数优化难度的差异。由于 ℓ_0 范数在原点处不连续，对相应目标函数的优化是一个 NP 难问题，通常采用一组凸函数逐渐逼近 ℓ_0 范数以尽量避免局部收敛的可能性[145-148]，相关方法已经应用于系统辨识[149] 和图像重构[150] 等领域。然而，凸函数的选取依赖于具体的观测模型且具有较强的主观性，不合理的取值将会对算法的重构性能产生显著影响。ℓ_p（$0<p<1$）范数是一个在原点处连续的凹函数，相应目标函数的优化则主要采用迭代逼近的方法[137,151-152]，其应用成果包括医学成像[119] 和多任务学习[153] 等。ℓ_1 范数介于凹函数和凸函数之间，对应的目标函数不再存在局部收敛的可能性，这一特点极大地方便了其求解过程[154-159]，因而相关方法受到了不同领域研究人员的青睐并在参数估计[160-164]、系统辨识[165] 和图像处理[130-131] 等领域取得了良好的实用效果。ℓ_p（$0\leqslant p\leqslant 1$）范数类方法的性能与实际的应用背景紧密相关，它们实现准确信号重构需要观测模型满足不同的约束条件[125,166-171]，其中 $0<p\leqslant 1$ 时 ℓ_p 范数所对应的约束条件比 ℓ_0 范数更为苛刻[172,173]。当观测模型不同分量之间的相似性较强时，ℓ_p（$0<p\leqslant 1$）范数无法保证所得解与真实信号模型完全吻合，但对 ℓ_0 范数进行优化的复杂度极大地限制了相关方法的实用性，这一局限与未知模型维数的极大似然方法类似。另外，ℓ_p（$0\leqslant p\leqslant 1$）范数类方法普遍面临着正则化因子最优选取的问题，而具体观测模型、信号环境等因素都对该参数的最优取值存在显著影响，至今还没有用于设计该参数的有效准则[174]。

贝叶斯稀疏学习（Sparse Bayesian Learning，SBL）方法则是利用贝叶斯原理综合观测模型先验信息的一类重构方法，由 Tipping 在 2000 年左右提出[129,175-176]。随着理论分析的不断深入，SBL 方法相对于 MP 类和 ℓ_p 范数类方法的优势逐渐显现出来[177-179]。该方法是三类方法中在典型信号环境中唯一一种与 ℓ_0 范数具有相同全局收敛性的稀疏重构方法[180]，而它的计算效率又显著优于后者。然而，由于 SBL 方法的发展较晚，对其优越性的认识又经历了一个漫长的过程，该方法现在还不为广泛领域的研究人员所熟知。目前，SBL 方法主要应用于图像处理领域[181-188]，在观测数据较少条件下获得了良好的图像重构和特征提取效果，因此已经逐渐成为雷达、医学等领域成像和图像处理的一种主要工具[186]，但该方法在其他领域的研究则相对滞后[189-191]。

1.2.2 稀疏重构类阵列处理方法研究现状

在一般的阵列观测模型中，入射信号的空域稀疏性是一个基本假设，即阵列输出可看作空间少量几个离散方向上对应信号分量与噪声的合成结果，因此通过对阵列输出在空域上进行稀疏重构就能够分辨各信号分量，进而确定它们的方向[180,192-193]。基于这一思路，目前已经发展出了相应的稀疏重构类阵列处理技术，已有研究成果主要包括与 MP 类[194-195] 和 ℓ_p 范数类[151,162-163,196-204] 稀疏重构算法相对应的两大类测向方法，而 SBL 方法只是在波束形成方面有少量应用[205]。

从 MP 类稀疏重构算法的原理不难看出，它们直接应用于解决阵列测向问题时具有与波束形成方法类似的原理，因而在超分辨能力方面存在显著局限。正因为如此，MP 类稀疏重构算法在阵列处理领域的研究成果比较有限，主要有基于匹配追踪的波达方向估计（Estimation of Directions of Arrival by Matching Pursuit，EDAMP）方法[194] 和基于多快拍匹配追踪的波达方向估计（Multiple Snapshot Matching Pursuit for Direction of Arrival estimation，MSMPDOA）方法[195] 两种。这两种方法也考虑到了 MP 类重构算法的超分辨能力局限，因此对原始 MP 重构过程加以改进，采用了多级树状匹配追踪模型。尽管如此，EDAMP 方法和 MSMPDOA 方法仍然很难从根本上避免 MP 类重构算法在超分辨能力方面的不足，且算法实现过程中需要引入主观参数，导致它们无法满足大多数实际阵列系统的超分辨测向需求。

ℓ_p 范数在超完备重构模型中的稀疏约束能力显著优于匹配追踪类算法，而且目前已有较为成熟的数学方法[137,151,158] 和工具[159] 用于求解相应目标函数的优化问题，因此基于 ℓ_p 范数稀疏重构的阵列处理技术方面的研究成果较为丰富。目前已经形成了以联合 ℓ_0 范数测向（Joint ℓ_0 Approximation DOA，JLZA-DOA）（对应于 $p=0$）[197]、有焦点的欠定问题求解算法（FOcal Underdetermined System Solver，FOCUSS）（对应于 $0<p<1$）[151] 和 ℓ_1 范数奇异值分解（ℓ_1-norm-singular Value Decomposition，L1-SVD）（对应于 $p=1$）[196] 为代表的一系列超分辨波达方向估计方法。与子空间类方法相比，ℓ_p 范数稀疏重构类测向方法对入射信号个数先验信息的依赖性较弱，且对低信噪比、小样本等信号环境的适应能力极大增强。然而，此类测向方法的性能也受到了 ℓ_p 范数类稀疏重构算法固有局限的制约，对应于较小 p 值的 JLZA-DOA[197] 和 FOCUSS[151] 方法存在收敛至局部极值的风险，在不同信号角度间隔较小时局部收敛的可能性将显著增大，从而导致它们难以得到理想的测向性能；对应于

$p=1$ 的 L1-SVD 方法[196] 则无法保证全局极值解与真实信号方向相吻合，因此其测向结果可能是有偏的。此外，这些方法将阵列测向问题当作一个纯粹的稀疏重构问题进行解决，入射信号的物理特征在算法实现过程和测向结果中难以得到很好的利用和保留。当 $p>0$ 时，ℓ_p 范数对信号幅度的附加约束会导致重构结果与真实信号模型不吻合，而实际关心的高精度测向结果只能借助空域网格细分后的重构过程得到[196-197]，但这一过程会导致观测模型更远地偏离 ℓ_p 范数实现准确重构所需要满足的模型相关性约束条件[125,168-172]，因此由重构结果直接得到的信号方向估计值可能与其真实值不一致。此外，该方法从窄带信号向宽带信号的推广也只能在宽带信号带宽内多个离散频率点处独立实现，并分别得到相应的空间谱和信号方向估计结果，难以直接获得宽带信号个数和方向的估计值。低信噪比和小样本等信号环境还会导致不同频点处的重构结果之间存在极大差异，甚至在部分频点处无法得到有效的测向结果，从而给多频点处参数估计结果的融合过程带来了极大困难[196-197]。

从结合入射信号的空域稀疏性实现超分辨测向的角度看，稀疏重构类阵列测向方法所面对的是由一个相关性极强的基函数集合重构阵列输出数据的过程，只有在重构结果非常准确的情况下才能得到高精度的波达方向估计值。然而，稀疏重构技术领域的研究结果已经表明，MP 类和 ℓ_p（$0<p\leqslant1$）范数类稀疏重构算法在不同基函数之间相关性较强时并不能实现对各信号分量的准确重构[125,168-172]，而试图通过空域网格细分提高测向精度的努力会进一步增强这一相关性[196-197]，导致准确重构更加难以实现。ℓ_0 范数类稀疏重构方法具有与未知模型维数的极大似然方法类似的原理，有望实现预期的超分辨和高精度测向目标，但求解过程的难度又极大地降低了其实用价值。尽管如此，将稀疏重构技术应用于解决低信噪比、小样本等环境中的阵列处理问题所具有的潜力已经被 ℓ_p 范数稀疏重构类测向方法所证实[151,196-197]。

如何在充分利用入射信号空域稀疏性的同时，尽量避免稀疏重构算法本身在准确重构相似性较强信号分量时所存在的性能局限对超分辨阵列测向精度的影响，对于从根本上解决低信噪比、小样本等条件下的阵列处理问题，突破阵列信号处理理论发展瓶颈、应对阵列信号处理方法实用挑战具有重要意义。

1.3 本书结构与内容安排

本书面向低信噪比、小样本等信号环境和存在各类模型误差等观测条件下的阵列测向需求，通过引入贝叶斯学习等稀疏重构技术，建立基于信号空域稀疏性的阵列处理理论与方法体系，并将其应用于解决该领域中的窄带独立/相关信号测向、宽带独立/相干信号测向、时变阵列测向和模型失配条件下的阵列测向等关键问题，以突破阵列信号处理理论进一步发展完善所遇到的瓶颈、应对日趋复杂信号环境中的阵列测向应用挑战。

全书共分 8 章，各章内容的关系如图 1.1 所示。

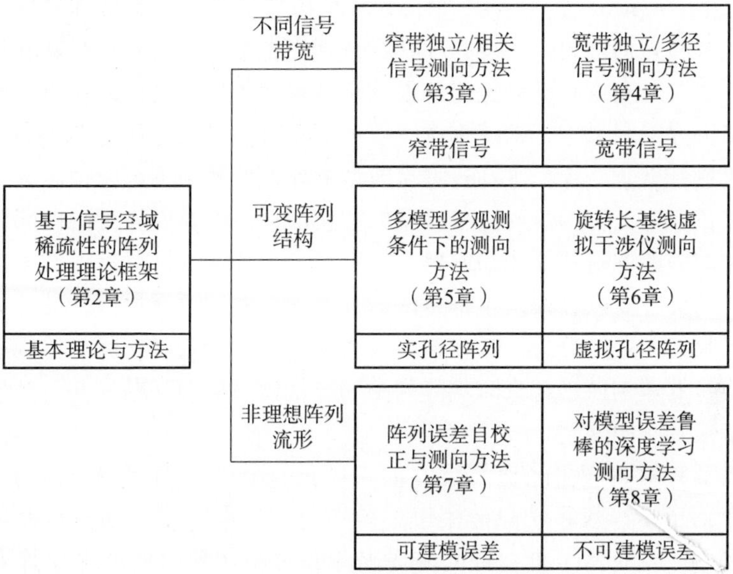

图 1.1　各章内容及相互关系

第 2 章建立阵列输出的空域超完备表示模型并分析该模型的稀疏性，随后通过引入贝叶斯稀疏重构技术实现对信号空域稀疏性的利用，确立以入射信号空域特征准确重构为基础、以高精度波达方向估计为目的的阵列处理理论框架。随后，结合窄带信号的阵列输出模型，详细介绍利用入射信号空域稀疏性实现阵列测向的基本原理，导出相应的波达方向估计方法 RVM-DOA，并总结 RVM-DOA 方法应用于解决阵列处理问题时的一般性质，最后借助仿真实验验证 RVM-DOA 方法在源个数估计和波达方向估计等方面的性能。第 2 章所建立的阵列信号空域稀疏模型和基本的窄带信号测向方法是本书的基础。

第 3 章针对 RVM-DOA 方法在低信噪比条件下计算效率不高和对窄带相关信号测向精度不理想等问题，具体深入地阐述窄带独立/相关信号的测向问题，进一步完善窄带信号阵列处理方法体系。主要内容包括：①介绍基于阵列输出协方差向量空域稀疏重构且适用于窄带独立和相关信号的测向方法 CV-RVM，并分析该方法的多信号处理能力；②介绍基于空域滤波的测向方法 SF RVM-DOA，进一步改善对窄带相关信号的波达方向估计性能，该方法适用于任意结构阵列，且在适宜信噪比、快拍数和空时白噪声等条件下能够达到相关信号测向精度的理论下界。

第 4 章主要阐述在独立和多径条件下对具有显著时延相关特征的宽带信号的测向问题。主要内容包括：①介绍基于阵列输出协方差向量空域稀疏重构的宽带独立信号测向方法 WCV-RVM，并分析该方法的测向精度理论下限、多信号处理能力和阵列结构适应能力；②联合利用宽带多径信号在时延域和空域的稀疏性，通过建立在时延域进行扩展的空域超完备字典集，并在该字典集上对阵列输出协方差向量进行稀疏重构，实现对宽带多径信号的超分辨测向。

第 5 章将贝叶斯稀疏重构技术从典型的单模型多观测系统拓展至多模型多观测系统，并将其应用于解决单模型方法无法适用的时变阵列测向问题和基于频域分解的一般宽带信号测向问题。主要内容包括：①针对多模型多观测问题给出相应的贝叶斯联合稀疏重构方法，并对该问题的可重构性和贝叶斯重构方法的全局收敛性进行分析；②将该多模型多观测贝叶斯联合稀疏重构技术应用于阵列信号处理领域，解决时变阵列中的窄带信号测向问题和基于频域分解的一般宽带信号测向问题。

第 6 章针对常用多通道二维测向系统的性能受各种系统误差影响较大，而静止单通道干涉仪系统只能用于一维测向，且难以兼顾测向精度和无模糊测向范围两个指标等问题，设计一种基于信号空域稀疏性的虚拟阵列二维测向系统方案。该系统仅测量脉冲信号相位差，并通过综合基线圆周旋转过程中获得的多脉冲模糊相位差序列，估计多个远场目标的到达方向。该系统通过增大基线长度以提高测向精度，并借助长基线的持续旋转形成时分多基线测向系统，以消除基线长度增加所带来的测向模糊效应。在充分分析该系统测向特性和观测数据频域特征的基础上，结合入射信号的空域稀疏性，基于目标相位差序列频域分量特征给出了一种无须事先进行脉冲分选的多目标数目估计和二维测向方法，并深入讨论了影响该方法性能的若干因素和对算法的改进策略。

第 7 章针对阵列互耦、幅相不一致和阵元位置不准确等典型的、可建模的阵列误差，结合阵列信号的空域稀疏性，介绍模型失配条件下的阵列自校正与信号测向方法。主要内容包括：①建立阵列互耦、幅相不一致和阵元位置不准确等典型误差条件下统一的阵列观测模型，据此导出基于信号空域稀疏性的阵列校正与信号测向方法，并将该方法进行推广，实现对同时存在的多种类型阵列误差的联合校正；②分析模型失配条件下阵列校准与信号测向精度的理论下界，所得结论同时适用于阵列互耦、幅相不一致和阵元位置不准确等典型误差类型。

第8章针对观测模型误差难以准确建模条件下的阵列测向问题，给出了基于深度学习技术的波达方向估计方法，对各种类型的模型误差具有较强健壮性。该深度神经网络模型结合阵列信号的空域稀疏性，并针对阵列测向需求专门设计得到，由一个多任务自编码器和一系列并行深层分类器构成，自编码器对阵列观测信号进行空域滤波分离，分类器对各自空域内的信号分量进行空间谱重构，并据此估计信号波达方向。该方法是一种数据驱动的方法，对不同构型阵列和模型误差具有广泛的适用性，且经特别设计的深度神经网络结构显著增强了该方法的泛化能力。

第 2 章 基于信号空域稀疏性的阵列处理理论框架

2.1 引　言

随着低信噪比、小样本等复杂信号环境中的阵列处理需求日益凸显，以子空间类方法为主体的阵列信号处理理论体系面临着前所未有的挑战，如何利用有限的观测信息准确地估计入射信号的个数和方向对推动阵列信号处理理论与应用发展都具有十分重要的意义。

近年来兴起的稀疏重构理论为阵列处理技术研究取得新突破准备了条件，这是因为：①阵列信号模型天然的空域稀疏性是发展稀疏重构类阵列处理技术的内在驱动[151,162-163,194-204]；②稀疏重构技术在解决信息缺失条件下的信号恢复问题中表现出了无可比拟的优势[127]。入射信号的空域稀疏性是大多数阵列信号模型的基本假设，对这一模型先验信息的利用是更大限度地提取有限观测数据中的信号信息、突破现有阵列处理方法性能瓶颈的有效途径，而稀疏重构技术的最新发展为实现该目标提供了可能。

将稀疏重构技术应用于阵列处理领域所取得的一些初步成果已经有力地证明了稀疏重构类阵列测向方法的性能优势和发展前景。通过在阵列测向的过程中结合入射信号的空域稀疏性先验信息，此类方法突破了子空间类方法实现有效测向所需样本数的下限，其低信噪比适应能力、超分辨能力和相关信号处理能力也获得了实质性的增强[151,196-197]。

将稀疏重构技术应用于阵列处理领域的典型成果包括 FOCUSS 方法[151]、L1-SVD 方法[196] 和 JLZA-DOA 方法[197] 等，它们将阵列测向问题当作一个一般的稀疏重构问题来解决，通过借鉴较为成熟的 ℓ_p 范数优化方法和工具，实现对同时入射信号的分辨，并借助空域网格细分进一步提高波达方向的估计精度。然而，包括 ℓ_p 范数在内的大多数稀疏重构技术发展的初衷与高精度阵列测向的需求并不是完全吻合的。稀疏重构技术以恢复对原始信号具有较小整体拟合误差的稀疏模型为目标，并不能保证对信号中的每个分量分别得到准确的重构结果[206]。当用于信号重构的备选基函数集合中不同元素之间的相似性较强时，整体拟合与每个分量准确重构之间的区别将更加明显。相反，阵列测向是一个确定性的参数估计问题，需要尽可能避免不同信号之间的串扰，最终准确地估计出每个信号的方向。阵列测向需求与稀疏重构效果之间的这一显著差异导致各种稀疏重构方法难以从根本上解决阵列信号处理领域最受关注的高精度测向等问题。

因此，为了将入射信号的空域稀疏性引入阵列信号处理领域并实现对各信号的高精度测向，需要首先把稀疏重构技术的本质属性与阵列测向的最终目标有机地统一起来，让稀疏重构过程的根本任务回归到与高精度测向相关的信号特征的准确恢复上去，而不是依据重构所得基函数直接获得信号方向的估计结果。为此，本书引入贝叶斯稀疏重构技术[129]，借助其多级概率模型消除不同信号分量之间的相互影响，在信号重构过程中提高对每个信号分量空域特征的恢复精度，建立以准确的信号空域特征重构为基础、以高精度波达方向估计为目的的稀疏重构阵列处理理论框架，如图 2.1 所示。在该框架中，对各信号分量空域特征的重构步骤从整个测向过程中分离出来，而不再依据重构结果直接得到最终的波达方向估计值。这一特点使图 2.1 中的测向过程与已有 ℓ_p 范数稀疏重构类测向方法从根本上区分开来，从而能够更好地统一信号重构和阵列测向的性能评估体系，建立准确的信号空域特征重构与高精度的波达方向估计之间的紧密联系。

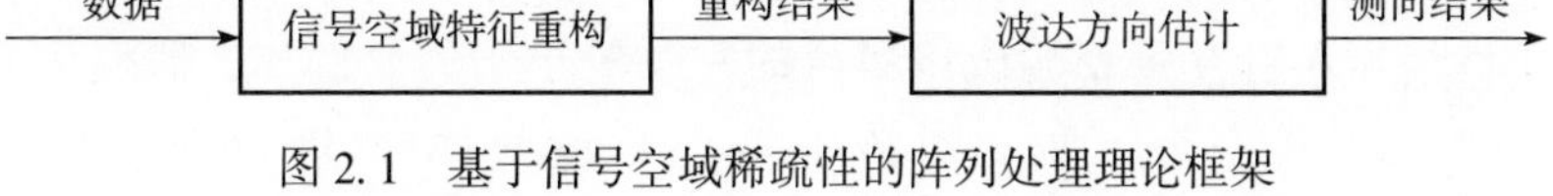

图 2.1　基于信号空域稀疏性的阵列处理理论框架

本章结合窄带阵列信号模型，在 2.2 节和 2.3 节介绍阵列输出的空域超完备表示形式并对其稀疏性进行描述的基础上，2.4 节深入分析贝叶斯稀疏重构方法能够满足图 2.1 中准确的信号空域特征重构需求的深层原因，2.5 节对该理论框架的具体实现步骤进行详细讨论，并给出了相应的测向方法 RVM-DOA，2.6 节分析贝叶斯稀疏重构类阵列测向方法的精度、可分辨信号数等一般性质，2.7 节结合仿真实验对 RVM-DOA 方法的性能以及它不同于 MUSIC 等子空间类测向方法的其他特性进行分析与验证，2.8 节总结本章内容。

2.2 阵列输出的空域超完备表示

当 K 个同频窄带信号从方向 $\boldsymbol{\vartheta}=[\vartheta_1, \cdots, \vartheta_K]$ 同时入射到 M 元阵列上时，t 时刻的阵列输出为

$$\boldsymbol{x}(t)=\boldsymbol{A}(\boldsymbol{\vartheta})\boldsymbol{s}(t)+\boldsymbol{v}(t) \tag{2.1}$$

式中：$\boldsymbol{x}(t)=[x_1(t), \cdots, x_M(t)]^{\mathrm{T}}$；$\boldsymbol{s}(t)=[s_1(t), \cdots, s_K(t)]^{\mathrm{T}}$，$s_k(t)$ 为第 k 个信号在 t 时刻的波形，$k=1, \cdots, k$；$\boldsymbol{A}(\boldsymbol{\vartheta})=[\boldsymbol{a}(\vartheta_1), \cdots, \boldsymbol{a}(\vartheta_K)]$ 和 $\boldsymbol{a}(\vartheta_k)=[e^{\mathrm{j}\varphi_{k,1}}, \cdots, e^{\mathrm{j}\varphi_{k,M}}]^{\mathrm{T}}$ 分别为 K 个信号的阵列响应矩阵和第 k 个信号的阵列响应向量，$\varphi_{k,m}$ 为第 k 个信号在参考点和第 m 个阵元之间传播的相位延迟，$m=1, \cdots, M$；$\boldsymbol{v}(t)$ 表示功率为 σ^2 的高斯白噪声，通常假设不同时刻和不同阵元上的观测噪声相互独立。

本书主要基于最基本的线性阵列进行内容介绍，对相关问题的解决思路和方法能够方便地推广至其他结构的阵列[22-23,26-27]。在线性阵列中，$\varphi_{k,m}=2\pi f_{\mathrm{c}} D_m \sin(\vartheta_k)/c$，$f_{\mathrm{c}}$ 为入射信号频率，D_m 为第 m 个阵元与参考点之间的距离，c 为信号在给定媒质中的传播速度。当阵列接收机采集到 $t=t_1, \cdots, t_N$ 时刻的 N 组快拍时，记阵列输出矩阵为 $\boldsymbol{X}=[\boldsymbol{x}(t_1), \cdots, \boldsymbol{x}(t_N)]\in\mathbb{C}^{M\times N}$，相应的信号波形和观测噪声矩阵分别为 $\boldsymbol{S}=[\boldsymbol{s}(t_1), \cdots, \boldsymbol{s}(t_N)]\in\mathbb{C}^{K\times N}$ 和 $\boldsymbol{V}=[\boldsymbol{v}(t_1), \cdots, \boldsymbol{v}(t_N)]\in\mathbb{C}^{M\times N}$。

极大似然类测向方法具有近似最优的测向性能，该方法本质上是在已知信号个数条件下挑选 K 个方向的组合构成假设模型 $\boldsymbol{A}(\boldsymbol{\vartheta})\boldsymbol{S}$，以达到与观测数据 $\boldsymbol{X}$ 之间的最佳拟合[13,72-74]。考虑信号可能的入射空域是有限的，在允许一定量化误差的情况下，可以利用穷举的方法得到一个完备角度集合 $\boldsymbol{\Theta}=[\theta_1, \cdots, \theta_L]$，使得信号入射方向 $\boldsymbol{\vartheta}$ 构成该集合的一个较小子集。例如，假设信号可能从 $[-90°, 90°]$ 空域入射，对该空域以角度间隔 1° 进行采样可得 $\boldsymbol{\Theta}=[-90°, -89°, \cdots, 90°]$，则信号方向与 $\boldsymbol{\Theta}$ 中最邻近元素的最大偏差为 0.5°。相应地，式（2.1）也可以扩展到 $\boldsymbol{\Theta}$ 上得到超完备阵列输出模型，即

$$\boldsymbol{x}(t)=\boldsymbol{A}(\boldsymbol{\Theta})\bar{\boldsymbol{s}}(t)+\boldsymbol{v}(t) \tag{2.2}$$

式中：$\boldsymbol{A}(\boldsymbol{\Theta})$ 为以方向集 $\boldsymbol{\Theta}$ 中各元素对应的阵列响应向量为列所构成的矩阵；$\bar{\boldsymbol{s}}(t)\in\mathbb{C}^{L\times 1}$ 可看作信号幅度向量 $\boldsymbol{s}(t)$ 从方向集 $\boldsymbol{\vartheta}$ 到 $\boldsymbol{\Theta}$ 的补零扩展形式，当且仅当 $\theta_l=\vartheta_k$ 时取非零值 $[\bar{\boldsymbol{s}}(t)]_l=[\boldsymbol{s}(t)]_k$。

上述模型中忽略了阵列输出由角度集 $\boldsymbol{\vartheta}$ 扩展至 $\boldsymbol{\Theta}$ 时所引入的量化误差，将在 2.3 节中对这一近似的合理性进行阐述，在没有特别说明的情况下，一般不考虑这一模型近似给信号重构过程所带来的影响，而认为 $\boldsymbol{\vartheta} \subset \boldsymbol{\Theta}$，即式（2.1）到式（2.2）的扩展过程严格成立。

为简化表述，记 $\boldsymbol{A}(\boldsymbol{\Theta})$ 为 $\overline{\boldsymbol{A}}$，称为空域超完备字典集，$\overline{\boldsymbol{A}}$ 的各列称为基函数，其中“超完备”是指 $\overline{\boldsymbol{A}}$ 的列数通常大于行数。在阵列结构满足无模糊测向约束的条件下，$\overline{\boldsymbol{A}}$ 中任意 M 个基函数线性无关，它们所构成的子矩阵总是能够对阵列输出矩阵进行完整描述，达到无误差的准确拟合。

与式（2.2）相对应的多快拍条件下的阵列输出超完备表示形式为

$$\boldsymbol{X}=\overline{\boldsymbol{A}}\,\overline{\boldsymbol{S}}+\boldsymbol{V} \tag{2.3}$$

式中：$\overline{\boldsymbol{S}}=[\overline{\boldsymbol{s}}(t_1), \cdots, \overline{\boldsymbol{s}}(t_N)]$。不同时刻的 $\overline{\boldsymbol{s}}(t)$ 中非零幅度值的位置都与各入射信号的方向 $\boldsymbol{\vartheta}$ 相关联，因此在观测过程中信号保持静止的情况下，$\overline{\boldsymbol{s}}(t_1), \cdots, \overline{\boldsymbol{s}}(t_N)$ 中非零元素的数目和位置相同。式（2.2）中的观测模型可看作式（2.3）在 $N=1$ 时的特殊形式。

阵列输出的空域超完备表示形式可由图 2.2 更直观地说明，其中方向 ϑ_1，ϑ_2，…，ϑ_K 对应的实心圆表示真实入射信号，$[-90°, 90°]$ 空域内的离散角度 θ_1，θ_2，…，θ_L 包含所有真实信号和模型补零扩展过程中所引入的虚拟信号，每一个元素可看作空域离散采样所得到的“方向样点”，各虚拟信号由空心圆表示，θ_1 和 θ_L 分别与$-90°$和 $90°$重合，原点 O 附近的 M 个天线阵元构成线性接收阵列。

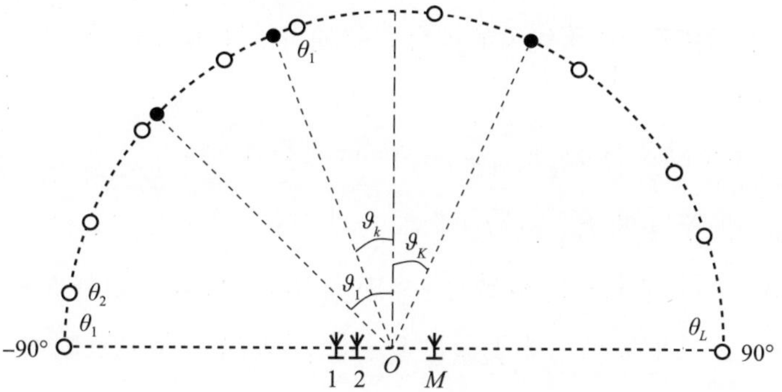

图 2.2　阵列输出超完备表示图解

通过将原始阵列输出转化为式（2.3）中的空域超完备模型，对入射信号的测向问题也随之变成了一个从 $\overline{\boldsymbol{A}}$ 中挑选 K 个基函数并优化对应的信号幅度，从而实现$\bar{A}\,\bar{S}$与X之间最佳拟合的问题，所挑选出来的K个基函数的位置对应于各信号的方向。为了保证模型的一般性，假设事先没有关于入射信号方向的先验信息，因此通过空域均匀采样获得$\boldsymbol{\Theta}$，并记采样间隔为$\Delta\theta$，对应的量化误差为$\Delta\theta/2$。

2.3 入射信号的空域稀疏性约束

借助式（2.3）估计入射信号方向时，为了实现对空域邻近信号的分辨，方向集$\boldsymbol{\Theta}$的采样间隔一般较小，因而方向样点数L远大于阵列阵元数M，即矩阵$A(\boldsymbol{\Theta})$的列数远大于行数。又由于大多数阵列测向问题中的信号个数通常小于阵元数，满足$K<M\ll L$，即$\bar{S}$中非零行数远小于其维数，因此式（2.3）中的超完备阵列输出模型具有极强的稀疏性，$\bar{S}$中仅包含0元素的行数定义为该超完备模型的稀疏度，而非零行的数目和位置定义为该模型的稀疏结构。

为了利用入射信号的空域稀疏性从式（2.3）中估计信号参数，需要在寻求假设模型$\bar{A}\,\bar{S}$与观测数据X之间最佳拟合的同时，对信号的幅度矩阵$\bar{S}$附加稀疏性约束，得到基于该超完备模型实现阵列测向的目标函数如下：

$$\mathcal{L}(\bar{S}\mid X)=\|X-\bar{A}\,\bar{S}\|_2^2+\lambda g(\bar{S}) \tag{2.4}$$

式中：$\|X-\bar{A}\,\bar{S}\|_2^2$为假设模型与观测数据之间的拟合误差；$g(\bar{S})$为罚函数[179]，用于约束$\bar{S}$中具有非零幅度值的行数，从而限制模型的稀疏度；$\lambda$为罚函数的权值，也称为正则化因子[207]。

式（2.4）中第一项所代表的拟合误差随着$\bar{S}$中非零行数的增加呈现单调不增趋势，即

$$\min_{\bar{S}}\left\{\|X-\bar{A}\,\bar{S}\|_2^2\,\big|_{\|\bar{S}\|_{0,q}=K}\right\}\geqslant\min_{\bar{S}}\left\{\|X-\bar{A}\,\bar{S}\|_2^2\,\big|_{\|\bar{S}\|_{0,q}=K+1}\right\} \tag{2.5}$$

式中：$\|\bar{S}\|_{0,q}$为矩阵的$\ell_{0,q}$范数，$\|\bar{S}\|_{0,q}=\|[\|\bar{s}_{1\cdot}\|_q,\cdots,\|\bar{s}_{L\cdot}\|_q]^{\mathrm{T}}\|_0$，$\|\bar{s}_{l\cdot}\|_q$为矩阵$\bar{S}$第$l$个行向量的$\ell_q$范数（$q\geqslant1$）。$\|\bar{S}\|_{0,q}$代表了矩阵$\bar{S}$的非零行数。为方便表述，下文取$q=2$。为了通过最小化$\mathcal{L}(\bar{S}\mid X)$得到反映实际信号个数和方向的稀疏解，$g(\bar{S})$必须是一个关于$\|\bar{S}\|_{0,2}$的单调不减函数，从而对所得解构成稀疏性约束。$0\leqslant p\leqslant1$对应的$\ell_{p,2}$范数就是满足上述条件的稀疏性约束函数的一组典型例子。

在确定罚函数项$\lambda g(\bar{S})$之后，将其代入式（2.4）得到相应的目标函数，

随后通过最小化该函数就能实现对入射信号在离散角度集 $\boldsymbol{\Theta}$ 上的稀疏重构。在罚函数选择合理从而能够正确约束模型维数的条件下，式（2.4）变成了一个利用特定数量的信号分量拟合观测数据的问题，这一模型与确定性极大似然测向方法类似[73]，因而可望较好地继承极大似然方法在信号环境适应能力和测向精度方面的优势。

在建立式（2.3）中超完备模型的过程中，对角度集 $\boldsymbol{\Theta}$ 的选取需要综合考虑阵列的超分辨能力和重构过程的计算量等因素（见2.7节），但由角度集的离散采样所带来的量化误差是难以避免的。尽管如此，入射信号的空域稀疏重构过程对该量化误差并不敏感。这是因为集合 $\boldsymbol{\Theta}$ 中与信号入射方向紧邻的角度对应的基函数与该信号分量的相关系数近似为1，而罚函数项 $\lambda g(\bar{\boldsymbol{S}})$ 的稀疏性约束极大地抑制了其他相关性较弱分量的幅度。在这种情况下，重构结果中各信号分量通常由与之相关性最强的少量基函数合成，并不会对式（2.3）中超完备模型的稀疏度构成显著影响[151,196-197]，因此，在进行高精度波达方向估计之前忽略该超完备模型所引入的量化误差是合理的。

2.4 基于入射信号空域稀疏重构的阵列处理方法原理

2.2节和2.3节建立了从阵列输出数据中重构各入射信号分量的基本模型，这一模型与信号个数估计和粗测向（不考虑量化误差）等问题直接相关，然而，从参数估计的角度看，入射信号的空域重构与实现高精度波达方向估计之间还存在一定的距离。本节以入射信号空域特征的准确重构为出发点，介绍基于信号空域稀疏性的阵列处理方法的基本原理。

2.4.1 入射信号空域重构与测向的基本原理

阵列输出在空域离散角度集上的超完备表示模型以及合理的稀疏性约束为未知数目信号的重构与方向估计提供了一条有效的途径，但这一重构过程受到罚函数选取、重构算法性能和模型量化误差等多种因素的影响，相关成果还没有从根本上解决阵列信号处理领域最关心的源个数估计和高精度波达方向估计等关键问题[151,196-197]。为此，对图2.1中的理论框架进行具体化，设计以准确的信号空域特征重构为基础的阵列测向流程（图2.3），其中“信号空域特征高精度重构”模块是基于离散角度集上的重构结果通过模型修正实现的，在对高信噪比条件下测向结果的一致性要求不高的场合可以省略（2.7节中将结合仿真结果对这一问题进行详细讨论）。

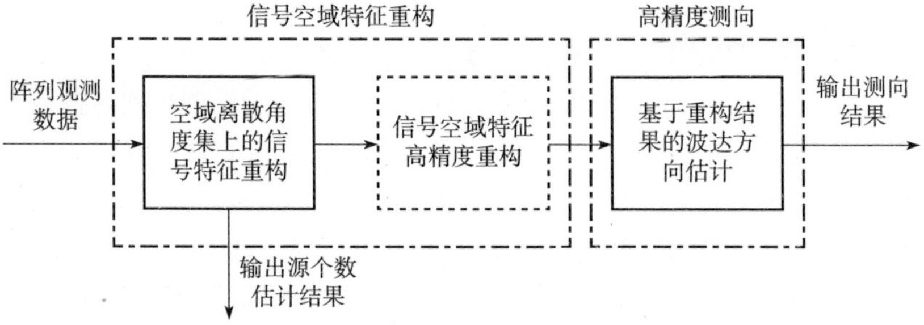

图 2.3　基于信号空域稀疏性的阵列处理流程图

在图 2.3 给出的流程图中，信号空域特征重构过程需要为后续波达方向估计奠定基础，高精度的测向结果以准确的信号空域特征重构为基础，其中“信号空域特征”是指与入射信号相关并为后续测向过程所用的信号空间功率谱和空域幅度分布等信息，依据测向方法的不同而有所区别。该流程图中将信号空域特征重构过程从整个测向流程中分离出来，而不是采用类似于 ℓ_p 范数类测向方法中直接将稀疏重构技术与高精度测向问题等同起来的思路，是为了更好地避免 $\overline{\boldsymbol{A}}$ 中不同基函数之间的强相关性与稀疏重构算法在具有强相关性观测模型中的性能局限之间的矛盾对测向精度造成负面影响。

从式（2.4）中目标函数的构成可以看出，各入射信号空域特征的重构精度极大地依赖于罚函数 $g(\overline{\boldsymbol{S}})$ 和正则化因子 λ 的合理性，以及重构算法的全局收敛性。此外，尽可能减小离散模型的量化误差对改善重构性能也具有重要意义。

受到广泛关注和应用的一类罚函数是 ℓ_p 范数，这类罚函数的正则化因子的最佳取值依赖于具体的信号环境，但至今还没有用于优化该参数的理想准则[174]。此外，ℓ_p 范数类稀疏重构方法的罚函数在准确重构各入射信号分量方面具有明显的局限性，这一局限性可以用它们的目标函数对应的贝叶斯模型进行解释。将式（2.4）中的罚函数 $g(\overline{\boldsymbol{S}})$ 用 $\|\overline{\boldsymbol{S}}\|_{p,2}$ 代替，得到 ℓ_p 范数类方法中用于信号重构的目标函数为[137,151,196-197]：

$$\mathcal{L}(\overline{\boldsymbol{S}}\mid\boldsymbol{X})=\|\boldsymbol{X}-\overline{\boldsymbol{A}}\,\overline{\boldsymbol{S}}\|_2^2+\lambda\|\overline{\boldsymbol{S}}\|_{p,2} \tag{2.6}$$

该模型在 $p=0$、$0<p<1$ 和 $p=1$ 时分别对应于 JLZA-DOA 方法[197]、M-FOCUSS 方法[137,151] 和 L1-SVD 方法[196]。

上述目标函数可以看作式（2.3）观测模型与信号幅度的空域分布假设相结合的贝叶斯模型，式（2.6）对应的信号幅度先验分布函数为

$$p(\bar{\boldsymbol{S}}) = \left| \pi \frac{\sigma^2}{\lambda} \right|^{-L} \exp\left\{ -\frac{\lambda}{\sigma^2} \sum_{l=1}^{L} \|\bar{\boldsymbol{s}}_{l\cdot}\|_2^p \right\} \tag{2.7}$$

可见，ℓ_p 范数类方法本质上是对不同方向上的信号幅度附加相同的先验分布假设后得到的。这一先验假设在 $p=0$ 时是准确的，但 ℓ_0 范数在原点处的不连续性给重构算法的性能提出了很高的要求。然而，ℓ_0 范数在 $0<p\leqslant 1$ 时的近似形式与实际信号模型并不吻合。这是因为入射信号的空域稀疏性先验要求与真实信号相对应的 $\|\bar{\boldsymbol{s}}_{l\cdot}\|_2^p$ 的权值较小，而其他方向上的权值较大。式（2.7）中对不同方向上信号幅度附加的相同权值导致罚函数项 $\lambda\|\bar{\boldsymbol{S}}\|_{p,2}$ 除了约束模型的总体稀疏度之外，对重构结果中幅度值较大的信号分量还产生了额外的抑制作用，从而导致 $\bar{\boldsymbol{A}}\bar{\boldsymbol{S}}$ 中不同信号分量之间相互串扰，给依赖于信号方向的每个分量的准确重构带来了困难，最终导致直接由重构结果所得到的波达方向估计值存在较大偏差。在不同信号分量之间相似性较强的超分辨测向等场合，这种抑制效果将更加明显。

贝叶斯稀疏重构方法为弥补 ℓ_p 范数类方法的上述不足提供了一条有效的途径[129,177,179]。以式（2.3）中的超完备阵列输出模型为例，贝叶斯稀疏重构方法引入一组相互独立的中间参数 $\boldsymbol{\gamma}=[\gamma_1, \cdots, \gamma_L]^{\mathrm{T}}$ 用于描述离散角度集 $\boldsymbol{\Theta}$ 上的信号幅度分布，并利用观测数据对这组中间参数进行优化。重构模型的内在稀疏性约束[129,177] 会引导该优化过程收敛至一个稀疏的 $\boldsymbol{\gamma}$ 估计结果，并相应地得到与真实模型相吻合的分布函数，这一模型在信号重构精度方面显著优于式（2.7）中的先验分布模型。此外，对 $\boldsymbol{\gamma}$ 中不同元素之间的独立性假设有助于较好地分离不同信号分量，从而有效地提高对各个入射信号的重构精度，为实现图 2.3 中的阵列处理流程提供基础。

2.4.2 入射信号空域重构的目标函数

为了更好地实现图 2.3 中的阵列处理流程，本小节引入贝叶斯稀疏重构技术完成基于信号空域稀疏性的入射信号空域特征恢复过程，并借助模型修正减小空域离散超完备模型中量化误差的影响，为高精度波达方向估计准备条件。

1. 空域离散角度集上信号重构的目标函数

引入中间参数 $\boldsymbol{\gamma}=[\gamma_1, \cdots, \gamma_L]^{\mathrm{T}}$ 表示入射信号在方向集 $\boldsymbol{\Theta}$ 上的功率谱，并假设

$$\bar{\boldsymbol{s}}(t_n) \sim \mathcal{N}(\boldsymbol{0}, \boldsymbol{\Gamma}), \quad n=1,\cdots,N \tag{2.8}$$

式中：$\mathcal{N}(\boldsymbol{0}, \boldsymbol{\Gamma})$ 表示均值为 0、方差为 $\boldsymbol{\Gamma}$ 的高斯分布，$\boldsymbol{\Gamma}=\mathrm{diag}(\boldsymbol{\gamma})$，不同时刻的 $\bar{\boldsymbol{s}}(t_n)$ 之间相互独立。

上述高斯分布假设与式（2.3）观测模型中观测噪声的高斯分布构成共轭分布对，有助于简化后续参数估计过程，且其中对不同方向上信号幅度之间的独立性假设为每个信号空域特征的准确重构奠定了基础。

依据观测噪声的高斯分布假设，由式（2.3）中超完备模型得到阵列输出数据关于信号幅度的概率密度函数为

$$p(\boldsymbol{X}|\bar{\boldsymbol{S}};\sigma^2)=|\pi\sigma^2\boldsymbol{I}_M|^{-N}\exp\{-\sigma^{-2}\|\boldsymbol{X}-\bar{\boldsymbol{A}}\bar{\boldsymbol{S}}\|_F^2\} \tag{2.9}$$

式中：$\boldsymbol{I}_M$ 为 $M\times M$ 维单位矩阵；$\|\cdot\|_F$ 为矩阵的 Frobenius 范数。

由贝叶斯概率理论可得 $\bar{\boldsymbol{S}}$ 关于 $\boldsymbol{X}$ 的后验概率密度函数为

$$\begin{aligned}p(\bar{\boldsymbol{S}}|\boldsymbol{X};\boldsymbol{\gamma},\sigma^2)&=\frac{p(\boldsymbol{X}|\bar{\boldsymbol{S}};\sigma^2)p(\bar{\boldsymbol{S}}|\boldsymbol{\gamma})}{\int p(\boldsymbol{X}|\bar{\boldsymbol{S}};\sigma^2)p(\bar{\boldsymbol{S}}|\boldsymbol{\gamma})\mathrm{d}\bar{\boldsymbol{S}}}\\&=|\pi\boldsymbol{\Sigma}_{\bar{S}}|^{-N}\exp\{-\mathrm{tr}[(\bar{\boldsymbol{S}}-\mathcal{M}_{\bar{S}})^{\mathrm{H}}\boldsymbol{\Sigma}_{\bar{S}}^{-1}(\bar{\boldsymbol{S}}-\mathcal{M}_{\bar{S}})]\}\end{aligned} \tag{2.10}$$

式中

$$\mathcal{M}_{\bar{S}}=\boldsymbol{\Gamma}\bar{\boldsymbol{A}}^{\mathrm{H}}(\sigma^2\boldsymbol{I}+\bar{\boldsymbol{A}}\boldsymbol{\Gamma}\bar{\boldsymbol{A}}^{\mathrm{H}})^{-1}\boldsymbol{X} \tag{2.11}$$

$$\boldsymbol{\Sigma}_{\bar{S}}=\boldsymbol{\Gamma}-\boldsymbol{\Gamma}\bar{\boldsymbol{A}}^{\mathrm{H}}(\sigma^2\boldsymbol{I}+\bar{\boldsymbol{A}}\boldsymbol{\Gamma}\bar{\boldsymbol{A}}^{\mathrm{H}})^{-1}\bar{\boldsymbol{A}}\boldsymbol{\Gamma} \tag{2.12}$$

在给定 $\boldsymbol{\gamma}$ 和 σ^2 的条件下，通过极大化式（2.10）中的密度函数，就可以依据式（2.11）得到信号幅度的后验估计值。与 ℓ_p 范数类方法类似，该重构结果的准确性极大地依赖于式（2.8）中先验分布的合理性，只有在 $\boldsymbol{\gamma}$ 取值合理（能够较好地反映入射信号的真实空域能量分布）的情况下，由式（2.11）才能得到比 ℓ_p 范数类方法更准确的空域重构结果。

为了增强 $\boldsymbol{\gamma}$ 取值的合理性，可以利用观测数据对这组中间参数进行优化。$\boldsymbol{X}$ 关于 $\boldsymbol{\gamma}$ 的似然函数为

$$p(\boldsymbol{X}|\boldsymbol{\gamma};\sigma^2)=\int p(\boldsymbol{X}|\bar{\boldsymbol{S}};\sigma^2)p(\bar{\boldsymbol{S}}|\boldsymbol{\gamma})\mathrm{d}\bar{\boldsymbol{S}}=|\pi\boldsymbol{\Sigma}_X|^{-N}\exp\{-\mathrm{tr}(\boldsymbol{X}^{\mathrm{H}}\boldsymbol{\Sigma}_X^{-1}\boldsymbol{X})\} \tag{2.13}$$

式中

$$\boldsymbol{\Sigma}_X=\sigma^2\boldsymbol{I}+\bar{\boldsymbol{A}}\boldsymbol{\Gamma}\bar{\boldsymbol{A}}^{\mathrm{H}} \tag{2.14}$$

对式（2.13）中的似然函数取对数并省略其中的常数项，得到用于优化 $\boldsymbol{\gamma}$ 的目标函数为

$$\mathcal{L}(\boldsymbol{\gamma},\sigma^2)=\ln|\boldsymbol{\Sigma}_X|+\mathrm{tr}(\boldsymbol{\Sigma}_X^{-1}\hat{\boldsymbol{R}}) \tag{2.15}$$

式中：$\hat{\boldsymbol{R}}$ 为阵列输出协方差矩阵估计值 $\hat{\boldsymbol{R}}=\frac{1}{N}\boldsymbol{X}\boldsymbol{X}^{\mathrm{H}}$，对应的理论值 $\boldsymbol{R}=\mathrm{E}[\boldsymbol{x}(t)\boldsymbol{x}^{\mathrm{H}}(t)]$。

通过极小化式（2.15）估计出 $\boldsymbol{\gamma}$，就可以确定入射信号在离散角度集 $\boldsymbol{\Theta}$ 上的功率谱，并同时为入射信号空域特征的准确重构提供合理的先验信息。

基于以上分析，得到用于实现入射信号在角度集 $\boldsymbol{\Theta}$ 上重构的目标函数为

$$\hat{\bar{\boldsymbol{S}}}=\max_{\bar{S}} p(\bar{\boldsymbol{S}}|\boldsymbol{X};\hat{\boldsymbol{\gamma}},\hat{\sigma}^2) \tag{2.16}$$

式中：$p(\bar{\boldsymbol{S}}|\boldsymbol{X};\hat{\boldsymbol{\gamma}},\hat{\sigma}^2)$ 由式（2.10）给出；$\hat{\boldsymbol{\gamma}}$ 通过最小化式（2.15）得到；σ^2 的估计方法将在 2.5 节中详细介绍。

上述重构方法在实现过程中利用观测数据对 $\boldsymbol{\gamma}$ 进行优化，得到信号幅度的先验分布，然后依据该分布函数重构各信号分量，因此称为经验贝叶斯学习方法，依据其在超完备模型中的稀疏重构能力又称为稀疏贝叶斯学习（Sparse Bayesian Learning，SBL）或相关向量机（Relevance Vector Machine，RVM）[129] 方法。相应地，超完备字典集中与真实信号分量相对应的基函数称为相关向量，其他基函数称为无关向量。

需要指出的是，用于估计 $\hat{\bar{\boldsymbol{S}}}$ 的中间参数 $\hat{\boldsymbol{\gamma}}$ 可以看作信号分量空域分布的功率谱形式，$\hat{\bar{\boldsymbol{S}}}$ 和 $\hat{\boldsymbol{\gamma}}$ 中都包含了入射信号的空域分布信息，因此两者都是入射信号空域特征的表现形式，与图 2.1 和图 2.3 中的“信号空域特征”相对应。

2. 考虑空域离散模型量化误差的修正目标函数

阵列输出的空域离散超完备模型与真实模型之间存在量化误差，但由于空域采样间隔 $\Delta\theta$ 通常较小，同时依据 2.3 节对重构过程中各信号空域稀疏性的描述，可近似假设各信号由与其最邻近的两个基函数合成，则式（2.2）中第 k 个信号分量具有如下近似形式：

$$\boldsymbol{a}(\vartheta_k)s_k(t)\approx\boldsymbol{a}(\underline{\vartheta}_k)(\rho_k s_k(t))+\boldsymbol{a}(\bar{\vartheta}_k)((1-\rho_k)s_k(t)) \tag{2.17}$$

式中：$\underline{\vartheta}_k$、$\bar{\vartheta}_k$ 分别为角度集 $\boldsymbol{\Theta}$ 中紧邻 ϑ_k 的两个角度值，满足 $\bar{\vartheta}_k-\underline{\vartheta}_k=\Delta\theta$ 且 $\underline{\vartheta}_k\leqslant\vartheta_k<\bar{\vartheta}_k$，$\rho_k=(\bar{\vartheta}_k-\vartheta_k)/\Delta\theta$ 表示该信号分量在向量 $\boldsymbol{a}(\underline{\vartheta}_k)$ 上的分布比例。

式（2.17）可由 $\boldsymbol{a}(\vartheta_k)$ 在 $\underline{\vartheta}_k$ 和 $\bar{\vartheta}_k$ 上的泰勒展开式得到，其近似误差为 $O(\Delta\theta^2)$。可见，各入射信号角度值两侧采样点的幅度之间具有近似为 1 的相关系数，原始贝叶斯模型中对信号幅度空域分布的独立性假设并不能较好地反映这一相关性。

为此，在给定 $\boldsymbol{\gamma}$ 条件下构造 $\bar{\boldsymbol{s}}(t_n)$ 的分布函数时，同时考虑上述相关性以得到更加准确的阵列信号模型。在图 2.3 的算法流程中，假设由入射信号在空域离散角度集 $\boldsymbol{\Theta}$ 上的重构结果得到了信号个数及各信号对应的谱峰位置（通常包含多于一根谱线），记 K 个信号谱峰对应的角度集分别为 $\boldsymbol{\theta}_1$，…，$\boldsymbol{\theta}_K$，它

们在 $\boldsymbol{\Theta}$ 中的序号分别为 $IX_{\boldsymbol{\theta}_1}$，…，$IX_{\boldsymbol{\theta}_K}$，则修正的 $\bar{\boldsymbol{s}}(t_n)$ 分布函数为

$$\bar{\boldsymbol{s}}(t_n) \sim \mathcal{N}(\boldsymbol{0}, \widetilde{\boldsymbol{\Gamma}}), \quad n=1,\cdots,N \tag{2.18}$$

式中：协方差矩阵 $\widetilde{\boldsymbol{\Gamma}}$ 的对角线元素构成向量 $\widetilde{\boldsymbol{\gamma}} = \mathrm{diag}(\widetilde{\boldsymbol{\Gamma}})$，第（$l_1$，$l_2$）个元素为

$$\widetilde{\boldsymbol{\Gamma}}(l_1,l_2) = \begin{cases} \widetilde{\boldsymbol{\gamma}}_{l_1} \geqslant 0, & l_1 = l_2 \\ \widetilde{\boldsymbol{\gamma}}_{l_1,l_2} \in \mathbb{C}, & l_1,l_2 \in IX_{\boldsymbol{\theta}_k}, l_1 \neq l_2 \\ 0, & \text{其他} \end{cases} \tag{2.19}$$

式（2.19）中非零元素 $\widetilde{\gamma}_{l_1,l_2}(l_1 \neq l_2)$ 表征各信号谱峰内不同角度对应幅度之间的相关性。由于通常情况下 $K \ll L$，该相关性的引入不会显著增加模型复杂度。

结合式（2.18）和式（2.9）得到该相关模型条件下信号幅度关于阵列输出数据的后验概率密度函数为

$$\begin{aligned} p(\bar{\boldsymbol{S}} | \boldsymbol{X}; \widetilde{\boldsymbol{\Gamma}}, \sigma^2) &= \frac{p(\boldsymbol{X} | \bar{\boldsymbol{S}}; \sigma^2) p(\bar{\boldsymbol{S}} | \widetilde{\boldsymbol{\Gamma}})}{\int p(\boldsymbol{X} | \bar{\boldsymbol{S}}; \sigma^2) p(\bar{\boldsymbol{S}} | \widetilde{\boldsymbol{\Gamma}}) \mathrm{d}\bar{\boldsymbol{S}}} \\ &= | \pi \widetilde{\boldsymbol{\Sigma}}_{\bar{S}} |^{-N} \exp\{ -\mathrm{tr}[(\bar{\boldsymbol{S}} - \widetilde{\mathcal{M}}_{\bar{S}})^{\mathrm{H}} \widetilde{\boldsymbol{\Sigma}}_{\bar{S}}^{-1} (\bar{\boldsymbol{S}} - \widetilde{\mathcal{M}}_{\bar{S}})] \} \end{aligned} \tag{2.20}$$

式中

$$\widetilde{\mathcal{M}}_{\bar{S}} = \widetilde{\boldsymbol{\Gamma}} \bar{\boldsymbol{A}}^{\mathrm{H}} (\sigma^2 \boldsymbol{I} + \bar{\boldsymbol{A}} \widetilde{\boldsymbol{\Gamma}} \bar{\boldsymbol{A}}^{\mathrm{H}})^{-1} \boldsymbol{X} \tag{2.21}$$

$$\widetilde{\boldsymbol{\Sigma}}_{\bar{S}} = \widetilde{\boldsymbol{\Gamma}} - \widetilde{\boldsymbol{\Gamma}} \bar{\boldsymbol{A}}^{\mathrm{H}} (\sigma^2 \boldsymbol{I} + \bar{\boldsymbol{A}} \widetilde{\boldsymbol{\Gamma}} \bar{\boldsymbol{A}}^{\mathrm{H}})^{-1} \bar{\boldsymbol{A}} \widetilde{\boldsymbol{\Gamma}} \tag{2.22}$$

$\boldsymbol{X}$ 关于 $\widetilde{\boldsymbol{\Gamma}}$ 的似然函数为

$$p(\boldsymbol{X} | \widetilde{\boldsymbol{\Gamma}}; \sigma^2) = \int p(\boldsymbol{X} | \bar{\boldsymbol{S}}, \sigma^2) p(\bar{\boldsymbol{S}} | \widetilde{\boldsymbol{\Gamma}}) \mathrm{d}\bar{\boldsymbol{S}} = | \pi \widetilde{\boldsymbol{\Sigma}}_X |^{-N} \exp(-\mathrm{tr}(\boldsymbol{X}^{\mathrm{H}} \widetilde{\boldsymbol{\Sigma}}_X^{-1} \boldsymbol{X})) \tag{2.23}$$

式中

$$\widetilde{\boldsymbol{\Sigma}}_X = \sigma^2 \boldsymbol{I} + \bar{\boldsymbol{A}} \widetilde{\boldsymbol{\Gamma}} \bar{\boldsymbol{A}}^{\mathrm{H}} \tag{2.24}$$

基于上述分析，得到修正模型中用于信号重构的目标函数为

$$\hat{\bar{\boldsymbol{S}}} = \max_{\bar{S}} p(\bar{\boldsymbol{S}} | \boldsymbol{X}; \hat{\widetilde{\boldsymbol{\Gamma}}}, \hat{\sigma}^2) \tag{2.25}$$

式中：$p(\bar{\boldsymbol{S}} | \boldsymbol{X}; \hat{\widetilde{\boldsymbol{\Gamma}}}, \hat{\sigma}^2)$ 由式（2.20）给出；$\hat{\widetilde{\boldsymbol{\Gamma}}}$ 通过最大化式（2.23）得到；σ^2 的估计方法将在 2.5 节中详细介绍。

以上修正模型用于减小空域离散采样过程中所引入的量化误差，以实现图 2.3 中信号空域特征的高精度恢复步骤，所得到的重构结果 $\hat{\bar{\boldsymbol{S}}}$ 能够更加准

确地反映同一个信号谱峰内多个分量之间的相关性，有利于进一步提高信号空域特征的重构精度。然而，基于该修正模型的信号重构不可避免地会增加算法的复杂度，对后续测向性能的改善主要体现在高信噪比条件下波达方向估计结果的一致性方面，后续仿真实验中将对这两方面的效果进行对照说明。

2.4.3 入射信号的空域稀疏重构对解决阵列信号处理问题的意义

本书以入射信号的空域稀疏性为基础，结合贝叶斯稀疏重构等技术，大致遵循图2.3中的流程解决阵列信号处理领域最受关注的源个数估计和高精度波达方向估计等关键问题。与直接由观测数据提取感兴趣参数信息的子空间类和极大似然类方法不同，该流程中引入了对各信号空域特征进行稀疏重构的步骤，这一步骤看似增加了算法的复杂度，实际上对阵列信号处理领域相关问题的解决具有重要意义。主要表现在以下三方面：

（1）直接对观测数据进行空域重构得到入射信号个数和大致方向，避免了子空间类方法中阵列输出协方差矩阵的特征分解过程对算法超分辨性能的影响，同时也显著放宽了此类方法对观测快拍数不小于阵列阵元数的要求。

（2）在对模型维数进行合理稀疏性约束的条件下，对观测数据的空域稀疏重构过程实质上是从空域超完备字典集中挑选若干基函数最优拟合观测数据的过程，这一过程较好地利用了观测数据中各信号分量的结构特征，具有与极大似然类方法类似的原理，有望获得与之相当的测向性能，但高效的稀疏重构算法的使用能够显著改善测向过程的计算效率。

（3）各信号分量的结构信息包含在用于观测数据稀疏重构的空域超完备字典集中，该字典集中基函数结构能够依据实际的信号环境进行相应的调整，从而使阵列测向方法更好地适应不同信号环境中的处理需求。本书在后续几章内容中会充分利用这一特性，将上述信号模型和稀疏重构测向思想应用于解决宽带和模型失配等环境中的阵列测向问题。

2.5 基于入射信号空域稀疏重构的阵列处理方法实现

本节遵循图2.3中的流程，通过优化2.4.2节所构造的目标函数实现对各信号分量空域特征的准确重构，最后基于重构结果完成阵列信号高精度波达方向估计。

2.5.1 空域离散角度集上的信号空域特征重构

对观测数据在空域离散角度集上的重构可以解决入射信号的个数估计问题，同时为高精度的波达方向估计奠定基础。2.4.2 节在用于重构的目标函数的构造过程中已经大致介绍了中间参数 $\boldsymbol{\gamma}$（可看作入射信号空间功率谱）的优化过程和信号幅度的重构方法，但都是在噪声功率已知的条件下得到的。噪声功率估计值的准确性对信号重构精度具有显著影响，为了依据式（2.16）获得准确的信号重构结果，需要对噪声功率进行联合估计。

1. 噪声方差准确估计的必要性

在依据 2.4.2 节中的目标函数实现信号重构的过程中，由 $\partial\mathcal{L}(\boldsymbol{\gamma},\ \sigma^2)/\partial\sigma^2=0$ 还可以得到对噪声方差的更新方法如下[178]：

$$(\sigma^2)^{(q)}=\frac{\|\boldsymbol{X}-\overline{\boldsymbol{A}}\,\mathcal{M}_{\overline{S}}^{(q)}\|_F^2/N}{M-L+\sum\limits_{l=1}^{L}(\boldsymbol{\Sigma}_{\overline{S}}^{(q)})_{l,l}/\gamma_l} \tag{2.26}$$

由式（2.26）所得到的噪声功率估计值往往远小于其真实值，致使对 $\boldsymbol{\gamma}$ 的估计过程难以收敛至全局最优解，同时还会使字典集 $\overline{\boldsymbol{A}}$ 中较多的无关向量被包含在重构结果中，进而影响各信号分量的重构精度。

噪声方差估计值的准确性对用于估计 $\boldsymbol{\gamma}$ 的 EM 算法的全局收敛性的影响可以依据目标函数 $\mathcal{L}(\boldsymbol{\gamma},\ \sigma^2)$ 的收敛过程进行更加严格地说明。为此，首先将式（2.15）改写为如下形式[208]：

$$\mathcal{L}(\boldsymbol{\gamma},\sigma^2)=\max_{\overline{S}}\left[\frac{1}{\sigma^2}\|\boldsymbol{X}-\overline{\boldsymbol{A}}\,\overline{\boldsymbol{S}}\|_F^2/N+\sum_{l=1}^{L}\frac{\|\overline{\boldsymbol{S}}_{l\cdot}\|_2^2/N}{\gamma_l}+\ln|\boldsymbol{\Sigma}_{\boldsymbol{X}}|\right] \tag{2.27}$$

式中：$\|\cdot\|_2$ 表示向量的 ℓ_2 范数。

在信噪比较高且噪声方差估计结果较为准确的情况下，式（2.27）的最小值主要由 $\ln|\boldsymbol{\Sigma}_{\boldsymbol{X}}|$决定，该最小值对应于稀疏度较大的重构模型[187]。然而，如果噪声方差估计值接近于 0，则式（2.27）的最小值同时取决于$\|\boldsymbol{X}-\overline{\boldsymbol{A}}\,\overline{\boldsymbol{S}}\|_F^2$ 和 $\ln|\boldsymbol{\Sigma}_{\boldsymbol{X}}|$。为了减小$\|\boldsymbol{X}-\overline{\boldsymbol{A}}\,\overline{\boldsymbol{S}}\|_F^2$，需要引入无关向量以减小 $\overline{\boldsymbol{A}}\,\overline{\boldsymbol{S}}$ 对 $\boldsymbol{X}$ 中观测噪声的拟合误差，由此导致空间谱和信号幅度重构结果不准确。

2. 噪声方差估计与信号重构的联合实现

由于式（2.15）中 $\boldsymbol{\gamma}$ 的维数较大且该目标函数具有较强的非线形性，可采用 EM 算法[209] 优化该目标函数从而实现对 $\boldsymbol{\gamma}$ 的估计。在进行合理初始化的基础上，EM 算法的每步迭代包含 E-step 和 M-step 两个步骤，其中 E-step 中通过最大化式（2.10）估计 $\overline{S}$ 的一阶和二阶矩，M-step 则在给定噪声方差估计值的条件下，依据 $\partial\mathcal{L}(\boldsymbol{\gamma},\ \sigma^2)/\partial\boldsymbol{\gamma}=0$ 得到 $\boldsymbol{\gamma}$ 的迭代公式如下：

$$\gamma_l^{(q+1)}=\|(\mathcal{M}_{\overline{S}}^{(q)})_{l\cdot}\|_2^2/N+(\boldsymbol{\Sigma}_{\overline{S}}^{(q)})_{l,l} \tag{2.28}$$

式中：右上标（q）表示第 q 次迭代，$\mathcal{M}_{\overline{S}}^{(q)}$、$\boldsymbol{\Sigma}_{\overline{S}}^{(q)}$ 分别由式（2.11）和式（2.12）给出，表示第 q 次迭代过程中 $\overline{S}$ 的一阶和二阶矩，$(\mathcal{M}_{\overline{S}}^{(q)})_{l\cdot}$ 表示矩阵 $\mathcal{M}_{\overline{S}}^{(q)}$ 的第 l 行，$(\boldsymbol{\Sigma}_{\overline{S}}^{(q)})_{l,l}$ 表示协方差矩阵 $\boldsymbol{\Sigma}_{\overline{S}}^{(q)}$ 的第 l 行、l 列元素。

依据式（2.28）实现的迭代过程收敛速度一般较慢，可采用不动点迭代方法替代[129]。然而，由于在算法接近收敛时空间谱 $\boldsymbol{\gamma}$ 中包含大量 0 元素，为避免出现计算异常，将该迭代方法修正为

$$\gamma_l^{(q+1)}=\frac{1}{N}\|(\mathcal{M}_{\overline{S}}^{(q)})_{l\cdot}\|_2^2/[1-(\boldsymbol{\Sigma}_{\overline{S}}^{(q)})_{l,l}/\gamma_l^{(q)}]+\zeta \tag{2.29}$$

式中：ζ 为一较小的正值，本章取 $\zeta=10^{-10}$。

上述空域功率谱估计过程的准确性以噪声方差的高精度估计为前提，而噪声方差的无偏估计结果依赖于入射信号的个数和方向，因此，本节给出一种在迭代过程中联合估计入射信号个数、方向和噪声功率的方法。

在第 q 步迭代中得到空间功率谱估计结果 $\boldsymbol{\gamma}^{(q)}$，将所有谱峰依据其幅度从大到小排列，并记峰值个数为 $\overline{K}_0$，保留幅度值最大的前 $\overline{K}=\min\{\overline{K}_0,\ M-1\}$ 个峰值（各种稀疏重构类测向方法与子空间类测向方法一样，最多能分辨 $M-1$ 个同时入射信号，2.6 节将对此进行详细分析）。受角度集 $\boldsymbol{\Theta}$ 量化误差的影响，$\boldsymbol{\gamma}^{(q)}$ 中与各入射信号相对应的谱峰往往包含多个连续的显著非零幅度值。记每一组幅度值为一个谱峰，第 k 个谱峰与方向集 $\boldsymbol{\theta}_k$ 相对应，对应的功率谱值序列为 $\boldsymbol{\gamma}_k^{(q)}$，则依据式（2.17），该信号方向可借助如下线性插值方法进行估计：

$$\hat{\vartheta}_k=\mathrm{sqrt}(\boldsymbol{\gamma}_k^{(q)})\boldsymbol{\theta}_k^{\mathrm{T}}/[\mathbf{1}^{\mathrm{T}}\mathrm{sqrt}(\boldsymbol{\gamma}_k^{(q)})],\quad k=1,\cdots,\overline{K} \tag{2.30}$$

式中：$\mathrm{sqrt}(\boldsymbol{\gamma}_k^{(q)})$ 表示对 $\boldsymbol{\gamma}_k^{(q)}$ 中逐个元素开方所得列向量，进行开方处理是因为 $\boldsymbol{\gamma}$ 代表了各方向上的信号功率而非幅度。

由于空间功率谱估计过程所使用的 RVM 方法具有较强的内在稀疏性约束，经验表明各谱峰通常由两个连续的显著幅度值构成，因此后续分析和仿真实验中统一保留各谱峰中幅度值最大的主峰及与其相邻且幅度值相对较大的次峰用于实现式（2.30）中的粗测向过程。对应的测向方法简化为

$$\hat{\vartheta}_k=\frac{\sqrt{\gamma_{k,1}^{(q)}}}{\sqrt{\gamma_{k,1}^{(q)}}+\sqrt{\gamma_{k,2}^{(q)}}}\underline{\vartheta}_k+\frac{\sqrt{\gamma_{k,2}^{(q)}}}{\sqrt{\gamma_{k,1}^{(q)}}+\sqrt{\gamma_{k,2}^{(q)}}}\overline{\vartheta}_k,\quad k=1,\cdots,\overline{K} \tag{2.31}$$

式中：$\underline{\vartheta}_k$ 和 $\overline{\vartheta}_k$ 分别为第 k 个谱峰的左侧和右侧方向样点，对应的功率值分别为 $\gamma_{k,1}^{(q)}$ 和 $\gamma_{k,2}^{(q)}$。

基于上述信号方向粗估结果，采用信息论方法[97,192]估计入射信号个数和噪声功率。假设信号个数为 $k(1\leqslant k\leqslant\overline{K})$，各入射信号方向为 $\hat{\boldsymbol{\vartheta}}_k=\{\hat{\vartheta}_1,\cdots,\hat{\vartheta}_k\}$，则对应噪声功率的无偏估计值为[13]

$$\hat{\sigma}^2(\hat{\boldsymbol{\vartheta}}_k)=\frac{1}{N}\|P_{\boldsymbol{A}(\hat{\vartheta}_k)}^{\perp}\boldsymbol{X}\|_F^2/(M-k) \tag{2.32}$$

式中：$P_{\boldsymbol{A}(\hat{\vartheta}_k)}^{\perp}=\boldsymbol{I}-\boldsymbol{A}(\hat{\boldsymbol{\vartheta}}_k)\boldsymbol{A}^{\dagger}(\hat{\boldsymbol{\vartheta}}_k)$，$(\cdot)^{\dagger}$ 为伪逆运算符。

由信号方向粗估结果可得到信号幅度的最小二乘估计值 $\hat{S}=\boldsymbol{A}^{\dagger}(\hat{\boldsymbol{\vartheta}}_k)\boldsymbol{X}$，从而观测数据的似然函数简化为

$$p(\boldsymbol{X};\hat{\boldsymbol{\vartheta}}_k,\hat{\sigma}^2(\hat{\boldsymbol{\vartheta}}_k))=|\pi\sigma^2|^{-MN}\exp\{-\sigma^{-2}\|P_{\boldsymbol{A}(\hat{\vartheta}_k)}^{\perp}\boldsymbol{X}\|_F^2\} \tag{2.33}$$

则基于信息论准则的源个数估计方法如下[97]：

$$\hat{K}=\underset{k}{\operatorname{argmin}}[-\ln p(\boldsymbol{X};\hat{\boldsymbol{\vartheta}}_k,\hat{\sigma}^2(\hat{\boldsymbol{\vartheta}}_k))+\lambda n_e^{(k)}] \tag{2.34}$$

式中：$n_e^{(k)}=2kN+k+1$ 表示观测模型中有效参数数目；λ 为罚系数，依据检测准则的不同，可以选取典型值 $\lambda=\begin{cases}1, & \text{AIC}^{[192]}\\(\ln N)/2, & \text{BIC}\end{cases}$。

源个数估计值 $\hat{K}$ 对应的方向集 $\hat{\boldsymbol{\vartheta}}_{\hat{K}}$ 即为入射信号方向的粗估结果，代入式（2.32）可得噪声方差估计值。如果信号个数先验已知，就可以跳过式（2.34）的检测过程，直接由式（2.32）估计噪声方差。

在噪声方差估计准确的情况下，通常只有与入射信号对应的 K 个谱峰具有显著非零幅度值，由式（2.34）估计信号个数时出现虚警的概率较小，因此可以在 $\Psi(k)=-\ln p(\boldsymbol{X};\hat{\boldsymbol{\vartheta}}_k,\hat{\sigma}^2(\hat{\boldsymbol{\vartheta}}_k))+\lambda n_e^{(k)}$ 首次出现增大现象（$\Psi(k+1)>\Psi(k)$）时就停止迭代，并确定入射信号个数为 $\hat{K}=k$。

当 $\boldsymbol{\gamma}$ 和 σ^2 的交替迭代估计结果满足预先设置的收敛条件时，终止迭代并输出此时的 $\boldsymbol{\gamma}^{(q)}$ 作为入射信号在离散角度集 $\boldsymbol{\Theta}$ 上的功率谱估计结果，将其代入式（2.11）就能够重构出各信号分量。与空间功率谱估计结果一起得到的还有信号个数的估计值。

本小节介绍了噪声功率估计与离散角度集上入射信号重构的联合实现过程，对这一过程还需要从两方面进行深入讨论和补充说明，一是迭代过程的严谨性与收敛性，二是信号个数联合估计的性能与其他可选途径。

EM 算法本身具有严格的收敛性，但由原始 EM 迭代过程所得到的噪声方差估计结果可能不准确，进而对信号重构过程的全局收敛性产生负面影响，因

此本小节在信号重构的过程中增加了对信号个数的估计步骤，并将其应用于提高噪声功率的估计精度。修正的迭代过程中对噪声方差估计方法可看作是 $\min_{\sigma^2}\mathcal{L}(\sigma^2;\ \hat{\boldsymbol{\gamma}})$ 的一种实现方式，而式（2.11）、式（2.12）和式（2.28）所给出的 EM 算法则完成了 $\min_{\boldsymbol{\gamma}}\mathcal{L}(\boldsymbol{\gamma};\ \hat{\sigma}^2)$ 过程，将两者相结合就得到了实现目标函数 $\mathcal{L}(\boldsymbol{\gamma},\ \sigma^2)$ 最大化的交替迭代方法。这种对多组参数进行联合优化的交替迭代方法的收敛性已经在包括阵列处理在内的各种实际应用背景中得到了验证[84]。上述对 $\boldsymbol{\gamma}$ 和 σ^2 的联合优化过程也应当具有良好的收敛性，本章最后将借助仿真实验对这一推断进行验证。除上述联合迭代估计方法外，变分 EM 算法也可用于实现对多组参数的同步优化，在无须联合估计模型维数的条件下得到较好的信号重构结果。本章侧重从信号模型和物理意义等角度建立稀疏重构技术与阵列测向问题之间的紧密联系，因此把对模型维数和相关参数的考虑贯穿信号重构的全过程，同时通过提高噪声方差的估计精度为获得无偏的测向结果奠定基础（2.5.3 节将对这一结论进行证明）。

在上述联合迭代过程中，对信号个数的确定可以看作一种检测前估计的方法，即首先得到信号方向估计值，然后依据这些估计值确定信号个数。该方法的性能极大地依赖于稀疏贝叶斯学习过程对入射信号的重构效果。由于信号重构过程充分利用了观测模型的稀疏性，具有与其他稀疏重构类方法类似的低信噪比、小样本适应能力，因此不难预见，上述源个数估计方法在此类信号环境中具有比基于协方差矩阵特征分析的 AIC、MDL[93-94] 等源个数估计方法更优的检测性能。然而，在 EM 算法的每步迭代中都增加模型维数和噪声方差估计步骤会不可避免地提高算法的复杂度。因此，在本章充分分析稀疏重构技术与阵列测向需求的内在统一性之后，后续部分章节将引入变分 EM 算法简化观测数据的空域稀疏重构过程，在牺牲一定的噪声方差估计精度的条件下直接获得入射信号的空域特征重构结果，最后从该重构结果中提取信号个数和波达方向信息。

2.5.2 信号空域特征的高精度重构

依据 2.4.2 节的分析，各入射信号的能量分布在角度集 $\boldsymbol{\Theta}$ 内的多个相邻方向上，这些散布的信号分量之间具有较强的相关性。为了减小空域超完备离散模型所引入的量化误差的影响，以下通过修正该离散模型以提高对各信号空域特征的恢复精度。为简化叙述，假设信号个数先验已知，或已由 2.5.1 节中方法估计得到。

对式（2.23）取对数并省略其中的常数项，可得到给定 σ^2 条件下，由观

测数据优化 $\widetilde{\boldsymbol{\Gamma}}$ 的目标函数为

$$\mathcal{L}(\boldsymbol{X}\mid\widetilde{\boldsymbol{\Gamma}};\sigma^2)=\left|\pi\widetilde{\boldsymbol{\Sigma}}_X\right|+\mathrm{tr}(\boldsymbol{X}^{\mathrm{H}}\widetilde{\boldsymbol{\Sigma}}_X^{-1}\boldsymbol{X}) \tag{2.35}$$

式中：$\widetilde{\boldsymbol{\Sigma}}_X$ 由式（2.24）定义。

同样采用 EM 算法[209] 对式（2.35）进行优化，其中 E-step 依据式（2.21）和式（2.22）计算 $\bar{\boldsymbol{S}}$ 的一阶和二阶矩，M-step 依据 $\partial\mathcal{L}(\boldsymbol{X}\mid\widetilde{\boldsymbol{\Gamma}};\ \sigma^2)/\partial\widetilde{\boldsymbol{\Gamma}}=0$ 得到 $\widetilde{\boldsymbol{\Gamma}}$ 的迭代方法如下：

$$\widetilde{\boldsymbol{\Gamma}}^{(q+1)}(l_1,l_2)=\begin{cases}\|(\mathcal{M}_{\bar{S}}^{(q)})_{l_1\cdot}\|_2^2/N+(\widetilde{\boldsymbol{\Sigma}}_{\bar{S}}^{(q)})_{l_1,l_1}, & l_1=l_2\\ \langle(\widetilde{\mathcal{M}}_{\bar{S}}^{(q)})_{l_1\cdot},(\widetilde{\mathcal{M}}_{\bar{S}}^{(q)})_{l_2\cdot}\rangle/N+(\widetilde{\boldsymbol{\Sigma}}_{\bar{S}}^{(q)})_{l_1,l_2}, & l_1,l_2\in IX_{\boldsymbol{\theta}_k},l_1\neq l_2\\ 0, & \text{其他}\end{cases} \tag{2.36}$$

式中：〈 · ， · 〉表示两个向量的内积；下标（l_1，l_2）表示矩阵第 l_1 行、l_2 列元素；$IX_{\boldsymbol{\theta}_k}(k=1,\ \cdots,\ K)$ 的定义与式（2.19）中相同。

式（2.36）中的更新过程是依据 $\dfrac{\partial}{\partial\widetilde{\boldsymbol{\Gamma}}(l_1,\ l_2)}\mathcal{L}(\boldsymbol{X}\mid\widetilde{\boldsymbol{\Gamma}};\ \sigma^2)=0$ 得到的。

对满足 l_1，$l_2\in IX_{\boldsymbol{\theta}_k}(k=1,\ \cdots,\ K)$ 的 l_1 和 l_2，由 $\dfrac{\partial}{\partial\widetilde{\boldsymbol{\Gamma}}(l_1,\ l_2)}\mathcal{L}(\boldsymbol{X}\mid\widetilde{\boldsymbol{\Gamma}};\ \sigma^2)=0$ 可得

$$\boldsymbol{a}^{\mathrm{H}}(\theta_{l_2})(\widetilde{\boldsymbol{\Sigma}}_X^{-1}-\widetilde{\boldsymbol{\Sigma}}_X^{-1}\hat{\boldsymbol{R}}\widetilde{\boldsymbol{\Sigma}}_X^{-1})\boldsymbol{a}(\theta_{l_1})=0 \tag{2.37}$$

因此，$\boldsymbol{A}_k^{\mathrm{H}}(\widetilde{\boldsymbol{\Sigma}}_X^{-1}-\widetilde{\boldsymbol{\Sigma}}_X^{-1}\hat{\boldsymbol{R}}\widetilde{\boldsymbol{\Sigma}}_X^{-1})\boldsymbol{A}_k=\boldsymbol{0}$，且

$$\widetilde{\boldsymbol{\Gamma}}_k=\widetilde{\boldsymbol{\Gamma}}_k-\widetilde{\boldsymbol{\Gamma}}_k\boldsymbol{A}_k^H(\widetilde{\boldsymbol{\Sigma}}_X^{-1}-\widetilde{\boldsymbol{\Sigma}}_X^{-1}\hat{\boldsymbol{R}}\widetilde{\boldsymbol{\Sigma}}_X^{-1})\boldsymbol{A}_k\widetilde{\boldsymbol{\Gamma}}_k=\widetilde{\boldsymbol{\Sigma}}_k+\frac{1}{N}\widetilde{\mathcal{M}}_{\bar{S}_k}^{(q)}(\widetilde{\mathcal{M}}_{\bar{S}_k}^{(q)})^{\mathrm{H}} \tag{2.38}$$

式中：下标 $(\cdot)_k$ 表示矩阵中与角度集 $\boldsymbol{\theta}_k=\{\theta_l\mid l\in IX_{\boldsymbol{\theta}_k}\}$ 相对应的各行和各列元素构成的子矩阵。

如果 $l_1\neq l_2$ 且（l_1，l_2）$\notin[IX_{\boldsymbol{\theta}_k},\ IX_{\boldsymbol{\theta}_k}](k=1,\ \cdots,\ K)$，则由假设模型可知 $\widetilde{\boldsymbol{\Gamma}}(l_1,\ l_2)=0$；如果 $l_1=l_2\notin IX_{\boldsymbol{\theta}_k}$，对 $\widetilde{\boldsymbol{\Gamma}}(l_1,\ l_2)$ 迭代估计值的分析方法与上述 $l_1=l_2\in IX_{\boldsymbol{\theta}_k}$ 时类似，且同样可得到式（2.36）的结果。

与 3.3.2 节类似，式（2.36）是 $\max\limits_{\widetilde{\boldsymbol{\Gamma}}}\mathcal{L}(\boldsymbol{X}\mid\widetilde{\boldsymbol{\Gamma}};\ \sigma^2)$ 的实现过程，由 $\max\limits_{\sigma^2}\mathcal{L}(\boldsymbol{X}\mid\sigma^2;\ \widetilde{\boldsymbol{\Gamma}})$ 得到与式（2.32）类似的噪声方差估计步骤，并将两者相结合就可以完成对 $\widetilde{\boldsymbol{\Gamma}}$ 和 σ^2 的交替迭代估计。当预定义的收敛判决准则得到满足时，终止该迭代过程并输出 $\widetilde{\boldsymbol{\Gamma}}$，随后将该估计值代入式（2.21）就可以实现对入

射信号分量的高精度重构。

2.5.3 基于空域重构结果的高精度测向原理

由于角度集 $\boldsymbol{\Theta}$ 是通过空域离散采样得到的，直接将 2.5.1 节和 2.5.2 节所得到的重构结果中各谱峰的最大幅值位置作为信号的波达方向估计值会引入大小在 $[-\Delta\theta/2, \Delta\theta/2]$ 范围内的量化误差。式（2.30）所给出的线性插值方法也只是一个一阶近似过程，难以获得理想的测向精度。本节基于前面对各信号空域特征的重构结果，介绍一种高精度的波达方向估计方法。

1. 波达方向估计方法

在图 2.3 所给出的阵列处理流程图中，2.5.2 节的信号空域特征准确重构是一个可选的步骤，即 2.5.1 节和 2.5.2 节的信号重构结果都可以作为高精度波达方向估计的基础。为方便叙述，以下以 2.5.2 节的重构结果为例进行说明，基于离散角度集上重构结果的测向方法与之类似。

假设由 2.5.2 节的稀疏重构过程已经得到了信号个数 K、噪声方差 σ^2，信号波形和观测数据的协方差矩阵 $\widetilde{\boldsymbol{\Gamma}}$ 和 $\widetilde{\boldsymbol{\Sigma}}_X$，以及各信号方向区间 $\{(\underline{\vartheta}_1, \overline{\vartheta}_1), \cdots, (\underline{\vartheta}_K, \overline{\vartheta}_K)\}$，其中 $\underline{\vartheta}_k$ 和 $\overline{\vartheta}_k$（$k=1, \cdots, k$）分别表示第 k 个信号谱峰所包含的两个方向，且 $\underline{\vartheta}_k<\overline{\vartheta}_k$。记 $\boldsymbol{\Theta}_{-k}=[\theta_1, \cdots, \underline{\vartheta}_k-\Delta\theta, \overline{\vartheta}_k+\Delta\theta, \cdots, \theta_L]$，$\overline{\boldsymbol{A}}_{-k}=\boldsymbol{A}(\boldsymbol{\Theta}_{-k})$，$\widetilde{\boldsymbol{\Sigma}}_{-k}=\overline{\boldsymbol{A}}_{-k}\widetilde{\boldsymbol{\Gamma}}_{-k}\overline{\boldsymbol{A}}_{-k}^{\mathrm{H}}+\sigma^2\boldsymbol{I}$，$\widetilde{\boldsymbol{\Gamma}}_{-k}$ 通过去掉 $\widetilde{\boldsymbol{\Gamma}}$ 中与方向样点（$\underline{\vartheta}_k$, $\overline{\vartheta}_k$）相对应的两行和两列元素得到，则 $\widetilde{\boldsymbol{\Sigma}}_{-k}$ 可看作除第 k 个信号分量以外的阵列输出协方差矩阵估计值。在 $\widetilde{\boldsymbol{\Sigma}}_{-k}$ 中补充该信号分量得到观测协方差矩阵重构结果的另一种表示形式为

$$\widetilde{\boldsymbol{\Sigma}}'_X=\widetilde{\boldsymbol{\Sigma}}_{-k}+\eta_k\boldsymbol{a}(\vartheta_k)\boldsymbol{a}^{\mathrm{H}}(\vartheta_k) \tag{2.39}$$

用式（2.39）所给出的 $\widetilde{\boldsymbol{\Sigma}}'_X$ 替换式（2.35）中的 $\widetilde{\boldsymbol{\Sigma}}_X$，得到对该信号功率和入射方向进行估计的目标函数如下：

$$\begin{aligned}[\hat{\eta}_k,\hat{\vartheta}_k]&=\underset{\eta_k,\vartheta_k}{\operatorname{argmin}}\{\ln|\widetilde{\boldsymbol{\Sigma}}_{-k}+\eta_k\boldsymbol{a}(\vartheta_k)\boldsymbol{a}^{\mathrm{H}}(\vartheta_k)|+\operatorname{tr}((\widetilde{\boldsymbol{\Sigma}}_{-k}+\eta_k\boldsymbol{a}(\vartheta_k)\boldsymbol{a}^{\mathrm{H}}(\vartheta_k))^{-1}\hat{\boldsymbol{R}})\}\\&\triangleq\underset{\eta_k,\vartheta_k}{\operatorname{argmin}}\{G_k\}\end{aligned} \tag{2.40}$$

因此，G_k 关于 η_k 和 ϑ_k 的偏导数等于 0。由 $\partial G_k/\partial\eta_k=0$ 可得

$$\hat{\eta}_k=\frac{\boldsymbol{a}^{\mathrm{H}}(\vartheta_k)\widetilde{\boldsymbol{\Sigma}}_{-k}^{-1}(\hat{\boldsymbol{R}}-\widetilde{\boldsymbol{\Sigma}}_{-k})\widetilde{\boldsymbol{\Sigma}}_{-k}^{-1}\boldsymbol{a}(\vartheta_k)}{(\boldsymbol{a}^{\mathrm{H}}(\vartheta_k)\widetilde{\boldsymbol{\Sigma}}_{-k}^{-1}\boldsymbol{a}(\vartheta_k))^2} \tag{2.41}$$

将式（2.41）代入 $\partial G_k/\partial\vartheta_k=0$ 并整理可得

$$\mathrm{Re}[\boldsymbol{a}^{\mathrm{H}}(\vartheta_k)\widetilde{\boldsymbol{\Sigma}}_{-k}^{-1}(\boldsymbol{a}(\vartheta_k)\boldsymbol{a}^{\mathrm{H}}(\vartheta_k)\widetilde{\boldsymbol{\Sigma}}_{-k}^{-1}\hat{\boldsymbol{R}}-\hat{\boldsymbol{R}}\widetilde{\boldsymbol{\Sigma}}_{-k}^{-1}\boldsymbol{a}(\vartheta_k)\boldsymbol{a}^{\mathrm{H}}(\vartheta_k))\widetilde{\boldsymbol{\Sigma}}_{-k}^{-1}\boldsymbol{d}(\vartheta_k)]=0 \tag{2.42}$$

式中：$\boldsymbol{d}(\vartheta_k)=\partial\boldsymbol{a}(\vartheta_k)/\partial\vartheta_k$。

因此，各信号的入射方向可由下式估计得到：

$$\hat{\vartheta}_k=\arg\max_{\theta\in[\underline{\vartheta}_k,\overline{\vartheta}_k)}|\mathrm{Re}[\boldsymbol{a}^{\mathrm{H}}(\theta)\widetilde{\boldsymbol{\Sigma}}_{-k}^{-1}(\boldsymbol{a}(\theta)\boldsymbol{a}^{\mathrm{H}}(\theta)\widetilde{\boldsymbol{\Sigma}}_{-k}^{-1}\hat{\boldsymbol{R}}-\hat{\boldsymbol{R}}\widetilde{\boldsymbol{\Sigma}}_{-k}^{-1}\boldsymbol{a}(\theta)\boldsymbol{a}^{\mathrm{H}}(\theta))\widetilde{\boldsymbol{\Sigma}}_{-k}^{-1}\boldsymbol{d}(\theta)]|^{-1},\quad k=1,\cdots,\hat{K} \tag{2.43}$$

为了达到所需要的测向精度，实际应用中可以在 $[\underline{\vartheta}_k,\ \overline{\vartheta}_k)$ 范围内取较小角度间隔进行空域搜索，该区间内式（2.43）中目标函数最大谱峰位置对应于信号入射方向。因为上述搜索过程是针对 K 个入射信号依次实现的，且每个信号的搜索范围仅为 $\Delta\theta$，所以这一信号方向的精估过程并不会对算法的计算效率产生较大影响，与子空间类方法的全空域搜索和极大似然方法的高维联合搜索之间存在显著区别。

由式（2.40）估计信号方向和功率其实是用 $\widetilde{\boldsymbol{\Sigma}}'_X$ 中的信号分量 $\eta_k\boldsymbol{a}(\vartheta_k)\boldsymbol{a}^{\mathrm{H}}(\vartheta_k)$ 替换 $\widetilde{\boldsymbol{\Sigma}}_X$ 中的 $\overline{\boldsymbol{A}}_k\widetilde{\boldsymbol{\Gamma}}_k\overline{\boldsymbol{A}}_k^{\mathrm{H}}$（其中，$\overline{\boldsymbol{A}}_k$ 和 $\widetilde{\boldsymbol{\Gamma}}_k$ 分别为第 k 个信号谱峰对应的阵列响应矩阵和相应的信号幅度协方差矩阵），进而实现对阵列输出协方差矩阵估计值 $\hat{\boldsymbol{R}}$ 最优拟合的过程。不难看出，依据这一原理所得到的测向结果的准确性极大地依赖于 $\overline{\boldsymbol{A}}_k\widetilde{\boldsymbol{\Gamma}}_k\overline{\boldsymbol{A}}_k^{\mathrm{H}}$ 对相应信号协方差矩阵的重构精度，这也是图 2.3 中对每个入射信号的重构性能提出严格要求的原因。

2. 波达方向估计结果的无偏性分析

上一小节所介绍的信号波达方向高精度估计方法与前面的空域重构过程一样，都是为了实现假设模型与观测数据之间的最佳拟合，但其实现方式与空域重构过程之间存在显著差异。以下通过分析说明这一角度精估过程并不会对空域重构结果的全局收敛性造成影响，即在重构过程能够准确恢复各信号空域特征的情况下，由该精估方法能够得到无偏的波达方向估计结果。

设第 k 个信号的功率为 η_k，入射方向为 ϑ_k，考虑信号方向并不位于空域方向样点上的一般情况，记该信号谱峰所包含的两个方向分别为 $\underline{\vartheta}_k$ 和 $\overline{\vartheta}_k$，满足 $\underline{\vartheta}_k<\vartheta_k<\overline{\vartheta}_k$。为了证明波达方向精估过程具有与空域重构过程一致的全局收敛性，假设信噪比较高且观测样本数足够充分，观测协方差矩阵不存在估计误差，即 $\hat{\boldsymbol{R}}=\boldsymbol{R}$，同时假设源个数估计结果正确。

当空域重构过程达到全局收敛（$\widetilde{\boldsymbol{\Sigma}}_X=\boldsymbol{R}$）之后，基于式（2.43）实现对入射信号的波达方向估计。如果式（2.42）在信号真实入射方向 ϑ_k 处成立，则由式（2.43）能够得到无偏的测向结果。式（2.42）具有如下等价形式：

$$\frac{\partial}{\partial\theta}\left(\frac{\boldsymbol{a}^{\mathrm{H}}(\theta)\widetilde{\boldsymbol{\Sigma}}_{-k}^{-1}\boldsymbol{R}\widetilde{\boldsymbol{\Sigma}}_{-k}^{-1}\boldsymbol{a}(\theta)}{\boldsymbol{a}^{\mathrm{H}}(\theta)\widetilde{\boldsymbol{\Sigma}}_{-k}^{-1}\boldsymbol{a}(\theta)}\right)\Bigg|_{\theta=\vartheta_k}=0 \tag{2.44}$$

当仅有单个信号入射时，有

$$\widetilde{\boldsymbol{\Sigma}}_{-k}=\sigma^2\boldsymbol{I},\frac{\boldsymbol{a}^{\mathrm{H}}(\theta)\widetilde{\boldsymbol{\Sigma}}_{-k}^{-1}\boldsymbol{R}\widetilde{\boldsymbol{\Sigma}}_{-k}^{-1}\boldsymbol{a}(\theta)}{\boldsymbol{a}^{\mathrm{H}}(\theta)\widetilde{\boldsymbol{\Sigma}}_{-k}^{-1}\boldsymbol{a}(\theta)}=\boldsymbol{a}^{\mathrm{H}}(\theta)\boldsymbol{R}\boldsymbol{a}(\theta)$$

对应于一个常规波束形成器，在信号入射方向处取得最大值，显然式（2.44）成立。当多个信号同时入射时，虽然该结论并不直观，但仍然可以依据如下方法进行严格证明。

当空域重构过程达到全局收敛时，$\boldsymbol{R}=\widetilde{\boldsymbol{\Sigma}}_{-k}+\eta_k\boldsymbol{a}(\vartheta_k)\boldsymbol{a}^{\mathrm{H}}(\vartheta_k)$，且

$$\begin{aligned}\widetilde{\boldsymbol{\Sigma}}_{-k}^{-1/2}\boldsymbol{R}\widetilde{\boldsymbol{\Sigma}}_{-k}^{-1/2}&=\widetilde{\boldsymbol{\Sigma}}_{-k}^{-1/2}(\widetilde{\boldsymbol{\Sigma}}_{-k}+\eta_k\boldsymbol{a}(\vartheta_k)\boldsymbol{a}^{H}(\vartheta_k))\widetilde{\boldsymbol{\Sigma}}_{-k}^{-1/2}\\&=\boldsymbol{I}+\eta_k\widetilde{\boldsymbol{\Sigma}}_{-k}^{-1/2}\boldsymbol{a}(\vartheta_k)\boldsymbol{a}^{\mathrm{H}}(\vartheta_k)\widetilde{\boldsymbol{\Sigma}}_{-k}^{-1/2}\end{aligned} \tag{2.45}$$

可见，$\lambda_1=1+\eta_k\boldsymbol{a}^{\mathrm{H}}(\vartheta_k)\widetilde{\boldsymbol{\Sigma}}_{-k}^{-1}\boldsymbol{a}(\vartheta_k)$ 是 $\widetilde{\boldsymbol{\Sigma}}_{-k}^{-1/2}\boldsymbol{R}\widetilde{\boldsymbol{\Sigma}}_{-k}^{-1/2}$ 的唯一最大特征值，对应的特征向量为 $\widetilde{\boldsymbol{\Sigma}}_{-k}^{-1/2}\boldsymbol{a}(\vartheta_k)/\|\widetilde{\boldsymbol{\Sigma}}_{-k}^{-1/2}\boldsymbol{a}(\vartheta_k)\|_2$，其余 $M-1$ 个特征值均为 1，因此

$$\begin{aligned}\frac{\boldsymbol{a}^{\mathrm{H}}(\theta)\widetilde{\boldsymbol{\Sigma}}_{-k}^{-1}R\widetilde{\boldsymbol{\Sigma}}_{-k}^{-1}\boldsymbol{a}(\theta)}{\boldsymbol{a}^{\mathrm{H}}(\theta)\widetilde{\boldsymbol{\Sigma}}_{-k}^{-1}\boldsymbol{a}(\theta)}&=\left(\frac{\widetilde{\boldsymbol{\Sigma}}_{-k}^{-1/2}\boldsymbol{a}(\theta)}{\|\widetilde{\boldsymbol{\Sigma}}_{-k}^{-1/2}\boldsymbol{a}(\theta)\|_2}\right)^{\mathrm{H}}\widetilde{\boldsymbol{\Sigma}}_{-k}^{-1/2}\boldsymbol{R}\widetilde{\boldsymbol{\Sigma}}_{-k}^{-1/2}\left(\frac{\widetilde{\boldsymbol{\Sigma}}_{-k}^{-1/2}\boldsymbol{a}(\theta)}{\|\widetilde{\boldsymbol{\Sigma}}_{-k}^{-1/2}\boldsymbol{a}(\theta)\|_2}\right)\\&\leqslant\lambda_1=\frac{\boldsymbol{a}^{\mathrm{H}}(\vartheta_k)\widetilde{\boldsymbol{\Sigma}}_{-k}^{-1}\boldsymbol{R}\widetilde{\boldsymbol{\Sigma}}_{-k}^{-1}\boldsymbol{a}(\vartheta_k)}{\boldsymbol{a}^{\mathrm{H}}(\vartheta_k)\widetilde{\boldsymbol{\Sigma}}_{-k}^{-1}\boldsymbol{a}(\vartheta_k)}\end{aligned} \tag{2.46}$$

即式（2.44）中待求导函数在 $\theta=\vartheta_k$ 时取最大值，因而式（2.44）显然成立。由此可以说明，当入射信号空域重构结果 $\widetilde{\boldsymbol{\Sigma}}$ 与真实信号模型相吻合时，由式（2.43）能够得到无偏的信号波达方向估计值。

2.5.4 算法流程

结合图 2.3 中的算法原理和 2.5 节的具体描述，得到基于信号空域稀疏性的阵列处理方法的流程图如图 2.4 所示。图 2.3 中“信号空域特征高精度重构”模块在改善高信噪比条件下测向结果一致性的同时，也降低了算法的计算效率，因而可作为一个可选步骤以满足不同环境中的应用需求。由于该方法的实现过程以基于 RVM 的信号重构过程为基础，本书将其称为基于相关向量机的波达方向估计方法（Relevant Vector Machine based Direction-of-Arrival estimation，RVM-DOA），依据信号重构过程中是否包含图 2.3 中的“信号空域特征高精度重构”模块，它具有两种不同的实现方式，分别称为 cRVM-DOA (correlated RVM-DOA) 和 iRVM-DOA (independent RVM-DOA)。

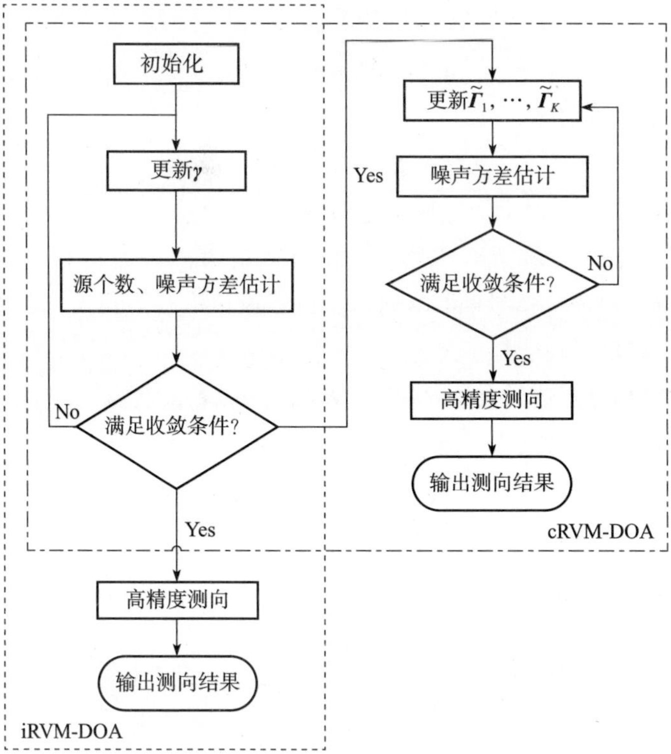

图 2.4 RVM-DOA 算法流程图

算法的具体实现步骤如下：

1. 空域离散角度集上的信号空域特征重构
   (1) 初始化 $\boldsymbol{\gamma}$ 和 σ^2;
   (2) 依据式 (2.11)、式 (2.12) 和式 (2.28) 更新 $\boldsymbol{\gamma}$;
   (3) 依据式 (2.34) 和式 (2.32) 检测信号个数、更新 σ^2;
   (4) 重复步骤 (2)、步骤 (3) 直至收敛条件满足。
2. 信号空域特征高精度重构 (可选，适用于 cRVM-DOA 方法)
   (1) 依据式 (2.21) ~式 (2.36) 更新 $\widetilde{\boldsymbol{\Gamma}}$;
   (2) 依据式 (2.34) 和式 (2.32) 检测信号个数、更新 σ^2;
   (3) 重复步骤 (1)、步骤 (2) 直至收敛条件满足。
3. 基于重构结果的波达方向估计
   基于重构过程所得参数估计值，依据式 (2.43) 实现高精度测向。

注：1. 初始化空间功率谱 $\boldsymbol{\gamma}^{(0)}$ 可依据信号幅度的最小二乘解得到，$\mathcal{M}_{\bar{S}}^{(0)}=\overline{\boldsymbol{A}}^{\mathrm{H}}(\overline{\boldsymbol{A}}\,\overline{\boldsymbol{A}}^{\mathrm{H}})^{-1}\boldsymbol{X}$，$\hat{\gamma}_l^{(0)}=\|(\mathcal{M}_{\bar{S}}^{(0)})_{l.}\|_2^2/N$，噪声方差可设置某一合理取值，如 $(\sigma^2)^{(0)}=0.1\times\|\boldsymbol{X}\|_F^2/MN$。
2. 如果入射信号个数先验已知，则 1. 中步骤（3）和 2. 中步骤（2）中可省略源个数估计过程，简化为依据式（2.32）估计观测噪声功率的运算

2.5.5 计算量分析

计算量是衡量阵列测向方法性能的一项重要指标，本小节依据图 2.4 中的流程和步骤，以算法所需的复数乘法次数为标准，具体分析 RVM-DOA 方法的计算量，并将其与 MUSIC 方法和极大似然方法的计算量进行比较。RVM-DOA 方法采取迭代优化的策略实现，其计算量由单次迭代的运算复杂度、算法的收敛速度以及后续角度精估过程的计算量共同决定。cRVM-DOA 方法基于修正模型实现的信号空域特征高精度重构过程与 iRVM-DOA 方法在离散角度集上的信号重构过程类似，在入射信号满足空域稀疏性的条件下，两者单次迭代的计算量十分接近，因此，在后续分析过程中可忽略修正模型对单次迭代过程计算量的影响，从而统一 iRVM-DOA 和 cRVM-DOA 两种方法的计算量分析过程。

1. 单次迭代的计算量

在基于离散角度集的每一步稀疏重构迭代中，RVM-DOA 方法首先计算 $\mathcal{M}_{\bar{S}}$、$\boldsymbol{\Sigma}_{\bar{S}}$ 和 $\hat{\boldsymbol{\vartheta}}_{\bar{K}}$，随后完成对 $\boldsymbol{\gamma}$ 和 σ^2 的更新。依据式（2.11）计算$\mathcal{M}_{\bar{S}}$ 时，对圆括号内矩阵的计算需要 $ML+M^2L$ 次复数乘法，该矩阵的求逆过程需要 $O(M^3)$ 次复数乘法，其中 $O(M^3)$ 表示与 M^3 同阶的某一数值；在求得该逆矩阵之后，计算 $M_{\bar{S}}$ 还需要 $ML+M^2L+MLN$ 次复数乘法。依据式（2.12）计算 $\Sigma_{\bar{S}}$ 时，对 $\boldsymbol{\Gamma}\overline{\boldsymbol{A}}^{\mathrm{H}}(\sigma^2\boldsymbol{I}+\overline{\boldsymbol{A}}\boldsymbol{\Gamma}\overline{\boldsymbol{A}}^{\mathrm{H}})^{-1}$ 和 $\overline{\boldsymbol{A}}\boldsymbol{\Gamma}$ 的计算都可以直接借用式（2.11）中的结果，此外，还需要 ML^2 次复数乘法。对 $\hat{\boldsymbol{\vartheta}}_{\bar{K}}$ 的估计借助线性插值实现，其计算量可忽略。

计算得到$\mathcal{M}_{\bar{S}}$、$\boldsymbol{\Sigma}_{\bar{S}}$ 和 $\hat{\boldsymbol{\vartheta}}_{\bar{K}}$ 之后，依据式（2.28）更新 $\boldsymbol{\gamma}$ 的过程需要 LN 次复数乘法。估计入射信号个数和更新 σ^2 的计算量主要集中在对 $\|P_{\boldsymbol{A}(\hat{\boldsymbol{\vartheta}}_k)}^{\perp}\boldsymbol{X}\|_F^2$ 的计算上。由于 $\|P_{\boldsymbol{A}(\hat{\boldsymbol{\vartheta}}_k)}^{\perp}\boldsymbol{X}\|_F^2=\mathrm{tr}(P_{\boldsymbol{A}(\hat{\boldsymbol{\vartheta}}_k)}^{\perp}\hat{\boldsymbol{R}}_X)$，其中 $\mathrm{tr}(\cdot)$ 为矩阵求迹运算符，观测数据协方差矩阵估计值$\hat{\boldsymbol{R}}_X=\dfrac{1}{N}\boldsymbol{X}\boldsymbol{X}^{\mathrm{H}}$ 可事先求得，因此对每个可能的信号个数 k，相应的复数乘法次数为 $2k^2M+kM^2+M^3+O(k^3)$。通过遍历［1，$\bar{K}$］范围内的所

有 k 值，得到更新 σ^2 所需的总计算量约为 $\sum_{k=1}^{\bar{K}}[2k^2M+kM^2+M^3+O(k^3)]$。

考虑在观测模型满足稀疏性约束和快拍数十分有限的情况下，$K<M\ll L$，$N\ll L$，综合以上分析可知，RVM-DOA 方法单次迭代的计算量主要集中在对 $\Sigma_{\bar{S}}$ 的计算上，大约需要 ML^2 次复数乘法。

2. 收敛速度的影响

当单次迭代的计算量一定时，RVM-DOA 方法中信号空域特征重构过程的总计算量与算法达到收敛所需的迭代次数成正比。式（2.29）所给出的不动点迭代策略能够显著加快原始 EM 算法的收敛速度。然而，目前对 EM 算法的收敛性分析大多停留在定性的层面上[129,241-242]，在各种特定应用环境中达到预期收敛条件所需的具体迭代次数还很难确定。尽管如此，本章后续仿真结果在验证所给出的联合迭代方法收敛性的同时，也表明算法能够在经过有限次数的迭代之后达到令人满意的收敛结果。假设算法达到给定收敛条件所需的迭代次数为 N_i，则算法迭代过程所需的复数乘法总次数约为 N_iML^2。

此外，RVM 算法的信号空域特征重构过程的总计算量与收敛速度的依赖关系可以较好地指导具有高计算效率的阵列测向方法的设计。在影响 RVM-DOA 方法收敛速度的诸多因素中，观测数据信噪比的作用尤为显著（后续仿真实验将对这一结论进行验证）。随着观测数据信噪比的升高，算法的收敛速度迅速加快。鉴于这方面的原因，第 3 章借助阵列输出协方差向量的空域稀疏重构实现对入射信号的波达方向估计，通过提高观测数据的信噪比达到减小测向过程计算量的目的。

3. 高精度波达方向估计过程的计算量

在入射信号的空域特征重构过程达到收敛之后，RVM-DOA 方法依据式（2.43）消除角度量化误差的影响，得到高精度的波达方向估计结果。假设系统所要求的测向精度为 $\Delta\theta_0$，并记 $L_0=\dfrac{\Delta\theta}{\Delta\theta_0}$，则算法总共需要在 KL_0 个离散角度上计算式（2.43）中的目标函数值，以估计所有 K 个信号的波达方向。对于每一个离散角度，计算对应的目标函数所需的复数乘法次数约为 $4M+8M^2$，因此信号方向精估过程所需的复数乘法总次数约为 $8KM^2L_0$。

4. 与已有方法的比较

已有 MUSIC 和 ML 等方法的计算量不受未知迭代次数的影响，可以进行更加准确的评估。在系统所要求的测向精度为 $\Delta\theta_0$ 的情况下，由于 MUSIC 和 ML 方法无法事先获得信号方向的粗略估计值，它们需要在信号所有可能的入射空域上进行遍历搜索。假设信号个数先验已知，忽略阵列输出协方差矩阵和噪声子空间估计过程的计算量，则 MUSIC 方法完成一维空域搜索所需的复数乘法次数约为 $(M-K)ML_0L$，ML 方法完成 K 维联合搜索所需的复数乘法次数约为 $M^3(L_0L)^K$。

比较 RVM-DOA 方法与 MUSIC、ML 方法的计算量不难发现，RVM-DOA 方法中用于实现信号方向精估的搜索过程的运算速度显著快于 MUSIC 和 ML 方法对应的空域搜索过程，而在同时考虑信号空域特征重构过程的情况下，RVM-DOA 方法的总计算量会超过 MUSIC 方法，但仍显著小于 ML 方法。

2.6 贝叶斯稀疏重构类阵列处理方法的一般性质

相关向量机作为一种典型的贝叶斯稀疏学习方法，它在求解一般欠定方程中所体现出来的各种优越性能已经得到了大量的理论[179]和实验证明[177-178]。本小节借鉴已有结果，分析相关向量机应用于解决阵列处理领域相关问题的一些基本性质。

1. 全局收敛解的无偏性和局部极值解数目

相关向量机方法相对于 ℓ_p 范数类稀疏重构方法的性能优势是由它们的罚函数差异造成的[179]。记 ℓ_p 范数类稀疏重构方法的罚函数为 $g_{(I)}(\bar{S})=\|\bar{S}\|_{p_1,p_2}$，它关于 $\bar{S}$ 的各个行向量是可分的，而相关向量机对应的罚函数（记为 $g_{(II)}(\bar{S})$）不可分，即 $g_{(I)}(\bar{S})=\sum_l g_{(I)}(\bar{s}_{l\cdot})$，而 $g_{(II)}(\bar{S})$ 不能分解为这种形式[179]。这一罚函数差异对重构方法全局收敛性和局部极值解数目的影响可由定理 2.1 具体阐述。

定理 2.1 当信噪比较高和对应的正则化因子 $\lambda\to0$ 时，不存在可分的罚函数 $g(\bar{S})=\sum_l g(\bar{s}_{l\cdot})$、观测数据矩阵 $\boldsymbol{X}$ 和任意 M 个基函数都线性无关的字典集 $\bar{\boldsymbol{A}}\in\mathbb{C}^{M\times L}$，使得优化问题

$$\min_{\bar{S}}\sum_l g(\bar{s}_{l\cdot}) \quad \text{s. t. } \boldsymbol{X}=\bar{\boldsymbol{A}}\bar{\boldsymbol{S}} \tag{2.47}$$

满足两个性质：①具有唯一的全局最优解，且该解与规范的稀疏重构问题 $\min_{\bar{S}}\|\bar{S}\|_0$，s. t. $\boldsymbol{X}=\bar{\boldsymbol{A}}\bar{\boldsymbol{S}}$ 的解相吻合；②具有比贝叶斯稀疏重构模型更少的局部极值解。

定理 2.1 是文献［179］中结论从单观测向量到多观测向量应用环境的扩

展形式，该定理指出了无噪条件下相关向量机方法在全局最优解的无偏性及局部极值解数目方面相对于 ℓ_p 范数类稀疏重构方法的综合优势，该性质已经在一般稀疏重构问题中得到了验证[177-178]。尽管上述结论是在无噪条件下得到的，但是它对实际的含噪稀疏重构问题中各种重构方法的性能对比情况具有较强的指导意义。相关向量机方法的这一优势在测向性能方面的表现是由较少局部极值解所带来的测向精度改善，以及在高信噪比、充分样本等条件下，测向方法在保证全局收敛的基础上其测向精度更好地逼近相应的理论下界——克拉美-罗下界（Cramer-Rao Lower Bound，CRLB）[13]。

2. 多信号处理能力

基于超完备阵列输出模型的测向问题是一个典型的稀疏重构问题，因而各种稀疏重构类测向方法所能分辨的信号数也可以由重构方法所能适应的模型维数推断得到。依据文献［138，169］中的相关结论，不难证明包括 RVM-DOA 在内的各种稀疏重构类测向方法所能分辨的同时入射独立信号数满足定理 2.2。

定理 2.2 假设空域超完备字典集 $\overline{\boldsymbol{A}}\in\mathbb{C}^{M\times L}$ 的任意 M 列之间相互独立，则在无噪条件下，包括 RVM-DOA 在内的各种稀疏重构类阵列测向方法可分辨的同时入射独立信号数为

$$K_{\max}=\min\left\{\left\lfloor\frac{M+N-1}{2}\right\rfloor,M-1\right\} \tag{2.48}$$

式中：N 为观测快拍数；$\lfloor \boldsymbol{v} \rfloor$为不大于 $\boldsymbol{v}$ 的最大整数。

当入射信号之间相互独立且观测快拍数满足 $N\geqslant M$ 时，由式（2.48）得到稀疏重构类测向方法的最大可分辨信号数为 $M-1$，该结论与 MUSIC 等常规子空间类测向方法一致。然而，子空间类方法在 $N<M$ 时不再适用，稀疏重构类方法则不然，此时它们的可分辨信号数仍然由式（2.48）给出。特别地，当仅有单个快拍可供利用时，稀疏重构类方法仍然能够分辨不多于$\left\lfloor\frac{M}{2}\right\rfloor$个同时入射信号。

3. 观测样本数对测向性能的影响

实际阵列测向问题中通常有多组观测数据可供利用，子空间类阵列测向方法需要在 $N\geqslant M$ 的条件下实现，样本数的增加所带来的直接效果是信噪比的改善，并最终引起测向精度的提高。然而，对于 RVM-DOA 方法而言，样本数增加对测向性能的影响却是多方面的。

首先，由定理 2.2 可知，当观测样本数不多于阵列阵元数时，样本数的增加会增强算法的多信号分辨能力。依据式（2.48）的结论，在 $N\leqslant M$ 的情况

下，样本数每增加2个，RVM-DOA方法可分辨的同时入射信号数就增加1个。

其次，在测向精度方面，样本数的增加除了改善观测数据的信噪比之外，还会对信号重构过程的目标函数起到显著的平滑作用，从而减少局部极值点数目[210]，使RVM-DOA方法的测向性能更好地逼近其理论下界。这方面的性能将在后续仿真实验中得到充分验证。基于这一性质，在观测数据量较为充分的条件下，可以认为RVM-DOA方法能够收敛至全局最优解，从而实现各信号分量的准确重构和波达方向的无偏估计。

2.7 阵列信号空域稀疏重构框架的应用仿真实验与分析

以下借助仿真实验分析和说明本章建立的阵列信号空域稀疏重构框架的有效性，以及相应的RVM-DOA方法的收敛性和超完备字典集设置等问题，并将其源个数估计性能、测向精度和对相关信号的适应能力与已有方法进行比较。

仿真实验中选取六元均匀线阵作为接收阵列，相邻阵元间距等于信号波长的一半。L1-SVD方法和RVM-DOA方法将［$-90°$，$90°$］空域以$\Delta\theta$为间隔均匀采样得到离散角度集$\boldsymbol{\Theta}$，RVM-DOA方法以$\|\hat{\boldsymbol{\gamma}}^{(q+1)}-\hat{\boldsymbol{\gamma}}^{(q)}\|_2/\|\hat{\boldsymbol{\gamma}}^{(q+1)}\|_2$低于特定阈值作为信号重构过程的收敛判据，cRVM-DOA方法在空域独立和相关模型条件下的信号重构过程对应的迭代终止阈值分别为$\zeta_1=10^{-3}$和$\zeta_2=10^{-4}$，iRVM-DOA只包含空域独立模型条件下的重构过程，对应的阈值为$\zeta=10^{-4}$。L1-SVD方法得到入射信号空间谱之后，采用网格细分的方法提高测向精度[196]。

在对测向方法的波达方向估计精度进行评估时，以各入射信号的平均测向均方根误差作为指标，平均测向均方根误差定义为

$$\mathrm{RMSE}=\sqrt{\sum_{w=1}^{W}\sum_{k=1}^{K}(\hat{\vartheta}_k^{(w)}-\vartheta_k^{(w)})^2/WK} \tag{2.49}$$

式中，W表示特定仿真场景下的独立仿真次数；$\vartheta_k^{(w)}$、$\hat{\vartheta}_k^{(w)}$分别对应于第w次仿真中第k个信号的角度真实值和估计值。

相应地，用于性能对比的平均CRLB也取为各入射信号CRLB的均方根。

2.7.1 典型信号环境中的测向结果

下面以cRVM-DOA方法为例，借助典型场景下的仿真实验说明RVM-DOA方法的实现过程，并与MUSIC方法[7]和L1-SVD方法[196]进行初步的性能比较。

假设两个信噪比均为 5dB 的窄带独立信号分别从-5.3°和 4.7°方向（偏离离散方向样点集）同时入射，快拍数为 20，cRVM-DOA 方法在假设信号个数先验未知的条件下进行信号个数和方向的联合估计，而 MUSIC 方法和 L1-SVD 方法假设信号个数已知。单次仿真实验中 MUSIC、L1-SVD 和 cRVM-DOA 方法的空间谱图如图 2.5（a）所示，cRVM-DOA 方法实现高精度测向的空间谱图如图 2.5（b）所示，其中圆圈标记了信号真实方向。

在图 2.5（a）中，cRVM-DOA 的空间谱图出现了两个显著谱峰，源个数估计过程也能够准确检测到这两个入射信号，对噪声方差的估计偏差为 13%。而 MUSIC 方法未能分辨两个信号，L1-SVD 方法也体现出了较强的超分辨能力，其测向精度的局限将在后续实验中进行验证。图 2.5（b）表明，cRVM-DOA 方法中的波达方向估计步骤能够有效消除空域离散超完备模型量化误差的影响，得到高精度的波达方向估计值。由于给定信号环境中测向精度的理论下界约为 1°，图 2.5（b）中的测向误差是可以接受的。

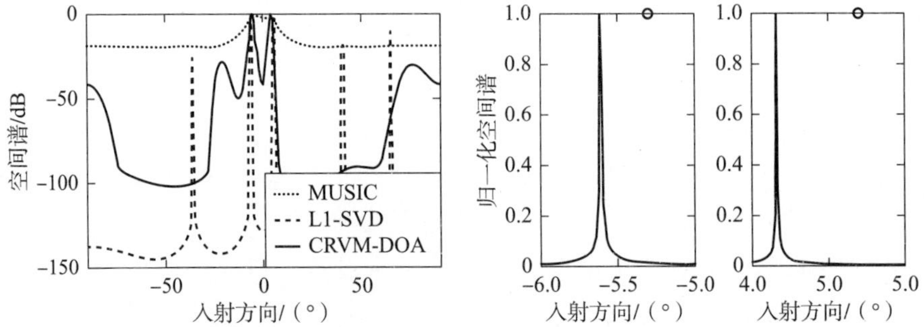

（a）离散角度集上的空间谱　　（b）高精度测向结果

图 2.5　MUSIC、L1-SVD 和 cRVM-DOA 方法在典型条件下的测向结果

2.7.2　收敛性分析

RVM-DOA 方法在空域信号重构的过程中，采取交替迭代的策略优化入射信号的空间功率谱 $\boldsymbol{\gamma}$ 和噪声功率 σ^2，该参数估计过程与其他应用领域中的交替迭代方法一样[84]，也具有较好的收敛性。为了验证这一结论，将 2.7.1 节中的仿真实验重复 30 次，得到 iRVM-DOA 方法和 cRVM-DOA 方法在前 2000 次迭代过程中空间功率谱的更新速度 $\|\boldsymbol{\gamma}^{(q+1)}-\boldsymbol{\gamma}^{(q)}\|_2/\|\boldsymbol{\gamma}^{(q)}\|_2$ 如图 2.6 所示。从图 2.6 中可以看出，由于初始值设置具有一定的随机性，最初的迭代过程并不稳定，功率谱估计值出现了一些较大幅度的抖动。然而，经过多步迭代之后，功率谱估计结果迅速稳定下来，iRVM-DOA 方法的功率谱估计结果呈现单

调收敛趋势。cRVM-DOA 方法在空域独立模型与相关模型之间转换时，其功率谱估计结果出现一次较大幅度的波动，但此后也以较快的速度达到收敛。从图 2.6 还可以看出，cRVM-DOA 方法中的重构模型转换过程延迟了迭代过程达到收敛阈值 $\|\boldsymbol{\gamma}^{(q+1)}-\boldsymbol{\gamma}^{(q)}\|_2/\|\boldsymbol{\gamma}^{(q)}\|_2<10^{-4}$ 的时间，因此其计算效率低于 iRVM-DOA 方法。

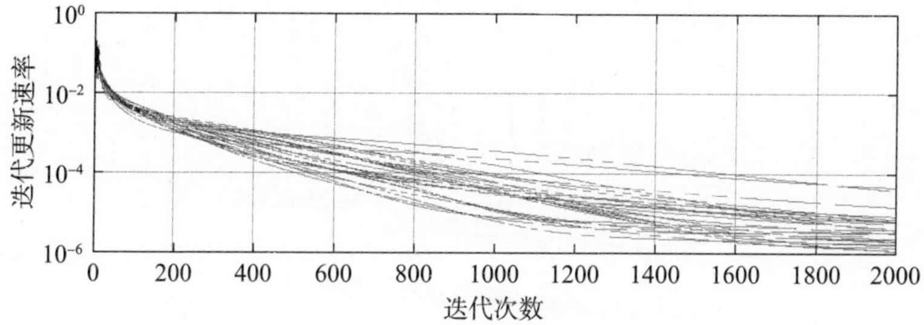

（a）对应于iRVM-DOA方法

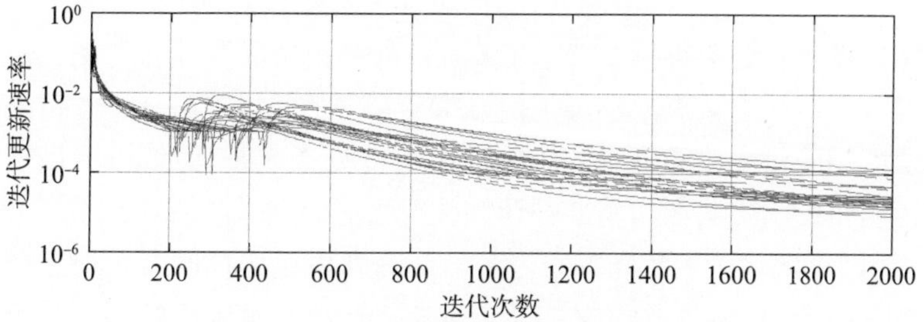

（b）对应于cRVM-DOA方法

图 2.6　空间功率谱迭代估计过程的收敛性

2.7.3　空域离散角度集设置

空域离散角度集 $\boldsymbol{\Theta}$ 的设置和相应的超完备字典集 $\overline{\boldsymbol{A}}$ 的构造是各种稀疏重构类阵列测向方法实现过程中面临的首要问题，对该角度集的设置需要综合考虑超分辨能力、计算效率和测向精度等因素。

在高信噪比和充分样本条件下，阵列测向方法对邻近目标的分辨能力取决于阵列孔径和阵元数，因此可以认为特定测向系统的超分辨能力是已知的。这一超分辨能力对离散角度集设置的约束可以从几何学角度进行分析。稀疏重构类方法对邻近信号的分辨依赖于空间谱图中对应谱峰之间的良好分离，这就要求离散角度集采样间隔不大于两信号角度间隔的 1/3。为了验证这一结果，$\Delta\theta$ 分别取为 1°、2°、3°和 5°，重复 2.7.1 节中的实验，得到 iRVM-DOA 方法对应的功率谱重构结果如图 2.7 所示。可以看出，对于两个角度间隔为 10°的入射信号，$\Delta\theta$ 取 1°、2°和 3°时从空间谱中都能够成功分辨它们，但两个信号谱峰的区分度逐渐降低，当 $\Delta\theta$ 取 5°时，两个信号谱峰合并为一个而无法分辨。

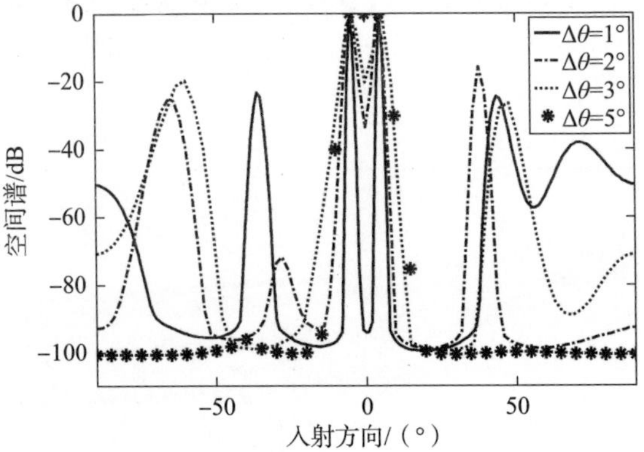

图 2.7 空域采样间隔对 iRVM-DOA 方法空间分辨力的影响情况

空域角度间隔还会影响 RVM-DOA 方法的测向精度和计算效率。对测向精度的影响源于不同空域离散模型上信号重构精度的差异，对计算效率的影响则是因为角度间隔对重构模型维数的决定作用（见 2.5.5 节）。以下借助仿真实验直观说明角度间隔与测向精度和计算效率之间的联系。

假设两个间隔 10°的等功率窄带信号从阵列法线两侧同时入射，法线左侧信号入射方向为$-5°+v$，其中 v 为［$-\Delta\theta/2$，$\Delta\theta/2$］范围内的任一角度值，在每次仿真实验中随机选取，法线右侧信号入射方向为 $5°+v$。对入射信号方向采取这一随机设置策略是为了尽可能消除人为设置方向集 $\boldsymbol{\Theta}$ 对各种稀疏重构类测向方法性能的影响。快拍数固定为 20。RVM-DOA 方法在角度精估过程中的搜索步长依据信噪比选取为（$10^{-\mathrm{SNR}/20-1}$）°。当构造 $\boldsymbol{\Theta}$ 时的空域离散采样间隔 $\Delta\theta$ 分别取为 0.5°、1°和 2°，信噪比从-7~40dB 变化时，得到 300 次仿真实验中 iRVM-DOA 方法的平均测向均方根误差和实现单次测向的平均时间如图 2.8（a）和 2.8（b）所示。

图 2.8（a）中的仿真结果表明，在保证不损失阵列超分辨能力的前提下，取不同空域采样间隔时 iRVM-DOA 方法对低信噪比的适应能力相近，但当信噪比高于 20dB 时，$\Delta\theta$ 的取值对测向精度的影响逐渐显现出来。$\Delta\theta$ 越大，空域离散角度集上的信号重构误差越大，对应的平均测向均方根误差偏离 CRLB 越远。cRVM-DOA 方法通过增加信号空域特征的高精度重构步骤，能够有效减小离散角度集量化误差对信号空域特征重构精度和信号方向估计精度的影响，2.7.4 节中将对这一性质进行验证和说明。图 2.8（b）中 iRVM-DOA 方法在

不同 $\Delta\theta$ 取值条件下的平均计算时间对比情况则说明，采样间隔每减小 1/2，重构模型的维数就增大 1 倍，iRVM-DOA 方法的计算量也随之增大 3 倍左右，这一现象与 2.5.5 节中所得到的 RVM-DOA 方法计算量与模型维数 L 的平方成正比的结论是吻合的。

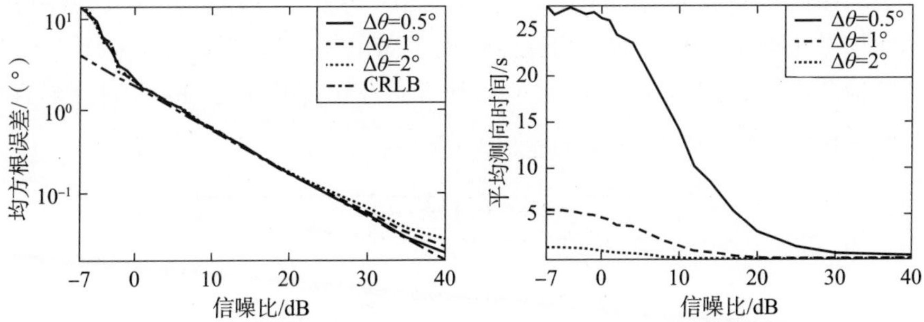

(a) 测向均方根误差　　(b) 平均运算时间

图 2.8　不同空域采样间隔条件下 iRVM-DOA 方法的性能

综合上述分析结果不难看出，$\Delta\theta$ 越小，RVM-DOA 方法的超分辨能力越强，在离散角度集上的重构精度越高，而计算量也越大。因此，空域离散角度集的设置需要综合多方面的因素，在保证达到阵列本身超分辨能力的条件下，可以牺牲一定的测向精度换取计算效率的提高。以上仅考虑了空域均匀采样的情况，如果事先已知入射信号的大致方向，则可以采取提高信号可能空域内角度采样密度的策略，从而达到兼顾测向精度和计算效率的目的。

2.7.4 独立信号源个数估计及测向性能

本部分仿真验证 RVM-DOA 方法对窄带独立信号的源个数估计性能、测向精度和计算效率，并将其与典型的子空间类方法 MUSIC[7] 和早期的稀疏重构类方法 L1-SVD[196] 进行对比。本小节着重考查算法性能随信噪比、入射信号角度间隔的变化情况，快拍数的影响将在第 3 章中进行分析。RVM-DOA 方法和 L1-SVD 方法中所使用的空域离散角度集通过对［−90°，90°］空域以 $\Delta\theta=1°$ 为间隔均匀采样得到，L1-SVD 方法经过网格细分达到所需要的测向精度[196]。RVM-DOA 方法在基于空域离散超完备模型的信号重构过程中可以同时实现对信号个数的估计，这一过程包含在 iRVM-DOA 方法和 cRVM-DOA 方法中，依据式（2.34）中罚函数的不同可得到基于 AIC 和 BIC 准则的两种源个数估计方法[192]，分别记为 RVM-DOA(AIC) 和 RVM-DOA(BIC)。

首先在−5~20dB 的信噪比范围内重复图 2.8 对应的实验，得到 RVM-DOA(AIC) 和 RVM-DOA(BIC) 方法对两个入射信号的正确检测概率及其与 AIC、

MDL 方法[94] 的对比情况如图 2.9 所示。这一组仿真结果表明，在检测性能方面，RVM-DOA(AIC) 比 AIC、MDL、RVM-DOA(BIC) 具有更强的低信噪比适应能力，在信噪比低于 0dB 时其正确检测概率最高。RVM-DOA(AIC) 方法还较大程度地克服了 AIC 准则在一致检测性方面的局限性[96,100]，它在高信噪比条件下的错误检测概率约为 10%，远小于 AIC 方法的 30%。RVM-DOA(BIC) 方法在信噪比低于 3dB 时的检测性能略优于 MDL 方法，当信噪比高于 3dB 时其正确检测概率达到 100%，而其他三种方法在信噪比高至 20dB 时仍然存在一定的错误检测概率。

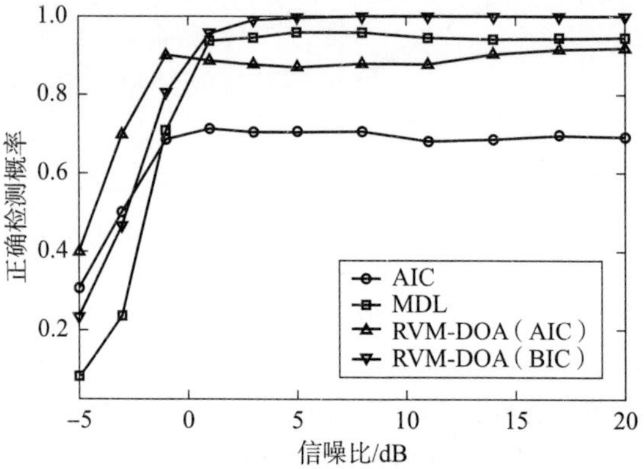

图 2.9 快拍数为 20 时，不同源个数估计方法的正确检测概率随信噪比的变化情况

由于子空间类方法需要信号个数先验信息，为公平起见，在进行测向精度比较的过程中，假设所有方法都事先已知信号个数，则 2.5.4 节给出的 RVM-DOA 方法实现流程中可省略对信号个数的估计过程。仍然重复图 2.8 对应的实验，得到 MUSIC 方法、L1-SVD 方法、iRVM-DOA 方法和 cRVM-DOA 方法的平均测向均方根误差随信噪比的变化情况如图 2.10（a）和图 2.10（b）所示，各种方法在不同信噪比条件下实现单次测向所需的平均时间如图 2.11 所示。

图 2.10（a）中的仿真结果表明，iRVM-DOA 方法和 L1-SVD 方法具有近似相同的信噪比阈值，它们在信噪比高于−1dB 的平均测向均方根误差就达到了 3°以内，cRVM-DOA 方法的信噪比阈值略高，它达到这一测向精度所需的信噪比为 0dB，MUSIC 方法则只有在信噪比高于 10dB 时才能得到高精度的测向结果。然而，当信噪比高于各方法对应的超分辨测向阈值后，RVM-DOA 方法在测向精度方面相对于 L1-SVD 方法的优势十分明显地显现出来。由于 L1-SVD 方法所使用的 ℓ_1 范数稀疏性约束与规范的 ℓ_0 范数之间存在较大的近似误差[179]，尽管它不会受到局部极值解的影响，但由于其全局极值解偏离真实

解，该方法无法得到高精度的测向结果，在信噪比高至 20dB 时的测向均方根误差仅为 1°左右。这一结果直观地说明了 ℓ_p 范数稀疏重构方法对混合信号中各个信号分量重构精度的不足，以及直接将信号重构与参数估计等价起来的固有局限。RVM-DOA 方法和 MUSIC 方法在高信噪比条件下的测向精度则较好地逼近了相应的 CRLB。

图 2.10（b）更加细致地反映了 iRVM-DOA 方法、cRVM-DOA 方法和 MUSIC 方法在更高信噪比条件下对 CRLB 的逼近情况。从图中可以看出，由于 iRVM-DOA 方法忽略了空域离散角度集上重构结果中各信号分量之间的相关性，它在信噪比较高时的测向精度与 CRLB 之间存在细微差距，而考虑该相关性的 cRVM-DOA 方法与 MUSIC 方法具有近似一致的性能。可见，基于空域相关模型的信号空域特征高精度重构过程对获得更好地逼近 CRLB 的测向精度具有较强的理论意义。

综合图 2.9 和图 2.10（a）中的仿真结果还可以发现，RVM-DOA 类方法的源个数估计性能与已知源个数条件下的测向性能具有类似的变化趋势，它们均在 0dB 左右达到较高的正确检测概率和测向精度。导致这一现象的原因是 RVM-DOA 方法的信号重构过程对模型阶数先验信息的依赖性较弱，而对信号个数的正确检测和信号方向的高精度估计都取决于相应重构结果的准确性，也就是说，RVM-DOA 方法的检测性能和测向性能曲线其实都是重构性能的直接反映。为此，后续仿真实验中将不再重复验证 RVM-DOA 方法的检测性能。

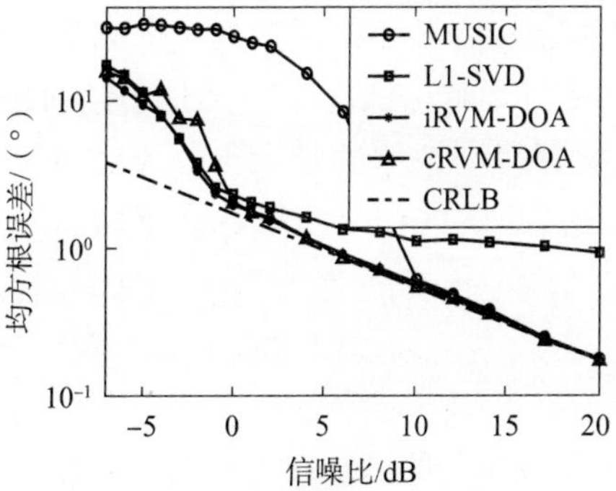

（a）信噪比为−7~20dB

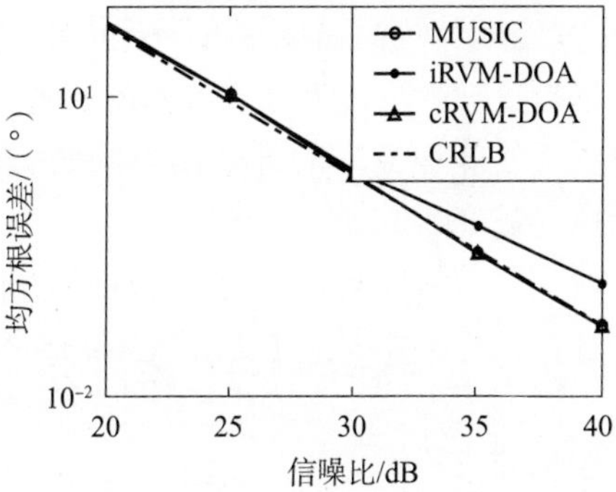

（b）信噪比为20~40dB

图 2.10　快拍数为 20 时，不同方法对窄带独立信号的测向均方根误差随信噪比的变化情况

图 2.11 中所给出的各种算法实现单次测向的平均时间对比情况则说明，RVM-DOA 方法的平均测向时间随信噪比升高显著减小，而它在低信噪比条件下的稳健性是通过牺牲一定的计算效率获得的，但这也并不能说明 RVM-DOA 方法存在计算效率方面的局限性。这是因为图 2.8 中的仿真结果已经表明，将

空域离散角度集的采样间隔从1°增大至2°就可以在保证不造成显著测向精度下降的条件下获得计算效率的极大提高，而L1-SVD方法在测向精度方面的局限却不是通过改变采样间隔所能消除的。

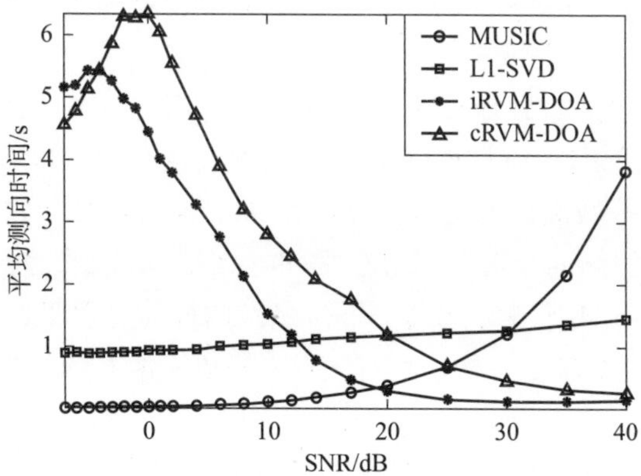

图2.11 快拍数为20时，不同方法对窄带独立信号的平均测向时间随信噪比的变化情况

结合图2.10和图2.11中的结果可以得到对iRVM-DOA方法与cRVM-DOA方法之间对比情况的一个更全面的认识。iRVM-DOA方法跳过了图2.3中的“信号空域特征高精度重构”过程，因而具有更高的计算效率，图2.10（a）则表明它对低信噪比具有更强的适应能力，不足之处在于高信噪比条件下其测向精度对CRLB的逼近性能不如cRVM-DOA方法。因此，图2.3和图2.4中将“信号空域特征高精度重构”模块作为一种备选方案，使用人员可依据实际需求选择更加合适的方法。本书内容侧重于更好地解决低信噪比、小样本和空域邻近信号等环境中的阵列测向问题，在没有特别说明的情况下，遵循iRVM-DOA方法的测向流程，即直接基于离散角度集上的信号空域特征重构结果实现对入射信号的高精度波达方向估计。

2.7.5 相关信号分辨能力

稀疏重构类方法与子空间类方法的一个最显著的区别在于，它们直接通过观测向量的空域稀疏重构估计各信号的方向，这一区别一方面导致了它们对样本数适应能力的差异，另一方面则造成了它们对相关信号分辨能力的区别。不同信号之间的相关性可由相关系数定量描述，对于两个窄带信号 s_1 和 s_2，它们之间的相关系数定义为

$$\rho_c = \frac{E\{s_1(t)s_2^*(t)\}}{\sqrt{E\{|s_1(t)|^2\}}\sqrt{E\{|s_2(t)|^2\}}} \tag{2.50}$$

当 $\rho_c=0$ 时，两信号相互独立，否则，认为它们具有相关性，$\rho_c=1$ 则表示两信号完全相干。多径条件下源信号与多径分量之间的相关系数近似为 1，是相干信号的一种典型形式。

在入射信号之间存在相关性的情况下，观测向量中各信号分量的空域稀疏结构并没有改变，因而借助对阵列输出的空域重构仍然可以实现同时入射相关信号的分辨。为了验证这一论断，在假设两入射信号相干的条件下重复 2.7.1 节中的实验，得到 MUSIC 方法、L1-SVD 方法和 iRVM-DOA 方法的空间谱如图 2.12 所示。由图可见，L1-SVD 方法和 iRVM-DOA 方法都能够成功分辨这两个信号，只不过 L1-SVD 空间谱图中出现了幅度与真实信号谱峰相近的多个伪峰，MUSIC 方法则完全失效。

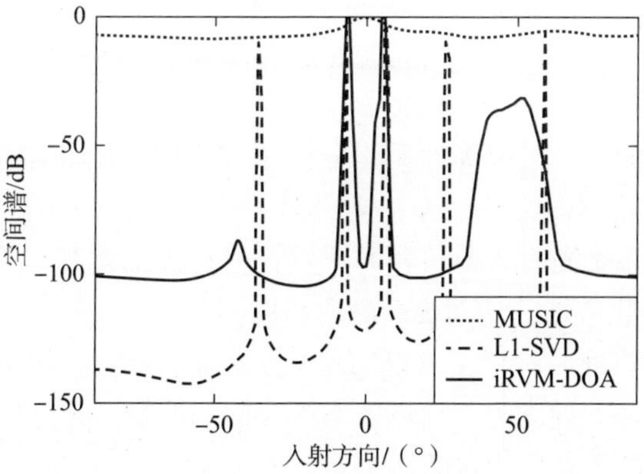

图 2.12　MUSIC、L1-SVD 和 iRVM-DOA 方法对相干信号的分辨效果

2.8　本章小结

为解决低信噪比、小样本等常规子空间类方法难以适应的信号环境中的高精度阵列测向问题，本章引入贝叶斯稀疏重构技术，建立了基于信号空域稀疏性的阵列处理理论框架，以及相应的以准确的信号空域特征重构为基础、以高精度波达方向估计为目的的处理流程，充分利用贝叶斯稀疏重构方法的多级概率模型，在实现准确的信号空域特征重构的同时较好地分离了不同入射信号分量，从而统一了稀疏重构技术与阵列测向需求的性能评估体系，实现了基于入射信号空域稀疏重构的波达方向估计。主要内容概括如下：

（1）建立了阵列输出的空域超完备模型并分析了该模型的稀疏性，为导出基于入射信号空域稀疏性的阵列测向方法奠定了模型基础。

（2）分析了具有多级概率模型的贝叶斯稀疏重构方法相对于 ℓ_p 范数类方法在模型准确度和分离不同信号分量等方面的优越性，据此将贝叶斯稀疏重构技术作为信号重构的主要手段，最终确立了基于信号空域稀疏性的阵列处理理论框架。

（3）基于窄带信号的阵列输出模型，详细介绍了利用入射信号空域稀疏性实现阵列测向的基本原理；通过分析指出噪声方差估计值准确度对测向结果的一致性具有重要影响，并给出了联合实现噪声方差估计和离散角度集上信号重构的方法；为减小空域离散超完备模型所引入的量化误差，构造了考虑信号谱峰内不同分量之间相关性的修正目标函数，进一步提高了对各信号空域特征的重构精度。

（4）给出了基于入射信号空域重构结果的波达方向估计方法，并证明了该测向过程与信号的重构过程具无偏性是内在统一的。

（5）总结了所给出的 RVM-DOA 方法在测向精度、多信号分辨能力以及多快拍条件下的性能改善情况等性质。分析结果表明：RVM-DOA 方法具有优于 ℓ_p 范数稀疏重构类测向方法的全局收敛性；它能够在快拍数少于阵列阵元数的情况下实现对多个同时入射信号的分辨；快拍数的增加可以显著改善 RVM-DOA 方法的全局收敛性，从而提高测向精度。

（6）结合仿真实验验证了 RVM-DOA 方法在收敛性、源个数估计性能、测向精度、相关信号处理能力、计算效率等方面的性能，并分析了在算法实现过程中需要考虑的离散角度集设置等问题。仿真和分析结果表明：RVM-DOA 方法中对噪声方差和信号分量的交替优化过程具有良好的收敛性，其对低信噪比、小样本的适应能力显著优于以信号-噪声子空间正交性为基础的各种常规源个数和波达方向估计方法，测向精度则显著高于 ℓ_p 范数稀疏重构类测向方法。在 RVM-DOA 方法的两种不同实现形式中，iRVM-DOA 在低信噪比和空域邻近信号条件下的超分辨能力更强，且一般具有更高的计算效率，但在高信噪比条件下其测向精度对 CRLB 的逼近程度略差于 cRVM-DOA。在保证不损失阵列超分辨能力的前提下，RVM-DOA 方法可以通过适当增大空域离散角度集的采样间隔，以牺牲高信噪比条件下对 CRLB 的逼近程度为代价获得显著提高的计算效率。

第3章 窄带信号测向方法

3.1 引 言

第2章引入贝叶斯稀疏重构技术，建立了基于入射信号空域稀疏性的阵列信号处理基本理论框架，并给出了相应的 RVM-DOA 方法。从 RVM-DOA 方法的实现过程和后续仿真结果可以看出，它可以直接应用于对窄带独立信号的波达方向估计，同时较好地适应窄带相关信号的测向问题。然而，2.7.4 节的仿真结果表明，RVM-DOA 方法在低信噪比条件下并不具备计算效率优势。尽管可以通过增大空域离散角度集的采样间隔弥补这一不足，但采样间隔的设置始终受限于阵列的超分辨能力和算法的测向精度。该仿真结果同时也揭示了 RVM-DOA 方法的计算效率随信噪比升高而显著改善的规律。利用上述特点，本章将基于入射信号空域稀疏性的测向方法的观测数据从原始阵列输出变换为协方差向量，并通过理论分析证明，在观测样本数量较为充分的条件下，协方差向量具有比原始阵列输出更高的信噪比。因此，本章首先借助协方差向量中与各信号相对应分量的空域稀疏性，实现对窄带独立和相关信号的波达方向估计。

受多径效应等因素的影响，实际阵列测向系统所接收的多个分量之间可能具有较强的相关性，从而导致常规子空间类测向方法性能严重恶化甚至完全失效，需要引入各种空域预处理步骤以尽可能减小这一相关性对测向过程的影响[14-17]。各种稀疏重构类方法尽管具备较强的相关信号处理能力，但随着多个入射信号之间相关性的增强，此类测向方法对应目标函数中的局部极值点会显著增多[210]，进而引起测向精度的下降。对于 RVM-DOA 方法而言，不同信号之间的相关性还会造成重构模型中入射信号幅度的空域独立性假设与实际观测模型不吻合，因此也难以获得最优的相关信号测向性能。

本章结合窄带信号模型的特点，在 3.2 节和 3.3 节分别给出基于阵列输出协方差向量空域稀疏重构的窄带独立/相关信号测向（Covariance Vector exploited RVM，CV-RVM）方法和基于空域滤波的窄带相关信号测向（Spatial Filtering based RVM-DOA，SF RVM-DOA）方法，以弥补 RVM-DOA 方法在低信噪比条件下的计算效率和相关信号测向精度等两方面的不足。3.4 节对本章工作进行总结。

3.2 基于阵列输出协方差向量稀疏重构的测向方法

本节将 RVM-DOA 方法的观测数据从原始阵列输出变换为协方差向量，并通过分析证明，这一模型转化过程不但不会改变观测模型的空域稀疏性，而且在适宜样本数条件下能够显著提高其信噪比。基于这一特点，本节首先针对窄带独立信号介绍 CV-RVM 方法，随后对该方法进行修正以使其适用于窄带相关信号。

3.2.1 协方差向量模型

依据式（2.1）的阵列输出模型，当阵列接收机共采集到 $t=t_1$，…，t_N 时刻的 N 组观测数据时，由这 N 组观测数据可得到阵列输出的协方差矩阵估计值为

$$\hat{\boldsymbol{R}}=\frac{1}{N}\sum_{n=1}^{N}\boldsymbol{x}(t_n)\boldsymbol{x}^{\mathrm{H}}(t_n) \tag{3.1}$$

当 N 足够大时，得到协方差矩阵的理论值为

$$\boldsymbol{R}=\mathrm{E}[\boldsymbol{x}(t)\boldsymbol{x}^{\mathrm{H}}(t)]=\boldsymbol{A}(\boldsymbol{\vartheta})\boldsymbol{R}_s\boldsymbol{A}^{\mathrm{H}}(\boldsymbol{\vartheta})+\sigma^2\boldsymbol{I} \tag{3.2}$$

式中

$$\boldsymbol{R}_s=\lim_{N\to+\square}\hat{\boldsymbol{R}}_s=\mathrm{E}[\boldsymbol{s}(t)\boldsymbol{s}^{\mathrm{H}}(t)] \tag{3.3}$$

为信号波形协方差矩阵的理论值，$\hat{\boldsymbol{R}}_s$ 对应于 N 组观测数据条件下 $\boldsymbol{R}_s$ 的估计值。当各信号之间相互独立时，$\boldsymbol{R}_s=\mathrm{diag}([\eta_1,\cdots,\eta_K])$，其中 $\eta_k=\lim\limits_{N\to+\infty}\frac{1}{N}\sum\limits_{n=1}^{N}|s_k(t_n)|^2$ 为第 k 个信号的功率，$k=1$，…，k。

由式（3.2）不难看出，理想阵列输出协方差矩阵 R 的第 m 个列向量在去

除观测噪声分量后具有如下形式：

$$\boldsymbol{y}_m=\boldsymbol{R}\boldsymbol{e}_m-\sigma^2\boldsymbol{e}_m=\boldsymbol{A}(\boldsymbol{\vartheta})\boldsymbol{b}_m \tag{3.4}$$

式中：$m=1$，…，M，$\boldsymbol{e}_m\in\mathbb{R}^{M\times1}$ 表示第 m 个元素为 1、其他元素为 0 的列向量；$\boldsymbol{b}_m$ 为矩阵 $\boldsymbol{R}_s\boldsymbol{A}^{\mathrm{H}}(\boldsymbol{\vartheta})$ 的第 m 列。

当入射信号之间相互独立时，$\boldsymbol{b}_m=[\eta_1\mathrm{e}^{\mathrm{j}\varphi_{1,m}},\ \cdots,\ \eta_K\mathrm{e}^{\mathrm{j}\varphi_{K,m}}]^{\mathrm{T}}$，式（3.4）可改写为

$$\boldsymbol{y}_m=\boldsymbol{A}(\boldsymbol{\vartheta})\boldsymbol{\Phi}_m\boldsymbol{\eta}=\boldsymbol{A}_m(\boldsymbol{\vartheta})\boldsymbol{\eta} \tag{3.5}$$

式中

$$\boldsymbol{\Phi}_m=\mathrm{diag}([\mathrm{e}^{\mathrm{j}\varphi_{1,m}},\cdots,\mathrm{e}^{\mathrm{j}\varphi_{K,m}}]^{\mathrm{T}}),\boldsymbol{\eta}=[\eta_1,\cdots,\eta_K]^{\mathrm{T}},\boldsymbol{A}_m(\boldsymbol{\vartheta})=\boldsymbol{A}(\boldsymbol{\vartheta})\boldsymbol{\Phi}_m$$

因此，可将 $\boldsymbol{R}$ 自左向右逐列排列得到一个维数为 $M^2\times1$ 的列向量如下：

$$\boldsymbol{y}=[\boldsymbol{y}_1^{\mathrm{T}},\cdots,\boldsymbol{y}_M^{\mathrm{T}}]^{\mathrm{T}}=[(\boldsymbol{A}_1(\boldsymbol{\vartheta}))^{\mathrm{T}},\cdots,(\boldsymbol{A}_M(\boldsymbol{\vartheta}))^{\mathrm{T}}]^{\mathrm{T}}\boldsymbol{\eta}\triangleq\boldsymbol{H}(\boldsymbol{\vartheta})\boldsymbol{\eta} \tag{3.6}$$

式中

$$\boldsymbol{H}(\boldsymbol{\vartheta})=[(\boldsymbol{A}_1(\boldsymbol{\vartheta}))^{\mathrm{T}},\cdots,(\boldsymbol{A}_M(\boldsymbol{\vartheta}))^{\mathrm{T}}]^{\mathrm{T}}$$

向量 $\boldsymbol{y}$ 中与各入射信号相关联的成分对应于各信号的自相关分量，但当不同信号之间存在相关性时，其中同时包含相关信号的互相关分量，导致式（3.6）中的协方差向量表达式不再成立。

这里将 $\boldsymbol{y}$ 和 $\boldsymbol{y}_1$，…，$\boldsymbol{y}_M$ 统称为协方差向量，式（3.4）、式（3.6）表明这些向量均为各入射信号阵列响应向量的加权和，而且它们具有依赖于入射信号方向的相同空域稀疏结构。因此，如果能够对这些向量进行空域重构，就可以依据重构结果估计各信号的方向。

在实际应用中的有限样本条件下，阵列输出协方差矩阵存在一定的估计误差，则式（3.4）、式（3.6）中的协方差向量分别对应于如下形式：

$$\hat{\boldsymbol{y}}_m=(\hat{\boldsymbol{R}}-\sigma^2\boldsymbol{I})e_m=\boldsymbol{A}(\boldsymbol{\vartheta})\boldsymbol{b}_m+\varepsilon_m \tag{3.7}$$

$$\hat{\boldsymbol{y}}=\mathrm{vec}(\hat{\boldsymbol{R}}-\sigma^2\boldsymbol{I})=\boldsymbol{H}(\boldsymbol{\vartheta})\boldsymbol{\eta}+\varepsilon \tag{3.8}$$

式中：$\boldsymbol{\varepsilon}_m$ 为 $\hat{\boldsymbol{y}}_m$ 在有限样本条件下的估计误差；$\boldsymbol{\varepsilon}=[\boldsymbol{\varepsilon}_1^{\mathrm{T}},\ \cdots,\ \boldsymbol{\varepsilon}_M^{\mathrm{T}}]^{\mathrm{T}}$；$\mathrm{vec}(\cdot)$ 表示将矩阵按列排列得到相应的向量。由于 $\hat{\boldsymbol{R}}$ 为 $\boldsymbol{R}$ 的无偏估计量，$\boldsymbol{\varepsilon}$ 和 $\boldsymbol{\varepsilon}_1$，…，$\boldsymbol{\varepsilon}_M$ 等误差向量的期望值均为零。

为了更好地区分原始阵列输出中的 $\boldsymbol{v}(t)$ 和协方差向量的 $\boldsymbol{\varepsilon}$ 等扰动项，以下将 $\boldsymbol{v}(t)$ 和相应的协方差矩阵 $\sigma^2\boldsymbol{I}$ 称为观测噪声和噪声协方差矩阵，而将 $\boldsymbol{\varepsilon}$ 和 $\boldsymbol{\varepsilon}_1$，…，$\boldsymbol{\varepsilon}_M$ 称为协方差向量估计误差。在 CV-RVM 方法的实现过程中首先假设观测噪声方差已知，以方便对算法原理的介绍，其估计方法则在后续仿真实验中给出。

3.2.2 协方差向量估计误差统计特性

在有限样本条件下，阵列输出协方差矩阵各元素存在一定的估计误差 $\widetilde{R}_{p,q}=\hat{R}_{p,q}-R_{p,q}$，其中，$R_{p,q}$ 表示矩阵 $\boldsymbol{R}$ 的第（p，q）个元素，$\widetilde{R}_{p,q}$ 和 $\hat{R}_{p,q}$ 也具有类似的意义。在观测噪声和入射信号幅度均服从零均值高斯分布条件下，依据大数定律不难证明 $\widetilde{R}_{p,q}$ 近似服从高斯分布，且不同协方差矩阵元素估计误差之间的相关性如下[211]：

$$\mathrm{E}(\widetilde{R}_{p_1,q_1}\widetilde{R}^*_{p_2,q_2})=\frac{1}{N}R_{p_1,p_2}R^*_{q_1,q_2} \tag{3.9}$$

式中：$(\cdot)^*$ 表示共轭运算。

因此

$$\mathrm{E}(\boldsymbol{\varepsilon}\boldsymbol{\varepsilon}^{\mathrm{H}})=\frac{1}{N}\boldsymbol{R}^{\mathrm{T}}\otimes\boldsymbol{R}\triangleq\boldsymbol{Q} \tag{3.10}$$

式中：“$\otimes$” 为克罗内克积。

式（3.10）表明，$\mathrm{E}(\boldsymbol{\varepsilon}\boldsymbol{\varepsilon}^{\mathrm{H}})$ 的非对角线元素不为零，即不同协方差向量以及同一协方差向量不同元素的估计误差之间具有一定的相关性。

3.2.3 协方差向量信噪比分析

依据式（2.1）中 t 时刻的阵列输出表达式，可知观测向量 $\boldsymbol{x}$（t）中第 k 个信号分量在整个阵列上的信噪比为

$$\mathrm{SNR}_k=\frac{\eta_k}{\sigma^2}\frac{\|\boldsymbol{a}(\vartheta_k)\|_2^2}{M}=\frac{\eta_k}{\sigma^2} \tag{3.11}$$

由于式（3.7）中所给出的第 m 个协方差向量估计误差的不同元素之间具有较强的相关性，为了更好地计算其信噪比，首先对该估计误差向量进行去相关处理，得到一个新的协方差向量如下：

$$\hat{\underline{\boldsymbol{y}}}_m=\boldsymbol{Q}_m^{-1/2}\hat{\boldsymbol{y}}_m=\boldsymbol{Q}_m^{-1/2}\boldsymbol{A}(\boldsymbol{\vartheta})\boldsymbol{b}_m+\boldsymbol{Q}_m^{-1/2}\boldsymbol{\varepsilon}_m \tag{3.12}$$

式中：$\boldsymbol{Q}_m=\mathrm{E}[\boldsymbol{\varepsilon}_m\boldsymbol{\varepsilon}_m^{\mathrm{H}}]=\frac{1}{N}R_{mm}\boldsymbol{R}$ 由式（3.10）得到，R_{mm} 为 $\boldsymbol{R}$ 的第 m 行、m 列元素。向量 $\hat{\underline{\boldsymbol{y}}}_m$ 的估计误差 $\boldsymbol{Q}_m^{-1/2}\boldsymbol{\varepsilon}_m$ 满足 $\mathrm{E}\{(\boldsymbol{Q}_m^{-1/2}\boldsymbol{\varepsilon}_m)(\boldsymbol{Q}_m^{-1/2}\boldsymbol{\varepsilon}_m)^{\mathrm{H}}\}=\boldsymbol{I}_{M\times M}$，而其中第 k 个入射信号对应的自相关分量为 $\boldsymbol{Q}_m^{-1/2}\boldsymbol{a}(\vartheta_k)[\boldsymbol{b}_m]_k$，$[\boldsymbol{b}_m]_k$ 表示向量 $\boldsymbol{b}_m$ 的第 k 个元素。

为简化分析，假设各入射信号之间相互独立，则 $\boldsymbol{b}_m=\boldsymbol{\eta}$，$[\boldsymbol{b}_m]_k=\eta_k$。依据式（3.12）可知，该协方差向量中第 k 个信号对应分量的信噪比为

$$\mathrm{SNR}_k'=\frac{\|\boldsymbol{Q}_m^{-1/2}\boldsymbol{a}(\vartheta_k)\eta_k\|_2^2}{M}=\frac{\eta_k^{\ 2}}{M}\boldsymbol{a}^{\mathrm{H}}(\vartheta_k)\boldsymbol{Q}_m^{-1}\boldsymbol{a}(\vartheta_k)=\frac{N\eta_k^{\ 2}}{MR_{mm}}\boldsymbol{a}^{\mathrm{H}}(\vartheta_k)\boldsymbol{R}^{-1}\boldsymbol{a}(\vartheta_k) \tag{3.13}$$

对比式（3.11）和式（3.13）可以得到协方差向量相对于原始阵列输出的信噪比改善系数为

$$\frac{\mathrm{SNR}_k'}{\mathrm{SNR}_k}=N\frac{\eta_k\sigma^2}{R_{mm}}\frac{\boldsymbol{a}^{\mathrm{H}}(\vartheta_k)\boldsymbol{R}^{-1}\boldsymbol{a}(\vartheta_k)}{M} \tag{3.14}$$

当多个信号同时入射时，由式（3.14）难以直接计算信噪比改善系数的具体取值，但它随样本数量线性增大的趋势是显然的。也就是说，在观测样本数量足够大的条件下，协方差向量相对于原始阵列输出必定具有显著的信噪比改善。

为了更加清楚地说明这一问题，对上述信号环境进行进一步简化，假设仅有单个信号入射，则 $\boldsymbol{R}=\eta_1\boldsymbol{a}(\vartheta_1)\boldsymbol{a}^{\mathrm{H}}(\vartheta_1)+\sigma^2\boldsymbol{I}$，$R_{mm}=\sigma^2+\eta_1$，借助矩阵求逆引理[212] 由式（3.14）计算得到相应的信噪比改善系数为

$$\frac{\mathrm{SNR}_1'}{\mathrm{SNR}_1}=N\frac{\eta_1\sigma^2}{(\sigma^2+\eta_1)(\sigma^2+M\eta_1)} \tag{3.15}$$

以入射信号信噪比等于 0dB 为例，由式（3.15）不难看出，当快拍数大于 $2(M+1)$ 时协方差向量的信噪比就高于原始阵列输出向量。借助类似的分析也可以就 $\hat{\boldsymbol{y}}$ 的信噪比得到类似的结论。

3.2.4 窄带信号测向方法

本小节结合式（3.7）、式（3.8）中窄带信号阵列输出的协方差向量模型和入射信号的空域稀疏性，引入相关向量机方法分别实现对窄带独立信号和相关信号的波达方向估计。

式（3.7）和式（3.8）表明，向量 $\hat{\boldsymbol{y}}_1$，…，$\hat{\boldsymbol{y}}_M$ 在独立和相关信号环境中均可表示为 K 个信号阵列响应函数的含噪加权和，在特定字典集上具有与信号入射方向一致的空域稀疏性，但它们的权系数互不相同；协方差向量 $\hat{\boldsymbol{y}}$ 也具有类似的空域稀疏结构，但这一模型仅适用于独立信号。考虑到入射信号之间相互独立时，向量 $\hat{\boldsymbol{y}}$ 在构造过程中同时结合了子向量 $\hat{\boldsymbol{y}}_1$，…，$\hat{\boldsymbol{y}}_M$ 具有一致的稀疏性和统一的权系数的特点，对阵列输出协方差向量中隐含的信号信息利用更为充分，因此在独立信号环境中，以下主要介绍基于 $\hat{\boldsymbol{y}}$ 的测向方法 SMV CV-RVM（Single Measurement Vector implementation of CV-RVM），而针对窄带相关信号，则主要介绍基于 $\hat{\boldsymbol{y}}_1$，…，$\hat{\boldsymbol{y}}_M$ 联合稀疏重构的测向方法 MMV CV-RVM

(Multiple Measurement Vector implementation of CV-RVM)。

1. 独立信号测向方法

为了更好地利用入射信号的空域稀疏性，对其可能的入射空域进行划分得到离散角度集 $\boldsymbol{\Theta}=[\theta_1, \cdots, \theta_L]$，则 $\hat{\boldsymbol{y}}$ 具有如下空域超完备表示形式：

$$\hat{\boldsymbol{y}}=\text{vec}(\hat{\boldsymbol{R}}-\sigma^2\boldsymbol{I})=\boldsymbol{H}(\boldsymbol{\Theta})\overline{\boldsymbol{\eta}}+\boldsymbol{\varepsilon} \tag{3.16}$$

式中：$\boldsymbol{H}(\boldsymbol{\Theta})=[\boldsymbol{h}(\theta_1), \cdots, \boldsymbol{h}(\theta_L)]$，$\boldsymbol{h}(\theta_l)$ 的定义与式（3.6）中 $\boldsymbol{H}(\boldsymbol{\vartheta})$ 的定义类似；$\overline{\boldsymbol{\eta}}=[\overline{\eta}_1, \cdots, \overline{\eta}_L]^{\mathrm{T}}$，$\overline{\boldsymbol{\eta}}$ 仅在 $\boldsymbol{\vartheta}$ 处取非零值 $\boldsymbol{\eta}=[\eta_1, \cdots, \eta_K]^{\mathrm{T}}$。

以下基于式（3.16），引入相关向量机估计各信号的波达方向。需要指出的是，由于信号功率 $\boldsymbol{\eta}$ 非负，因而还可以在重构过程中附加对该特性的考虑，从而得到其他贝叶斯稀疏重构方法，但这一模型变化会极大地增加重构过程的复杂度[213]。因此，以下对 $\boldsymbol{\eta}$ 中元素的非负性予以忽略，而是仍然假设 $\overline{\boldsymbol{\eta}}$ 服从零均值的高斯分布，即 $\overline{\boldsymbol{\eta}}\sim\mathcal{N}(\boldsymbol{0}, \boldsymbol{\Gamma})$，其中 $\boldsymbol{\Gamma}=\text{diag}(\boldsymbol{\gamma})$，$\boldsymbol{\gamma}=[\gamma_1, \cdots, \gamma_L]$。依据这一假设，得到 $\hat{\boldsymbol{y}}$ 关于 $\boldsymbol{\gamma}$ 的似然函数为

$$\begin{aligned} p(\hat{\boldsymbol{y}}\mid\boldsymbol{\gamma}) &= \int p(\hat{\boldsymbol{y}}\mid\boldsymbol{\eta})p(\overline{\boldsymbol{\eta}}\mid\boldsymbol{\gamma})\,\mathrm{d}\overline{\boldsymbol{\eta}} \\ &= \int |\pi\boldsymbol{\Sigma}_{\overline{\boldsymbol{\eta}}}|^{-1}|\pi\boldsymbol{\Sigma}_{\hat{\boldsymbol{y}}}|^{-1}\exp\{-[(\overline{\boldsymbol{\eta}}-\boldsymbol{\mu})^{\mathrm{H}}\boldsymbol{\Sigma}_{\overline{\boldsymbol{\eta}}}^{-1}(\overline{\boldsymbol{\eta}}-\boldsymbol{\mu})+\hat{\boldsymbol{y}}^{\mathrm{H}}\boldsymbol{\Sigma}_{\hat{\boldsymbol{y}}}^{-1}\hat{\boldsymbol{y}}]\}\,\mathrm{d}\overline{\boldsymbol{\eta}} \\ &= |\pi\boldsymbol{\Sigma}_{\hat{\boldsymbol{y}}}|^{-1}\exp\{-\hat{\boldsymbol{y}}^{H}\boldsymbol{\Sigma}_{\hat{\boldsymbol{y}}}^{-1}\hat{\boldsymbol{y}}\} \end{aligned} \tag{3.17}$$

式中

$$\boldsymbol{\mu}=\boldsymbol{\Gamma}\boldsymbol{H}^{\mathrm{H}}(\boldsymbol{\Theta})[\boldsymbol{Q}+\boldsymbol{H}(\boldsymbol{\Theta})\boldsymbol{\Gamma}\boldsymbol{H}^{\mathrm{H}}(\boldsymbol{\Theta})]^{-1}\hat{\boldsymbol{y}} \tag{3.18}$$

$$\boldsymbol{\Sigma}_{\overline{\boldsymbol{\eta}}}=\boldsymbol{\Gamma}-\boldsymbol{\Gamma}\boldsymbol{H}^{\mathrm{H}}(\boldsymbol{\Theta})[\boldsymbol{Q}+\boldsymbol{H}(\boldsymbol{\Theta})\boldsymbol{\Gamma}\boldsymbol{H}^{\mathrm{H}}(\boldsymbol{\Theta})]^{-1}\boldsymbol{H}(\boldsymbol{\Theta})\boldsymbol{\Gamma} \tag{3.19}$$

$$\boldsymbol{\Sigma}_{\hat{\boldsymbol{y}}}=\boldsymbol{Q}+\boldsymbol{H}(\boldsymbol{\Theta})\boldsymbol{\Gamma}\boldsymbol{H}(\boldsymbol{\Theta})^{\mathrm{H}} \tag{3.20}$$

式（3.17）反映了 $\hat{\boldsymbol{y}}$ 与 $\boldsymbol{\gamma}$ 的依赖关系，通过极大化该概率密度函数就能估计出 $\boldsymbol{\gamma}$。为了方便问题求解，对式（3.17）取对数并省略其中的常数项得到如下目标函数：

$$\mathcal{L}(\boldsymbol{\gamma})=\ln|\boldsymbol{\Sigma}_{\hat{\boldsymbol{y}}}|+\hat{\boldsymbol{y}}^{\mathrm{H}}\boldsymbol{\Sigma}_{\hat{\boldsymbol{y}}}^{-1}\hat{\boldsymbol{y}} \tag{3.21}$$

与 RVM-DOA 方法类似，采用迭代 EM 算法[209] 优化该目标函数以求解 $\boldsymbol{\gamma}$。在每一步迭代过程中，由式（3.18）、式（3.19）计算得到 $\overline{\boldsymbol{\eta}}$ 的一阶和二阶矩之后，由 $\partial\mathcal{L}(\boldsymbol{\gamma})/\partial\boldsymbol{\gamma}=0$ 得到 $\boldsymbol{\gamma}$ 的更新步骤如下：

$$\gamma_l^{(q)}=|\mu_l^{(q)}|^2+(\boldsymbol{\Sigma}_{\overline{\boldsymbol{\eta}}}^{(q)})_{l,l} \tag{3.22}$$

式中：$(\cdot)^{(q)}$ 表示第 q 步迭代过程中的变量；μ_l 表示向量 $\boldsymbol{\mu}$ 的第 l 个元素；$(\boldsymbol{\Sigma}_{\overline{\boldsymbol{\eta}}})_{l,l}$ 表示 $\boldsymbol{\Sigma}_{\overline{\boldsymbol{\eta}}}$ 的第（l, l）个元素。

上述迭代过程的初始值可取$\boldsymbol{\mu}^{(0)}=\boldsymbol{H}^{\dagger}(\boldsymbol{\Theta})\hat{\boldsymbol{y}}$，$\boldsymbol{\Sigma}_{\boldsymbol{\eta}}^{(0)}=\boldsymbol{0}$，$\boldsymbol{\gamma}^{(0)}$ 可由式（3.22）计算得到。式（3.22）的迭代收敛速度一般较慢，通常采用不动点迭代方法替代[129]，同时为了避免迭代过程出现计算奇异，采用 $\gamma_l^{(q)}=|\mu_l^{(q)}|^2/(1-(\boldsymbol{\Sigma}_{\boldsymbol{\eta}}^{(q)})_{l,l}/\gamma_l^{(q-1)})+\zeta$ 替代式（3.22），其中 $\zeta=10^{-10}$。随着迭代过程的进行，$\|\boldsymbol{\gamma}^{(q+1)}-\boldsymbol{\gamma}^{(q)}\|/\boldsymbol{\gamma}^{(q)}$ 不断减小，当 $\|\boldsymbol{\gamma}^{(q+1)}-\boldsymbol{\gamma}^{(q)}\|/\boldsymbol{\gamma}^{(q)}<\zeta$ 时认为 EM 算法达到收敛，所得到的 $\boldsymbol{\gamma}^{(q+1)}$ 作为入射信号空间功率谱估计结果。

在 EM 算法迭代至收敛得到入射信号的空域重构结果之后，还需要遵循 2.5.3 节的高精度测向过程消除离散角度集 $\boldsymbol{\Theta}$ 在测向结果中所引入的量化误差。

记 $\boldsymbol{\gamma}_{-k}$ 为 $\boldsymbol{\gamma}$ 中去除第 k 个信号对应谱峰后的空间功率谱，$\boldsymbol{\Gamma}_{-k}=\mathrm{diag}(\boldsymbol{\gamma}_{-k})$，$\boldsymbol{\Theta}_{-k}$ 为与 $\boldsymbol{\gamma}_{-k}$ 相对应的角度集，$\boldsymbol{\Sigma}_{-k}=\boldsymbol{Q}+\boldsymbol{H}(\boldsymbol{\Theta}_{-k})\boldsymbol{\Gamma}_{-k}\boldsymbol{H}^{\mathrm{H}}(\boldsymbol{\Theta}_{-k})$，用 $\hat{\boldsymbol{y}}$ 中第 k 个信号自相关成分的功率和角度构成 $\underline{\eta}_k\boldsymbol{h}(\vartheta_k)\boldsymbol{h}^{\mathrm{H}}(\vartheta_k)$ 表示 $\hat{\boldsymbol{y}}$ 的协方差矩阵重构结果 $\boldsymbol{\Sigma}_{\hat{\boldsymbol{y}}}$ 中对应的信号分量，以替换原始重构结果中多根谱线对应的表示形式 $\boldsymbol{H}(\boldsymbol{\theta}_k)\boldsymbol{\Gamma}_k\boldsymbol{H}^{\mathrm{H}}(\boldsymbol{\theta}_k)$，得到用于估计该信号方向的目标函数如下：

$$\mathcal{L}(\vartheta_k,\underline{\eta}_k)=\ln|\boldsymbol{\Sigma}_{-k}+\underline{\eta}_k\boldsymbol{h}(\vartheta_k)\boldsymbol{h}^{\mathrm{H}}(\vartheta_k)|+\hat{\boldsymbol{y}}^{\mathrm{H}}[\boldsymbol{\Sigma}_{-k}+\underline{\eta}_k\boldsymbol{h}(\vartheta_k)\boldsymbol{h}^{\mathrm{H}}(\vartheta_k)]^{-1}\hat{\boldsymbol{y}} \tag{3.23}$$

在式（3.23）中，由 $\partial\mathcal{L}(\vartheta_k,\ \underline{\eta}_k)/\partial\underline{\eta}_k=0$ 解得 $\underline{\eta}_k$ 之后，代入 $\partial\mathcal{L}(\vartheta_k,\ \underline{\eta}_k)/\partial\vartheta_k=0$ 可得

$$g(\vartheta_k)\triangleq\mathrm{Re}\left\{\boldsymbol{h}^{\mathrm{H}}(\vartheta_k)\boldsymbol{\Sigma}_{-k}^{-1}[\boldsymbol{h}(\vartheta_k)\boldsymbol{h}^{\mathrm{H}}(\vartheta_k)\boldsymbol{\Sigma}_{-k}^{-1}\hat{\boldsymbol{y}}\hat{\boldsymbol{y}}^{\mathrm{H}}-\hat{\boldsymbol{y}}\hat{\boldsymbol{y}}^{\mathrm{H}}\boldsymbol{\Sigma}_{-k}^{-1}\boldsymbol{h}(\vartheta_k)\boldsymbol{h}^{\mathrm{H}}(\vartheta_k)]\boldsymbol{\Sigma}_{-k}^{-1}\frac{\partial\boldsymbol{h}(\vartheta_k)}{\partial\vartheta_k}\right\}=0 \tag{3.24}$$

因此，基于式（3.22）达到收敛时对应的空间功率谱估计结果，依据式（3.24）在各信号谱峰范围内以所需要的测向精度进行搜索，得到第 k 个信号的角度估计值为

$$\hat{\vartheta}_k=\underset{\theta\in\boldsymbol{\Omega}_k}{\mathrm{argmax}}[g(\theta)]^{-1} \tag{3.25}$$

式中：$\boldsymbol{\Omega}_k$ 表示第 k 个信号对应的谱峰覆盖范围。

2. 相关信号测向方法

当不同入射信号之间具有相关性时，式（3.6）中协方差向量的表达式不再成立，此时阵列输出协方差矩阵中除包含各信号的自相关分量外，还包含相关信号之间的互相关分量，这些互相关分量同时依赖于两个信号的入射方向，无法用字典集 $\boldsymbol{H}(\boldsymbol{\Theta})$ 中与入射信号方向相对应的基函数准确表示。因此，如果直接采用 SMV RVM-DOA 方法估计相关信号的方向，则重构空间谱中会出现大量幅值较大的伪峰，给准确的信号个数判定和方向估计造成困难。然而

式（3.4）表明，无论不同信号之间是否相关，在去除噪声分量后，子向量 $\hat{\boldsymbol{y}}_1$，…，$\hat{\boldsymbol{y}}_M$ 均为各入射信号阵列响应函数的含噪加权和，它们在角度集 $\boldsymbol{\Theta}$ 上具有一致的稀疏性。因此，可通过子向量 $\hat{\boldsymbol{y}}_1$，…，$\hat{\boldsymbol{y}}_M$ 的空域联合稀疏重构实现对相关信号的测向。

与式（3.16）类似，协方差矩阵估计值的第 m 个子向量 $\hat{\boldsymbol{y}}_m$ 在角度集 $\boldsymbol{\Theta}$ 上具有如下稀疏表示形式：

$$\hat{\boldsymbol{y}}_m=\boldsymbol{A}(\boldsymbol{\Theta})\boldsymbol{u}_m+\boldsymbol{\varepsilon}_m,\quad m=1,\cdots,M \tag{3.26}$$

式中：$\boldsymbol{u}_m\in\mathbb{C}^{L\times 1}$ 仅在入射信号对应角度处取非零幅值，但与式（3.16）的不同之处在于，这些幅值通常为复数。用 $\boldsymbol{Q}$ 对 $\hat{\boldsymbol{y}}=[\hat{\boldsymbol{y}}_1^{\mathrm{T}}，\cdots，\hat{\boldsymbol{y}}_M^{\mathrm{T}}]^{\mathrm{T}}$ 的估计误差进行去相关处理，得到如下观测向量：

$$\hat{\boldsymbol{y}}'=\boldsymbol{Q}^{-1/2}\hat{\boldsymbol{y}}=\sqrt{N}(\boldsymbol{R}^{-\mathrm{T}/2}\otimes\boldsymbol{R}^{-1/2})\hat{\boldsymbol{y}} \tag{3.27}$$

对应的理想向量 y' 中第 m 个 M 维子向量为

$$\boldsymbol{y}'_m=\sqrt{N}\sum_{i=1}^{M}c_{mi}\boldsymbol{R}^{-1/2}\boldsymbol{y}_i=\sqrt{N}\boldsymbol{R}^{-1/2}\boldsymbol{A}(\boldsymbol{\Theta})\sum_{i=1}^{M}c_{mi}\boldsymbol{u}_m \tag{3.28}$$

式中：c_{mi} 表示 $\boldsymbol{R}^{-\mathrm{T}/2}$ 的第 m 行、i 列元素，去相关处理后 $\hat{\boldsymbol{y}}'_m$（$m=1$，…，M）的估计误差之间相互独立。

由于不同 $\boldsymbol{u}_m$ 具有相同的空域稀疏结构，且其非零幅度值坐标与 $\boldsymbol{\vartheta}$ 在 $\boldsymbol{\Theta}$ 中的位置相对应，由式（3.28）可知，$\boldsymbol{y}'_m(m=1，\cdots，M)$ 由字典集 $\boldsymbol{R}^{-1/2}\boldsymbol{A}(\boldsymbol{\Theta})$ 中相同的基函数集构成，因此同样可通过对 $\hat{\boldsymbol{y}}'_m(m=1，\cdots，M)$ 的空域稀疏重构实现对各信号入射方向的估计。记 $\boldsymbol{u}'_m=\sum_{i=1}^{M}c_{mi}\boldsymbol{u}_m$，$\boldsymbol{A}'(\boldsymbol{\Theta})=\sqrt{N}\boldsymbol{R}^{-1/2}\boldsymbol{A}(\boldsymbol{\Theta})$，$\boldsymbol{u}'_m\sim\mathcal{N}(\boldsymbol{0}，\boldsymbol{\Gamma})$，$\boldsymbol{\Gamma}=\mathrm{diag}(\boldsymbol{\gamma})$，$\boldsymbol{\gamma}=[\gamma_1，\cdots，\gamma_L]$，则经过与式（3.22）类似的分析，可以得到基于 EM 算法[209] 对 $\boldsymbol{\gamma}$ 的迭代估计步骤如下：

$$\boldsymbol{\gamma}_l^{(q)}=\|(\mathcal{M}_{U'}^{(q)})_{l\cdot}\|_2^2/M+(\boldsymbol{\Sigma}_U^{(q)}{}')_{l,l} \tag{3.29}$$

式中：$\mathcal{M}_{U'}^{(q)}$、$\boldsymbol{\Sigma}_{U'}^{(q)}$ 分别为 $\boldsymbol{U}'=[\boldsymbol{u}'_1，\cdots，\boldsymbol{u}'_M]$ 的一阶和二阶矩，且有

$$\mathcal{M}_{U'}^{(q)}=\boldsymbol{\Gamma}^{(q-1)}\boldsymbol{A}'(\boldsymbol{\Theta})^{\mathrm{H}}[\boldsymbol{I}+\boldsymbol{A}'(\boldsymbol{\Theta})\boldsymbol{\Gamma}^{(q-1)}\boldsymbol{A}'(\boldsymbol{\Theta})^{\mathrm{H}}]^{-1}\hat{\boldsymbol{Y}}',\hat{\boldsymbol{Y}}'=[\hat{\boldsymbol{y}}'_1,\cdots,\hat{\boldsymbol{y}}'_M]$$

$$\boldsymbol{\Sigma}_{U'}^{(q)}=\boldsymbol{\Gamma}^{(q-1)}-\boldsymbol{\Gamma}^{(q-1)}\boldsymbol{A}'(\boldsymbol{\Theta})^{\mathrm{H}}[\boldsymbol{I}+\boldsymbol{A}'(\boldsymbol{\Theta})\boldsymbol{\Gamma}^{(q-1)}\boldsymbol{A}'(\boldsymbol{\Theta})^{\mathrm{H}}]^{-1}\boldsymbol{A}'(\boldsymbol{\Theta})\boldsymbol{\Gamma}^{(q-1)}。$$

式（3.29）同样可采用不动点迭代方法替代。

当 EM 算法达到收敛时，基于各变量的估计值借助式（3.25）实现高精度测向，其中

$$g(\theta)\triangleq\mathrm{Re}\left\{\boldsymbol{a}'(\theta)^{\mathrm{H}}\boldsymbol{\Sigma}_{-k}^{-1}[\boldsymbol{a}'(\theta)\boldsymbol{a}'(\theta)^{\mathrm{H}}\boldsymbol{\Sigma}_{-k}^{-1}\hat{\boldsymbol{Y}}'\hat{\boldsymbol{Y}}'^{\mathrm{H}}-\hat{\boldsymbol{Y}}'\hat{\boldsymbol{Y}}'^{\mathrm{H}}\boldsymbol{\Sigma}_{-k}^{-1}\boldsymbol{a}'(\theta)\boldsymbol{a}'(\theta)^{\mathrm{H}}]\boldsymbol{\Sigma}_{-k}^{-1}\frac{\partial\boldsymbol{a}'(\theta)}{\partial\theta}\right\} \tag{3.30}$$

式中：$\boldsymbol{a}'(\theta)=\sqrt{N}\boldsymbol{R}^{-1/2}\boldsymbol{a}(\theta)$。

需要特别指出的是，当所有入射信号分量均为同一个源信号的多径分量且信噪比较高时，矩阵 $\boldsymbol{R}$ 和 $\boldsymbol{Q}$ 近似奇异，因此式（3.27）的去相关处理结果变得很不稳定。在这种情况下，需要借助矩阵求逆引理[212] 改善 $\boldsymbol{R}$ 和 $\boldsymbol{Q}$ 求逆运算的稳健性。以 $\boldsymbol{R}$ 为例，在相干信号条件下该矩阵可表示为 $\boldsymbol{R}=\lambda_1\boldsymbol{w}\boldsymbol{w}^{\mathrm{H}}+\sigma^2\boldsymbol{I}$，其中 $\lambda_1+\sigma^2$ 和 $\boldsymbol{w}$ 分别为 $\boldsymbol{R}$ 的最大特征值和对应的特征向量，则其逆矩阵可由下式计算得到[212]：

$$\boldsymbol{R}^{-1}=\sigma^2\boldsymbol{I}-\frac{\sigma^2}{\mathrm{tr}(\boldsymbol{R})}(\boldsymbol{R}-\sigma^2\boldsymbol{I}) \tag{3.31}$$

由 CV-RVM 方法的上述实现过程可以看出，它与第 2 章的 RVM-DOA 方法都遵循了图 2.3 中的基本流程，但由于 CV-RVM 方法是针对样本数较为充分的信号环境设计的，因而对观测噪声方差的估计可以采用更为直接的方法，以简化 RVM 的迭代过程。

3.2.5 可分辨信号数

由于 CV-RVM 方法用于测向的观测向量数目（1 个或 M 个）与 RVM-DOA 方法（N 个）相比显著减少，独立信号条件下观测向量中各信号自相关分量的权系数更是具有非负性，这些模型上的差别对测向结果的影响将在后续仿真实验中进行说明，而它们对测向方法可分辨信号数的影响却是可以借助直接的理论分析得到的。本小节讨论 SMV CV-RVM 方法和 MMV CV-RVM 方法可分辨的同时入射独立和相关信号数目，其中对相关信号的分析着重讨论由实际应用中常见的多径效应等因素导致的相干信号（相关系数为 1）场景，并假设源信号个数为 1。

1. 独立信号

当入射信号之间相互独立时，3.2.4 节基于观测模型式（3.8）实现对它们的波达方向估计，其可分辨的最大信号数目由理想协方差向量 $\boldsymbol{y}=\sum_{k=1}^{K}\eta_k\boldsymbol{h}(\vartheta_k)$ 对应稀疏解的唯一性决定。由于理想协方差矩阵 $\boldsymbol{R}$ 的对角线元素相等且包含未知的噪声功率，对这些元素的利用并不能增强 SMV CV-RVM 方法的多信号处理能力。另外，理想协方差矩阵 $\boldsymbol{R}$ 具有共轭对称结构，且对于均匀线阵等特殊结构阵列，该矩阵中还包含大量重复元素，分析 SMV CV-RVM 方法的多信号处理能力时需要首先排除这些冗余信息。

结合以上分析，并假设阵列不同阵元间距构成集合 $\{D_0, 2D_0, \cdots, \kappa D_0\}$，该假设适用于均匀线阵和最小冗余线阵[214] 等阵列结构，则理想条件下 SMV CV-RVM 方法的多信号处理能力与如下稀疏重构模型相对应：

$$\boldsymbol{y}_{\mathrm{dr}}=\sum_{k=1}^{K}\eta_k\boldsymbol{h}_{\mathrm{dr}}(\vartheta_k) \tag{3.32}$$

式中：$\boldsymbol{y}_{\mathrm{dr}}$（下标（·）$_{\mathrm{dr}}$ 为“去除冗余”（duplication removed）的缩写）表示去除 $\boldsymbol{y}$ 中由 $\boldsymbol{R}$ 的共轭对称结构和相等阵元间距所引入的冗余元素以及协方差矩阵对角线元素之后所得到的向量；$\boldsymbol{h}_{\mathrm{dr}}$（$\vartheta_k$）的结构与 $\boldsymbol{y}_{\mathrm{dr}}$ 相对应。

考虑到式（3.32）中各信号自相关成分 $\boldsymbol{h}_{\mathrm{dr}}(\vartheta_k)$ 的权系数为大于0的信号功率，因而由文献［215］中推论 1.2 可知，当入射信号之间相互独立时，SMV CV-RVM 方法的可分辨信号数 κ 的最大可能值为（M^2-M)/2，其中 M^2 表示向量 $\boldsymbol{y}$ 中元素个数，$-M$ 表示去掉理想协方差矩阵中的对角线元素，除以 2 表示不考虑协方差矩阵左下三角矩阵和右上三角矩阵中的重复信息。该最大值可通过阵列结构优化设计达到。例如，在三元和四元最小冗余线阵中，κ 分别为 3 和 6，这说明 SMV CV-RVM 方法的可分辨独立信号数可以等于甚至大于阵列阵元数。

2. 相干信号

当入射信号分量为同一源信号的不同多径分量时，需要借助 MMV CV-RVM 方法通过子向量 $\boldsymbol{y}_1$，…，$\boldsymbol{y}_M$ 的联合稀疏重构估计各多径分量的方向。由于无噪条件下相干信号对应阵列输出协方差矩阵的秩为 1，去除噪声分量后所得到的子向量 $\boldsymbol{y}_1$，…，$\boldsymbol{y}_M$ 之间完全相干，因此 MMV CV-RVM 方法可分辨的相干信号数目由 $\boldsymbol{y}_1$ 的无模糊测向能力决定，$\boldsymbol{y}_1$ 的表达式为

$$\boldsymbol{y}_1=(\boldsymbol{R}-\sigma^2\boldsymbol{I})\boldsymbol{e}_1=\boldsymbol{A}(\boldsymbol{\Theta})\boldsymbol{u}_1 \tag{3.33}$$

式中：$\boldsymbol{u}_1$ 为复向量。

基于上述模型可以证明，当 $\|\boldsymbol{u}_1\|_0<M/2$，即源信号和多径分量数之和小于阵列阵元数的一半时，式（3.33）的最大稀疏解与真实信号方向相对应[138,169]。由于式（3.33）中用于构造该协方差向量的噪声方差估计值可能不准确，因此 MMV CV-RVM 方法可分辨的最大相干信号数目无法依据定理 2.2 直接得到，以下给出简要的证明过程。

假设 $\|\boldsymbol{u}_1\|_0<M/2$，式（3.33）具有另外一组稀疏解 $\boldsymbol{u}_1'$ 和（σ^2）$'$ 满足 $\|\boldsymbol{u}_1'\|_0\leqslant\|\boldsymbol{u}_1\|_0$ 且

$$\boldsymbol{y}_1'=(\boldsymbol{R}-(\sigma^2)'\boldsymbol{I})\boldsymbol{e}_1=\boldsymbol{A}(\boldsymbol{\Theta})\boldsymbol{u}_1' \tag{3.34}$$

则

$$\boldsymbol{A}(\boldsymbol{\Theta})(\boldsymbol{u}_1-\boldsymbol{u}_1')=[-\sigma^2+(\sigma^2)']\boldsymbol{e}_1 \tag{3.35}$$

由于 $\boldsymbol{e}_1=[1,0,\cdots,0]^{\mathrm{T}}$，因此

$$\boldsymbol{A}_{-1}(\boldsymbol{\Theta})(\boldsymbol{u}_1-\boldsymbol{u}_1')=0 \tag{3.36}$$

式中：$\boldsymbol{A}_{-1}(\boldsymbol{\Theta})$ 为 $\boldsymbol{A}(\boldsymbol{\Theta})$ 去掉第一行后所对应的矩阵。

因为超完备矩阵 $\boldsymbol{A}_{-1}(\boldsymbol{\Theta})$ 的任意 $M-1$ 列相互独立，且由 $\|\boldsymbol{u}_1'\|_0 \leqslant \|\boldsymbol{u}_1\|_0 < M/2$ 得 $\|\boldsymbol{u}_1-\boldsymbol{u}_1'\|_0<M$，所以齐次方程式（3.36）没有非零解，从而 $\boldsymbol{u}_1-\boldsymbol{u}_1'=0$ 即 $\boldsymbol{u}_1=\boldsymbol{u}_1'$，也就是说 $\boldsymbol{u}_1$ 是非零元素数目小于 $M/2$ 且满足式（3.33）的唯一解。（证毕）

综合以上分析可知，MMV CV-RVM 方法可分辨的最大相干信号数为 $\left\lfloor \frac{M-1}{2} \right\rfloor$，其中 $\lfloor v \rfloor$ 表示不大于 v 的最大整数。

3.2.6 基于协方差向量的窄带信号阵列测向仿真实验与分析

本小节仿真验证 CV-RVM 方法对窄带独立和相关信号的测向精度和计算效率，并将该方法与典型的子空间类测向方法 MUSIC[7]、已有稀疏重构类方法 L1-SVD[196] 和第 2 章中给出的 iRVM-DOA 方法进行比较，用于比较的还有另外一种基于协方差矩阵的 ℓ_1 范数稀疏重构测向（ℓ_1-norm Sparse Representation of Arrary Covariance Vectors，L1-SRACV）方法[200]。

各种稀疏重构方法将［−90°，90°］空域以 $\Delta\theta=1°$ 为间隔进行划分得到离散角度集 $\boldsymbol{\Theta}$。L1-SVD 方法和 L1-SRACV 方法得到入射信号空间谱之后，采用空域网格细分的方法提高测向精度。取六元均匀线阵作为接收阵列，相邻阵元间距等于信号波长的一半。

在对不同方法的测向精度进行统计比较的过程中，采用各入射信号的平均测向均方根误差作为指标，其定义与式（2.47）相同。CV-RVM 类方法实现过程中所需要的噪声方差估计值由下式得到：

$$\hat{\sigma}^2 = \frac{1}{M-K}\sum_{m=K+1}^{M} \lambda_m \tag{3.37}$$

式中：λ_m 为 $\hat{\boldsymbol{R}}$ 的第 m 个大特征值，信号个数由源个数估计方法 MDL[97] 得到。

由 3.2.3 节的分析和 3.2.4 节对 CV-RVM 方法的实现过程可以看出，CV-RVM 方法对源个数信息的依赖仅限于依据式（3.37）对噪声方差的估计过程，而对入射信号的稀疏重构过程则没有再利用这一信息。因此，可以利用 CV-RVM 方法的测向结果对 MDL 方法的源个数估计值进行验证，该过程具有与 RVM-DOA 方法类似的检测前估计原理，其测向精度变化趋势也可以较好地反映源个数估计性能，因此这里不再详细考查其源个数估计效果，而是与其他各种方法一样假设源个数先验已知。

1. 独立信号测向性能

首先依据图 2.10 对应仿真实验的参数设置，并将快拍数从 20 增加至 100，得到 300 次仿真实验中 MUSIC、L1-SVD、L1-SRACV、iRVM-DOA 和 SMV CV-RVM 方法的平均测向均方根误差随入射信号信噪比的变化情况如图 3.1 所示，对应的平均计算时间如图 3.2 所示。

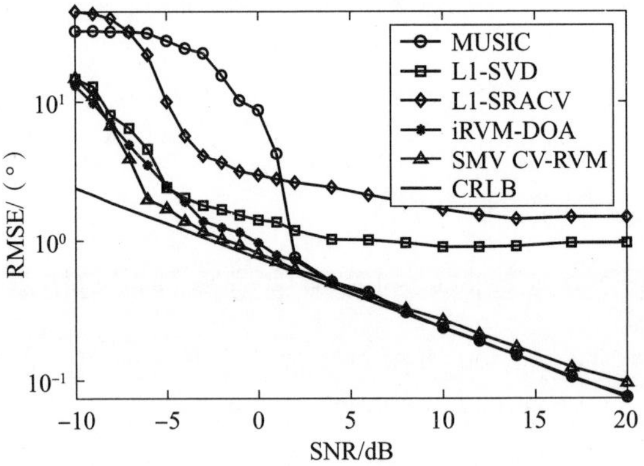

图 3.1 快拍数为 100 时，不同方法对窄带独立信号的测向均方根误差随信噪比的变化情况

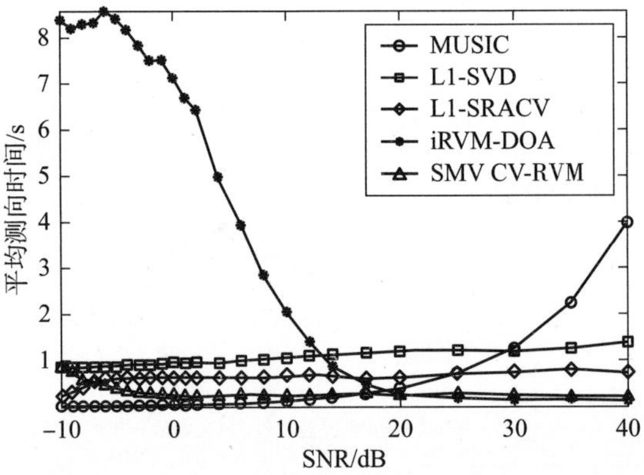

图 3.2 快拍数为 100 时，不同方法对窄带独立信号的平均测向时间随信噪比的变化情况

从图 3.1 中的仿真结果可以看出，由于在样本数量充分的条件下协方差向量的信噪比与原始阵列输出相比有显著改善，因此 SMV CV-RVM 方法的测向均方根误差达到 2°以内对应的信噪比阈值比 iRVM-DOA 方法和 L1-SVD 方法降低了 2dB 左右，比 MUSIC 方法降低了 8dB 左右，且在信噪比低于 4dB 时其测向精度是所有方法中最高的。然而，由于 SMV CV-RVM 方法仅有单组观测向量可供利用，它无法借助多组观测向量消除 RVM 目标函数中的局部极值以得到更好的全局收敛性，因此它在高信噪比条件下的测向误差略大于 iRVM-DOA 方法和 MUSIC 方法，但与另外两种稀疏重构类测向方法 L1-SVD 和 L1-SRACV

相比仍然有大幅的提高。

对照图 2.11 和图 3.2 不难发现，观测样本数的增加进一步降低了 iRVM-DOA 的计算效率，但由于 SMV CV-RVM 比 iRVM-DOA 具有更少且信噪比更高的观测向量，因而其计算效率显著改善。在保证超分辨测向所需信噪比的条件下，SMV CV-RVM 实现单次测向所需时间与 MUSIC 相当，远小于 L1-SVD 和 L1-SRACV，在低信噪比条件下更是明显小于 iRVM-DOA。

随后，固定快拍数为 100，重复图 2.12 对应的实验，得到各种方法的平均测向均方根误差随两信号角度间隔的变化情况如图 3.3 所示。这组仿真结果表明，SMV CV-RVM 的超分辨能力与 iRVM-DOA 相比具有非常显著的改善，它对两个角度间隔仅为 3°的信号也具有良好的分辨性能和接近 CRLB 的测向精度，而 iRVM-DOA 则只能成功分辨角度间隔大于 7°的同时入射信号。与图 3.1 中结果类似，SMV CV-RVM 对两个角度间隔较大信号的测向精度难以达到 CRLB。

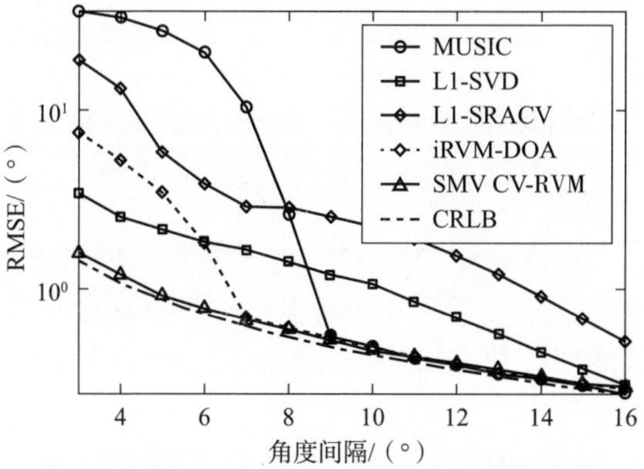

图 3.3 快拍数为 100 时，不同方法对窄带独立信号的测向均方根误差随入射信号角度间隔的变化情况

在下一组实验中，固定两信号信噪比均为 5dB，其方向设置与图 2.10 对应实验相同，当阵列观测快拍数从 2～120 变化时，得到 300 次实验中各种方法的平均测向均方根误差如图 3.4 所示。

图 3.4 中的仿真结果表明，iRVM-DOA 和 L1-SVD 仅需要约 5 个快拍就能够实现对两个入射信号的成功分辨，是 MUSIC 的 1/10，对应的平均测向均方根误差为 3°左右，这一结果较好地证明了稀疏重构类测向方法在观测快拍数目小于阵列阵元数条件下的测向能力。当快拍数进一步增加时，iRVM-DOA 的测向精度接近 CRLB，而 L1-SVD 的平均测向均方根误差则始终保持在 1°左右。

L1-SRACV 对小样本的适应能力显著弱于其他几种方法，该方法只有在快拍数大于 100 时才能获得高于 2°的测向精度。CV-RVM 成功分辨两个入射信号所需的快拍数为 20，大于 iRVM-DOA 和 L1-SVD。这是因为样本数较少时协方差向量的估计误差会显著增大，但与其他两种基于阵列输出协方差矩阵的 MUSIC 方法和 L1-SRACV 方法相比，它在小样本适应能力方面的优势仍然是十分突出的。

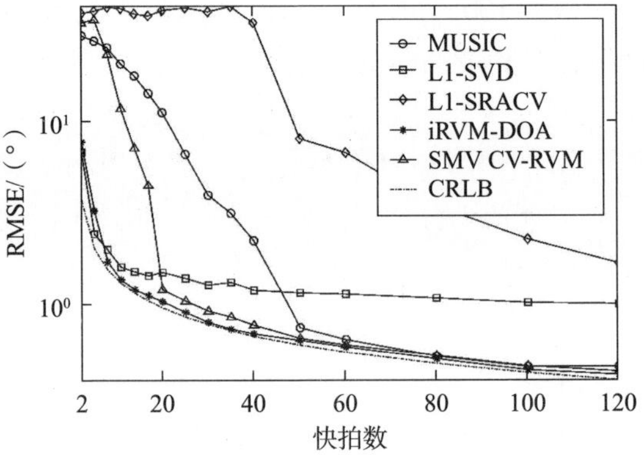

图 3.4　窄带独立信号的测向均方根误差随快拍数的变化情况

2. 相关信号测向性能

为了验证以上各种方法对入射信号之间相关性的适应能力，在图 3.1 对应实验的基础上，固定两信号信噪比为 5dB，并逐渐改变两信号之间的相关系数，得到 300 次实验中各种方法的平均测向均方根误差如图 3.5 所示。MMV CV-RVM 方法中对矩阵$\hat{\boldsymbol{R}}$ 和 $\hat{\boldsymbol{Q}}$ 的求逆过程由式（3.31）近似实现，3.3 节中的仿真实验也采取类似的处理方法。图 3.5 中的仿真结果表明，对独立信号具有较高测向精度的 MUSIC、iRVM-DOA 和 SMV CV-RVM 方法中，MUSIC 和 SMV CV-RVM 方法在相干信号环境中完全失效，iRVM-DOA 方法的测向精度始终是最高的。而 L1-SVD、L1-SRACV 和 MMV CV-RVM 方法的测向精度受不同信号之间相关性的影响较小，表明它们对相关信号都具有较强的适应能力。尽管如此，在入射信号之间相关性较强甚至完全相干的情况下，所有方法的测向均方根误差都较大程度地偏离了测向精度的理论下界。

仿真结果还显示，这几种方法的计算效率受信号之间相关性的影响并不显著，它们实现单次测向的平均时间（按图 3.5 中的顺序）依次为 0.07s、0.94s、0.67s、4.53s、0.62s 和 0.32s，可见，两种 CV-RVM 方法的计算效率仅次于 MUSIC 方法，且 MMV CV-RVM 的计算效率高于 SMV CV-RVM。

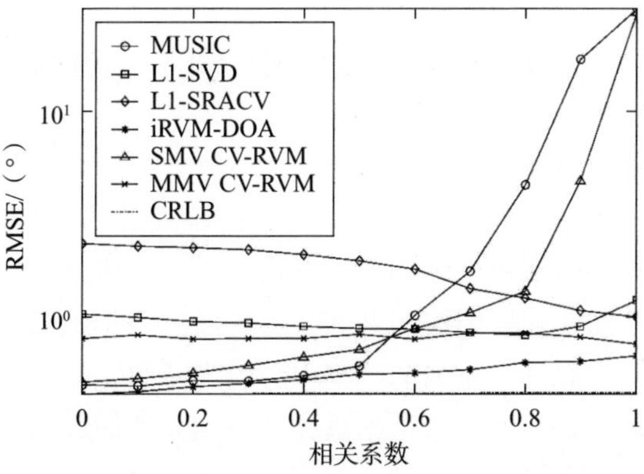

图 3.5 不同方法测向均方根误差随入射信号相关系数的变化情况

3. 多信号分辨能力

3.2.5 节结合 CV-RVM 方法的观测数据结构，分析了该方法可分辨的最大同时入射信号数目，其中对相干信号的处理能力与 RVM-DOA、L1-SVD 等方法相同，这里不再赘述，而 SMV CV-RVM 方法结合阵列结构优化设计增强其对多个窄带独立信号处理能力的性质却是不同于其他方法的。为了验证 SMV CV-RVM 方法在独立信号环境中的多信号处理能力，设 6 个信噪比均为 10dB 的窄带独立信号同时入射到 4 元最小冗余线阵上，信号方向分别为-34°、-26°、-3°、5°、23°和 31°。记 D_0 为信号中心频率对应半波长，则阵列各阵元坐标分别为 0、D_0、$4D_0$ 和 $6D_0$[214]。阵列接收机共采集到 100 个连续快拍，得到 L1-SVD、L1-SRACV 和 SMV CV-RVM 方法的空间谱如图 3.6 所示，可见三种方法中仅有 SMV CV-RVM 方法能够从谱图中清晰分辨 6 个入射信号。由于入射信号数超过了 MUSIC 和 iRVM-DOA 等方法的处理能力，图 3.6 中未给出它们的空间谱。

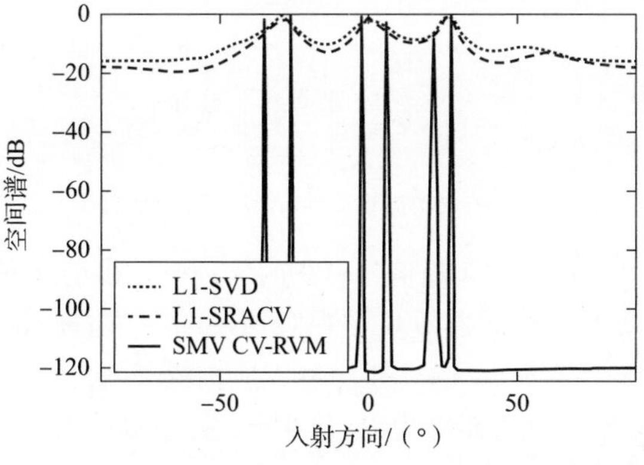

图 3.6 四元最小冗余线阵中 CV-RVM 方法对六个同时入射信号的分辨结果

3.3 基于空域滤波的相关信号测向方法

虽然大多数稀疏重构类测向方法都能够较好地分辨相关信号，但图 3.5 中的仿真结果已经表明，它们在信号之间相关性较强时的性能仍然会显著恶化。对于本书中基于相关向量机的阵列测向方法而言，造成这一性能恶化的一个主要原因是假设模型与实际观测模型之间的不一致性。相关向量机在利用入射信号的空域稀疏性对它们进行重构的过程中，引入一组相互独立的高斯分布超参数描述空域离散角度集上的信号功率谱，这一独立性假设与实际的相干信号模型并不吻合，从而导致测向精度降低。为了解决这一问题，本节给出一种基于空域滤波的相关信号测向方法 SF RVM-DOA（Spatial Filtering-based RVM-DOA），借助空域滤波技术实现对各相关信号的分离，并通过对仅包含单个信号的滤波器输出进行空域重构估计各信号方向，从而避免相关向量机模型与实际信号模型之间的差异对测向精度的影响，以求得到理想的相关信号测向性能。

3.3.1 空域滤波器设计

本小节依据阵列几何结构设计一组空域滤波器，以分离阵列观测数据中的多个相关信号分量。以 t 时刻的阵列输出 $\boldsymbol{x}(t)=\boldsymbol{A}(\boldsymbol{\vartheta})\boldsymbol{s}(t)+\boldsymbol{v}(t)$ 为例，记与 K 个入射信号对应的滤波器分别为 T_1，…，T_K，则通过空域滤波分离 K 个入射信号分量的示意图如图 3.7 所示。其中第 k 个滤波器的输出 $\boldsymbol{x}_k(t)=\boldsymbol{T}_k\boldsymbol{x}(t)=\boldsymbol{a}'(\vartheta_k)s_k(t)+\boldsymbol{v}_k(t)$ 中仅包含第 k 个入射信号，$\boldsymbol{a}'(\vartheta_k)=\boldsymbol{T}_k\boldsymbol{a}(\vartheta_k)$，$\boldsymbol{v}_k(t)=\boldsymbol{T}_k\boldsymbol{v}(t)$。

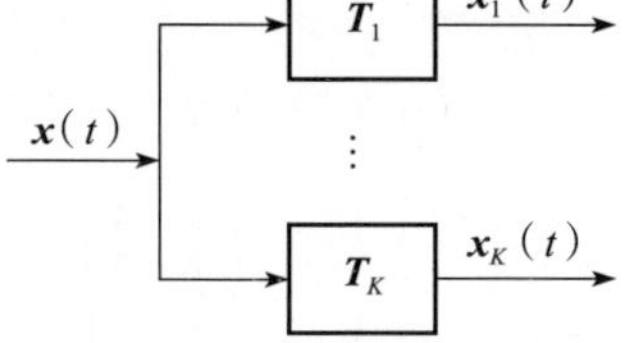

图 3.7 空域滤波实现信号分离的示意图

图 3.7 中通过空域滤波实现信号分离的原理可以借助阵列连续 K 个阵元所构成的子阵列对应的子滤波器效果更直观地说明。首先假设入射信号个数已知，并定义原始阵列第 m 至 $m+K-1$ 个阵元所构成子阵对从 $\boldsymbol{\vartheta}$ 方向入射信号的响应矩阵为 $\boldsymbol{A}_{m,K}(\boldsymbol{\vartheta})$，其逆矩阵为 $\boldsymbol{B}_{m,K}(\boldsymbol{\vartheta})=[\boldsymbol{A}_{m,K}(\boldsymbol{\vartheta})]^{-1}$，该逆矩阵的第 k 行为 $(\underline{\boldsymbol{b}}_k^{(m)})^{\mathrm{T}}$，原始阵列响应矩阵 $\boldsymbol{A}(\boldsymbol{\vartheta})$ 的第 m 至 $m+K-1$ 行构成的子矩阵为

$\boldsymbol{A}^{(m)}(\boldsymbol{\vartheta})$，则

$$\boldsymbol{B}_{m,K}(\boldsymbol{\vartheta})\boldsymbol{A}^{(m)}(\boldsymbol{\vartheta})\boldsymbol{s}(t)=\boldsymbol{\Phi}_m\boldsymbol{s}(t),\quad m=1,\cdots,M-K+1 \tag{3.38}$$

且

$$(\underline{\boldsymbol{b}}_k^{(m)})^{\mathrm{T}}\boldsymbol{A}^{(m)}(\boldsymbol{\vartheta})\boldsymbol{s}(t)=\mathrm{e}^{\mathrm{j}\varphi_{k,m}}s_k(t),\quad k=1,\cdots,K \tag{3.39}$$

式中：$\boldsymbol{\Phi}_m=\mathrm{diag}([\mathrm{e}^{\mathrm{j}\varphi_{1,m}},\ \cdots,\ \mathrm{e}^{\mathrm{j}\varphi_{K,m}}]^{\mathrm{T}})$，$\varphi_{k,m}$ 为 ϑ_k 方向入射信号在参考点与第 m 个阵元之间传播的相位延迟；$\boldsymbol{s}(t)=[s_1(t),\ \cdots,\ s_K(t)]^{\mathrm{T}}$，$s_k(t)$ 为第 k 个入射信号在 t 时刻的波形。

对满足上述性质的子滤波器进行维数扩展，得到用于从阵列输出中分离各信号分量的滤波器 $\boldsymbol{T}_k\in\mathbb{C}^{(M-K+1)\times M}$，其第 m 行为 $(\boldsymbol{T}_k)_{m\cdot}=[\boldsymbol{0}_{1\times(m-1)},\ (\underline{\boldsymbol{b}}_k^{(m)})^{\mathrm{T}},\ \boldsymbol{0}_{1\times(M-K+1-m)}]$，则该滤波器在 t 时刻的输出为

$$\boldsymbol{x}_k(t)\triangleq\boldsymbol{T}_k\boldsymbol{x}(t)=[\mathrm{e}^{\mathrm{j}\varphi_{k,1}},\cdots,\mathrm{e}^{\mathrm{j}\varphi_{k,M-K+1}}]^{\mathrm{T}}s_k(t)+\boldsymbol{T}_k\boldsymbol{v}(t)\triangleq\boldsymbol{a}'(\vartheta_k)s_k(t)+\boldsymbol{T}_k\boldsymbol{v}(t),$$
$$k=1,\cdots,K \tag{3.40}$$

式中

$$\boldsymbol{a}'(\vartheta_k)=[\boldsymbol{I}_{(M-K+1)\times(M-K+1)},\boldsymbol{0}_{(M-K+1)\times(K-1)}]\boldsymbol{a}(\vartheta_k)=[\mathrm{e}^{\mathrm{j}\varphi_{k,1}},\cdots,\mathrm{e}^{\mathrm{j}\varphi_{k,M-K+1}}]^{\mathrm{T}} \tag{3.41}$$

由式（3.40）可以看出，经合理设计的空域滤波器 $\boldsymbol{T}_k$ 可以将第 k 个信号分量从阵列输出中准确滤出，从而为避免不同信号之间相关性的影响和提高波达方向估计精度奠定基础。然而，上述滤波器参数依赖于待求的信号方向，无法事先已知。为了解决这一问题，采用交替迭代优化的方法，实现信号方向和滤波器参数的同步估计。

3.3.2 空域滤波器参数与信号方向联合估计

为了使空域滤波器参数在形式上与相关向量机的迭代过程保持一致，使用上标（q）标记3.3.1节各变量在第 q 步迭代中的取值。记滤波器 $\boldsymbol{T}_k^{(q)}$ 的输出为 $\boldsymbol{X}_k^{(q)}=[\boldsymbol{x}_k^{(q)}(t_1),\ \cdots,\ \boldsymbol{x}_k^{(q)}(t_N)]$，信号幅度 $s_k^{(q)}(t)$ 从信号方向 ϑ_k 到其可能入射空域上离散方向集 $\boldsymbol{\Theta}$ 的扩展形式为 $\bar{\boldsymbol{s}}_k^{(q)}(t)$，并假设不同时刻的 $\bar{\boldsymbol{s}}_k^{(q)}(t)$ 之间相互独立且服从零均值的高斯分布 $\bar{\boldsymbol{s}}_k^{(q)}(t)\sim\mathcal{N}(\boldsymbol{0},\ \boldsymbol{\Gamma}_k^{(q-1)})$，其中 $\boldsymbol{\Gamma}_k^{(q-1)}=\mathrm{diag}\{\boldsymbol{\gamma}_k^{(q-1)}\}$。此外，由式（3.40）和观测噪声的高斯分布假设可知，滤波器输出 $\boldsymbol{X}_k^{(q)}$ 中的观测噪声分量 $\boldsymbol{T}_k^{(q)}\boldsymbol{V}$ 也服从零均值的高斯分布，其方差为 $\sigma^2\boldsymbol{T}_k^{(q)}(\boldsymbol{T}_k^{(q)})^{\mathrm{H}}$，则 $\bar{\boldsymbol{S}}_k^{(q)}=[\bar{\boldsymbol{s}}_k^{(q)}(t_1),\ \cdots,\ \bar{\boldsymbol{s}}_k^{(q)}(t_N)]$ 关于 $\boldsymbol{X}_k^{(q)}$ 的后验概率密度函数为

$$p(\bar{\boldsymbol{S}}_k\,|\,\boldsymbol{X}_k^{(q)},(\sigma_k^2)^{(q-1)})=\frac{p(\boldsymbol{X}_k^{(q)}\,|\,\bar{\boldsymbol{S}}_k,(\sigma_k^2)^{(q-1)})p(\bar{\boldsymbol{S}}_k\,|\,\boldsymbol{\gamma}_k^{(q-1)})}{\int p(\boldsymbol{X}_k^{(q)}\,|\,\bar{\boldsymbol{S}}_k,(\sigma_k^2)^{(q-1)})p(\bar{\boldsymbol{S}}_k\,|\,\boldsymbol{\gamma}_k^{(q-1)})\mathrm{d}(\bar{\boldsymbol{S}}_k)}$$

$$=|\pi\boldsymbol{\Sigma}_{\bar{\boldsymbol{S}}_k}^{(q)}|^{-N}\exp\{-\mathrm{tr}[(\bar{\boldsymbol{S}}_k-\boldsymbol{\mathcal{M}}_k^{(q)})^{\mathrm{H}}(\boldsymbol{\Sigma}_{\bar{\boldsymbol{S}}_k}^{(q)})^{-1}(\bar{\boldsymbol{S}}_k-\mathcal{M}_k^{(q)})]\} \tag{3.42}$$

式中

$$\boldsymbol{\mathcal{M}}_k^{(q)}=\boldsymbol{\Gamma}_k^{(q-1)}\bar{\boldsymbol{A}}^{\mathrm{H}}(\bar{\boldsymbol{A}}\boldsymbol{\Gamma}_k^{(q-1)}\bar{\boldsymbol{A}}^{\mathrm{H}}+(\sigma_k^2)^{(q-1)}\boldsymbol{T}_k^{(q)}(\boldsymbol{T}_k^{(q)})^{\mathrm{H}})^{-1}\boldsymbol{X}_k^{(q)} \tag{3.43}$$

$$\boldsymbol{\Sigma}_{\bar{\boldsymbol{S}}_k}^{(q)}=\boldsymbol{\Gamma}_k^{(q-1)}-\boldsymbol{\Gamma}_k^{(q-1)}\bar{\boldsymbol{A}}^{\mathrm{H}}(\bar{\boldsymbol{A}}\boldsymbol{\Gamma}_k^{(q-1)}\bar{\boldsymbol{A}}^{\mathrm{H}}+(\sigma_k^2)^{(q-1)}\boldsymbol{T}_k^{(q)}(\boldsymbol{T}_k^{(q)})^{\mathrm{H}})^{-1}\bar{\boldsymbol{A}}\boldsymbol{\Gamma}_k^{(q-1)} \tag{3.44}$$

式（3.42）中使用不同的 σ_k^2 表示对应滤波器输出数据中的噪声方差，这是因为后续迭代过程将对这些参数进行独立更新，从而可能导致它们的取值存在差异。

此外，还可以得到 $\boldsymbol{X}_k^{(q)}$ 关于 $\boldsymbol{\gamma}_k$ 和 σ_k^2 的概率密度函数为

$$\begin{aligned}p(\boldsymbol{X}_k^{(q)}|\boldsymbol{\gamma}_k,\sigma_k^2)&=\int p(\boldsymbol{X}_k^{(q)}|\bar{\boldsymbol{S}}_k,\sigma_k^2)p(\bar{\boldsymbol{S}}_k|\boldsymbol{\gamma}_k)\mathrm{d}(\bar{\boldsymbol{S}}_k)\\&=|\pi\boldsymbol{\Sigma}_{\boldsymbol{X}_k}^{(q)}|^{-N}\exp\{-\mathrm{tr}((\boldsymbol{X}_k^{(q)})^{\mathrm{H}}(\boldsymbol{\Sigma}_{\boldsymbol{X}_k}^{(q)})^{-1}\boldsymbol{X}_k^{(q)})\}\end{aligned} \tag{3.45}$$

式中

$$\boldsymbol{\Sigma}_{\boldsymbol{X}_k}^{(q)}=\bar{\boldsymbol{A}}\boldsymbol{\Gamma}_k^{(q-1)}\bar{\boldsymbol{A}}^{\mathrm{H}}+(\sigma_k^2)^{(q-1)}\boldsymbol{T}_k\boldsymbol{T}_k^{\mathrm{H}}$$

通过极大化目标函数

$$\mathcal{L}_k(\boldsymbol{\gamma}_k,\sigma_k^2)=-\frac{1}{N}\ln p(\boldsymbol{X}_k^{(q)}|\boldsymbol{\gamma}_k,\sigma_k^2)$$

就可以实现对 $\boldsymbol{\gamma}_k$ 和 σ_k^2 的估计，但由于对这两组参数的联合迭代过程会导致噪声方差趋于 0[178]，并因此破坏 RVM 方法的全局收敛性。以下采取与 RVM-DOA 方法中类似的策略，通过对 $\mathcal{L}_k(\boldsymbol{\gamma}_k;\ \sigma_k^2)$ 和 $\mathcal{L}_k(\sigma_k^2;\ \boldsymbol{\gamma}_k)$ 的交替优化实现对 $\boldsymbol{\gamma}_k$ 和 σ_k^2 的迭代估计。首先采用 EM 算法[209] 最大化 $\mathcal{L}_k(\boldsymbol{\gamma}_k;\ \sigma_k^2)$，得到 $\boldsymbol{\gamma}_k$ 的更新法则如下：

$$(\boldsymbol{\gamma}_k^{(q)})_l=\|(\mathcal{M}_{\bar{\boldsymbol{S}}_k}^{(q)})_{l\cdot}\|_2^2/N+(\boldsymbol{\Sigma}_{\bar{\boldsymbol{S}}_k}^{(q)})_{l,l} \tag{3.46}$$

式中：$\mathcal{M}_{\bar{\boldsymbol{S}}_k}^{(q)}$、$\boldsymbol{\Sigma}_{\bar{\boldsymbol{S}}_k}^{(q)}$ 分别由式（3.43）和式（3.44）计算得到；$(\cdot)_l$、$(\cdot)_{l\cdot}$ 和 $(\cdot)_{l,l}$ 分别表示向量的第 l 个元素、矩阵的第 l 行和矩阵的第 l 行、l 列元素；$\|\cdot\|_2$ 表示向量的 ℓ_2 范数。

迭代过程式（3.46）收敛速度较慢，可替换为基于不动点迭代的快速收敛方法如下[129]：

$$(\boldsymbol{\gamma}_k^{(q+1)})_l=\frac{1}{N}\|(\mathcal{M}_{\bar{\boldsymbol{S}}_k}^{(q+1)})_{l\cdot}\|_2^2/[1-(\boldsymbol{\Sigma}_{\bar{\boldsymbol{S}}_k}^{(q+1)})_{l,l}/(\boldsymbol{\gamma}_k^{(q)})_l]+\zeta \tag{3.47}$$

式中：ζ 取一较小的正值，如 10^{-10}。

基于 $\boldsymbol{\gamma}_k^{(q)}$ 的迭代结果，可以得到第 k 个信号的方向估计值 $\hat{\vartheta}_k$。然后将 $\boldsymbol{X}_k^{(q)}$ 投影到该信号对应的噪声子空间上，得到噪声方差估计方法如下：

$$(\sigma_k^2)^{(q)}=\mathrm{tr}(P_{\boldsymbol{a}'(\hat{\vartheta}_k)}^{\perp}\hat{\boldsymbol{R}}_k^{(q)})/\mathrm{tr}(\boldsymbol{P}_{\boldsymbol{a}'(\hat{\vartheta}_k)}^{\perp}\boldsymbol{T}_k^{(q)}\boldsymbol{T}_k^{(q)\mathrm{H}}) \tag{3.48}$$

式中：$\hat{\boldsymbol{R}}_k^{(q)}=\boldsymbol{X}_k^{(q)}(X_k^{(q)})^{\mathrm{H}}/N$；$\boldsymbol{P}_{\boldsymbol{a}'(\hat{\vartheta}_k)}^{\perp}=\boldsymbol{I}_{(M-K+1)}-\boldsymbol{a}'(\hat{\vartheta}_k)(\boldsymbol{a}'(\hat{\vartheta}_k))^{\dagger}$ 为 $\boldsymbol{a}'(\hat{\vartheta}_k)$ 的正交投影子空间。

由于空域滤波器参数直接依赖于每步迭代过程中的测向结果，提高这些测向结果的精度对改善滤波器性能和测向过程整体的全局收敛性具有重要意义，因此有必要采用与 RVM-DOA 方法中的高精度波达方向估计过程类似的步骤（而不是粗略的线性插值）更新 SF RVM-DOA 方法每步迭代过程的信号方向估计结果，该估计值还可以用于实现式（3.48）的噪声方差估计过程。以下简要给出依据每步迭代过程中对 $\vartheta_1,\cdots,\vartheta_K$ 的估计方法。

假设 $\boldsymbol{\gamma}_k^{(q)}$ 中最显著非零谱峰位于（$\underline{\vartheta}_k$，$\overline{\vartheta}_k$）处，定义 $\boldsymbol{\Theta}_{-k}=\boldsymbol{\Theta}\setminus\{\underline{\vartheta}_k,\overline{\vartheta}_k\}$，即从 $\boldsymbol{\Theta}$ 中去除样点 $\underline{\vartheta}_k$ 和 $\overline{\vartheta}_k$ 后所得方向集，$\overline{\boldsymbol{A}}'_{-k}=\boldsymbol{A}'(\boldsymbol{\Theta}_{-k})$，$\boldsymbol{\Sigma}_{X_k}^{-}=\overline{\boldsymbol{A}}'_{-k}\boldsymbol{\Gamma}_k^{-}\overline{\boldsymbol{A}}'^{\mathrm{H}}_{-k}+\sigma_k^2\boldsymbol{T}_k\boldsymbol{T}_k^{\mathrm{H}}$，其中 $\boldsymbol{\Gamma}_k^{-}$ 为去除 $\boldsymbol{\Gamma}_k=\mathrm{diag}(\boldsymbol{\gamma}_k)$ 中与（$\underline{\vartheta}_k$，$\overline{\vartheta}_k$）相对应的两行和两列之后所得矩阵，该矩阵可看作滤除第 k 个信号分量后 X_k 的协方差矩阵。在 $\boldsymbol{\Sigma}_{\boldsymbol{Y}_k}^{-}$ 中以第 k 个信号的功率 η_k 和方向 ϑ_k 为变量补充该信号成分 $\eta_k\boldsymbol{a}'(\vartheta_k)\boldsymbol{a}'^{\mathrm{H}}(\vartheta_k)$，用以代替式（3.45）所得 $\boldsymbol{\Sigma}_{X_k}$ 中的谱峰形式，得到 $\boldsymbol{\Sigma}'_{X_k}=\boldsymbol{\Sigma}_{X_k}^{-}+\eta_k\boldsymbol{a}'(\vartheta_k)\boldsymbol{a}'^{\mathrm{H}}(\vartheta_k)$。将 $\boldsymbol{\Sigma}'_{X_k}$ 代入 $\mathcal{L}_k(\eta_k,\vartheta_k;\boldsymbol{\Sigma}_{X_k}^{-},\sigma_k^2)$，并遵循与式（2.41）类似的分析过程，依据 $\hat{\vartheta}_k=\arg\min\limits_{\eta_k,\vartheta_k}\mathcal{L}_k(\eta_k,\vartheta_k;\boldsymbol{\Sigma}_{X_k}^{-},\sigma_k^2)$ 可得到高精度测向方法如下：

$$\begin{aligned}\hat{\vartheta}_k=\arg\max_{\theta\in[\underline{\vartheta}_k,\overline{\vartheta}_k)}&\Big|\mathrm{Re}\big[\boldsymbol{a}'^{\mathrm{H}}(\theta)(\boldsymbol{\Sigma}_{X_k}^{-})^{-1}(\boldsymbol{a}'(\theta)\boldsymbol{a}'^{\mathrm{H}}(\theta)(\boldsymbol{\Sigma}_{X_k}^{-})^{-1}\hat{\boldsymbol{R}}_k^{(q)}\\&-\hat{\boldsymbol{R}}_k^{(q)}(\boldsymbol{\Sigma}_{X_k}^{-})^{-1}\boldsymbol{a}'(\theta)\boldsymbol{a}'^{\mathrm{H}}(\theta)(\boldsymbol{\Sigma}_{X_k}^{-})^{-1}\boldsymbol{d}'(\theta)\big]\Big|^{-1}\end{aligned} \tag{3.49}$$

式中：$\boldsymbol{d}'(\theta)=\partial\boldsymbol{a}'(\theta)/\partial\theta$。在 $[\underline{\vartheta}_k,\overline{\vartheta}_k)$ 区间内按照所需要的测向精度进行搜索，最终由式（3.49）得到高精度的测向结果。

借助式（3.49）更新各信号方向估计值之后，依据

$$\boldsymbol{B}_{m,K}(\boldsymbol{\vartheta})=[\boldsymbol{A}_{m,K}(\boldsymbol{\vartheta})]^{-1},\quad(\boldsymbol{T}_k)_{m\cdot}=[\boldsymbol{0}_{1\times(m-1)},(\underline{\boldsymbol{b}}_k^{(m)})^{\mathrm{T}},\boldsymbol{0}_{1\times(M-K+1-m)}]$$

对 K 个空域滤波器进行更新，并重新计算各滤波器的输出，随后进入下一次迭代。当预先定义的收敛条件得到满足时，终止迭代并输出此时的信号方向估计值作为最后的测向结果。

需要特别指出的是，以上所设计的空域滤波器适用于任意结构阵列，而不再受已有各种子空间类方法所需要的平移不变性的约束[14-17]，因此本节所介绍的方法比传统方法具有更强的阵列构型适应能力。用于相关信号测向的空域

滤波 MUSIC 方法（SF MUSIC）[17] 中所使用的预处理过程虽然也称为空域滤波，但其基本思想与 SF RVM-DOA 方法是完全不同的，该方法也仅适用于均匀线阵等特殊结构阵列。

3.3.3 算法流程

本节所给出的 SF RVM-DOA 方法的实现流程如下：

1. 初始化

采用 iRVM-DOA 方法粗估信号方向，依据需求可同时得到信号个数。

2. 滤波器参数与信号方向联合估计

（1）依据 $\hat{\vartheta}_1$，…，$\hat{\vartheta}_K$ 设计滤波器，计算各滤波器输出。

（2）依据式（3.46）和式（3.48）更新 $\hat{\boldsymbol{\gamma}}_k$ 和 $\hat{\sigma}_k^2(k=1, \cdots, K)$。

（3）依据式（3.49）估计 $\hat{\vartheta}_1$，…，$\hat{\vartheta}_K$。

（4）如果收敛，则终止迭代；否则，返回（1）。

需要说明的是，SF RVM-DOA 方法的初始化策略并不仅限于 iRVM-DOA 方法，同样可以将本节所介绍的空域滤波方法与 MMV CV-RVM 方法的观测模型和测向思想相结合，得到计算效率更高的相关信号测向方法，其实现过程与以上实现流程类似，这里不着重讨论。

3.3.4 窄带相关信号阵列测向仿真实验与分析

本小节针对相干信号（相关系数为 1）环境，借助仿真实验验证 SF RVM-DOA 方法的测向性能，并将其与具有一定相干信号处理能力的其他测向方法进行比较，包括空间平滑 MUSIC 方法（SS MUSIC）[15]、SF MUSIC 方法[17]、L1-SVD 方法[196]、iRVM-DOA 方法和 MMV CV-RVM 方法。上述方法中，SF RVM-DOA 方法与 L1-SVD 方法、iRVM-DOA 方法和 MMV CV-RVM 方法均能够适应任意结构阵列且可以同时实现对信号个数的估计（SF RVM-DOA 方法在初始化过程中实现），而 SS MUSIC 方法和 SF MUSIC 方法需要事先已知信号个数，且只能适应均匀线阵等具有平移不变性的特殊结构阵列。为方便性能比较，本小节选取 10 元均匀线阵作为接收阵列，并假设入射信号个数先验已知。仿真过程中 SF MUSIC 方法的迭代过程重复 5 次以得到最终的结果，SF RVM-DOA 方法将 iRVM-DOA 方法初步收敛（$\|\hat{\boldsymbol{\gamma}}^{(q+1)}-\hat{\boldsymbol{\gamma}}^{(q)}\|_2/\|\hat{\boldsymbol{\gamma}}^{(q+1)}\|_2<10^{-3}$）时的测向结果作为初始值，而空域滤波迭代过程的终止准则为

$$\|[\hat{\boldsymbol{\gamma}}_1^{(q+1)}, \cdots, \hat{\boldsymbol{\gamma}}_K^{(q+1)}]-[\hat{\boldsymbol{\gamma}}_1^{(q)}, \cdots, \hat{\boldsymbol{\gamma}}_K^{(q)}]\|_2/\|[\hat{\boldsymbol{\gamma}}_1^{(q+1)}, \cdots, \hat{\boldsymbol{\gamma}}_K^{(q+1)}]\|_2<10^{-4}$$

各种稀疏重构方法将 [−90°, 90°] 空域以 $\Delta\theta=1°$为间隔进行划分得到离散角度集 $\boldsymbol{\Theta}$。

取定采样点数为 30、两个等功率信号的角度间隔为 10°，入射方向分别为$-5°+\upsilon$ 和 $5°+\upsilon$，每次仿真实验中 υ 和两信号相位差分别在 $[-\Delta\theta/2, \Delta\theta/2]$ 和 $[0, 2\pi]$ 范围内随机选取。当两信号信噪比从 0dB 逐渐增大到 20dB 时，得到 300 次实验中各种方法对两个入射信号的平均测向均方根误差如图 3.8 所示。从图 3.8 中的仿真结果可以看出，各种稀疏重构类测向方法在信噪比为 2dB 时就能够实现对两个相干信号的分辨，得到高于 2°的测向精度，而子空间类方法 SS MUSIC 和 SF MUSIC 则要求信噪比高于 6dB，且由于它们所使用的空域平滑等预处理过程并未完全消除不同信号之间的相关性，这两种方法始终无法达到 CRLB。然而，L1-SVD、iRVM-DOA 和 MMV CV-RVM 方法的测向精度随信噪比的改善速度较慢，当信噪比较高时它们的测向精度低于两种子空间类方法。当信噪比高于 2dB 时，SF RVM-DOA 方法的测向精度是所有方法中最高的，且十分接近甚至达到了 CRLB。

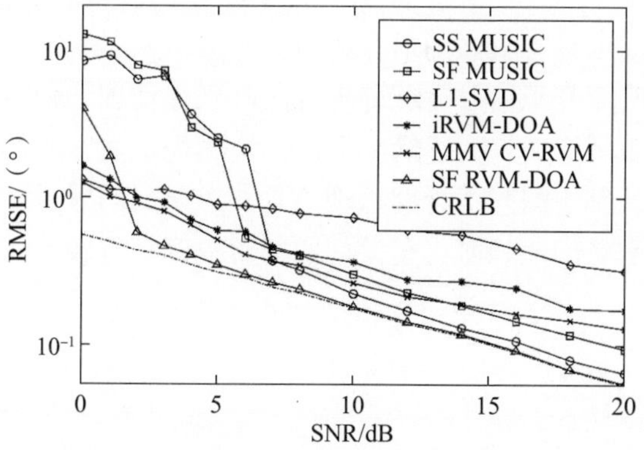

图 3.8 窄带相干信号的测向均方根误差随信噪比的变化情况

3.4 本章小结

本章针对第 2 章中 RVM-DOA 方法在低信噪比条件下计算效率不高和相关信号条件下无法得到最优测向性能等问题，分别给出了基于阵列输出协方差向量稀疏重构的窄带独立/相关信号测向方法 CV-RVM 和基于空域滤波的相关信号测向方法 SF RVM-DOA，显著改善了 RVM-DOA 方法的计算效率和相关信号测向精度。主要内容包括：

（1）给出了基于协方差向量空域稀疏重构的窄带测向方法 CV-RVM 及其在独立和相关信号条件下的实现形式 SMV CV-RVM 和 MMV CV-RVM，较好地解决了样本数量较为充分条件下对窄带独立/相关信号波达方向的高效估计问题，并分析了 CV-RVM 方法的多信号处理能力。借助严格的理论分析证明，在观测样本数量较为充分的条件下，CV-RVM 方法中所使用的协方差向量具有显著高于原始阵列输出向量的信噪比，从而造成了该方法在计算效率方面相对于 RVM-DOA 方法的明显优势。仿真结果表明，除计算效率的优势外，CV-RVM 方法还具有比 RVM-DOA 方法以及其他各种方法更高的测向精度。此外，SMV RVM-DOA 方法还可以结合阵列结构的优化设计，实现对多于阵列阵元数的同时入射信号的分辨。

（2）给出了基于空域滤波的窄带相关信号测向方法 SF RVM-DOA，通过设计一组空域滤波器从阵列观测数据中成功地分离各相关信号分量，并借助滤波器参数和信号波达方向的联合估计得到了适宜信噪比、样本数和空时白噪声等典型信号环境中近似最优的测向性能。SF RVM-DOA 方法适用于任意结构阵列，且在实现过程中结合了入射信号的空域稀疏性先验信息，因而对低信噪比等非理想信号环境也具有较强的适应能力。

上述结果表明，基于信号空域稀疏性的阵列处理理论在不同的问题中可以具有不同的具体表现形式，为了满足实际的应用需求能够对其观测模型和实现过程进行相应的调整。同时也说明该理论是一个开放的体系，并不拘泥于特定的算法模型，因而对广泛领域内相关问题的解决都具有较大的参考价值。

第 4 章
宽带信号测向方法

4.1 引 言

对宽带信号的测向问题广泛存在于雷达、通信等领域。常见的宽带测向方法大多以窄带子空间类方法为基础，它们引入各种复杂的预处理过程将原始宽带观测模型转化为窄带模型，并最终借助窄带测向方法实现对宽带信号的波达方向估计[31-35]。因此，此类方法对低信噪比、小样本等信号环境的适应能力存在与窄带子空间类测向方法类似的极大局限。

在宽带阵列测向系统中，入射信号的空域能量分布仍然体现出与窄带信号类似的稀疏性。然而，由于宽带信号基带波形随时间快速变化，当信号波形先验未知时，无法构造仅依赖于信号方向的空域超完备字典集以实现对宽带阵列输出数据的稀疏重构，进而估计各信号方向。在这种情况下，如何有效地利用入射信号的空域稀疏性，以获得比已有宽带测向方法更强的低信噪比、小样本适应能力和超分辨能力，正是本章所要探讨的问题。

解决上述问题的一种直接思路是将宽带信号的阵列输出分解到多个离散频点上，然后利用这些窄带数据中信号分量的空域稀疏性估计宽带信号方向。基于这一思路的 ℓ_p 范数稀疏重构类宽带测向方法在各窄带频点上独立地实现对入射信号的空间谱估计，但受到 ℓ_p 范数重构方法自身可扩展性的制约，这些方法都未能提供融合各离散频点上的测向结果以最终得到宽带信号波达方向估计值的有效策略[196-197]。第 2 章建立的基于信号空域稀疏性的贝叶斯阵列处理体系能够较好地综合多个离散频点处的数据，从而实现对宽带信号的测向，但由于不同频点处的窄带观测模型互不相同，相应的多观测模型联合重构问题与RVM-DOA 方法对应的单观测模型重构问题之间存在较大差异，本书将在第6章对这种思路进行深入分析和详细介绍。

上述基于频域分解的宽带测向方法对一般的宽带测向环境具有较强的适应性，但它们都无法有效地利用宽带信号的时域调制特征。在一些典型的雷达和通信等应用环境中，尽管所使用的宽带信号波形先验未知且随时间快速变化，它们在一段时间内的时延相关特征却是稳定和明显的[216-217]，对这一特征的利用有助于简化宽带信号测向方法的模型和实现过程。本章针对这种具有典型时延相关特征的宽带信号，结合对应的阵列输出协方差向量中各信号自相关分量的空域稀疏性，分别解决独立和多径条件下的宽带信号阵列测向问题。

4.2 节首先在独立和多径宽带信号条件下，建立阵列输出协方差向量的模型，并分析该模型的空域稀疏性。4.3 节通过对该协方差向量的稀疏分解，给出用于估计宽带独立信号方向的 WCV-RVM 方法，并分析该方法的测向精度理论下限、多信号处理能力和对阵列结构的适应能力。当接收数据中包含宽带信号的多径分量时，协方差向量的结构更加复杂。针对这一问题，4.4 节介绍对多径时延和信号方向进行序贯估计的 STS-RVM 方法。4.5 节仿真验证 WCV-RVM 方法和 STS-RVM 方法的性能。4.6 节对本章内容进行总结。

4.2 宽带信号阵列输出模型

假设 K 个带宽为 B 的宽带信号同时入射到 M 元线性阵列上，不同源信号之间相互独立，信号幅度近似服从高斯分布。第 k 个信号从 I_k 条不同路径同时入射到阵列上，各多径分量的时延和入射方向分别为 $\tau_1^{(k)}$，…，$\tau_{I_k}^{(k)}$ 和 $\vartheta_1^{(k)}$，…，$\vartheta_{I_k}^{(k)}$，相对于直达波的衰减因子分为 $\alpha_1^{(k)}$，…，$\alpha_{I_k}^{(k)}$，其中包含幅度衰减和相移因素。阵列各阵元与参考点之间的距离顺次为 D_1，D_2，…，D_M，满足 $D_1<D_2<\cdots<D_M$。t 时刻第 p 个阵元的输出为

$$x_p(t)=\sum_{k=1}^{K}\sum_{i=1}^{I_k}\alpha_i^{(k)}s_k(t-\tau_i^{(k)}-\Delta_{i,p}^{(k)})+v_p(t) \tag{4.1}$$

式中：$s_k(t)$ 为第 k 个信号的时域波形，其基带波形 $a_k(t)$ 满足 $\mathrm{E}[a_{k_1}(t)a_{k_2}^*(t-\tau)]=\eta_k r_k(\tau)\delta(k_1-k_2)$，$\delta(v)$ 为示性函数，仅在 $v=0$ 时取非零值 1，$\mathrm{E}(\cdot)$ 表示取期望，η_k 为该信号的功率，$r_k(\tau)$ 为基带波形的归一化时延相关函数，满足 $r_k(0)=1$；$\Delta_{i,p}^{(k)}=D_k\sin\vartheta_i^{(k)}/c$ 为第 k 个信号的第 i 个多径分量在参考点与第 p 个阵元之间的传播时延，与 D_k 成正比且依赖于该分量的方向，c 为

信号传播速度；$v_p(t)$ 为观测噪声，这里着重考虑接收机热噪声，并假设其满足随机高斯分布，功率为 σ^2。本章首先认为噪声功率已知以简化算法分析过程，最后在仿真部分给出其估计方法。

当信号传播环境较为理想而不存在多径等因素的影响时，K 个入射信号相互独立，$I_1=\cdots=I_K=1$，此时用 ϑ_1，…，ϑ_K 表示各信号的入射方向，用 $\Delta_{k,p}$ 表示第 k 个信号在参考点与第 p 个阵元之间的传播时延，则式（4.1）可简化为

$$x_p(t)=\sum_{k=1}^{K}s_k(t-\Delta_{k,p})+v_p(t) \tag{4.2}$$

本章主要针对具有相同调制的多个独立宽带信号或不同信号多个多径分量同时存在等环境中的测向需求，因此认为各信号分量具有相同的归一化相关函数，记为 $r(\tau)$。

4.2.1 宽带独立信号阵列输出协方差向量模型

当入射信号之间相互独立时，由式（4.2）得到协方差矩阵元素的期望值为

$$\begin{aligned}R_{p,m}&=\mathrm{E}\{x_p(t)x_m^*(t)\}\\&=\sum_{k=1}^{K}\eta_k r_k(-\Delta_{k,p}+\Delta_{k,m})\exp\{\mathrm{j}2\pi f_\mathrm{c}(-\Delta_{k,p}+\Delta_{k,m})\}+\sigma^2\delta(p-m),\quad p,m=1,\cdots,M\end{aligned} \tag{4.3}$$

式中：f_c 为信号载频。

在协方差矩阵中去除噪声成分，并将其按列排列得到协方差向量如下：

$$\boldsymbol{y}=\mathrm{vec}(\boldsymbol{R}-\sigma^2\boldsymbol{I})=\sum_{k=1}^{K}\eta_k\boldsymbol{h}(\vartheta_k) \tag{4.4}$$

式中

$$[\boldsymbol{h}(\vartheta_k)]_{(m-1)\times M+p}=r(-\Delta_{k,p}+\Delta_{k,m})\exp\{\mathrm{j}2\pi f_\mathrm{c}(-\Delta_{k,p}+\Delta_{k,m})\}$$

在阵列结构满足无模糊测向约束的条件下，决定向量 $\boldsymbol{h}(\vartheta_k)$ 的时延向量 $[\Delta_{k,1},\cdots,\Delta_{k,M}]^\mathrm{T}$ 与信号方向一一对应，因此可表示为 ϑ_k 的函数。式（4.4）表明，协方差矩阵的计算过程较好地消除了信号波形随机性的影响，对应的协方差向量由依赖于信号入射方向的 K 个分量组成，因而也具有显著的空域稀疏性。这一模型具有与窄带信号协方差向量类似的形式，其区别在于式（4.4）中各信号分量通过宽带信号的相关函数建立与信号方向的联系，而不仅仅是通过简单的相移关系。如果能够从 $\boldsymbol{y}$ 中恢复出各信号分量 $\boldsymbol{h}(\vartheta_k)$，就可以实现对各信号入射方向的估计，从而极大地简化了宽带信号的测向问题。

式（4.4）与基于协方差向量稀疏重构的窄带信号测向方法模型类似，显著的差异在于，宽带模型中各信号分量不再具有简单的相移形式，而是由入射信号在不同时延处的相关函数构成。因此，用于宽带信号协方差向量稀疏重构的空域超完备字典集也需要依据信号特征进行设计。

4.2.2 宽带多径信号阵列输出协方差向量模型

在多径分量存在的情况下，由式（4.1）中的阵列输出模型可得到阵列输出协方差矩阵 $\boldsymbol{R}$ 的第（p，m）个元素的期望值为

$$R(p,m)=\sum_{k=1}^{K}\sum_{i_1=1}^{I_k}\sum_{i_2=1}^{I_k}\alpha_{i_1}^{(k)}\alpha_{i_2}^{(k)*}\eta_k r(\widetilde{\tau}_{i_1,i_2,p,m}^{(k)})\exp\{\mathrm{j}2\pi f_{\mathrm{c}}\widetilde{\tau}_{i_1,i_2,p,m}^{(k)}\}+\sigma^2\delta(p-m) \tag{4.5}$$

式中

$$\widetilde{\tau}_{i_1,i_2,p,m}^{(k)}=-\tau_{i_1}^{(k)}-\Delta_{i_1,p}^{(k)}+\tau_{i_2}^{(k)}+\Delta_{i_2,m}^{(k)}$$

当 $i_1\neq i_2$ 时，$r(\widetilde{\tau}_{i_1,i_2,p,m}^{(k)})$ 对应于第 k 个参考信号不同多径分量基带波形间的归一化互相关函数，其取值依赖于两路径的时延和方向。由于宽带信号的自相关函数仅在时延值小于信号时宽时具有显著非零值，时延差大于信号时宽的多径分量可认为是两个不同的入射信号，因此，以下着重讨论多径时延差小于信号时宽时的测向问题。

依据式（4.5）协方差矩阵各元素的表达式，可得到协方差向量如下：

$$\boldsymbol{y}=\sum_{k=1}^{K}\sum_{i_1=1}^{I_k}\sum_{i_2=1}^{I_k}\alpha_{i_1}^{(k)}\alpha_{i_2}^{(k)*}\eta_k\boldsymbol{r}(\widetilde{\boldsymbol{\tau}}_{i_1,i_2}^{(k)},\boldsymbol{\vartheta}_{i_1}^{(k)}) \tag{4.6}$$

式中

$$\boldsymbol{r}(\widetilde{\boldsymbol{\tau}}_{i_1,i_2}^{(k)},\boldsymbol{\vartheta}_{i_1}^{(k)})=[\boldsymbol{r}_1^{\mathrm{T}}(\widetilde{\boldsymbol{\tau}}_{i_1,i_2}^{(k)},\boldsymbol{\vartheta}_{i_1}^{(k)}),\cdots,\boldsymbol{r}_M^{\mathrm{T}}(\widetilde{\boldsymbol{\tau}}_{i_1,i_2}^{(k)},\boldsymbol{\vartheta}_{i_1}^{(k)})]^{\mathrm{T}} \tag{4.7}$$

$$\boldsymbol{r}_m(\widetilde{\boldsymbol{\tau}}_{i_1,i_2}^{(k)},\boldsymbol{\vartheta}_{i_1}^{(k)})=[r(\widetilde{\tau}_{i_1,i_2,1,m}^{(k)})\exp\{\mathrm{j}2\pi f_{\mathrm{c}}\widetilde{\tau}_{i_1,i_2,1,m}^{(k)}\},\cdots,r(\widetilde{\tau}_{i_1,i_2,M,m}^{(k)})\exp\{\mathrm{j}2\pi f_{\mathrm{c}}\widetilde{\tau}_{i_1,i_2,M,m}^{(k)}\}]^{\mathrm{T}} \tag{4.8}$$

结合 $\widetilde{\tau}_{i_1,i_2,p,m}^{(k)}$ 的表达式，可将式（4.8）改写为

$$\begin{aligned}\boldsymbol{r}_m(\widetilde{\boldsymbol{\tau}}_{i_1,i_2}^{(k)},\boldsymbol{\vartheta}_{i_1}^{(k)})=[&r(\widetilde{\tau}_{i_1,i_2,m,m}^{(k)}-\Delta_{i_1,1}^{(k)}+\Delta_{i_1,m}^{(k)})\exp\{\mathrm{j}2\pi f_{\mathrm{c}}(\widetilde{\tau}_{i_1,i_2,m,m}^{(k)}-\Delta_{i_1,1}^{(k)}+\Delta_{i_1,m}^{(k)})\},\cdots,\\&r(\widetilde{\tau}_{i_1,i_2,m,m}^{(k)}-\Delta_{i_1,M}^{(k)}+\Delta_{i_1,m}^{(k)})\exp\{\mathrm{j}2\pi f_{\mathrm{c}}(\widetilde{\tau}_{i_1,i_2,m,m}^{(k)}-\Delta_{i_1,M}^{(k)}+\Delta_{i_1,m}^{(k)})\}]^{\mathrm{T}}\end{aligned} \tag{4.9}$$

因此，$\boldsymbol{r}(\widetilde{\boldsymbol{\tau}}_{i_1,i_2}^{(k)}$，$\boldsymbol{\vartheta}_{i_1}^{(k)})$ 可看作如下时间向量依据法则 $\boldsymbol{v}\rightarrow r(\boldsymbol{v})\exp\{\mathrm{j}2\pi f_{\mathrm{c}}\boldsymbol{v}\}$ 的映射：

$$\overline{\boldsymbol{\tau}}_{i_1,i_2}^{(k)}=\widetilde{\boldsymbol{\tau}}_{i_1,i_2}^{(k)}\otimes\boldsymbol{1}-\boldsymbol{1}\otimes\boldsymbol{\Delta}_{i_1}^{(k)}+\boldsymbol{\Delta}_{i_1}^{(k)}\otimes\boldsymbol{1} \tag{4.10}$$

式中

$$\widetilde{\boldsymbol{\tau}}_{i_1,i_2}^{(k)}=[\widetilde{\tau}_{i_1,i_2,1,1}^{(k)},\cdots,\widetilde{\tau}_{i_1,i_2,M,M}^{(k)}]^{\mathrm{T}} \tag{4.11}$$

$$\boldsymbol{\Delta}_{i_1}^{(k)}=[\Delta_{i_1,1}^{(k)},\cdots,\Delta_{i_1,M}^{(k)}]^{\mathrm{T}} \tag{4.12}$$

1 为全 1 列向量，其维数可由上下文推断，“$\otimes$”表示克罗内克积。

由式（4.6）中的协方差向量表达式可以看出，$\boldsymbol{y}$ 由 $\sum_{k=1}^{K} I_k^2$ 个自相关和互相关分量组成。尽管在适宜信号数和多径数条件下 $\sum_{k=1}^{K} I_k^2$ 的取值较大，然而利用这些分量对应参数之间的内在联系可以显著简化对该模型的分析。首先，在所有 $\sum_{k=1}^{K} I_k^2$ 个时延分量 $\{\widetilde{\boldsymbol{\tau}}_{i_1,i_2}^{(k)}\}_{k,i_1,i_2}$ 中，共有 $\sum_{k=1}^{K} I_k$ 个 0 元素，而其他 $\sum_{k=1}^{K}(I_k-1)I_k$ 个非零元素互为相反数对（$\widetilde{\boldsymbol{\tau}}_{i_1,i_2}^{(k)}=-\widetilde{\boldsymbol{\tau}}_{i_2,i_1}^{(k)}$），且由于各信号的多径分量数通常并不大，因此这些时延分量在时域上具有较强的稀疏性；其次，如果能够获得阵列不同阵元上的时延值并对它们关于相应的信号分量进行配对，则 $\boldsymbol{y}$ 中的 $\sum_{k=1}^{K} I_k^2$ 个分量仅依赖于 K 个信号的入射方向 ϑ_1，…，ϑ_K，因而具有较强的空域稀疏性。

4.3 基于协方差向量稀疏重构的宽带独立信号测向方法

本节针对宽带独立信号环境，给出一种基于阵列输出协方差向量空域稀疏重构的方法 WCV-RVM（Wideband CV-RVM），实现对入射信号的波达方向估计。

4.3.1 协方差向量估计误差统计分析

在实际应用中，阵列输出协方差矩阵可以由 $t=t_1$，…，t_N 时刻的 N 个样本估计得到：

$$\hat{\boldsymbol{R}}=(1/N)\sum_{n=1}^{N}\boldsymbol{x}(t_n)\boldsymbol{x}^{\mathrm{H}}(t_n) \tag{4.13}$$

式中

$$\boldsymbol{x}(t)=[x_1(t),\cdots,x_M(t)]^{\mathrm{T}}$$

由式（4.2）和式（4.13）可得 $\hat{R}_{p,m}$ 的表达式为

$$\hat{R}_{p,m}=\frac{1}{N}\sum_{n=1}^{N}\left[\sum_{k=1}^{K}s_k(t_n-\Delta_{k,p})+v_p(t_n)\right]\left[\sum_{k=1}^{K}s_k(t_n-\Delta_{k,m})+v_{m_2}(t_n)\right]^*$$

$$= \sum_{k=1}^{K}\sum_{k'=1}^{K}\frac{1}{N}\sum_{n=1}^{N} s_k(t_n-\Delta_{k,p})s_{k'}^*(t_n-\Delta_{k',m}) + \sum_{k=1}^{K}\frac{1}{N}\sum_{n=1}^{N} s_k(t_n-\Delta_{k,p})v_m^*(t_n)$$
$$+ \sum_{k=1}^{K}\frac{1}{N}\sum_{n=1}^{N} s_k^*(t_n-\Delta_{k,p})v_p(t_n) + \frac{1}{N}\sum_{n=1}^{N} v_p(t_n)v_m^*(t_n) \tag{4.14}$$

受有限样本数的影响，阵列观测协方差矩阵估计结果中各元素存在一定的估计误差 $\widetilde{R}_{p,m}=\hat{R}_{p,m}-R_{p,m}$，其具体表达式为

$$\widetilde{R}_{p,m} = \sum_{k=1}^{K}\sum_{k'=1}^{K}\left[\frac{1}{N}\sum_{n=1}^{N} s_k(t_n-\Delta_{k,p})s_{k'}^*(t_n-\Delta_{k',m}) - \mathrm{E}\{s_k(t_n-\Delta_{k,p})s_{k'}^*(t_n-\Delta_{k',m})\}\right]$$
$$+ \sum_{k=1}^{K}\frac{1}{N}\sum_{n=1}^{N} s_k(t_n-\Delta_{k,p})v_m^*(t_n) + \sum_{k=1}^{K}\frac{1}{N}\sum_{n=1}^{N} s_k^*(t_n-\Delta_{k,p})v_p(t_n)$$
$$+ \left[\frac{1}{N}\sum_{n=1}^{N} v_p(t_n)v_m^*(t_n) - \sigma^2\delta(p-m)\right] \tag{4.15}$$

存在估计误差时的协方差向量可表示为

$$\hat{\boldsymbol{y}} = \mathrm{vec}(\hat{\boldsymbol{R}}-\sigma^2\boldsymbol{I}) = \sum_{k=1}^{K}\eta_k\boldsymbol{h}(\vartheta_k) + \widetilde{\boldsymbol{y}} \tag{4.16}$$

式中：$\widetilde{\boldsymbol{y}}$ 为估计误差向量。

记 $\hat{\boldsymbol{y}}$ 中与 $\hat{\boldsymbol{R}}(p, m)$ 相对应的元素为 $\hat{y}_{p,m}$，并记

$$\hat{y}_{p,m}(wT_s) = \frac{1}{N}\sum_{n=\max(w,0)}^{\min(N-1,N+w-1)} x_p(nT_s)x_m^*((n-w)T_s) \tag{4.17}$$

当 $w=0$ 时，式（4.17），简写为 $\hat{y}_{p,m}$，$\hat{\boldsymbol{y}}(wT_s)$ 对应的协方差矩阵估计值为 $\hat{\boldsymbol{R}}(wT_s)$，其理论值为 $\boldsymbol{y}(wT_s)=\mathrm{vec}\{\boldsymbol{R}(wT_s)\}$，其中 $\boldsymbol{R}(wT_s)=\mathrm{E}[\boldsymbol{x}(t+wT_s)\boldsymbol{x}^{\mathrm{H}}(t)]$。对 $\boldsymbol{y}$ 和 $\widetilde{\boldsymbol{y}}$ 中元素也采用类似的表示方法。

由于宽带信号在较小非零时延处的相关函数不为 0，对应的协方差矩阵估计误差 $\widetilde{y}_{p,m}$ 具有与窄带信号条件下不同的统计特性。基于信号幅度和观测噪声的高斯分布模型，结合式（4.15）中 $\widetilde{R}_{p,m}$ 的表达式，通过直接的数学推导得到如下结论：

$$\mathrm{E}(\widetilde{y}_{p_1,m_1}\widetilde{y}_{p_2,m_2}^*) = \frac{1}{N}\sum_{\Delta t=nT_s} y_{p_1,p_2}(\Delta t)y_{m_1,m_2}^*(\Delta t) \tag{4.18}$$

因此

$$\mathrm{E}(\widetilde{\boldsymbol{y}}\widetilde{\boldsymbol{y}}^{\mathrm{H}}) = \frac{1}{N}\sum_{\Delta t=nT_s}\boldsymbol{R}(\Delta t)^{\mathrm{T}}\otimes\boldsymbol{R}(\Delta t) \triangleq \boldsymbol{Q} \tag{4.19}$$

式中：“$\otimes$”为克罗内克积。

式（4.18）的推导过程在附录 4A 中给出。需要指出的是，附录 4A 中的分析针对一般的独立和相关宽带信号环境，得到了协方差向量估计误差的统一

表达式，省略其中的信号互相关成分就得到了与独立信号相对应的分析过程。当入射信号为窄带信号时，$\boldsymbol{R}(\Delta t)=\delta(\Delta t)\boldsymbol{R}$，式（4.19）可简化为 $\mathrm{E}(\tilde{\boldsymbol{y}}\tilde{\boldsymbol{y}}^{\mathrm{H}})=(1/N)\boldsymbol{R}^{\mathrm{T}}\otimes\boldsymbol{R}$，与式（3.10）所给出的结果一致；当入射信号为宽带信号时，对小于信号时宽的 Δt，$\boldsymbol{R}(\Delta t)$ 取非零值。例如，对于带宽为 B 的 PN 序列[216-217]，式（4.19）应关于所有 $|n|<f_s/B$ 求和，其中 f_s 为阵列接收机的采样频率。相关矩阵 $\boldsymbol{Q}$ 的非零对角线元素说明估计误差 $\tilde{\boldsymbol{y}}$ 的不同元素之间具有一定的相关性。

4.3.2 宽带独立信号测向方法

考虑到理想协方差向量 $\boldsymbol{y}=\sum_{k=1}^{K}\eta_k\boldsymbol{h}(\vartheta_k)$ 中所包含的信号分量具有较强的空域稀疏性，对入射信号可能的方向进行划分得到离散角度集 $\boldsymbol{\Theta}=[\theta_1,\cdots,\theta_L]$，则 $\hat{\boldsymbol{y}}$ 具有如下空域超完备表示形式：

$$\hat{\boldsymbol{y}}=\boldsymbol{H}(\boldsymbol{\Theta})\bar{\boldsymbol{\eta}}+\tilde{\boldsymbol{y}} \tag{4.20}$$

式中：$\boldsymbol{H}(\boldsymbol{\Theta})=[\boldsymbol{h}(\theta_1),\cdots,\boldsymbol{h}(\theta_L)]$；$\bar{\boldsymbol{\eta}}=[\bar{\eta}_1,\cdots,\bar{\eta}_L]^{\mathrm{T}}$，$\bar{\boldsymbol{\eta}}$ 为 $\eta=[\eta_1,\cdots,\eta_K]^{\mathrm{T}}$ 从 $\boldsymbol{\vartheta}$ 到 $\boldsymbol{\Theta}$ 的补零扩展形式，仅在各信号对应方向处取非零值。

式（3.16）具有与窄带信号协方差向量的空域超完备模型类似的形式，但空域超完备字典集中基函数 $\boldsymbol{h}(\theta_l)$ 的结构依赖于宽带信号的时延相关函数。

假设 $\bar{\boldsymbol{\eta}}\sim\mathcal{N}(\boldsymbol{0},\boldsymbol{\Gamma})$，其中 $\boldsymbol{\Gamma}=\mathrm{diag}(\boldsymbol{\gamma})$，$\boldsymbol{\gamma}=[\gamma_1,\cdots,\gamma_I]$，则

$$p(\hat{\boldsymbol{y}}|\boldsymbol{\gamma})=|\pi\boldsymbol{\Sigma}_{\hat{y}}|^{-1}\exp\{-\hat{\boldsymbol{y}}^{\mathrm{H}}\boldsymbol{\Sigma}_{\hat{y}}^{-1}\hat{\boldsymbol{y}}\} \tag{4.21}$$

式中

$$\boldsymbol{\Sigma}_{\hat{y}}=\boldsymbol{Q}+\boldsymbol{H}(\boldsymbol{\Theta})\boldsymbol{\Gamma}\boldsymbol{H}^{\mathrm{H}}(\boldsymbol{\Theta})$$

对式（3.17）取对数并省略其中的常数项，得到如下目标函数：

$$\mathcal{L}(\boldsymbol{\gamma})=\ln|\boldsymbol{\Sigma}_{\hat{y}}|+\hat{\boldsymbol{y}}^{\mathrm{H}}\boldsymbol{\Sigma}_{\hat{y}}^{-1}\hat{\boldsymbol{y}} \tag{4.22}$$

同样，采用 EM 算法[209] 优化该目标函数以实现对 $\hat{\boldsymbol{y}}$ 中所包含的 K 个信号分量的稀疏重构，其中 E-step 过程需要计算 $\bar{\boldsymbol{\eta}}$ 的一阶和二阶矩如下：

$$\boldsymbol{\mu}=\boldsymbol{\Gamma}\boldsymbol{H}^{\mathrm{H}}(\boldsymbol{\Theta})[\boldsymbol{Q}+\boldsymbol{H}(\boldsymbol{\Theta})\boldsymbol{\Gamma}\boldsymbol{H}^{\mathrm{H}}(\boldsymbol{\Theta})]^{-1}\hat{\boldsymbol{y}} \tag{4.23}$$

$$\boldsymbol{\Sigma}_{\bar{\boldsymbol{\eta}}}=\boldsymbol{\Gamma}-\boldsymbol{\Gamma}\boldsymbol{H}^{\mathrm{H}}(\boldsymbol{\Theta})[\boldsymbol{Q}+\boldsymbol{H}(\boldsymbol{\Theta})\boldsymbol{\Gamma}\boldsymbol{H}^{\mathrm{H}}(\boldsymbol{\Theta})]^{-1}\boldsymbol{H}(\boldsymbol{\Theta})\boldsymbol{\Gamma} \tag{4.24}$$

随后，在 M-step 中由 $\partial\mathcal{L}(\gamma)/\partial\gamma=0$ 得到 γ 的更新步骤如下：

$$\gamma_i^{(q)}=|\mu_i^{(q)}|^2+(\boldsymbol{\Sigma}_{\bar{\boldsymbol{\eta}}}^{(q)})_{i,i} \tag{4.25}$$

式中：$(\cdot)^{(q)}$ 表示第 q 步迭代变量；μ_i 表示向量 $\boldsymbol{\mu}$ 的第 i 个元素；$(\boldsymbol{\Sigma}_{\bar{\boldsymbol{\eta}}})_{i,i}$ 表示 $\boldsymbol{\Sigma}_{\bar{\boldsymbol{\eta}}}$ 的第（i，i）个元素。

为加快 EM 算法的收敛速度，采用与第 3 章中类似的不动点迭代方法替代式（4.25），即

$$\gamma_i^{(q)}=|\mu_i^{(q)}|^2/[1-(\boldsymbol{\Sigma}_{\boldsymbol{\eta}}^{(q)})_{i,i}/\gamma_i^{(q-1)}]+\zeta \tag{4.26}$$

式中：ζ 为较小正数。

当 EM 算法达到收敛时，记 $\boldsymbol{\gamma}_{-k}$ 为 $\boldsymbol{\gamma}$ 中去除第 k 个信号对应谱峰后的空间功率谱，$\boldsymbol{\Gamma}_{-k}=\mathrm{diag}(\boldsymbol{\gamma}_{-k})$，$\boldsymbol{\Theta}_{-k}$ 为与 $\boldsymbol{\gamma}_{-k}$ 相对应的角度集，$\boldsymbol{\Sigma}_{-k}=\boldsymbol{Q}+\boldsymbol{H}(\boldsymbol{\Theta}_{-k})\boldsymbol{\Gamma}_{-k}\boldsymbol{H}^{\mathrm{H}}(\boldsymbol{\Theta}_{-k})$，用第 k 个信号的功率和角度代替该信号多谱线表示形式，得到用于估计该信号方向的目标函数如下：

$$\mathcal{L}(\theta,\eta)=\ln|\boldsymbol{\Sigma}_{-k}+\eta\boldsymbol{h}(\theta)\boldsymbol{h}^{\mathrm{H}}(\theta)|+\hat{\boldsymbol{y}}^{\mathrm{H}}[\boldsymbol{\Sigma}_{-k}+\eta\boldsymbol{h}(\theta)\boldsymbol{h}^{\mathrm{H}}(\theta)]^{-1}\hat{\boldsymbol{y}} \tag{4.27}$$

由 $\partial\mathcal{L}(\theta,\ \eta)/\partial\eta=0$ 估计得到 η_k 之后，代入 $\partial\mathcal{L}(\theta,\ \eta)/\partial\theta=0$ 可得

$$g(\theta)\triangleq\mathrm{Re}\left\{\boldsymbol{h}^{\mathrm{H}}(\theta)\boldsymbol{\Sigma}_{-k}^{-1}[\boldsymbol{h}(\theta)\boldsymbol{h}^{\mathrm{H}}(\theta)\boldsymbol{\Sigma}_{-k}^{-1}\hat{\boldsymbol{y}}\hat{\boldsymbol{y}}^{\mathrm{H}}-\hat{\boldsymbol{y}}\hat{\boldsymbol{y}}^{\mathrm{H}}\boldsymbol{\Sigma}_{-k}^{-1}\boldsymbol{h}(\theta)\boldsymbol{h}^{\mathrm{H}}(\theta)]\boldsymbol{\Sigma}_{-k}^{-1}\frac{\partial\boldsymbol{h}(\theta)}{\partial\theta}\right\}=0 \tag{4.28}$$

在各信号谱峰范围内以所需要的精度进行搜索，得到第 k 个信号的角度估计值为

$$\hat{\vartheta}_k=\underset{\theta\in\boldsymbol{\Omega}_k}{\operatorname{argmax}}[g(\theta)]^{-1} \tag{4.29}$$

式中：$\boldsymbol{\Omega}_k$ 表示第 k 个信号对应的谱峰覆盖范围。

4.3.3 宽带独立信号测向方法性能分析

宽带信号测向方法的性能不仅取决于各信号的方向和信噪比，还受到对信号调制信息利用程度的显著影响。本小节所给出的 WCV-RVM 方法以宽带信号的空域稀疏性为基础，同时结合了它们的时延相关特征，在这种情况下，该方法各方面的性能都是需要具体分析的。为此，以下对 WCV-RVM 方法的测向精度理论下界、可分辨信号数和对阵列结构的适应能力进行分析。

1. 测向精度的理论下界

式（4.20）对应的真实信号模型为

$$\hat{\boldsymbol{y}}=\sum_{k=1}^{K}\eta_k\boldsymbol{h}(\vartheta_k)+\tilde{\boldsymbol{y}} \tag{4.30}$$

由于 $\tilde{\boldsymbol{y}}$ 服从方差为 $\boldsymbol{Q}$ 的零均值高斯分布，可得到 $\hat{\boldsymbol{y}}$ 关于各信号入射方向等参数的概率密度函数为

$$p(\hat{\boldsymbol{y}}|\boldsymbol{\vartheta},\boldsymbol{\eta},\sigma^2)=|\pi\boldsymbol{Q}|^{-1}\exp\left\{-\left(\hat{\boldsymbol{y}}-\sum_{k=1}^{K}\eta_k\boldsymbol{h}(\vartheta_k)\right)^{\mathrm{H}}\boldsymbol{Q}^{-1}\left(\hat{\boldsymbol{y}}-\sum_{k=1}^{K}\eta_k\boldsymbol{h}(\vartheta_k)\right)\right\} \tag{4.31}$$

式中：$\hat{\boldsymbol{y}}=\mathrm{vec}(\hat{\boldsymbol{R}}-\sigma^2\boldsymbol{I})$，其中还包含未知参数 σ^2。

基于该似然函数并借鉴文献［13］中窄带信号波达方向估计精度 CRLB 的推导过程，可以得到 WCV-RVM 方法对各信号角度估计值的理论下界。由于这一结果的导出以原始阵列输出计算得到的阵列协方差向量为基础，且分析过程遵循了标准 CRLB 的推导思路，将该理论下界定义为 SdCRLB（Secondary-data-based CRLB），其表达式由下式给出：

$$\begin{aligned}\mathrm{SdCRLB}^{-1}(\boldsymbol{\vartheta})=&2\mathrm{diag}(\boldsymbol{\eta})\{\mathrm{Re}(\boldsymbol{D}^{\mathrm{H}}\boldsymbol{Q}^{-1}\boldsymbol{D})\\&-\mathrm{Re}(\boldsymbol{D}^{\mathrm{H}}\boldsymbol{Q}^{-1}\widetilde{\boldsymbol{H}})[\mathrm{Re}(\widetilde{\boldsymbol{H}}^{\mathrm{H}}\widetilde{\boldsymbol{H}})]^{-1}\mathrm{Re}(\widetilde{\boldsymbol{H}}^{\mathrm{H}}\boldsymbol{Q}^{-1}\boldsymbol{D})\}\mathrm{diag}(\boldsymbol{\eta})\end{aligned}\tag{4.32}$$

式中

$$\boldsymbol{\eta}=[\eta_1,\cdots,\eta_K]^{\mathrm{T}},\widetilde{\boldsymbol{H}}=[\boldsymbol{H},\widetilde{\boldsymbol{e}}],\boldsymbol{D}=\left[\frac{\partial\boldsymbol{h}(\theta)}{\partial\theta}\bigg|_{\theta=\vartheta_1},\cdots,\frac{\partial\boldsymbol{h}(\theta)}{\partial\theta}\bigg|_{\theta=\vartheta_K}\right]$$

2. 多信号分辨能力

3.2 节证明基于协方差向量稀疏重构的窄带测向方法能够分离等于甚至多于阵元数的同时入射窄带独立信号。以下对这一结论进行扩展，得出 WCV-RVM 方法对多个同时入射宽带信号的分辨能力如定理 4.1 所述。

定理 4.1 针对均匀线阵、最小冗余线阵等相邻阵元间距以 D_0 为单位的阵列结构，并假设阵列满足无模糊测向约束，且两两阵元间距构成集合 $\{D_0, 2D_0, \cdots, \kappa D_0\}$，其中 κD_0 为阵列孔径，则 WCV-RVM 方法可分辨的同时到达宽带信号数目为 κ。

证明：WCV-RVM 方法对多个同时入射信号的分辨能力取决于无噪条件下观测模型 $\boldsymbol{y}=\sum_{k=1}^{K}\eta_k\boldsymbol{h}(\vartheta_k)$ 的无模糊测向约束，即在 $K\leqslant\kappa$ 时不存在另外一组 $\vartheta'_1,\cdots\vartheta'_{K'}$ 和 $\eta_1,\cdots,\eta_{K'}$，使得 $K'\leqslant K$ 且 $\boldsymbol{y}=\sum_{k=1}^{K'}\eta'_k\boldsymbol{h}(\vartheta'_k)$。在满足定理 4.1 中假设的前提下，取间距分别为 $D_0, 2D_0, \cdots, \kappa D_0$ 的两两阵元的互相关函数构成观测向量 $\check{\boldsymbol{y}}$，则分析 WCV-RVM 方法的多信号分辨能力时向量 $\check{\boldsymbol{y}}$ 与 $\boldsymbol{y}$ 等价（参见 3.2 节中对 CV-RVM 方法的可分辨信号数分析）。记第 k 个入射信号在间距为 D_0 的两个阵元之间的传播时延为 τ_k，则与 $\boldsymbol{y}$ 类似，$\check{\boldsymbol{y}}$ 可表示为

$$\check{\boldsymbol{y}}=\left[\sum_{k=1}^{K}\eta_k r(\tau_k),\sum_{k=1}^{K}\eta_k r(2\tau_k),\cdots,\sum_{k=1}^{K}\eta_k r(\kappa\tau_k)\right]^{\mathrm{T}}\triangleq\sum_{k=1}^{K}\eta_k\check{\boldsymbol{y}}_k\tag{4.33}$$

式中

$$\check{\boldsymbol{y}}_k=[r(\tau_k),r(2\tau_k),\cdots,r(\kappa\tau_k)]^{\mathrm{T}}。$$

由于 $r(\tau)=\int_{\Omega}P(\omega)e^{j\omega\tau}d\omega$，其中 Ω 和 $P(\omega)$ 分别为信号的有效带宽和功率谱，因此

$$\begin{aligned}\check{\boldsymbol{y}}&=\left[\int_{\Omega}P(\omega)e^{j\omega\tau_k}d\omega,\int_{\Omega}P(\omega)e^{j2\omega\tau_k}d\omega,\cdots,\int_{\Omega}P(\omega)e^{j\kappa\omega\tau_k}d\omega\right]^{T}\\&=\int_{\Omega}P(\omega)\boldsymbol{a}(\omega,\tau_k)d\omega\end{aligned}\tag{4.34}$$

$$\check{\boldsymbol{y}}=\int_{\Omega}P(\omega)\sum_{k=1}^{K}\eta_k\boldsymbol{a}(\omega,\tau_k)d\omega=\int_{\Omega}P(\omega)\boldsymbol{A}(\omega,\boldsymbol{\tau})\boldsymbol{\eta}(\boldsymbol{\tau})d\omega\tag{4.35}$$

式中

$$\boldsymbol{A}(\omega,\boldsymbol{\tau})=[\boldsymbol{a}(\omega,\tau_1),\cdots,\boldsymbol{a}(\omega,\tau_K)],\boldsymbol{\tau}=[\tau_1,\cdots,\tau_K],\boldsymbol{a}(\omega,\tau_k)=[e^{j\omega\tau_k},\cdots,e^{j\kappa\omega\tau_k}]^{T},$$
$$\boldsymbol{\eta}(\boldsymbol{\tau})=[\eta_1,\cdots,\eta_K]^{T}$$

假设存在 $K'(K'\leqslant K)$ 个入射信号满足式（4.33），各信号在间距为 D_0 的两个阵元之间的传播时延为 τ'_k，$\boldsymbol{\tau}'=[\tau'_1,\cdots,\tau'_{K'}]$，各信号功率为 $\boldsymbol{\eta}'=[\eta'_1,\cdots,\eta'_{K'}]^{T}$，则

$$\check{\boldsymbol{y}}=\int_{\Omega}P(\omega)\boldsymbol{A}(\omega,\boldsymbol{\tau})\boldsymbol{\eta}(\boldsymbol{\tau})d\omega=\int_{\Omega}P(\omega)\boldsymbol{A}(\omega,\boldsymbol{\tau}')\boldsymbol{\eta}'(\boldsymbol{\tau}')d\omega\tag{4.36}$$

因此

$$\begin{aligned}&\int_{\Omega}P(\omega)[\boldsymbol{A}(\omega,\boldsymbol{\tau})\boldsymbol{\eta}(\boldsymbol{\tau})-\boldsymbol{A}(\omega,\boldsymbol{\tau}')\boldsymbol{\eta}'(\boldsymbol{\tau}')]d\omega\\&=\int_{\Omega}P(\omega)[\boldsymbol{A}(\omega,\boldsymbol{\tau})-\boldsymbol{A}(\omega,\boldsymbol{\tau}')][\boldsymbol{\eta}^{T}(\boldsymbol{\tau}),\boldsymbol{\eta}'^{T}(\boldsymbol{\tau}')]^{T}d\omega=0\end{aligned}\tag{4.37}$$

记 $\boldsymbol{A}(\omega,\boldsymbol{\tau})$ 的实部和虚部分别为 $\boldsymbol{A}_r(\omega,\boldsymbol{\tau})$ 和 $\boldsymbol{A}_i(\omega,\boldsymbol{\tau})$，$\boldsymbol{A}(\omega,\boldsymbol{\tau}')$ 的实部和虚部分别为 $\boldsymbol{A}_r(\omega,\boldsymbol{\tau}')$ 和 $\boldsymbol{A}_i(\omega,\boldsymbol{\tau}')$，其中 $[\boldsymbol{A}_r(\omega,\boldsymbol{\tau})]_{m,k}=\cos(m\omega\tau_k)$，$[\boldsymbol{A}_i(\omega,\boldsymbol{\tau})]_{m,k}=\sin(m\omega\tau_k)$，$[\boldsymbol{A}_r(\omega,\boldsymbol{\tau}')]_{m,k}=\cos(m\omega\tau'_k)$，$[\boldsymbol{A}_i(\omega,\boldsymbol{\tau}')]_{m,k}=\sin(m\omega\tau'_k)$，对式（4.37）中实部和虚部进行展开，可得

$$\int_{\Omega}P(\omega)\begin{bmatrix}\boldsymbol{A}_r(\omega,\boldsymbol{\tau}),-\boldsymbol{A}_r(\omega,\boldsymbol{\tau}')\\\boldsymbol{A}_i(\omega,\boldsymbol{\tau}),-\boldsymbol{A}_i(\omega,\boldsymbol{\tau}')\end{bmatrix}[\boldsymbol{\eta}^{T}(\boldsymbol{\tau}),\boldsymbol{\eta}'^{T}(\boldsymbol{\tau}')]^{T}d\omega=0\tag{4.38}$$

记

$$g(\omega)=\begin{bmatrix}\boldsymbol{A}_r(\omega,\boldsymbol{\tau}),-\boldsymbol{A}_r(\omega,\boldsymbol{\tau}')\\\boldsymbol{A}_i(\omega,\boldsymbol{\tau}),-\boldsymbol{A}_i(\omega,\boldsymbol{\tau}')\end{bmatrix}[\boldsymbol{\eta}^{T}(\boldsymbol{\tau}),\boldsymbol{\eta}'^{T}(\boldsymbol{\tau}')]^{T}$$

则 $g(\omega)$ 为连续有界函数，而对于各种实际的宽带信号，当 $\omega\in\Omega$ 时，$P(\omega)>0$ 且连续，因此 $P(\omega)\cdot g(\omega)$ 也是连续函数。由式（4.38）可知，存在特定频率 ω_0，使得 $P(\omega_0)\cdot g(\omega_0)=0$。同时，由于 $P(\omega_0)>0$，因此 $g(\omega_0)=0$。合并 $g(\omega_0)=0$ 中的实部和虚部，则有下式成立：

$$A(\omega_0,\boldsymbol{\tau})\boldsymbol{\eta}=A(\omega_0,\boldsymbol{\tau}')\boldsymbol{\eta}' \tag{4.39}$$

即存在 K、K'满足 $K\leqslant\kappa$ 和 $K'\leqslant\kappa$，使得 K 个频率为 ω_0 的窄带入射信号的 $1\sim\kappa$ 阶空间谱矩与另外 K'个同频窄带信号的对应各阶空间谱矩相等。这一结论与文献［215］中推论 1.2 矛盾，因此不存在满足式（4.33）的另外 $K'(K'\leqslant K)$ 个入射信号，即由 $\bar{\boldsymbol{y}}$ 可以唯一确定 K 个宽带入射信号的方向。(证毕)

依据定理 4.1 不难发现，WCV-RVM 方法在 M 元均匀线阵中所能分辨的同时入射信号数最多为 $M-1$，与各种常规子空间类测向方法相同。然而，通过将接收阵列设计为最小冗余线阵[214] 等特殊结构，WCV-RVM 方法所能分辨的同时入射信号数可能等于甚至大于阵元个数。例如，4 元最小冗余线阵各阵元坐标分别为 0、D_0、$4D_0$ 和 $6D_0$，两两阵元间距构成集合 $\{D_0, 2D_0, \cdots, 6D_0\}$，因而 WCV-RVM 方法最多能够分辨 6 个同时入射信号，大于阵列阵元数。

3. 阵列结构适应能力

结合宽带信号时域调制信息的 WCV-RVM 方法联合利用了入射信号带宽内的所有频率分量，而信号低频分量在保证无模糊测向时对阵列结构的适应能力强于高频分量，因此 WCV-RVM 方法自身对阵列结构的适应能力如何也是一个值得探讨的问题。相关结论由定理 4.2 给出。

定理 4.2 为保证对宽带入射信号的无模糊测向，WCV-RVM 方法只需要接收阵列在入射信号最低频率处满足无模糊测向约束。

证明：假设接收阵列在入射信号最低频率处满足无模糊测向约束，依据信号各窄带频率分量是否出现测向模糊这一标准，将信号有效频谱范围划分为高、低频段两部分，分别记为 $\boldsymbol{\Omega}_1$ 和 $\boldsymbol{\Omega}_2$，其中 $\boldsymbol{\Omega}_2\neq\varnothing$。假设在高频部分从 θ 和 θ'方向入射信号出现测向模糊，即 $\forall\omega\in\boldsymbol{\Omega}_1$，$\boldsymbol{a}(\omega, \theta)=\boldsymbol{a}(\omega, \theta')$，其中 θ 与 τ 的转换关系为 $\tau=D_0\sin\theta/C$，为方便表述，本章并没有严格区分这两种表示方式。与 4.3.3 节类似，假设另外 $K'(K'\leqslant K)$ 个入射信号与 K 个真实信号之间在高频端存在测向模糊，即

$$A(\omega,\boldsymbol{\tau})\boldsymbol{\eta}(\boldsymbol{\tau})=A(\omega,\boldsymbol{\tau}')\boldsymbol{\eta}'(\boldsymbol{\tau}'),\ \forall\omega\in\boldsymbol{\Omega}_1 \tag{4.40}$$

将式（4.36）分解为高、低频率两部分：

$$\begin{aligned}\check{\boldsymbol{y}} &= \int_{\boldsymbol{\Omega}_1} P(\omega)A(\omega,\boldsymbol{\tau})\boldsymbol{\eta}(\boldsymbol{\tau})\mathrm{d}\omega+\int_{\boldsymbol{\Omega}_2} P(\omega)A(\omega,\boldsymbol{\tau})\boldsymbol{\eta}(\boldsymbol{\tau})\mathrm{d}\omega \\ &= \int_{\boldsymbol{\Omega}_1} P(\omega)A(\omega,\boldsymbol{\tau}')\boldsymbol{\eta}'(\boldsymbol{\tau}')\mathrm{d}\omega+\int_{\boldsymbol{\Omega}_2} P(\omega)A(\omega,\boldsymbol{\tau}')\boldsymbol{\eta}'(\boldsymbol{\tau}')\mathrm{d}\omega\end{aligned} \tag{4.41}$$

综合式（4.40）、式（4.41）可得

$$\int_{\boldsymbol{\Omega}_2} P(\omega)A(\omega,\boldsymbol{\tau})\boldsymbol{\eta}(\boldsymbol{\tau})\mathrm{d}\omega=\int_{\boldsymbol{\Omega}_2} P(\omega)A(\omega,\boldsymbol{\tau}')\boldsymbol{\eta}'(\boldsymbol{\tau}')\mathrm{d}\omega \tag{4.42}$$

由于实际阵元间距保证入射信号在频带 $\boldsymbol{\Omega}_2$ 内未出现测向模糊，即 $\forall \omega \in \boldsymbol{\Omega}_2$，$\boldsymbol{a}(\omega, \theta) \neq \boldsymbol{a}(\omega, \theta')$，阵列流形在该频带内满足唯一性，因此依据定理 4.1 的证明过程可知式（4.42）不成立，即这 K' 个入射信号与真实 K 个信号之间在低频端不会出现测向模糊。因此，入射信号低频分量能够较好地增强对高频分量的无模糊测向约束，只要 $\boldsymbol{\Omega}_2 \neq \varnothing$，即相邻阵元间距小于入射信号最低频率对应波长的一半时，就能保证无模糊测向。（证毕）

4.4 基于协方差向量稀疏重构的宽带多径信号测向方法

多径条件下的阵列输出协方差向量中不仅包含各信号的时延自相关分量，而且包含同一信号不同多径分量之间的互相关分量。当多径时延远小于信号时宽时，这些互相关成分的影响尤为显著。式（4.6）表明，多径信号互相关分量同时依赖于两个信号分量的入射方向和它们之间的时延差（各自时延之间的差值），无法用 4.3.2 节所构造的空域字典集中与信号方向相对应的基函数准确描述。在这种情况下，如果直接使用 WCV-RVM 方法对阵列输出协方差向量进行重构，就会在重构结果中引入大量的无关分量，且这些分量所对应的方向与真实信号入射方向并不吻合，从而为测向过程带来极大困难。

然而，4.2.2 节中对多径信号阵列输出协方差向量的结构分析结果表明，尽管其中所包含的自相关分量和互相关分量较多，它们在时延域和空域上也具有较强的稀疏性。如果能够首先估计出各多径分量的时延，就可以使协方差向量中所有分量的空域稀疏性凸显出来，从而给测向过程的实现提供条件。本节利用这些相关分量的时域和空域稀疏性，给出用于多径条件下宽带信号测向的 STS-RVM（Sequential Temporal-Spatial RVM）方法，首先由各通道数据独立地估计各信号不同多径分量之间的时延差，其次将不同通道上的时延差估计值依据对应的信号分量进行配对，最后将这些配对后的时延差估计值作为先验信息，实现对各参考信号及其多径分量的波达方向估计。以下分三小节详细讨论 STS-RVM 方法中单通道上的时延差估计、多通道时延差估计值的配对及基于该配对结果的 DOA 估计等问题。

4.4.1 单阵元多径时延差估计

宽带信号的时延相关特性已被文献［216-217］用于估计多径时延，然而这些方法只能分辨时延差大于信号时宽的多径分量，基于子空间分解的超分辨时延估计方法需要多个载频上的观测数据[218]，基于稀疏重构技术的方法需要已知参考信号波形[219]，因而它们都无法较好地解决时域邻近且未知波形信号的时延差估计问题。

1. 时延相关向量模型

为了反映阵列第 p 个阵元输出数据在时延 T 处的自相关特性，记

$$\begin{aligned}z_p(T) &= \mathrm{E}[x_p(t)x_p^*(t-T)]-\sigma^2\delta(T)\\ &= \sum_{k=1}^{K}\sum_{i_1=1}^{I_k}\sum_{i_2=1}^{I_k}\alpha_{i_1}^{(k)}\alpha_{i_2}^{(k)*}\eta_k r(\tilde{\tau}_{i_1,i_2,p,p}^{(k)}+T)\exp\{\mathrm{j}2\pi f_c(\tilde{\tau}_{i_1,i_2,p,p}^{(k)}+T)\}\end{aligned} \tag{4.43}$$

取 $T=-(W-1)T_s$，…，$-T_s$，0，T_s，…，$(W-1)T_s$，得到不同时延处的 $z_p(T)$ 构成如下自相关向量：

$$\begin{aligned}\boldsymbol{z}_p &= [z_p(-(W-1)T_s),\cdots,z_p(-T_s),z_p(0),z_p(T_s),\cdots,z_p((W-1)T_s)]^{\mathrm{T}}\\ &= \sum_{k=1}^{K}\sum_{i_1=1}^{I_k}\sum_{i_2=1}^{I_k}\alpha_{i_1}^{(k)}\alpha_{i_2}^{(k)*}\eta_k\boldsymbol{g}(\tilde{\tau}_{i_1,i_2,p,p}^{(k)})\end{aligned} \tag{4.44}$$

式中

$$\begin{aligned}\boldsymbol{g}(\tau) = [&r(\tau-(W-1)T_s)\exp(\mathrm{j}2\pi f_c(\tau-(W-1)T_s)),\cdots,\\ &r(\tau)\exp(\mathrm{j}2\pi f_c\tau),\cdots,r(\tau+(W-1)T_s)\exp(\mathrm{j}2\pi f_c(\tau+(W-1)T_s))]^{\mathrm{T}}\end{aligned} \tag{4.45}$$

式（4.44）表明，$\boldsymbol{z}_p$ 为各信号不同路径对应互相关向量 $\boldsymbol{g}(\tilde{\tau}_{i_1,i_2,p,p}^{(k)})$ 的加权和，其中，当 $i_1=i_2$ 时，$\tilde{\tau}_{i_1,i_2,p,p}^{(k)}=0$，当 $i_1\neq i_2$ 时，$\tilde{\tau}_{i_1,i_2,p,p}^{(k)}=-\tilde{\tau}_{i_2,i_1,p,p}^{(k)}$，因此集合 $\{\tilde{\tau}_{i_1,i_2,p,p}^{(k)}\}_{k,i_1,i_2}$ 中共有 $\sum_{k=1}^{K}I_k$ 个零元素、$\sum_{k=1}^{K}(I_k^2-I_k)$ 个非零元素，且各非零元素以相反数对的形式出现。式（4.44）中除包含多径时延和方向参数外，还包含参考信号及多径数目、多径衰落因子、信号功率等因素，因而难以利用常规方法直接从 $\boldsymbol{z}_p$ 中估计感兴趣的参数。以下借助相关向量机方法实现对 $\tilde{\tau}_{i_1,i_2,p,p}^{(k)}$ 的估计。

2. 时延差估计

假设 $|\tilde{\tau}_{i_1,i_2,p,p}^{(k)}|\leqslant\tau_{\max}$，在实际应用中 $\tau_{\max}$ 可取为信号时宽，对 $\tilde{\tau}_{i_1,i_2,p,p}^{(k)}$ 可能的取值区间 $[-\tau_{\max},\ \tau_{\max}]$ 以 $\Delta\tau$ 为间隔进行离散化得到时延集 $\boldsymbol{\tau}=[-\tau_{\max},\ \cdots,\ -\Delta\tau,\ 0,\ \Delta\tau,\ \cdots,\ \tau_{\max}]$（因为 $\{\tilde{\tau}_{i_1,i_2,p,p}^{(k)}\}_{k,i_1,i_2}$ 中总是包含 0 元素，因此在设计 $\boldsymbol{\tau}$ 的过程中也要把 0 包含在内）。该集合的势为 $L_\tau=\mathrm{card}(\boldsymbol{\tau})$，其中第 l 个元素为 τ_l，对应的基函数集为 $\boldsymbol{G}(\boldsymbol{\tau})=[\boldsymbol{g}(-\tau_{\max}),\ \cdots,\ \boldsymbol{g}(0),\ \cdots,\ \boldsymbol{g}(\tau_{\max})]$，简记为 $\boldsymbol{G}$，则式（4.44）可改写为该超完备函数集上的表示式

如下：

$$z_p = G\beta = \sum_{l=1}^{L_\tau} g(\tau_l)\beta_l \tag{4.46}$$

式中：$\beta=[\beta_1, \cdots, \beta_{L_\tau}]^{\mathrm{T}}$，仅当 $\tau_l=\tilde{\tau}_{i_1,i_2,p,p}^{(k)}$ 时，β_l 取非零值 $\alpha_{i_1}^{(k)}\alpha_{i_2}^{(k)*}\eta_k$。由于 $\{\tilde{\tau}_{i_1,i_2,p,p}^{(k)}\}_{k,i_1,i_2}$ 只是 τ 的一个维数较小的子集，因此式（4.46）具有较强的稀疏性。

在实际应用中，只能由有限的 N 组观测样本估计各通道的时延自相关函数，其估计值为

$$\hat{z}_p(wT_s)=\frac{1}{N-w}\sum_{n=w+1}^{N} x_p(nT_s)x_p^*((n-w)T_s)-\sigma^2\delta(w) \tag{4.47}$$

有限样本条件下上述估计结果存在一定的误差，记为

$$\tilde{z}_p(wT_s)=\hat{z}_p(wT_s)-z_p(wT_s) \tag{4.48}$$

则通过直接的数学推导可以证明（见附录4B）

$$\mathrm{E}[\tilde{z}_p(wT_s)]=0 \tag{4.49}$$

$$\begin{aligned}\mathrm{E}[\tilde{z}_p(w_1T_s)\tilde{z}_p^*(w_2T_s)]\approx&\frac{N-\max(|w_1|,|w_2|)}{(N-|w_1|)(N-|w_2|)}\sum_{\Delta n=-N}^{N}\{[z_p((\Delta n)T_s)+\sigma^2\delta(\Delta n)]\\&\times[z_p^*((\Delta n-w_1+w_2)T_s)+\sigma^2\delta(\Delta n-w_1+w_2)]\}\end{aligned} \tag{4.50}$$

设信号时宽为 WT_s，式（4.50）中的求和范围可相应地缩小为 $|\Delta n|\leqslant W$。为方便叙述，以下记 $Q_p(w_1, w_2)=\mathrm{E}[\tilde{z}_p(w_1T_s)\tilde{z}_p^*(w_2T_s)]$ 为矩阵 $C_p\in\mathbb{C}^{(2W+1)\times(2W+1)}$ 的第（w_1+W，w_2+W）个元素。由大数定律可知，$\tilde{z}_p=[\tilde{z}_p(-(W-1)T_s), \cdots, \tilde{z}_p((W-1)T_s)]^{\mathrm{T}}$ 近似服从均值为0、方差为 C_p 的高斯分布，记为 $\tilde{z}_p\sim\mathcal{N}(\mathbf{0}, C_p)$。

有限样本条件下，第 p 个阵元输出数据在时延 $T=-(W-1)T_s, \cdots, (W-1)T_s$ 处的自相关向量可表示为

$$\hat{z}_p=z_p+\tilde{z}_p=G\beta+\tilde{z}_p \tag{4.51}$$

下面引入相关向量机[129] 以利用上述模型的稀疏性，实现对各信号多径分量之间时延差的估计。假设 β 服从高斯分布 $\beta\sim\mathcal{N}(\mathbf{0}, \Psi)$，$\Psi=\mathrm{diag}(\psi)$，$\psi=[\psi_{\bar{L}_\tau}, \cdots, \psi_1, \psi_0, \psi_1, \cdots, \psi_{\bar{L}_\tau}]^{\mathrm{T}}$，其中 $\bar{L}_\tau=(L_\tau-1)/2$。对 β 中元素的方差作中心对称分布假设的原因是时延差集合 $\{\tilde{\tau}_{i_1,i_2,p,p}^{(k)}\}_{k,i_1,i_2}$ 中非零元素以相反数对形式出现，因此重构结果中原点两侧非零幅度值的位置也应该相互对称，且对称位置的幅度值具有相等模值。记 $\bar{\psi}=[\psi_0, \psi_1, \cdots, \psi_{\bar{L}_\tau}]^{\mathrm{T}}$ 为 ψ 中非重复

元素构成的向量，则由贝叶斯定律得到 $\hat{z}_p$ 关于 $\overline{\boldsymbol{\psi}}$ 的似然函数为

$$\begin{aligned} p(\hat{z}_p|\overline{\boldsymbol{\psi}}) &= \int p(\hat{z}_p|\boldsymbol{\beta})p(\boldsymbol{\beta}|\overline{\boldsymbol{\psi}})\mathrm{d}\boldsymbol{\beta} \\ &= \int |\pi\boldsymbol{\Sigma}_{\boldsymbol{\beta}}|^{-1}\exp[-(\boldsymbol{\beta}-\boldsymbol{\mu}_{\boldsymbol{\beta}})^{\mathrm{H}}\boldsymbol{\Sigma}_{\boldsymbol{\beta}}^{-1}(\boldsymbol{\beta}-\boldsymbol{\mu}_{\boldsymbol{\beta}})]|\pi\boldsymbol{\Sigma}_{\hat{z}_p}|^{-1}\exp[-\hat{z}_p^{\mathrm{H}}\boldsymbol{\Sigma}_{\hat{\boldsymbol{y}}_p}^{-1}\hat{z}_p]\mathrm{d}\boldsymbol{\beta} \\ &= |\pi\boldsymbol{\Sigma}_{\hat{z}_p}|^{-1}\exp[-\hat{z}_p^{\mathrm{H}}\boldsymbol{\Sigma}_{\hat{z}_p}^{-1}\hat{z}_p] \end{aligned} \tag{4.52}$$

式中

$$\boldsymbol{\mu}_{\boldsymbol{\beta}} = \boldsymbol{\Psi}\boldsymbol{G}^{\mathrm{H}}(\boldsymbol{C}_p+\boldsymbol{G}\boldsymbol{\Psi}\boldsymbol{G}^{\mathrm{H}})^{-1}\hat{z}_p \tag{4.53}$$

$$\boldsymbol{\Sigma}_{\beta} = \boldsymbol{\Psi}-\boldsymbol{\Psi}\boldsymbol{G}^{\mathrm{H}}(\boldsymbol{C}_p+\boldsymbol{G}\boldsymbol{\Psi}\boldsymbol{G}^{\mathrm{H}})^{-1}\boldsymbol{G}\boldsymbol{\Psi} \tag{4.54}$$

$$\boldsymbol{\Sigma}_{\hat{z}_p} = \boldsymbol{C}_p+\boldsymbol{G}\boldsymbol{\Psi}\boldsymbol{G}^{\mathrm{H}} \tag{4.55}$$

对式（4.52）取对数并省略其中的常数项，得到目标函数为

$$\mathcal{L}_p = \ln|\boldsymbol{\Sigma}_{\hat{z}_p}|+\hat{z}_p^{\mathrm{H}}\boldsymbol{\Sigma}_{\hat{z}_p}^{-1}\hat{z}_p \tag{4.56}$$

该目标函数具有较强的非线性，可采用 EM 算法[209] 进行优化以求解 $\overline{\boldsymbol{\psi}}$。EM 算法的 E-step 步骤中借助式（4.53）、式（4.54）估计 $\boldsymbol{\beta}$ 的一阶和二阶矩，随后依据 $\partial\mathcal{L}_p/\partial\psi_l=0$ 得到更新 $\overline{\boldsymbol{\psi}}$ 的 M-step 如下：

$$\psi_l^{(q+1)} = \frac{1}{2}[(\boldsymbol{\Sigma}_{\boldsymbol{\beta}}^{(q)})_{\bar{L}_\tau+1+l,\bar{L}_\tau+1+l}+(\boldsymbol{\Sigma}_{\boldsymbol{\beta}}^{(q)})_{\bar{L}_\tau+1-l,\bar{L}_\tau+1-l}+|(\boldsymbol{\mu}_{\boldsymbol{\beta}}^{(q)})_{\bar{L}_\tau+1+l}|^2+|(\boldsymbol{\mu}_{\boldsymbol{\beta}}^{(q)})_{\bar{L}_\tau+1-l}|^2],$$
$$0\leqslant l\leqslant\bar{L}_\tau \tag{4.57}$$

式中：上标（q）用于标记第 q 步 EM 迭代过程的变量。

当 $l=0$ 时，式（4.57）可简化为两项之和。利用不动点迭代方法[129] 可加快上述 EM 迭代过程的收敛速度，同时考虑到 $\overline{\boldsymbol{\psi}}$ 中多数元素会逐渐收敛至 0，因此 $\overline{\boldsymbol{\psi}}$ 的迭代方法可改写为

$$\psi_l^{(q+1)} = \frac{\frac{1}{2}[|(\boldsymbol{\mu}_{\boldsymbol{\beta}}^{(q)})_{\bar{L}_\tau+1+l}|^2+|(\boldsymbol{\mu}_{\boldsymbol{\beta}}^{(q)})_{\bar{L}_\tau+1-l}|^2]}{\left\{1-\frac{1}{2\psi_l^{(q)}}[(\boldsymbol{\Sigma}_{\boldsymbol{\beta}}^{(q)})_{\bar{L}_\tau+1+l,\bar{L}_\tau+1+l}+(\boldsymbol{\Sigma}_{\boldsymbol{\beta}}^{(q)})_{\bar{L}_\tau+1-l,\bar{L}_\tau+1-l}]\right\}+\zeta},\quad 0\leqslant l\leqslant\bar{L}_\tau \tag{4.58}$$

式中：ζ 为较小正数，用于防止迭代计算过程出现奇异，取 $\zeta=10^{-10}$。

随着 EM 算法迭代过程的不断进行，$\overline{\boldsymbol{\psi}}$ 的估计结果逐渐达到稳定，$\|\overline{\boldsymbol{\psi}}^{(q+1)}-\overline{\boldsymbol{\psi}}^{(q)}\|_2/\|\overline{\boldsymbol{\psi}}^{(q)}\|_2$ 随之逐渐减小并趋于 0，取 $\|\overline{\boldsymbol{\psi}}^{(q+1)}-\overline{\boldsymbol{\psi}}^{(q)}\|_2/\|\overline{\boldsymbol{\psi}}^{(q)}\|_2<10^{-4}$ 作为 EM 算法收敛的判决条件。当该收敛条件得到满足时，对应的 $\overline{\boldsymbol{\psi}}$ 估计

值反映了 $\hat{z}_p$ 在时延集 $[0, \cdots, \tau_{\max}]$ 内的能量谱，其中显著谱峰位置对应于时延集 $\{\widetilde{\tau}_{i_1,i_2,p,p}^{(k)}\}_{k,i_1,i_2}$ 内的非负元素，这些时延差估计值及其相反数构成了各信号不同多径分量的时延差集合。

4.4.2 不同阵元时延差估计值配对

4.4.1 节给出了由第 p 个阵元输出数据的自相关向量 $\hat{z}_p$ 估计时延差集合 $\{\widetilde{\tau}_{i_1,i_2,p,p}^{(k)}\}_{k,i_1,i_2}$ 的方法，对所有 M 个阵元的输出数据重复该过程就可以得到 M 组时延差集合 $\{\widetilde{\tau}_{i_1,i_2,1,1}^{(k)}\}_{k,i_1,i_2}$，…，$\{\widetilde{\tau}_{i_1,i_2,M,M}^{(k)}\}_{k,i_1,i_2}$。由 $\widetilde{\tau}_{i_1,i_2,p,p}^{(k)}$ 的表示式可知，这些时延差之间存在如下线性关系：

$$\widetilde{\tau}_{i_1,i_2,p,p}^{(k)}-\widetilde{\tau}_{i_1,i_2,1,1}^{(k)}=\frac{D_p-D_1}{D_M-D_1}(\widetilde{\tau}_{i_1,i_2,M,M}^{(k)}-\widetilde{\tau}_{i_1,i_2,1,1}^{(k)}) \tag{4.59}$$

依据特定 (k, i_1, i_2) 对应时延差向量 $\widetilde{\boldsymbol{\tau}}_{i_1,i_2}^{(k)}$ 中各元素的上述线性分布规律，可以实现不同阵元上时延差估计值的配对。然而，该方法需要估计 M 组时延差集合，计算量较大，且后续配对过程也较为复杂。以下结合不同路径互相关分量的幅相信息，给出一种更为简单实用的配对方法。

有限样本条件下，式（4.44）对应的表示式为

$$\hat{\boldsymbol{z}}_p=\sum_{k=1}^{K}\sum_{i_1=1}^{I_k}\sum_{i_2=1}^{I_k}\alpha(k,i_1,i_2)\boldsymbol{g}(\widetilde{\tau}_{i_1,i_2,p,p}^{(k)})+\widetilde{\boldsymbol{z}}_p \tag{4.60}$$

式中：$\alpha(k, i_1, i_2)=\alpha_{i_1}^{(k)}\alpha_{i_2}^{(k)*}\eta_k$，满足 $\alpha(k, i_1, i_2)=\alpha^*(k, i_2, i_1)$。

记

$$\boldsymbol{G}_t=[\{\boldsymbol{g}(\widetilde{\tau}_{i_1,i_2,p,p}^{(k)})\}_{\substack{1\leqslant k\leqslant K\\1\leqslant i_1,i_2\leqslant I_k}}],\quad \boldsymbol{\alpha}_t=[\{\alpha(k,i_1,i_2)\}_{\substack{1\leqslant k\leqslant K\\1\leqslant i_1,i_2\leqslant I_k}}]^{\mathrm{T}}$$

其中 $\boldsymbol{G}_t$ 和 $\boldsymbol{\alpha}_t$ 中各元素对应的 k，i_1，i_2 的排列顺序相同，则式（4.60）可改写为

$$\hat{\boldsymbol{z}}_p=\boldsymbol{G}_t\boldsymbol{\alpha}_t+\widetilde{\boldsymbol{z}}_p \tag{4.61}$$

将上一部分所得 $\{\widetilde{\tau}_{i_1,i_2,p,p}^{(k)}\}_{k,i_1,i_2}$ 的估计值代入 $\boldsymbol{G}_t$，可由式（4.61）求得 $\boldsymbol{\alpha}_t$ 的最小二乘解为

$$\hat{\boldsymbol{\alpha}}_t=(\boldsymbol{G}_t)^{\dagger}\hat{\boldsymbol{z}}_p \tag{4.62}$$

式中：$(\cdot)^{\dagger}$ 为伪逆运算符；$\hat{\boldsymbol{\alpha}}_t$ 中各元素顺次与 $\boldsymbol{G}_t$ 中各列向量对应的时延值相对应。

然而，通常情况下 $\boldsymbol{G}_t$ 的条件数较大，导致式（4.62）所得结果对 $\hat{z}_p$ 的估计误差较为敏感。为了增强 $\boldsymbol{\alpha}_t$ 估计值的稳健性，将式（4.60）改写为

$$\begin{aligned}\hat{z}_p &= \sum_{k=1}^{K}\sum_{i_1=1}^{I_k}\sum_{i_2=1}^{I_k}\alpha(k,i_1,i_2)\exp(\mathrm{j}2\pi f_c\widetilde{\tau}^{(k)}_{i_1,i_2,p,p})\boldsymbol{\Lambda}\boldsymbol{g}_0(\widetilde{\tau}^{(k)}_{i_1,i_2,p,p})+\widetilde{z}_p \\ &=\boldsymbol{\Lambda}\times\Bigg[\sum_{k=1}^{K}\sum_{i=1}^{I_k}\alpha(k,i,i)g_0(0) \\ &\quad+\sum_{k=1}^{K}\sum_{(i_1,i_2)\in\boldsymbol{\Omega}_k}\mathrm{Re}(\alpha(k,i_1,i_2)\exp(\mathrm{j}2\pi f_c\widetilde{\tau}^{(k)}_{i_1,i_2,p,p}))(\boldsymbol{g}_0(\widetilde{\tau}^{(k)}_{i_1,i_2,p,p})+\boldsymbol{g}_0(-\widetilde{\tau}^{(k)}_{i_1,i_2,p,p})) \\ &\quad+\mathrm{j}\times\mathrm{Im}(\alpha(k,i_1,i_2)\exp(\mathrm{j}2\pi f_c\widetilde{\tau}^{(k)}_{i_1,i_2,p,p}))(\boldsymbol{g}_0(\widetilde{\tau}^{(k)}_{i_1,i_2,p,p})-\boldsymbol{g}_0(-\widetilde{\tau}^{(k)}_{i_1,i_2,p,p}))\Bigg]+\widetilde{z}_p\end{aligned} \tag{4.63}$$

式中：$\boldsymbol{\Lambda}=\mathrm{diag}([\exp(-\mathrm{j}2\pi f_c(W-1)T_s),\ \cdots,\ \exp(\mathrm{j}2\pi f_c(W-1)T_s)])$；$\boldsymbol{g}_0(\tau)=[r(\tau-(W-1)T_s),\ \cdots,\ r(\tau+(W-1)T_s)]^{\mathrm{T}}$；Re(·) 和 Im(·) 分别表示取实部和取虚部运算；$\boldsymbol{\Omega}_k$ 为 $\widetilde{\tau}^{(k)}_{i_1,i_2,p,p}$ 取正值时 [1, I_k] 范围内所有 (i_1, i_2) 组合构成的集合，一般情况下，$\boldsymbol{\Omega}_k$ 与 $\widetilde{\tau}^{(k)}_{i_1,i_2,p,p}$ 取负值时对应的所有 (i_1, i_2) 组合构成完备集合 $\{(i_1,\ i_2)\,|\,1\leqslant i_1\leqslant I_k,\ 1\leqslant i_2\leqslant I_k,\ i_1\neq i_2\}$。

式 (4.63) 成立的原因是基带波形 $a_k(t)$ 的相关向量 $\boldsymbol{g}_0(\tau)$ 为实向量。记 $\hat{z}'_p=\boldsymbol{\Lambda}^{-1}\hat{z}_p$，式 (4.63) 可分解为实部和虚部如下：

$$\begin{aligned}\mathrm{Re}(\hat{z}'_p)&=\sum_{k=1}^{K}\sum_{i=1}^{I_k}\alpha(k,i,i)\boldsymbol{g}_0(0) \\ &\quad+\sum_{k=1}^{K}\sum_{(i_1,i_2)\in\boldsymbol{\Omega}_k}\mathrm{Re}(\alpha(k,i_1,i_2)\exp(\mathrm{j}2\pi f_c\widetilde{\tau}^{(k)}_{i_1,i_2,p,p}))(\boldsymbol{g}_0(\widetilde{\tau}^{(k)}_{i_1,i_2,p,p}) \\ &\quad+\boldsymbol{g}_0(-\widetilde{\tau}^{(k)}_{i_1,i_2,p,p}))+\mathrm{Re}(\widetilde{z}_p)\end{aligned} \tag{4.64}$$

$$\begin{aligned}\mathrm{Im}(\hat{z}'_p)&=\sum_{k=1}^{K}\sum_{(i_1,i_2)\in\boldsymbol{\Omega}_k}\mathrm{Im}(\alpha(k,i_1,i_2)\exp(\mathrm{j}2\pi f_c\widetilde{\tau}^{(k)}_{i_1,i_2,p,p}))(\boldsymbol{g}_0(\widetilde{\tau}^{(k)}_{i_1,i_2,p,p}) \\ &\quad-\boldsymbol{g}_0(-\widetilde{\tau}^{(k)}_{i_1,i_2,p,p}))+\mathrm{Im}(\widetilde{z}_p)\end{aligned} \tag{4.65}$$

记

$$\boldsymbol{G}_{\mathrm{r}}=[\boldsymbol{g}(0),\{\boldsymbol{g}_0(\widetilde{\tau}^{(k)}_{i_1,i_2,p,p})+\boldsymbol{g}_0(-\widetilde{\tau}^{(k)}_{i_1,i_2,p,p})\}_{\substack{1\leqslant k\leqslant K\\(i_1,i_2)\in\boldsymbol{\Omega}_k}}] \tag{4.66}$$

$$\boldsymbol{\alpha}_{\mathrm{r}}=\Bigg[\sum_{k=1}^{K}\sum_{i=1}^{I_k}\alpha(k,i,i),\{\mathrm{Re}(\alpha(k,i_1,i_2)\exp(\mathrm{j}2\pi f_c\widetilde{\tau}^{(k)}_{i_1,i_2,p,p}))\}_{\substack{1\leqslant k\leqslant K\\(i_1,i_2)\in\boldsymbol{\Omega}_k}}\Bigg]^{\mathrm{T}} \tag{4.67}$$

$$\boldsymbol{G}_{\mathrm{i}}=[\{\boldsymbol{g}_0(\widetilde{\tau}^{(k)}_{i_1,i_2,p,p})-\boldsymbol{g}_0(-\widetilde{\tau}^{(k)}_{i_1,i_2,p,p})\}_{\substack{1\leqslant k\leqslant K\\(i_1,i_2)\in\boldsymbol{\Omega}_k}}] \tag{4.68}$$

$$\boldsymbol{\alpha}_{\mathrm{i}}=[\{\mathrm{Im}(\alpha(k,i_1,i_2)\exp(\mathrm{j}2\pi f_c\widetilde{\tau}^{(k)}_{i_1,i_2,p,p}))\}_{\substack{1\leqslant k\leqslant K\\(i_1,i_2)\in\boldsymbol{\Omega}_k}}]^{\mathrm{T}} \tag{4.69}$$

$\boldsymbol{\alpha}_{\mathrm{r}}$ 和 $\boldsymbol{\alpha}_{\mathrm{i}}$ 分别为式（4.64）、式（4.65）中 $\boldsymbol{G}_{\mathrm{r}}$ 和 $\boldsymbol{G}_{\mathrm{i}}$ 对应的系数向量，它们所对应的 k、i_1、i_2 的排列规律相同。式（4.64）、式（4.65）可分别改写为 $\mathrm{Re}(\hat{z}'_p)=\boldsymbol{G}_{\mathrm{r}}\boldsymbol{\alpha}_{\mathrm{r}}+\mathrm{Re}(\widetilde{z}_p)$ 和 $\mathrm{Im}(\hat{z}'_p)=\boldsymbol{G}_{\mathrm{i}}\boldsymbol{\alpha}_{\mathrm{i}}+\mathrm{Im}(\widetilde{z}_p)$，由此得到 $\boldsymbol{\alpha}_{\mathrm{r}}$ 和 $\boldsymbol{\alpha}_{\mathrm{i}}$ 的最小二乘解分别为

$$\hat{\boldsymbol{\alpha}}_{\mathrm{r}}=(\boldsymbol{G}_{\mathrm{r}})^{\dagger}\mathrm{Re}(\hat{z}'_p) \tag{4.70}$$

$$\hat{\boldsymbol{\alpha}}_{\mathrm{i}}=(\boldsymbol{G}_{\mathrm{i}})^{\dagger}\mathrm{Im}(\hat{z}'_p) \tag{4.71}$$

将上述实部和虚部估计值组合后可得到 $(i_1, i_2)\in\boldsymbol{\Omega}_k$ 时的 $\alpha(k, i_1, i_2)\exp(\mathrm{j}2\pi f_{\mathrm{c}}\widetilde{\tau}^{(k)}_{i_1,i_2,p,p})$ 估计值，由 $\boldsymbol{G}_r$ 和 $\boldsymbol{G}_i$ 各列所对应的时延差对该系数估计值进行相位补偿后可得到 $\alpha(k, i_1, i_2)$ 的估计值 $\hat{\alpha}(k, i_1, i_2)$。

取 $p=1$ 和 $p=M$ 得到两组系数估计值 $\{\hat{\alpha}(k, i_1, i_2)|_{p=1}\}_{\substack{1\leqslant k\leqslant K\\ 1\leqslant i_1,i_2\leqslant I_k,i_1\neq i_2}}$ 和 $\{\hat{\alpha}(k, i_1, i_2)|_{p=M}\}_{\substack{1\leqslant k\leqslant K\\ 1\leqslant i_1,i_2\leqslant I_k,i_1\neq i_2}}$。由于实际应用中往往难以获得各时延估计值 $\widetilde{\tau}^{(k)}_{i_1,i_2,p,p}$ 与参考信号序号 k 及其路径序号 i_1、i_2 的对应关系，且不同通道上两条相同路径时延差极性可能发生变化，即 $\widetilde{\tau}^{(k)}_{i_1,i_2,1,1}\widetilde{\tau}^{(k)}_{i_1,i_2,M,M}$ 可能小于 0，从而导致 $p=1$ 和 $p=M$ 时基于所有正的时延估计值由式（4.70）、式（4.71）所得到的 $\{\hat{\alpha}(k, i_1, i_2)\}_{\substack{1\leqslant k\leqslant K\\ 1\leqslant i_1,i_2\leqslant I_k,i_1\neq i_2}}$ 中部分元素可能一致，也可能为共轭对。为了实现 $p=1$ 和 $p=M$ 时两组时延差估计值的配对，将第 1 和第 M 通道的正时延估计值依据其系数模值降序排列得到两组时延值及其系数分别为 $\hat{\tau}^{(1)}_1, \cdots, \hat{\tau}^{(1)}_{\Xi}$，$\hat{\alpha}^{(1)}_1, \cdots, \hat{\alpha}^{(1)}_{\Xi}$ 和 $\hat{\tau}^{(M)}_1, \cdots, \hat{\tau}^{(M)}_{\Xi}$，$\hat{\alpha}^{(M)}_1, \cdots, \hat{\alpha}^{(M)}_{\Xi}$，其中 Ξ 表示正时延估计值的个数，则两通道时延估计值依据如下法则进行配对：

$$\begin{cases}([\hat{\tau}^{(1)}_i,\hat{\tau}^{(M)}_i],[-\hat{\tau}^{(1)}_i,-\hat{\tau}^{(M)}_i]), & \angle(\hat{\alpha}^{(1)}_i,\hat{\alpha}^{(M)}_i)<\angle(\hat{\alpha}^{(1)}_i,(\hat{\alpha}^{(M)}_i)^*),\\ ([\hat{\tau}^{(1)}_i,-\hat{\tau}^{(M)}_i],[-\hat{\tau}^{(1)}_i,\hat{\tau}^{(M)}_i]), & \text{其他}\end{cases}\quad i=1,\cdots,\Xi \tag{4.72}$$

式中：$(\boldsymbol{v}_1, \boldsymbol{v}_2)$ 表示对 $\boldsymbol{v}_1$ 和 $\boldsymbol{v}_2$ 进行配对；$\angle(\boldsymbol{v}_1, \boldsymbol{v}_2)$ 表示复数 $\boldsymbol{v}_1$ 和 $\boldsymbol{v}_2$ 之间在复平面上的夹角。

最后，借助线性插值计算其他通道上这一组路径对应的时延差为

$$\widetilde{\tau}^{(k)}_{i_1,i_2,m,m}=\frac{D_M-D_m}{D_M-D_1}\widetilde{\tau}^{(k)}_{i_1,i_2,1,1}+\frac{D_m-D_1}{D_M-D_1}\widetilde{\tau}^{(k)}_{i_1,i_2,M,M} \tag{4.73}$$

由此即可得到所有 (k, i_1, i_2) 对应的时延差序列 $\widetilde{\boldsymbol{\tau}}^{(k)}_{i_1,i_2}$，其中 $i_1=i_2$ 时，$\widetilde{\boldsymbol{\tau}}^{(k)}_{i_1,i_2}=\boldsymbol{0}$。

由于系数 $\alpha^{(k)}_{i_1}\alpha^{(k)*}_{i_2}\eta_k$ 中同时包含了信号功率、多径幅相因子等因素，在实际条件下一般不会出现不同 (k, i_1, i_2) 组合所对应系数的幅度和相位均完

全一致或十分接近的情况，因此上述多径时延差配对方法在大多数情况下都是有效的。

4.4.3 多径信号波达方向估计

假设由4.4.1节和4.4.2节的时延估计和配对方法得到了包括**0**元素在内的所有时延差向量 $\widetilde{\boldsymbol{\tau}}_{i_1,i_2}^{(k)}$，本小节基于该估计结果实现对所有信号及其多径分量的DOA估计。

在有限样本条件下，由 N 组阵列输出所估计的协方差向量估计值为

$$\hat{\boldsymbol{y}}=\boldsymbol{y}+\widetilde{\boldsymbol{y}}=\sum_{k=1}^{K}\sum_{i_1=1}^{I_k}\sum_{i_2=1}^{I_k}\alpha_{i_1}^{(k)}\alpha_{i_2}^{(k)*}\eta_k\boldsymbol{r}(\widetilde{\boldsymbol{\tau}}_{i_1,i_2}^{(k)},\boldsymbol{\vartheta}_{i_1}^{(k)})+\widetilde{\boldsymbol{y}} \tag{4.74}$$

式中

$$\hat{\boldsymbol{y}}=\mathrm{vec}(\hat{\boldsymbol{R}}-\sigma^2\boldsymbol{I}),\quad \hat{\boldsymbol{R}}=\frac{1}{N}\sum_{n=0}^{N-1}\boldsymbol{x}(nT_s)\boldsymbol{x}^{\mathrm{H}}(nT_s)$$

记 $\hat{\boldsymbol{y}}$ 中与 $\hat{R}_{p,m}$ 相对应的元素为 $\hat{y}_{p,m}$，该元素在有限样本条件下的估计误差为 $\widetilde{y}_{p,m}$，则依据附录4A中的推导，可以得到 $\widetilde{y}_{p,m}$ 的一阶和二阶统计特性如下：

$$\mathrm{E}(\widetilde{y}_{p,m})=0 \tag{4.75}$$

$$\mathrm{E}(\widetilde{y}_{p_1,m_1}\widetilde{y}_{p_2,m_2}^{*})\approx\frac{1}{N}\sum_{\Delta n=-N}^{N}y_{p_1,p_2}((\Delta n)T_s)y_{m_1,m_2}^{*}((\Delta n)T_s) \tag{4.76}$$

进而有

$$\mathrm{E}(\widetilde{\boldsymbol{y}}\widetilde{\boldsymbol{y}}^{\mathrm{H}})\approx\frac{1}{N}\sum_{\Delta n=-N}^{N}\boldsymbol{R}^{\mathrm{T}}((\Delta n)T_s)\otimes\boldsymbol{R}((\Delta n)T_s) \tag{4.77}$$

可以看出，多径条件下宽带信号阵列输出协方差矩阵估计误差的一阶和二阶统计特性具有与4.3节中独立信号条件下相同的表达式。以下记 $\boldsymbol{Q}=\mathrm{E}(\widetilde{\boldsymbol{y}}\widetilde{\boldsymbol{y}}^{\mathrm{H}})$。

为了利用相关向量机方法实现对各入射信号分量的方向估计，首先对信号可能的入射空域进行离散采样得到方向集 $\boldsymbol{\Theta}=[\theta_1,\ \cdots,\ \theta_{L_{\boldsymbol{\Theta}}}]$，其中 $L_{\boldsymbol{\Theta}}$ 表示离散角度样点数目。记 $\boldsymbol{Y}_{k,i_1,i_2}=\boldsymbol{r}(\widetilde{\boldsymbol{\tau}}_{i_1,i_2}^{(k)},\ \boldsymbol{\Theta})=[\boldsymbol{r}(\widetilde{\boldsymbol{\tau}}_{i_1,i_2}^{(k)},\ \theta_1),\ \cdots,\ \boldsymbol{r}(\widetilde{\boldsymbol{\tau}}_{i_1,i_2}^{(k)},\ \theta_{L_{\boldsymbol{\Theta}}})]$，特别地，记 $\boldsymbol{Y}_0=\boldsymbol{r}(\boldsymbol{0},\ \boldsymbol{\Theta})$，则式（4.74）具有如下超完备形式：

$$\hat{\boldsymbol{y}}=\sum_{k=1}^{K}\sum_{i_1=1}^{I_k}\sum_{i_2=1}^{I_k}\boldsymbol{Y}_{k,i_1,i_2}\boldsymbol{\xi}_{k,i_1,i_2}+\widetilde{\boldsymbol{y}}=\boldsymbol{Y}_0\boldsymbol{\xi}_0+\sum_{k=1}^{K}\sum_{i_1=1}^{I_k}\sum_{\substack{i_2=1\\i_2\neq i_1}}^{I_k}\boldsymbol{Y}_{k,i_1,i_2}\boldsymbol{\xi}_{k,i_1,i_2}+\widetilde{\boldsymbol{y}} \tag{4.78}$$

式中：系数向量 $\boldsymbol{\xi}_{k,i_1,i_2}$ 仅在与 $\boldsymbol{Y}_{k,i_1,i_2}$ 中 $\boldsymbol{r}(\widetilde{\tau}_{i_1,i_2}^{(k)},\ \boldsymbol{\vartheta}_{i_1}^{(k)})$ 对应坐标处取非零值 $\alpha_{i_1}^{(k)}\alpha_{i_2}^{(k)*}\eta_k$；而 $\boldsymbol{\xi}_0$ 则在与 $\boldsymbol{Y}_0$ 中 $\{\boldsymbol{r}(\boldsymbol{0},\ \boldsymbol{\vartheta}_i^{(k)})\}_{\substack{1\leqslant k\leqslant K\\1\leqslant i\leqslant I_k}}$ 集合内各基函数对应坐标处取非零系数 $|\alpha_i^{(k)}|^2\eta_k$。

记 $\boldsymbol{Y}=\left[\boldsymbol{Y}_0,\ \{\boldsymbol{Y}_{k,i_1,i_2}\}_{\substack{1\leqslant k\leqslant K\\1\leqslant i_1,i_2\leqslant I_k,i_1\neq i_2}}\right]$，$\boldsymbol{\xi}=\left[\boldsymbol{\xi}_0^{\mathrm{T}},\ \{\boldsymbol{\xi}_{k,i_1,i_2}^{\mathrm{T}}\}_{\substack{1\leqslant k\leqslant K\\1\leqslant i_1,i_2\leqslant I_k,i_1\neq i_2}}\right]^{\mathrm{T}}$，且构成 $\boldsymbol{Y}$ 和 $\boldsymbol{\xi}$ 的各子矩阵、子向量对应的 k，i_1，i_2 的排列顺序相同，则式（4.78）可简化为

$$\hat{\boldsymbol{y}}=\boldsymbol{Y}\boldsymbol{\xi}+\widetilde{\boldsymbol{y}} \tag{4.79}$$

如果能够利用上式求解 $\boldsymbol{\xi}$，则可以依据其中非零幅度值的位置相应地确定 $\{\vartheta_i^{(k)}\}_{\substack{1\leqslant k\leqslant K\\1\leqslant i\leqslant I_k}}$ 在 $\boldsymbol{\Theta}$ 中的位置，从而实现对各参考信号所有多径分量的方向估计。考虑到 $\boldsymbol{Y}_{k,i_1,i_2}$ 中 $\boldsymbol{r}(\widetilde{\tau}_{i_1,i_2}^{(k)},\ \vartheta_{i_1}^{(k)})$ 对应坐标 IX_{k,i_1} 是 $\boldsymbol{Y}_0$ 中 $\{\boldsymbol{r}(\boldsymbol{0},\ \vartheta_i^{(k)})\}_{\substack{1\leqslant k\leqslant K\\1\leqslant i\leqslant I_k}}$ 对应坐标 IX_0 的一个子集，而 IX_0 中包含了各参考信号所有路径的方位信息，因此，假设 $\boldsymbol{\xi}$ 服从如下高斯分布以描述其中各子向量间的联合稀疏特性：$\boldsymbol{\xi}\sim\mathcal{N}(\boldsymbol{0},\ \boldsymbol{\Gamma})$，其中 $\boldsymbol{\Gamma}=\mathrm{diag}(\bar{\boldsymbol{\gamma}})$，$\bar{\boldsymbol{\gamma}}=\boldsymbol{1}\otimes\boldsymbol{\gamma}$，$\boldsymbol{\gamma}=[\gamma_1,\ \cdots,\ \gamma_{L_\Theta}]^{\mathrm{T}}$。

通过与 4.4.1 节中时延差估计过程类似的分析，计算 $\hat{\boldsymbol{y}}$ 关于 $\boldsymbol{\gamma}$ 的似然函数的对数得到如下目标函数：

$$\mathcal{L}=\ln|\boldsymbol{\Sigma}_{\hat{y}}|+\hat{\boldsymbol{y}}^{\mathrm{H}}\boldsymbol{\Sigma}_{\hat{y}}^{-1}\hat{\boldsymbol{y}} \tag{4.80}$$

式中：$\boldsymbol{\Sigma}_{\hat{y}}=\boldsymbol{Q}+\boldsymbol{Y}\boldsymbol{\Gamma}\boldsymbol{Y}^{\mathrm{H}}$。

采用 EM 算法[209] 优化该目标函数实现对 $\boldsymbol{\gamma}$ 的估计，其中 E-step 中计算 $\boldsymbol{\xi}$ 的一阶和二阶统计量的方法为

$$\boldsymbol{\mu}_{\xi}^{(q)}=\boldsymbol{\Gamma}^{(q)}\boldsymbol{Y}^{\mathrm{H}}(\boldsymbol{Q}+\boldsymbol{Y}\boldsymbol{\Gamma}^{(q)}\boldsymbol{Y}^{\mathrm{H}})^{-1}\hat{\boldsymbol{y}} \tag{4.81}$$

$$\boldsymbol{\Sigma}_{\xi}^{(q)}=\boldsymbol{\Gamma}^{(q)}-\boldsymbol{\Gamma}^{(q)}\boldsymbol{Y}^{\mathrm{H}}(\boldsymbol{Q}+\boldsymbol{Y}\boldsymbol{\Gamma}^{(q)}\boldsymbol{Y}^{\mathrm{H}})^{-1}\boldsymbol{Y}\boldsymbol{\Gamma}^{(q)} \tag{4.82}$$

M-step 中借助不动点迭代[129] 按如下方式更新 $\boldsymbol{\gamma}$：

$$\gamma_l^{(q+1)}=\frac{\dfrac{1}{\kappa}\displaystyle\sum_{i=1}^{\kappa}|(\boldsymbol{\mu}_{\xi}^{(q)})_{(i-1)L_\Theta+l}|^2}{\left\{1-\dfrac{1}{\kappa}\displaystyle\sum_{i=1}^{\kappa}|(\boldsymbol{\Sigma}_{\xi}^{(q)})_{(i-1)L_\Theta+l,(i-1)L_\Theta+l}|/\gamma_l^{(q)}\right\}+\zeta},\quad 1\leqslant l\leqslant L_\Theta \tag{4.83}$$

以 $\|\boldsymbol{\gamma}^{(q+1)}-\boldsymbol{\gamma}^{(q)}\|_2/\|\boldsymbol{\gamma}^{(q)}\|_2<10^{-4}$ 作为 EM 算法的收敛条件，当该收敛条件得到满足时，输出 $\boldsymbol{\gamma}$ 的当前值作为入射信号空间谱估计结果，记为 $\hat{\boldsymbol{\gamma}}$，其中显著谱峰位置与入射信号多径分量方向相对应。

空域角度集 $\boldsymbol{\Theta}$ 是通过离散采样得到的，直接将 $\hat{\boldsymbol{\gamma}}$ 中显著非零值位置作为信号方向估计结果会引入较大的量化误差，可借助线性插值的方法减小该误差。假设 $[\gamma_l,\ \gamma_{l+1}]$ 与其中某个谱峰及其两侧较大幅度对应的角度相对应，则该信号分量的角度估计值为

$$\hat{\vartheta}=\frac{\sqrt{\gamma_l}}{\sqrt{\gamma_l}+\sqrt{\gamma_{l+1}}}\theta_l+\frac{\sqrt{\gamma_{l+1}}}{\sqrt{\gamma_l}+\sqrt{\gamma_{l+1}}}\theta_{l+1} \tag{4.84}$$

其中对幅度值作开方处理是因为它们代表了该角度处的信号功率。4.4.1节在时延估计过程中省略了上述插值过程以简化算法，其原因是时延谱谱峰通常较为尖锐，插值处理并不会显著改善时延估计精度，且离散的时延估计结果所带来的量化误差一般较小，其对后续DOA估计性能的影响不大。

4.5 宽带信号测向仿真实验与分析

本节借助仿真实验验证本章所给出的WCV-RVM方法和STS-RVM方法在独立和多径宽带信号环境中的测向精度和多信号分辨能力等方面的性能，两种方法实现过程中所用到的噪声功率采用下式进行估计：

$$\hat{\sigma}^2=\frac{1}{M-K}\sum_{m=K+1}^{M}\lambda_m \tag{4.85}$$

式中：λ_m 为 $\hat{\boldsymbol{R}}$ 的第 m 个大特征值，信号个数由窄带信号源个数估计方法MDL[97] 得到。

协方差向量估计误差的协方差矩阵采用有限样本条件下的估计值近似计算得到，且仅保留信号时宽内的数据，即

$$\hat{\boldsymbol{Q}}=\frac{1}{N}\sum_{|n|<1/BT_s}\hat{\boldsymbol{R}}(nT_s)^{\mathrm{T}}\otimes\hat{\boldsymbol{R}}(nT_s) \tag{4.86}$$

式中

$$\hat{\boldsymbol{R}}(nT_s)=\frac{1}{N-n}\sum_{t=t_1}^{t_N-nT_s}\boldsymbol{x}(t+nT_s)\boldsymbol{x}^{\mathrm{H}}(t) \tag{4.87}$$

各种空域稀疏重构方法将［-90°，90°］空域以1°为间隔进行划分得到离散角度集，测向精度要求为（$10^{(-\mathrm{SNR}/20-1)}$）°，约为测向精度理论下界的1/10。

4.5.1 宽带独立信号测向

本小节验证WCV-RVM方法在宽带独立信号环境中的测向精度、多信号分辨能力和阵列结构适应能力等性能，并将其与已有CSSM[32]、WAVES[34] 等方法进行比较，其中测向精度的理论下界（SdCRLB）由式（4.32）得到。入射信号设为宽带BPSK信号（在样本数较少的条件下，可忽略此类信号时延相关函数的时变特性），不同信号之间相互独立，其时延相关函数依据文献［216］得到。比较不同方法的测向精度时假设信号个数先验已知。

1. 测向精度

以下实验中假设两个等功率宽带独立信号同时入射，采用5元均匀线阵作为接收阵列，相邻阵元间距等于信号中心频率对应波长的一半，以两个信号的

平均测向均方根误差作为测向方法精度的评价指标，仿真次数为300。

假设两个相对带宽为20%、角度间隔为8°的BPSK信号同时入射，每次仿真实验中两信号的入射方向分别为5°+v和13°+v，其中v在［-0.5°，0.5°］范围内随机取值。首先固定快拍数为256，当信噪比从-5~20dB变化时，得到WCV-RVM方法与已有CSSM、WAVES方法的平均测向均方根误差如图4.1所示。从仿真结果可以看出，常规子空间类CSSM方法和WAVES方法在信噪比高于10dB时才能得到高精度的测向结果，而WCV-RVM方法在信噪比等于1dB时的测向均方根误差就已经接近1°。这表明，对宽带信号空域稀疏性的利用显著增强了WCV-RVM方法对低信噪比的适应能力。但由于受到有限快拍数的显著局限，阵列输出协方差向量中各信号的自相关分量与理想的时延相关函数并不完全吻合，导致WCV-RVM方法在高信噪比条件下的测向精度偏离了SdCRLB，其波达方向估计精度在信噪比超过10dB时甚至低于CSSM方法和WAVES方法。

随后，固定两个BPSK信号的信噪比为0dB，当阵列采样快拍数从64到4096变化时，得到三种方法对两个入射信号的平均测向均方根误差如图4.2所示。WCV-RVM方法仅需要利用256个快拍就能够达到接近1°的平均测向均方根误差，而CSSM方法和WAVES方法在快拍数分别增加至2048和1024时才能较好地分辨两个入射信号。当快拍数大于2048时三种方法的测向精度相当。

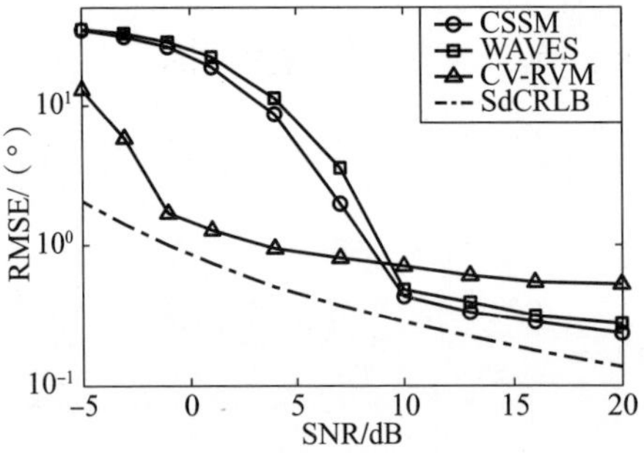

图4.1 不同信噪比条件下的宽带独立信号测向均方根误差

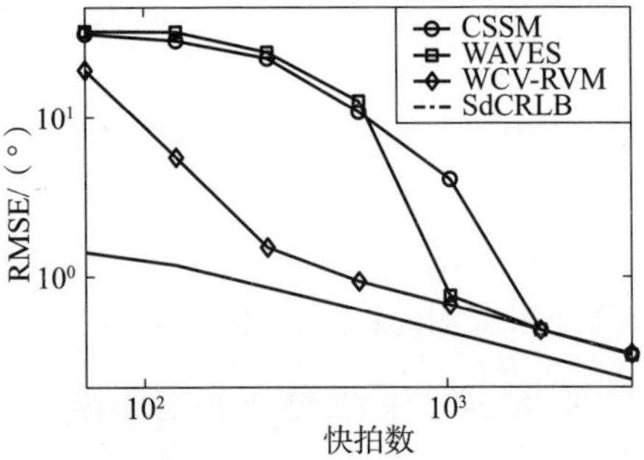

图4.2 不同快拍数条件下的宽带独立信号测向均方根误差

2. 多信号分辨能力

为了验证4.3.3节中对WCV-RVM方法多信号分辨能力的分析结果，假设6个信噪比均为10dB、相对带宽均为20%的独立BPSK信号同时入射到4元最小冗余线阵上，信号方向分别为-34°、-26°、-3°、5°、23°和31°。记D_0为信号中心频率对应半波长，则阵列各阵元坐标分别为0、D_0、$4D_0$和$6D_0$。阵列接收机共采集到4096个连续快拍，得到WCV-RVM方法的空间谱如图4.3所示，从谱图中可以清晰分辨6个入射信号。由于入射信号数超过了CSSM和

WAVES 等方法的处理能力，图 4.3 中未给出它们的空间谱。

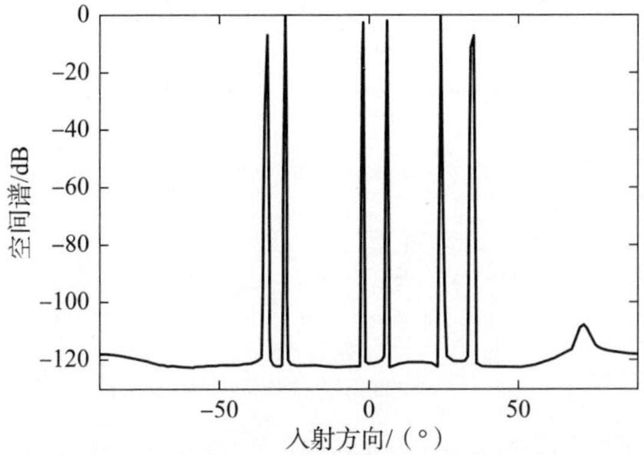

图 4.3　4 元最小冗余线阵中 WCV-RVM 方法对 6 个同时入射宽带信号的分辨结果

3. 阵列结构适应能力

本实验用于验证 4.3.3 节中对 WCV-RVM 方法的阵列结构适应能力分析结果。假设两个信噪比为 0dB、中心频率为 70MHz、相对带宽为 40%的 BPSK 信号分别从偏离法线 30°和 40°方向同时入射到 6 元均匀线阵上，相邻阵元间距等于信号最低频率对应半波长，阵列接收机共采集到 256 个连续快拍。使用 Capon 方法[4]、L1-SVD 方法[196]、CSSM 方法[32] 和 WCV-RVM 方法对入射信号进行测向，得到一次随机选取的实验中各种方法的空间谱图如图 4.4 所示，其中 Capon 方法和 L1-SVD 方法的测向过程在信号带宽内的多个离散频点处独立实现。从图中可以看出，在四种测向方法中，Capon 方法和 CSSM 方法未能成功分辨两个入射信号，Capon 方法、L1-SVD 方法和 CSSM 方法在−90°方向附近均出现了一定程度的伪峰，在部分频点处的伪峰幅度甚至大于真实信号谱峰，仅有 WCV-RVM 方法得到了较理想的信号分辨结果。

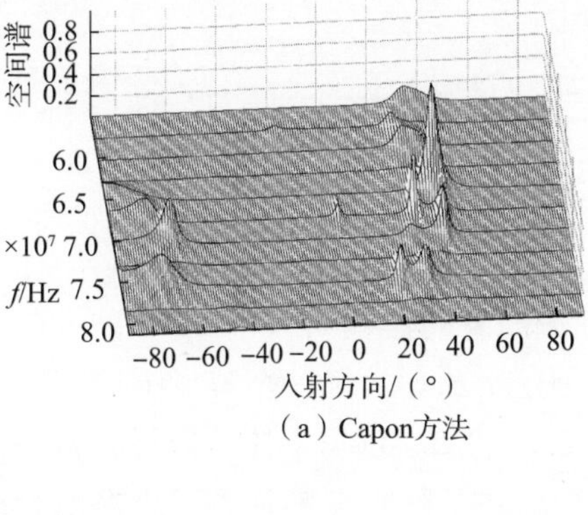

（a）Capon方法

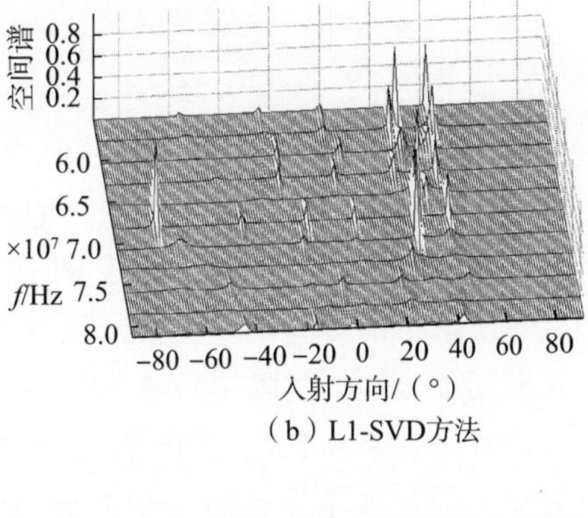

（b）L1-SVD方法

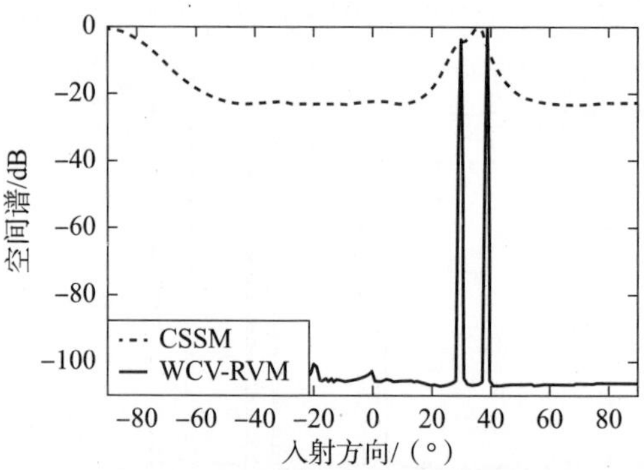

(c) CSSM方法和WCV-RVM方法

图 4.4 阵列结构依据宽带信号最低频率设计时各种测向方法的空间谱图

4.5.2 宽带多径信号测向

本小节仿真验证 STS-RVM 方法的时延估计和 DOA 估计性能。仿真以矩形波调制的 BPSK 信号作为参考信号，假设其码速率已知，并着重考虑多径时延小于信号码元宽度时的时延差和 DOA 估计问题。假设 BPSK 信号载频为 100MHz，码速率为 20MHz，接收机采样频率 F_s 为信号码速率 F_c 的 10 倍，估计多径时延差时取 $\tau_{max}=T_c$，$\Delta\tau=0.1T_s$，估计信号入射方向时对 [−90°，90°] 空域以 1°为间隔进行离散采样得到 $\boldsymbol{\Theta}$。选用均匀线阵作为接收阵列，相邻阵元间距等于入射信号载频对应半波长。STS-RVM 方法在实现过程中所需要的噪声功率估计值由式（4.85）得到。时延相关向量 $\hat{z}_p$ 估计误差的相关矩阵 $\boldsymbol{C}_p$ 由有限样本条件下的估计值近似，且仅保留信号带宽内的数据，即

$$\begin{aligned}&\hat{\boldsymbol{C}}_p(w_1+W,w_2+W)\\&=\frac{N-\max(|w_1|,|w_2|)}{(N-|w_1|)(N-|w_2|)}\sum_{\Delta n=-(W-1)}^{W-1}\{[\hat{z}_p(\Delta n+W)+\hat{\sigma}^2\delta(\Delta n)]\\&\quad\times[\hat{z}_p^*(\Delta n-w_1+w_2+W)+\hat{\sigma}^2\delta(\Delta n-w_1+w_2)]\},\\&\quad-(W-1)\leqslant w_1,w_2\leqslant(W-1)\end{aligned}\tag{4.88}$$

阵列协方差向量估计误差相关矩阵 $\boldsymbol{Q}$ 采用式（4.86）进行估计。

1. 典型场景中的时延谱和空间谱

假设单个信号的两个多径分量分别从偏离阵列法线 42.6°和−40.8°方向同时入射到 4 元均匀线阵上，参考信号信噪比为 20dB，第一个阵元上两个多径分量的时延差为 $0.2T_c$，多径衰落因子为 0.6+j0.4。依据上述参数计算得到第四阵元上两个多径分量的时延差为 $-0.2T_c$，进行这一设置是为了更好地验证

STS-RVM 方法中不同阵元上时延差估计值的配对性能。由 STS-RVM 方法得到第一、第四阵元上的时延谱重构结果如图 4.5（a）、4.5（b）所示，由常规时延相关方法得到第一个阵元数据的时延相关谱如图 4.5（c）所示，图 4.5（d）则给出了 STS-RVM 方法和 Capon 方法、CSSM 方法、WCV-RVM 方法的空间谱。

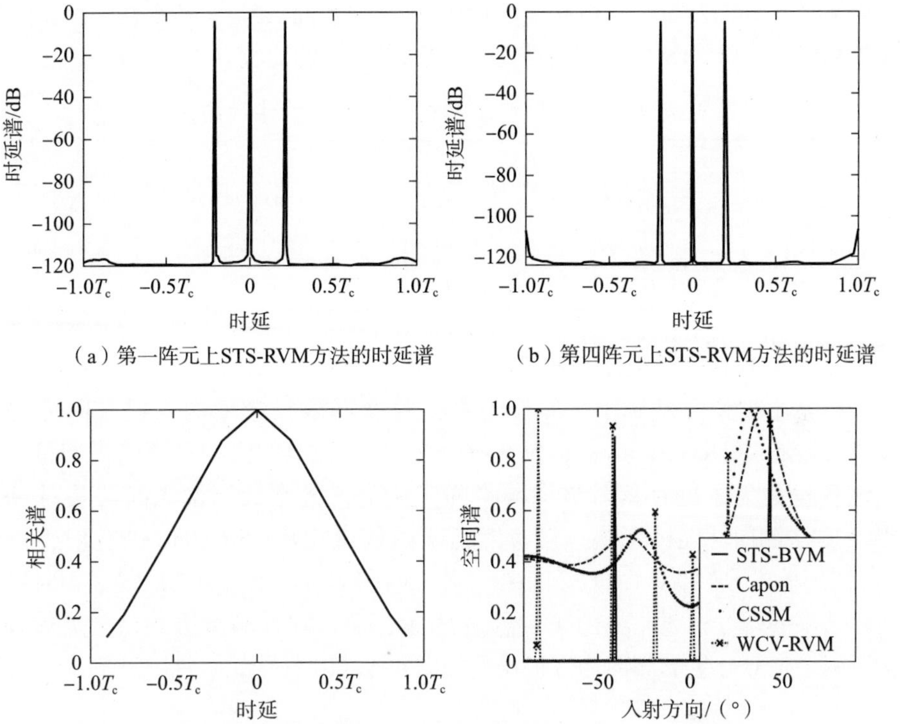

（a）第一阵元上STS-RVM方法的时延谱　（b）第四阵元上STS-RVM方法的时延谱

（c）第一阵元时域相关谱　（d）空间谱

图 4.5　单信号的两个多径分量同时入射时的时延谱和空间谱

图 4.5（a）、（b）所示时延谱分别在原点和±0.2T_c 位置处出现显著谱峰，由此可以判断入射信号多径数为 2，多径时延差为 0.2T_c 或−0.2T_c。而图 4.5（c）所给出的常规时延相关谱中，原点与±0.2T_c 处的时延分量发生混叠，由该时延谱难以准确分辨各多径分量。由 4.4.2 节所述方法得到图 4.5（a）、（b）对应的时延谱峰参数见表 4.1，从中可以看出第一阵元 0.2T_c 时延分量与第四阵元−0.2T_c 时延分量的系数更加吻合，因此将第一阵元±0.2T_c 两个时延估计值分别与第四阵元处∓0.2T_c 时延估计值进行配对。基于该时延估计和配对结果得到如图 4.5（d）所示空间谱，两个谱峰分别位于−41°和 43°处，通过后续线性插值可进一步提高测向精度，而 Capon 方法和 CSSM 方法由于受到两个多径分量之间相干性的影响，所得空间谱的谱峰位置与真实信号入射方向之

间存在较大偏差。WCV-RVM 方法则受到协方差向量中不同多径分量之间互相关成分的影响，其空间谱中出现了大量伪峰，且部分伪峰的能量甚至大于真实信号谱峰，因而难以从该谱图中确定入射信号个数和方向，这一结果也说明了首先进行多径时延差估计的必要性。当信噪比降低或参考信号及其多径分量数目增加时，常规多径时延估计方法和测向方法的性能会进一步恶化，因此在后续仿真中不再将 STS-RVM 方法与这些方法进行性能比较。

表 4.1　多径时延差及相关函数幅度估计结果

	阵元一		阵元四	
	时延差	幅度	时延差	幅度
谱峰 1	$-0.20T_c$	−11.13+j42.25	$-0.20T_c$	−12.50−j44.89
谱峰 2	$0.20T_c$	−11.13−j42.25	$0.20T_c$	−12.50+j44.89

2. 单信号多径时延差和波达方向估计

在上述实验的基础上，假设参考信号及其多径分量的入射方向分别为 $42.6°+v$ 和 $-40.8°+v$，其中 v 为 $[-0.5°, 0.5°]$ 范围内的一个随机变量，增加该变量是为了减小信号方向与事先定义的离散空域网格之间偏差对 STS-RVM 方法测向性能的影响。当参考信号的信噪比从 −5～20dB 变化时，得到 100 次实验中 STS-RVM 方法利用第一阵元数据对真实值为 $0.2T_c$ 的多径时延差估计结果的均方根误差如图 4.6（a）所示，通过阵列输出协方差向量稀疏重构对两个信号分量的测向均方根误差如图 4.6（b）所示。

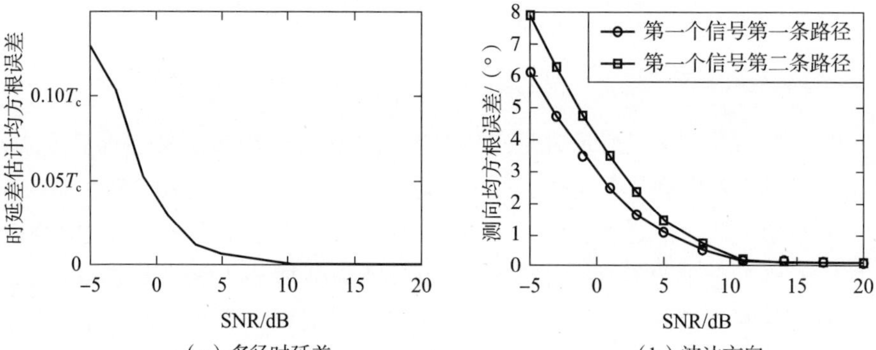

（a）多径时延差　　（b）波达方向

图 4.6　单信号的两个多径分量同时入射时 STS-RVM 方法的参数估计均方根误差

可以看出，当参考信号信噪比低至 −5dB 时，STS-RVM 方法的多径时延估计误差较为显著，而对应的测向精度也不高。随着信噪比逐渐升高，时延估计精度和测向精度均按照类似规律迅速提高。当信噪比高于5dB时，时延估计精度高于0.01倍码速率，测向精度高于1.5°。当信噪比高于10dB时，时延估计偏差为0，而测向精度也达到0.5°以内。由于第二个多径分量幅度小于第一个多径分量，图4.6（b）中对第二个多径分量的测向精度略低于参考信号。

随后，假设参考信号及其两个多径分量分别从$-10.8°+\upsilon$、$8.4°+\upsilon$和$28.2°+\upsilon$方向同时入射到4元均匀线阵上，两个多径分量的衰减因子分别为0.6+j0.4和-0.5+j0.3，多径时延分别为$0.2T_c$和$0.6T_c$，当参考信号信噪比从-5~20dB变化时，得到100次实验中STS-RVM方法利用第一阵元数据对真实值为$0.2T_c$、$0.4T_c$、$0.6T_c$的三组时延差估计结果的均方根误差如图4.7（a）所示，对三个多径分量的测向均方根误差如图4.7（b）所示。

可以看出，STS-RVM方法的时延差和波达方向估计精度随信噪比升高迅速改善。当参考信号信噪比高于5dB时，三组时延差的估计精度均达到0.02倍码速率以内，测向精度达到3°以内。由于三个多径分量的幅度逐渐降低，第一与第二、第一与第三、第二与第三个多径分量互相关成分的幅度也相应地逐渐降低，因此STS-RVM方法对真实值为$0.2T_c$、$0.6T_c$和$0.4T_c$的三组时延差的估计精度依次降低，对三个多径分量的测向精度也按类似规律变化。

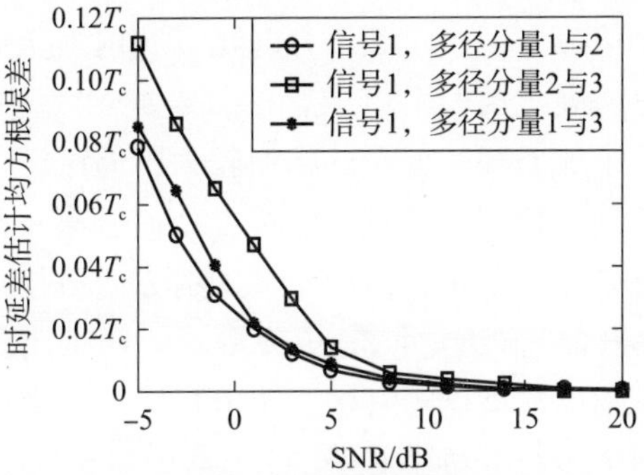

(a) 多径时延差

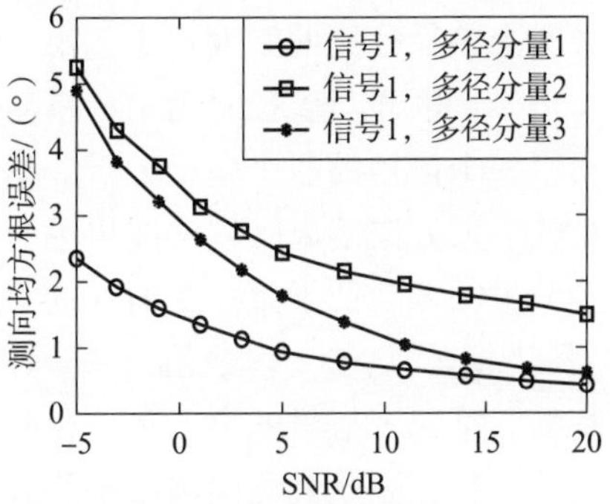

(b) 波达方向

图4.7　单信号的三个多径分量同时入射时STS-RVM方法的参数估计均方根误差

3. 多信号多径时延差和波达方向估计

假设两个相互独立的参考信号各从两条路径同时入射到5元均匀线阵上，第一个信号多径分量的时延为$0.2T_c$，参考信号及多径分量的入射方向分别为$-49.7°+\upsilon$和$-15.2°+\upsilon$，多径衰落因子为0.6+j0.4；第二个信号信噪比比第一个信号低1dB，其多径分量时延为$0.4T_c$，参考信号及多径分量的入射方向分别为$10.4°+\upsilon$和$42.9°+\upsilon$，多径衰落因子为-0.2+j0.3。当第一个参考信号信噪比从-5~20dB变化时，得到100次实验中STS-RVM方法利用第一阵元数

据对真实值为 $0.2T_c$ 和 $0.4T_c$ 的两组时延差估计值的均方根误差如图 4.8（a）所示，通过阵列输出协方差向量稀疏重构对四个信号分量的测向均方根误差如图 4.8（b）所示。

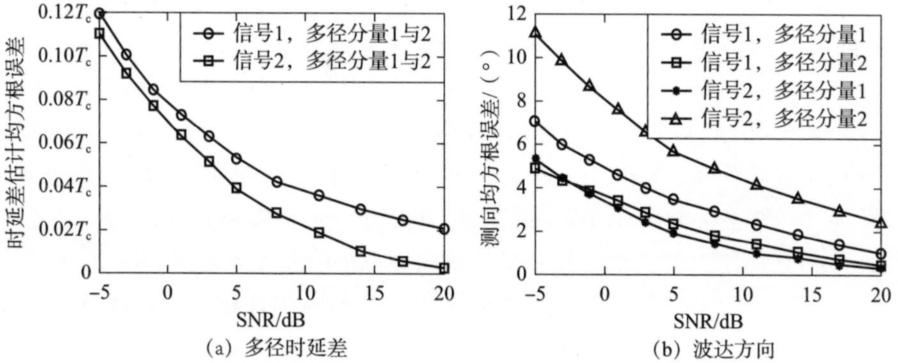

图 4.8　两信号的四个多径分量同时入射时 STS-RVM 方法的参数估计均方根误差

图 4.8 中的仿真结果表明，STS-RVM 方法能够较好地实现对多个包含多组多径分量的同时入射信号的时延和方向估计，且参数估计精度同时受到多径时延值、信号幅度、入射方向等因素的影响。在图 4.8（a）中，尽管第二个信号两个多径分量的幅度均小于第一个信号，但由于其多径时延真实值大于第一个信号，因此其多径时延估计精度也略高于第一个信号。在图 4.8（b）中，对比第一个信号的两个多径分量，尽管第一条多径分量的幅度较大，但由于该分量的入射方向偏离阵列法线更远，其测向精度相对较低。第二个信号第一条多径分量的幅度低于第一个信号的第一条多径分量，但由于其入射方向更接近阵列法线，因此在大多数情况下，STS-RVM 方法对该信号分量的测向精度是最高的。第二个信号的第二条多径分量幅度显著低于其他三个分量，且偏离阵列法线较远，因此其测向精度是所有四个多径分量中最低的。

4.6　本章小结

宽带阵列测向模型中的入射信号也具有与窄带信号类似的空域稀疏性，但其基带信号的快速时变特点导致该稀疏性难以在测向过程中得到直接利用。本章针对具有显著时延相关特征的宽带信号，给出通过阵列输出协方差向量的空域稀疏重构实现宽带信号测向的方法，以达到同时利用信号时域调制信息和空域稀疏性的目的。主要内容包括：

（1）给出了用于宽带独立信号测向的 WCV-RVM 方法，并分析了该方法测向精度的理论下界、多信号分辨能力和阵列结构适应能力。WCV-RVM 方法避免了常规子空间类宽带测向方法的频域分解和聚焦等步骤，且不需要入射信号个数的先验信息，并通过对信号空域稀疏性的利用显著增强了测向方法对低信噪比、小样本的适应能力和超分辨能力。此外，WCV-RVM 方法可以与阵列结构的优化设计相结合，实现对多于阵列阵元数的同时入射信号的分辨。同时，对信号整个频带内信息的综合利用也显著放宽了 WCV-RVM 方法实现无模糊测向时对阵列结构的要求，接收阵列只需在宽带信号最低频率处满足无模糊约束，就能保证 WCV-RVM 方法得到无模糊的测向结果。

（2）给出了用于多径条件下宽带信号测向的 STS-RVM 方法，实现了对多组多径信号的时延差估计和波达方向估计。STS-RVM 方法充分利用宽带信号多径分量的时延域和空域稀疏性，在未知参考信号波形的条件下，能够分辨时延差远小于信号时宽的多个多径分量，其分辨能力远远超过了常规的时延差相关方法。STS-RVM 方法同时得到了各入射信号所有多径分量的波达方向，其对相干信号环境的适应能力远强于子空间聚焦类方法，即使是在多组多径分量同时入射的情况下，STS-RVM 方法也能在适宜信噪比条件下得到较高的测向精度。

除了对信号空域稀疏性的利用之外，本章所介绍的宽带信号测向方法与常规子空间聚焦类方法存在另一个方面的显著区别，即它们在空域超完备字典集设计过程中综合考虑了入射信号的时域调制信息，从而大大地简化了测向过程。这种在建模过程中就对信号特征加以利用的思路是具有较强普适性的，还能够较好地应用于解决类似背景中的信号超分辨问题，例如，对存在空间能量扩散的信号进行测向时，可以在构造空域字典集的过程中综合信号能量的空间散布规律；在分辨红外图像中的多个邻近目标时，也可以将目标在邻近像元内的幅度分布规律反映在重构模型中；等等。这一思路是否可扩展至包含可建模的误差的阵列系统[220-221]，也是一个值得研究的问题。

附录 4A　有限样本条件下宽带阵列输出协方差向量估计误差的二阶统计特性

式（4.18）和式（4.76）分别与独立和多径条件下宽带信号阵列输出协方差向量的估计误差相对应，而独立信号环境可看作各信号多径分量数均为 0 的特殊情况，因此以下主要针对多径情况得到一般的分析结果，所得结论同样适用于宽带独立信号。

将式（4.1）、式（4.5）、式（4.6）代入式（4.74）可得

$$\widetilde{y}_{p,m}=\widetilde{y}^{(1)}_{p,m}+\widetilde{y}^{(2)}_{p,m}+\widetilde{y}^{(3)}_{p,m}+\widetilde{y}^{(4)}_{p,m} \tag{4A.1}$$

式中

$$\widetilde{y}_{p,m}^{(1)}=\sum_{k_1=1}^{K}\sum_{k_2=1}^{K}\sum_{i_1=1}^{I_{k_1}}\sum_{i_2=1}^{I_{k_2}}\alpha_{i_1}^{(k_1)}\alpha_{i_2}^{(k_2)*}\left[\frac{1}{N}\sum_{n=0}^{N-1}s_{k_1}(nT_s-\tau_{i_1}^{(k_1)}-\Delta_{i_1,p}^{(k_1)})s_{k_2}^*(nT_s-\tau_{i_2}^{(k_2)}-\Delta_{i_2,m}^{(k_2)})\right.$$
$$\left.-\mathrm{E}(s_{k_1}(t-\tau_{i_1}^{(k_1)}-\Delta_{i_1,p}^{(k_1)})s_{k_2}^*(t-\tau_{i_2}^{(k_2)}-\Delta_{i_2,m}^{(k_2)}))\right] \tag{4A.2}$$

$$\widetilde{y}_{p,m}^{(2)}=\sum_{k=1}^{K}\sum_{i=1}^{I_k}\alpha_i^{(k)}\left[\frac{1}{N}\sum_{n=0}^{N-1}s_k(nT_s-\tau_i^{(k)}-\Delta_{i,p}^{(k)})v_m^*(nT_s)\right] \tag{4A.3}$$

$$\widetilde{y}_{p,m}^{(3)}=\sum_{k=1}^{K}\sum_{i=1}^{I_k}\alpha_i^{(k)*}\left[\frac{1}{N}\sum_{n=0}^{N-1}s_k^*(nT_s-\tau_i^{(k)}-\Delta_{i,m}^{(k)})v_p(nT_s)\right] \tag{4A.4}$$

$$\widetilde{y}_{p,m}^{(4)}=\frac{1}{N}\sum_{n=0}^{N-1}v_p(nT_s)v_m^*(nT_s)-\sigma^2\delta(p-m) \tag{4A.5}$$

因此

$$\mathrm{E}(\widetilde{y}_{p,m})=\mathrm{E}(\widetilde{y}_{p,m}^{(1)})+\mathrm{E}(\widetilde{y}_{p,m}^{(2)})+\mathrm{E}(\widetilde{y}_{p,m}^{(3)})+\mathrm{E}(\widetilde{y}_{p,m}^{(4)})=0 \tag{4A.6}$$

依据信号与观测噪声的独立性和它们的高斯随机分布特征，借助直接的数学推导可以证明上述误差分量的相关性满足

$$\mathrm{E}(\widetilde{y}_{p_1,m_1}^{(i_1)}\widetilde{y}_{p_2,m_2}^{(i_2)*})=0,\quad 1\leqslant i_1,\quad i_2\leqslant 4,\quad i_1\neq i_2 \tag{4A.7}$$

$$\mathrm{E}(\widetilde{y}_{p_1,m_1}^{(1)}\widetilde{y}_{p_2,m_2}^{(1)*})\approx\frac{1}{N}\sum_{\Delta n=-N}^{N}\left\{\sum_{k_1=1}^{K}\sum_{i_1=1}^{I_{k_1}}\sum_{i_1'=1}^{I_{k_1}}\alpha_{i_1}^{(k_1)}\alpha_{i_1'}^{(k_1)*}\eta_{k_1}r(\widetilde{\tau}_{i_1,i_1',p_1,p_2}^{(k_1)}+(\Delta n)T_s)\right.$$
$$\times\exp[\mathrm{j}2\pi(\widetilde{\tau}_{i_1,i_1',p_1,p_2}^{(k_1)}+(\Delta n)T_s)]$$
$$\times\sum_{k_2=1}^{K}\sum_{i_2=1}^{I_{k_2}}\sum_{i_2'=1}^{I_{k_2}}\alpha_{i_2}^{(k_2)*}\alpha_{i_2'}^{(k_2)}\eta_{k_2}r^*(\widetilde{\tau}_{i_2,i_2',m_1,m_2}^{(k_2)}+(\Delta n)T_s)\Big\}$$
$$\left.\times\exp[-\mathrm{j}2\pi(\widetilde{\tau}_{i_2,i_2',m_1,m_2}^{(k_2)}+(\Delta n)T_s)]\right\} \tag{4A.8}$$

$$\mathrm{E}(\widetilde{y}_{p_1,m_1}^{(2)}\widetilde{y}_{p_2,m_2}^{(2)*})=\frac{1}{N}\sigma^2\sum_{k=1}^{K}\sum_{i_1=1}^{I_k}\sum_{i_2=1}^{I_k}\alpha_{i_1}^{(k)}\alpha_{i_2}^{(k)*}\eta_k r(\widetilde{\tau}_{i_1,i_2,p_1,p_2}^{(k)})\exp(\mathrm{j}2\pi\widetilde{\tau}_{i_1,i_2,p_1,p_2}^{(k)})\delta(m_1-m_2) \tag{4A.9}$$

$$\mathrm{E}(\widetilde{y}_{p_1,m_1}^{(3)}\widetilde{y}_{p_2,m_2}^{(3)*})=\frac{1}{N}\sigma^2\sum_{k=1}^{K}\sum_{i_1=1}^{I_k}\sum_{i_2=1}^{I_k}\alpha_{i_1}^{(k)*}\alpha_{i_2}^{(k)}\eta_k r^*(\widetilde{\tau}_{i_1,i_2,m_1,m_2}^{(k)})\exp(-\mathrm{j}2\pi\widetilde{\tau}_{i_1,i_2,m_1,m_2}^{(k)})\delta(p_1-p_2) \tag{4A.10}$$

$$\mathrm{E}(\widetilde{y}_{p_1,m_1}^{(4)}\widetilde{y}_{p_2,m_2}^{(4)*})=\frac{1}{N}\sigma^4\delta(p_1-p_2)\delta(m_1-m_2) \tag{4A.11}$$

式（4A.8）中所作近似的依据在于通常情况下 $N\gg\Delta n$。

综合式（4A.1）和式（4A.7）~式（4A.11）可得

$$\mathrm{E}(\widetilde{y}_{p_1,m_1}\widetilde{y}^*_{p_2,m_2})\approx\frac{1}{N}\sum_{\Delta n=-N}^{N}y_{p_1,p_2}((\Delta n)T_s)y^*_{m_1,m_2}((\Delta n)T_s) \quad (4A.12)$$

式中

$$\boldsymbol{y}_{p,m}((\Delta n)T_s)=[\boldsymbol{R}((\Delta n)T_s)]_{p,m},\quad \boldsymbol{R}((\Delta n)T_s)=\mathrm{E}[\boldsymbol{x}(t+(\Delta n)T_s)\boldsymbol{x}^{\mathrm{H}}(t)]$$

附录4B 有限样本条件下宽带阵列输出数据时延相关函数估计误差统计特性

为方便表述，首先假设 w，w_1，$w_2\geqslant 0$。将式（4.1）、式（4.43）和式（4.47）代入式（4.48）可得

$$\widetilde{z}_p(wT_s)=\widetilde{z}_p^{(1)}(wT_s)+\widetilde{z}_p^{(2)}(wT_s)+\widetilde{z}_p^{(3)}(wT_s)+\widetilde{z}_p^{(4)}(wT_s) \quad (4B.1)$$

式中

$$\begin{aligned}\widetilde{z}_p^{(1)}(wT_s)=&\sum_{k_1=1}^{K}\sum_{k_2=1}^{K}\sum_{i_1=1}^{I_{k_1}}\sum_{i_2=1}^{I_{k_2}}\alpha_{i_1}^{(k_1)}\alpha_{i_2}^{(k_2)*}\\&\times\Bigg[\frac{1}{N-w}\sum_{n=w+1}^{N}s_{k_1}(nT_s-\tau_{i_1}^{(k_1)}-\Delta_{i_1,p}^{(k_1)})s_{k_2}^*((n-w)T_s-\tau_{i_2}^{(k_2)}-\Delta_{i_2,p}^{(k_2)})\\&-\mathrm{E}(s_{k_1}(t-\tau_{i_1}^{(k_1)}-\Delta_{i_1,p}^{(k_1)})s_{k_2}^*(t-wT_s-\tau_{i_2}^{(k_2)}-\Delta_{i_2,p}^{(k_2)}))\Bigg]\end{aligned} \quad (4B.2)$$

$$\widetilde{z}_p^{(2)}(wT_s)=\sum_{k=1}^{K}\sum_{i=1}^{I_k}\alpha_i^{(k)}\frac{1}{N-w}\sum_{n=w+1}^{N}s_k(nT_s-\tau_i^{(k)}-\Delta_{i,p}^{(k)})v_p^*((n-w)T_s) \quad (4B.3)$$

$$\widetilde{z}_p^{(3)}(wT_s)=\sum_{k=1}^{K}\sum_{i=1}^{I_k}\alpha_i^{(k)*}\frac{1}{N-w}\sum_{n=w+1}^{N}s_k^*((n-w)T_s-\tau_i^{(k)}-\Delta_{i,p}^{(k)})v_p(nT_s) \quad (4B.4)$$

$$\widetilde{z}_p^{(4)}(wT_s)=\frac{1}{N-w}\sum_{n=w+1}^{N}v_p(nT_s)v_p^*((n-w)T_s)-\sigma^2\delta(w) \quad (4B.5)$$

显然

$$\mathrm{E}[\widetilde{z}_p^{(1)}(wT_s)]=\mathrm{E}[\widetilde{z}_p^{(2)}(wT_s)]=\mathrm{E}[\widetilde{z}_p^{(3)}(wT_s)]=\mathrm{E}[\widetilde{z}_p^{(4)}(wT_s)]=0$$

因此

$$\mathrm{E}[\widetilde{z}_p(wT_s)]=0 \quad (4B.6)$$

依据信号与观测噪声的独立性和它们的高斯随机分布特征，通过直接的数学推导可以得到如下结论：

$$\mathrm{E}[\widetilde{z}_p^{(i_1)}(w_1T_s)\widetilde{z}_p^{(i_2)*}(w_2T_s)]=0,\quad 1\leqslant i_1,\quad i_2\leqslant 4,\quad i_1\neq i_2 \quad (4B.7)$$

$$\mathrm{E}[\widetilde{z}_p^{(1)}(w_1T_s)\widetilde{z}_p^{(1)*}(w_2T_s)]\approx\frac{N-\max(w_1,w_2)}{(N-w_1)(N-w_2)}$$

$$\times\sum_{\Delta n=-N}^{N}\left\{\sum_{k_1=1}^{K}\sum_{i_1=1}^{I_{k_1}}\sum_{i_1'=1}^{I_{k_1}}\alpha_{i_1}^{(k_1)}\alpha_{i_1'}^{(k_1)*}\eta_{k_1}r(\widetilde{\tau}_{i_1,i_1',p,p}^{(k_1)}+(\Delta n)T_s)\right.$$

$$\times\exp[\mathrm{j}2\pi(\widetilde{\tau}_{i_1,i_1',p,p}^{(k_1)}+(\Delta n)T_s)] \tag{4B.8}$$

$$\times\sum_{k_2=1}^{K}\sum_{i_2=1}^{I_{k_2}}\sum_{i_2'=1}^{I_{k_2}}\alpha_{i_2}^{(k_2)*}\alpha_{i_2'}^{(k_2)}\eta_{k_2}r^*(\widetilde{\tau}_{i_2,i_2',p,p}^{(k_2)}+(\Delta n-w_1+w_2)T_s)$$

$$\left.\times\exp[-\mathrm{j}2\pi(\widetilde{\tau}_{i_2,i_2',p,p}^{(k_2)}+(\Delta n-w_1+w_2)T_s)]\right\}$$

$$\mathrm{E}[\widetilde{z}_p^{(2)}(w_1T_s)\widetilde{z}_p^{(2)*}(w_2T_s)]=\frac{N-\max(w_1,w_2)}{(N-w_1)(N-w_2)}\sigma^2$$

$$\times\sum_{k=1}^{K}\sum_{i_1=1}^{I_k}\sum_{i_2=1}^{I_k}\alpha_{i_1}^{(k)}\alpha_{i_2}^{(k)*}\eta_k r(\widetilde{\tau}_{i_1,i_2,p,p}^{(k)}+(w_1-w_2)T_s)\exp[\mathrm{j}2\pi(\widetilde{\tau}_{i_1,i_2,p,p}^{(k)}+(w_1-w_2)T_s)] \tag{4B.9}$$

$$\mathrm{E}[\widetilde{z}_p^{(3)}(w_1T_s)\widetilde{z}_p^{(3)*}(w_2T_s)]=\frac{N-\max(w_1,w_2)}{(N-w_1)(N-w_2)}\sigma^2$$

$$\times\sum_{k=1}^{K}\sum_{i_1=1}^{I_k}\sum_{i_2=1}^{I_k}\alpha_{i_1}^{(k)*}\alpha_{i_2}^{(k)*}\eta_k r(\widetilde{\tau}_{i_1,i_2,p,p}^{(k)}-(w_1-w_2)T_s)\exp[-\mathrm{j}2\pi(\widetilde{\tau}_{i_1,i_2,p,p}^{(k)}-(w_1-w_2)T_s)] \tag{4B.10}$$

$$\mathrm{E}[\widetilde{z}_p^{(4)}(w_1T_s)\widetilde{z}_p^{(4)*}(w_2T_s)]=\frac{N-\max(w_1,w_2)}{(N-w_1)(N-w_2)}\sigma^4\delta(w_1-w_2) \tag{4B.11}$$

式（4B.8）中近似成立的原因在于 $N\gg w_1$，w_2，且 r（τ）仅在 τ 较小时取显著非零值。

综合式（4B.1）、式（4B.7）~式（4B.11）式可得

$$\mathrm{E}[\widetilde{z}_p(w_1T_s)\widetilde{z}_p^*(w_2T_s)]=\left\{\sum_{i=1}^{4}\mathrm{E}[\widetilde{z}_p^{(i)}(w_1T_s)\widetilde{z}_p^{(i)*}(w_2T_s)]\right\}$$

$$\approx\frac{N-\max(w_1,w_2)}{(N-w_1)(N-w_2)}$$

$$\times\sum_{\Delta n=-N}^{N}[z_p((\Delta n)T_s)+\sigma^2\delta(\Delta n)][z_p^*(((\Delta n-w_1+w_2)T_s)+\sigma^2\delta(\Delta n-w_1+w_2)] \tag{4B.12}$$

不难证明，在 w、w_1、w_2 取负值时也可以得到与式（4B.6）、式（4B.12）类似的结论，由此可得式（4.49）和式（4.50）。

第5章 多模型多观测条件下的阵列测向方法

5.1 引 言

前面几章结合入射信号的空域稀疏性，通过将观测数据在特定空域超完备字典集上进行重构，实现了对窄带、宽带入射信号的波达方向估计。这些问题的有效解决要求所使用的单组或多组观测向量依赖于相同的阵列观测模型，即各辐射源信号与观测数据中对应的信号分量之间具有取决于信号方向的映射关系，且不同观测数据中的映射关系相同。

这一模型假设并不适用于所有阵列测向问题，例如在船用拖曳水声阵列应用背景下，需要考虑阵列结构时变条件下的测向问题[222-225]，在一般宽带信号测向问题中，则需要综合利用信号带宽内多个离散频点处的数据实现对宽带信号的测向[32-35]，等等。在这些问题中，尽管信号的入射方向是确定的，但多组观测数据分别通过不同的观测模型与信号方向相联系。本章将这种从多个观测模型所对应的多组数据中提取信号方位信息的问题称为多模型多观测条件下的阵列测向问题，它是多模型多观测问题在阵列信号处理领域的具体表现。不同观测样本之间的模型差异导致阵列信号建模方式与常规阵列观测模型不一致，与阵列误差条件下的信号观测模型[226-238]也有所不同。信号建模之后的稀疏重构测向过程还能否使用EM算法[209,239-242]实现以及如何实现，都还没有现成的结论。

多模型多观测问题广泛存在于多任务学习[243]、分布式压缩感知[244]等领域，对这些问题的求解具有较大难度，而且所取得的研究成果难以直接应用于阵列信号处理领域。在时变阵列测向等相关问题中，观测模型的差异掩盖了不同数据之间依赖于信号方向的内在联系，给联合利用所有数据实现阵列测向的过程造成了较大困难。已有方法通常借助各种预处理步骤将这些数据变换到相同的观测模型上，如时变阵列中阵列流形的内插处理[225]、宽带信号的频域聚焦处理[32-35] 等。内插和聚焦等预处理过程的准确性极大地依赖于信号方向预估值的精度，而且它们最终借助窄带子空间方法实现对信号方向的估计，因而在低信噪比、小样本等信号环境适应能力方面存在显著局限。Bilik 引入 ℓ_p 范数稀疏重构技术，初步探索了联合利用入射信号的空域稀疏性实现时变阵列测向的可能性[203]，但为了更好地适应重构算法自身的模型，该方法假设信号幅度恒定，这一理想假设与大多数实际的时变阵列测向环境并不吻合。Malioutov 和 Hyder 等也把窄带稀疏重构类测向方法推广到了宽带信号环境[196-197]，但这些方法只能在多个离散频点处分别得到相应的空间谱，而难以融合各窄带测向结果获得宽带信号波达方向的估计值。

为了更好地解决窄带时变阵列和宽带混合信号等包含多个观测模型的测向问题，并联合利用入射信号的空域稀疏性增强对低信噪比等信号环境的适应能力，本章首先对此类应用的共性问题（多模型多观测问题）展开分析，介绍一种贝叶斯联合稀疏重构方法，并分析其基本性质，随后将该方法应用于解决时变阵列和宽带信号环境下的测向问题。5.2 节对多模型多观测（Multi-Model Multi-Measurement，M^4）问题进行简要描述，5.3 节给出多模型多观测条件下的贝叶斯联合稀疏重构方法 M^4SBL，5.4 节对多模型多观测问题本身以及相应的贝叶斯稀疏重构方法的性质进行分析，5.5 节和 5.6 节分别将该方法应用于解决时变阵列中窄带信号的测向问题和基于频域分解的宽带信号测向问题，5.7 节仿真验证 5.3 节、5.5 节、5.6 节中方法应用于典型多模型多观测联合重构问题和相应阵列测向问题中的性能，以及 5.4 节中的相关结论，5.8 节对本章内容进行总结。

5.2 多模型多观测问题描述

多模型多观测是指由不同的观测系统获取同一组目标的信息，从而得到具有不同结构的多组观测数据，而研究多模型多观测问题的目的是探索如何联合利用各观测系统所得到的数据提取感兴趣的目标信息。为了更加直观地体现目标信息在对应空间上的稀疏性，这里直接对观测数据在各自的超完备字典集上进行建模，将多模型多观测问题描述为

$$\boldsymbol{X}_i = \boldsymbol{\Phi}_i \boldsymbol{W}_i + \boldsymbol{V}_i, \quad i=1,\cdots,I \tag{5.1}$$

式中：I 表示观测模型数目；$\boldsymbol{X}_i=[\boldsymbol{x}_{i,1},\ \cdots,\ \boldsymbol{x}_{i,N_i}]\in\mathbb{C}^{M_i\times N_i}$ 表示第 i 个模型对应的观测向量集；$\boldsymbol{\Phi}_i\in\mathbb{C}^{M_i\times L}$ 和 $\boldsymbol{W}_i=[\boldsymbol{w}_{i,1},\ \cdots,\ \boldsymbol{w}_{i,N_i}]\in\mathbb{C}^{L\times N_i}$ 分别表示相应的超完备字典集和权系数矩阵；$\boldsymbol{V}_i=[\boldsymbol{v}_{i,1},\ \cdots,\ \boldsymbol{v}_{i,N_i}]\in\mathbb{C}^{M_i\times N_i}$ 为观测噪声矩阵。

在没有特别说明的情况下，本章均假设 $\mathrm{spark}(\boldsymbol{\Phi}_i)=M_i+1$，以保持与已有研究成果的一致性，其中 $\mathrm{spark}(\boldsymbol{\Phi}_i)$ 表示矩阵 $\boldsymbol{\Phi}_i$ 中线性相关的最小列数。5.4 节将对这一条件不成立时联合重构问题的性质进行深入分析。

水声领域中的拖曳式阵列测向模型[224-225] 可以用于对式（5.1）进行更加直观的解释。当拖曳式阵列各阵元相对位置受水力等因素影响而无法保持恒定时，在给定坐标系（不随阵列姿态变化）内从特定方向入射信号的阵列响应向量会随阵列结构发生不断变化。如果对信号所有可能的入射方向进行离散采样得到角度集 $\boldsymbol{\Theta}$，则 $t=1,\ \cdots,\ I$ 时刻的阵列输出向量 $\boldsymbol{x}_1,\ \cdots,\ \boldsymbol{x}_I$ 分别与依赖于时变阵列结构的超完备阵列响应矩阵 $\boldsymbol{\Phi}_1,\ \cdots,\ \boldsymbol{\Phi}_I$（具体定义见 5.5 节）对应，且权系数向量 $\boldsymbol{w}_1,\ \cdots,\ \boldsymbol{w}_I$ 中非零元素的位置均与信号入射方向相吻合，因此它们具有相同的稀疏结构。

由式（5.1）所描述的多模型多观测问题中所包含的各个变量之间具有如图 5.1 所示的依赖关系，其中矩形节点内的参数表示确定变量，无填充圆形节点内的参数表示随机变量，灰色圆形节点内的参数表示实际观测数据。该关系图与文献［243］讨论的多任务压缩感知问题中各变量关系图类似，不同之处在于图 5.1 中将 $\boldsymbol{\gamma}$ 和 σ^2 均看作确定变量，而文献［243］遵循了变分贝叶斯方法[240] 的框架，将 $\boldsymbol{\gamma}$ 和 σ^2 看作随机变量。此外，文献［243］对不同观测数据稀疏结构之间相似性的要求相对宽松，侧重于从方法与性能的角度说明多任务学习相对于单任务学习的优势，而本章内容具有更强的针对性，认为不同观测数据对应的权系数矩阵 $\boldsymbol{W}_1,\ \cdots,\ \boldsymbol{W}_I$ 具有相同的稀疏结构，并基于这一假设着重探讨多模型多观测联合稀疏重构的性质和应用途径。

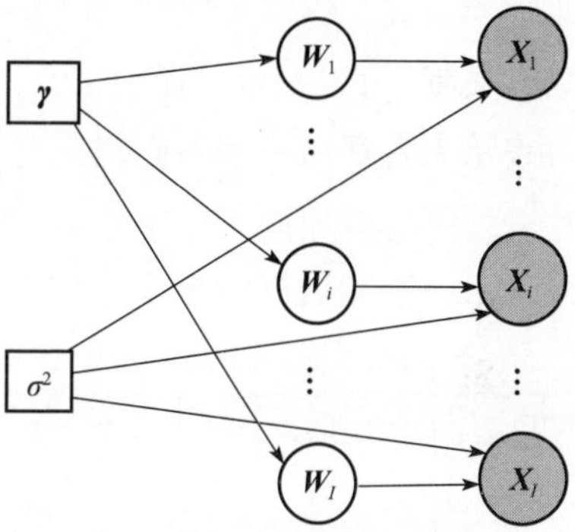

图 5.1　多观测系统条件下稀疏贝叶斯学习方法变量关系

5.3　贝叶斯联合稀疏重构方法

考虑到系数矩阵 $\boldsymbol{W}_1,\ \cdots,\ \boldsymbol{W}_I$ 具有相同的稀疏结构，可以利用同一组参数

$\boldsymbol{\gamma}=[\gamma_1, \cdots, \gamma_L]$ 描述各系数向量 $\boldsymbol{w}_{i,n}$ 的幅度分布，即

$$\boldsymbol{w}_{i,n} \sim \mathcal{N}(\boldsymbol{0},\boldsymbol{\Gamma}), \quad i=1,\cdots,I, \quad n=1,\cdots,N_i \tag{5.2}$$

式中：$\boldsymbol{\Gamma}=\mathrm{diag}([\gamma_1, \cdots, \gamma_L])$。

同时假设不同观测系统中的噪声向量 $\boldsymbol{v}_{i,n}$ 服从均值为0、方差为 σ^2 的独立高斯分布，即

$$\boldsymbol{v}_{i,n} \sim \mathcal{N}(\boldsymbol{0},\sigma^2\boldsymbol{I}_{M_i}) \tag{5.3}$$

则 $\boldsymbol{x}_{i,n} \sim \mathcal{N}(\boldsymbol{\Phi}_i\boldsymbol{w}_{i,n}, \sigma^2\boldsymbol{I}_{M_i})$。

依据式（5.2）和式（5.3）可得到观测数据 $\boldsymbol{X}_1, \cdots, \boldsymbol{X}_I$ 关于参数 $\boldsymbol{\gamma}$ 和 σ^2 的分布函数为

$$\begin{aligned} & p(\boldsymbol{X}_1,\cdots,\boldsymbol{X}_I;\boldsymbol{\gamma},\sigma^2) \\ &= \int\cdots\int\Big[\prod_{i=1}^{I}\prod_{n=1}^{N_i} p(\boldsymbol{x}_{i,n} \mid \boldsymbol{w}_{i,n};\sigma^2)p(\boldsymbol{w}_{i,n};\boldsymbol{\gamma})\Big]\mathrm{d}\boldsymbol{w}_{1,1}\cdots\mathrm{d}\boldsymbol{w}_{I,N_I} \\ &= \prod_{i=1}^{I}\prod_{n=1}^{N_i}\int p(\boldsymbol{x}_{i,n} \mid \boldsymbol{w}_{i,n};\sigma^2)p(\boldsymbol{w}_{i,n};\boldsymbol{\gamma})\mathrm{d}\boldsymbol{w}_{i,n} \\ &= \prod_{i=1}^{I}\prod_{n=1}^{N_i}\mathcal{N}(\boldsymbol{0},\sigma^2\boldsymbol{I}_{M_i}+\boldsymbol{\Phi}_i\boldsymbol{\Gamma}\boldsymbol{\Phi}_i^{\mathrm{H}}) \end{aligned} \tag{5.4}$$

结合文献［137］和文献［178］中的相关结果可知，$p(\boldsymbol{X}_1, \cdots, \boldsymbol{X}_I; \boldsymbol{\gamma}, \sigma^2)$ 可表示为各观测模型不同时刻对应观测向量的似然函数 $p(\boldsymbol{x}_{i,n}; \gamma, \sigma^2)$ 之积。这一结果直观地说明了 $\boldsymbol{\gamma}$ 和 σ^2 的估计性能以及各观测向量最终的重构性能依赖于所有观测数据的事实。如果对 $\boldsymbol{\gamma}$ 和 σ^2 附加无信息先验假设，例如设 $\boldsymbol{\gamma}\sim\mathrm{IG}(a, b)$ 和 $\sigma^2\sim\mathrm{IG}(c, d)$ 并令 $a=b=c=d=0$，其中 $\mathrm{IG}(a, b)$ 表示参数为 a 和 b 的逆伽马分布，可得 $p(\boldsymbol{\gamma}, \sigma^2 \mid \boldsymbol{X}_1, \cdots, \boldsymbol{X}_I) \propto p(\boldsymbol{X}_1, \cdots, \boldsymbol{X}_I; \boldsymbol{\gamma}, \sigma^2)$，因此通过最大化式（5.4）所得到的 $\boldsymbol{\gamma}$ 和 σ^2 可看作其最大后验概率估计值，这一估计过程综合了所有观测数据信息，因而有望得到优于各单观测系统的估计性能。基于 $\boldsymbol{\gamma}$ 和 σ^2 的估计结果，结合各观测向量可确定相应的系数矩阵，进而实现对各信号分量的重构。由于不同观测系统在不同时刻的系数向量 $\boldsymbol{w}_{i,n}$ 仅与对应的观测数据 $\boldsymbol{x}_{i,n}$ 有关，$\boldsymbol{w}_{i,n}$ 的后验分布具有如下形式：

$$p(\boldsymbol{w}_{i,n} \mid \boldsymbol{x}_{i,n};\boldsymbol{\gamma},\sigma^2)=\frac{p(\boldsymbol{x}_{i,n} \mid \boldsymbol{w}_{i,n};\sigma^2)p(\boldsymbol{w}_{i,n};\boldsymbol{\gamma})}{p(\boldsymbol{x}_{i,n};\boldsymbol{\gamma},\sigma^2)}=\mathcal{N}(\boldsymbol{\mu}_{i,n},\boldsymbol{\Sigma}_i) \tag{5.5}$$

式中

$$\boldsymbol{\Sigma}_i=(\boldsymbol{\Gamma}^{-1}+\sigma^{-2}\boldsymbol{\Phi}_i^{\mathrm{H}}\boldsymbol{\Phi}_i)^{-1}=\boldsymbol{\Gamma}-\boldsymbol{\Gamma}\boldsymbol{\Phi}_i^{\mathrm{H}}(\sigma^2\boldsymbol{I}+\boldsymbol{\Phi}_i\boldsymbol{\Gamma}\boldsymbol{\Phi}_i^{\mathrm{H}})^{-1}\boldsymbol{\Phi}_i\boldsymbol{\Gamma} \tag{5.6}$$

$$\boldsymbol{\mu}_{i,n}=\sigma^{-2}\boldsymbol{\Sigma}_i\boldsymbol{\Phi}_i^{\mathrm{H}}\boldsymbol{x}_{i,n}=\boldsymbol{\Gamma}\boldsymbol{\Phi}_i^{\mathrm{H}}(\sigma^2\boldsymbol{I}+\boldsymbol{\Phi}_i\boldsymbol{\Gamma}\boldsymbol{\Phi}_i^{\mathrm{H}})^{-1}\boldsymbol{x}_{i,n} \tag{5.7}$$

式（5.5）的概率密度函数中同时包含了 $\boldsymbol{w}_{i,n}$ 的一阶和二阶矩信息，其中一阶矩可作为 $\boldsymbol{w}_{i,n}$ 的点估计值，用于重构原始信号。由于 $\boldsymbol{w}_{i,n}$ 的一阶矩依赖于 $\boldsymbol{\gamma}$ 和 σ^2 等参数，通过最大化式（5.4）准确估计这些参数对实现高精度的信号重构具有重要意义。

考虑到式（5.4）中的概率密度函数关于 $\boldsymbol{\gamma}$ 和 σ^2 具有极强的非线形性，难以借助解析的优化方法直接得到各参数的估计值，需要利用 EM 算法[209,239,245] 迭代求解。在进行合理初始化的基础上，EM 算法对 $\boldsymbol{\gamma}$ 和 σ^2 的第 q 步迭代估计包括 E-step 和 M-step 两部分。

E-step：

计算全概率 $p(\{\boldsymbol{X}_i\}_{i=1}^{I},\ \{\boldsymbol{W}_i\}_{i=1}^{I};\ \boldsymbol{\gamma},\ \sigma^2)$ 的对数函数的期望值：

$$\begin{aligned}
&Q(\{\boldsymbol{X}_i\}_{i=1}^{I},\{\boldsymbol{W}_i\}_{i=1}^{I};\boldsymbol{\gamma},\sigma^2)\\
&=\langle \ln p(\{\boldsymbol{X}_i\}_{i=1}^{I},\{\boldsymbol{W}_i\}_{i=1}^{I};\boldsymbol{\gamma},\sigma^2)\rangle_{p(\{\boldsymbol{W}_i\}_{i=1}^{I}\mid\{\boldsymbol{X}_i\}_{i=1}^{I};\boldsymbol{\gamma}^{(q)},(\sigma^2)^{(q)})}\\
&=\langle \ln p(\{\boldsymbol{X}_i\}_{i=1}^{I}\mid\{\boldsymbol{W}_i\}_{i=1}^{I};\boldsymbol{\gamma},\sigma^2)+\ln p(\{\boldsymbol{W}_i\}_{i=1}^{I};\boldsymbol{\gamma},\sigma^2)\rangle_{p(\{\boldsymbol{W}_i\}_{i=1}^{I}\mid\{\boldsymbol{X}_i\}_{i=1}^{I};\boldsymbol{\gamma}^{(q)},(\sigma^2)^{(q)})}
\end{aligned}\tag{5.8}$$

式中：$\langle\cdot\rangle$ 表示给定概率密度函数条件下的期望运算符；上标（q）表示与第 q 步迭代对应的变量估计值。

将式（5.2）和式（5.3）中的分布函数代入式（5.8）可得

$$\begin{aligned}
&Q(\{\boldsymbol{X}_i\}_{i=1}^{I},\{\boldsymbol{W}_i\}_{i=1}^{I};\boldsymbol{\gamma},\sigma^2)\\
&=\sum_{i=1}^{I}\sum_{n=1}^{N_i}\left\{-M_i\ln\sigma^2-\frac{1}{\sigma^2}\langle\|\boldsymbol{x}_{i,n}-\boldsymbol{\Phi}_i\boldsymbol{w}_{i,n}\|_2^2\rangle-\sum_{l=1}^{L}\left[\ln\gamma_l+\frac{\langle|(\boldsymbol{w}_{i,n})_l|^2\rangle}{\gamma_l}\right]\right\}+\text{const}
\end{aligned}\tag{5.9}$$

式中：const 表示与感兴趣变量无关的常数项；$(\cdot)_l$ 表示向量的第 l 个元素。

由式（5.5）可知，$p(\boldsymbol{w}_{i,n}\mid\boldsymbol{x}_{i,n};\ \boldsymbol{\gamma}^{(q)},\ (\sigma^2)^{(q)})$ 是均值为 $\boldsymbol{\mu}_{i,n}^{(q)}$、方差为 $\boldsymbol{\Sigma}_i^{(q)}$ 的正态分布，因此 $\boldsymbol{x}_{i,n}-\boldsymbol{\Phi}_i\boldsymbol{w}_{i,n}\sim\mathcal{N}(\boldsymbol{x}_{i,n}-\boldsymbol{\Phi}_i\boldsymbol{\mu}_{i,n}^{(q)},\ \boldsymbol{\Phi}_i\boldsymbol{\Sigma}_i^{(q)}\boldsymbol{\Phi}_i^{\mathrm{H}})$，$(\boldsymbol{w}_{i,n})_l\sim\mathcal{N}((\boldsymbol{\mu}_{i,n}^{(q)})_l,\ (\boldsymbol{\Sigma}_i^{(q)})_{l,l})$，其中 $(\cdot)_{l,l}$ 表示矩阵的第 l 行、l 列元素。进一步地，式（5.9）可简化为

$$\begin{aligned}
&Q(\{\boldsymbol{X}_i\}_{i=1}^{I},\{\boldsymbol{W}_i\}_{i=1}^{I};\boldsymbol{\gamma},\sigma^2)\\
&=\sum_{i=1}^{I}\sum_{n=1}^{N_i}\Big\{-M_i\ln\sigma^2-\frac{1}{\sigma^2}[\|\boldsymbol{x}_{i,n}-\boldsymbol{\Phi}_i\boldsymbol{\mu}_{i,n}^{(q)}\|_2^2+\mathrm{tr}(\boldsymbol{\Phi}_i\boldsymbol{\Sigma}_i^{(q)}\boldsymbol{\Phi}_i^{\mathrm{H}})]-\\
&\quad\sum_{l=1}^{L}[\ln\gamma_l+\frac{1}{\gamma_l}(|(\boldsymbol{\mu}_{i,n}^{(q)})_l|^2+(\boldsymbol{\Sigma}_i^{(q)})_{l,l})]\Big\}+\text{const}
\end{aligned}\tag{5.10}$$

式中：$\mathrm{tr}(\cdot)$ 为矩阵求迹运算符。

M-step:

此步骤通过最大化 $Q(\{\boldsymbol{X}_i\}_{i=1}^{I},\ \{\boldsymbol{W}_i\}_{i=1}^{I};\ \boldsymbol{\gamma},\ \sigma^2)$ 更新 $\boldsymbol{\gamma}$ 和 σ^2，即

$$(\boldsymbol{\gamma}^{(q+1)},(\sigma^2)^{(q+1)})=\underset{\boldsymbol{\gamma},\sigma^2}{\operatorname{argmax}}\,Q(\{\boldsymbol{X}_i\}_{i=1}^{I},\{\boldsymbol{W}_i\}_{i=1}^{I};\boldsymbol{\gamma},\sigma^2) \tag{5.11}$$

因此

$$\begin{aligned}&\frac{\partial}{\partial\gamma_l}Q(\{\boldsymbol{X}_i\}_{i=1}^{I},\{\boldsymbol{W}_i\}_{i=1}^{I};\boldsymbol{\gamma},\sigma^2)\\&=\sum_{i=1}^{I}\sum_{n=1}^{N_i}\left[-\frac{1}{\gamma_l}+\frac{1}{(\gamma_l)^2}\left(\left|(\boldsymbol{\mu}_{i,n}^{(q)})_l\right|^2+(\boldsymbol{\Sigma}_i^{(q)})_{l,l}\right)\right]=0,\quad l=1,\cdots,L\end{aligned} \tag{5.12}$$

$$\begin{aligned}&\frac{\partial}{\partial\sigma^2}Q(\{\boldsymbol{X}_i\}_{i=1}^{I},\{\boldsymbol{W}_i\}_{i=1}^{I};\boldsymbol{\gamma},\sigma^2)\\&=-\frac{1}{\sigma^2}\sum_{i=1}^{I}\sum_{n=1}^{N_i}M_i+\frac{1}{(\sigma^2)^2}\sum_{i=1}^{I}\sum_{n=1}^{N_i}\left[\|\boldsymbol{x}_{i,n}-\boldsymbol{\Phi}_i\boldsymbol{\mu}_{i,n}^{(q)}\|_2^2+\operatorname{tr}(\boldsymbol{\Phi}_i\boldsymbol{\Sigma}_i^{(q)}\boldsymbol{\Phi}_i^{\mathrm{H}})\right]=0\end{aligned} \tag{5.13}$$

由式（5.12）、式（5.13）解得

$$(\gamma_l)^{(q+1)}=\frac{\sum_{i=1}^{I}\sum_{n=1}^{N_i}\left(\left|(\boldsymbol{\mu}_{i,n}^{(q)})_l\right|^2+(\boldsymbol{\Sigma}_i^{(q)})_{l,l}\right)}{\sum_{i=1}^{I}N_i},\quad l=1,\cdots,L \tag{5.14}$$

$$(\sigma^2)^{(q+1)}=\frac{\sum_{i=1}^{I}\sum_{n=1}^{N_i}\left[\|\boldsymbol{x}_{i,n}-\boldsymbol{\Phi}_i\boldsymbol{\mu}_{i,n}^{(q)}\|_2^2+\operatorname{tr}(\boldsymbol{\Phi}_i\boldsymbol{\Sigma}_i^{(q)}\boldsymbol{\Phi}_i^{\mathrm{H}})\right]}{\sum_{i=1}^{I}M_iN_i} \tag{5.15}$$

从式（5.14）和式（5.15）不难看出，由 M-step 所得到的 $\boldsymbol{\gamma}$ 和 σ^2 的估计值必然是非负数，这一性质与 $\boldsymbol{\gamma}$ 和 σ^2 所表示的物理意义（信号和噪声的方差）是吻合的。文献［243］在变分贝叶斯理论框架下给出了 $\boldsymbol{\gamma}$ 和 σ^2 的迭代方法，该方法是文献［178］方法从单模型到多模型的推广形式，往往会得到趋于 0 的噪声方差估计值，导致对最终的重构精度产生负面影响。本章所给出的迭代方法则利用了正态分布的自共轭特性，基于解析的后验概率密度函数直接采用 EM 算法实现对 $\boldsymbol{\gamma}$ 和 σ^2 的估计。

由 M-step 更新 $\boldsymbol{\gamma}$ 和 σ^2 之后，将其代入 E-step 就可以进入下一步迭代，EM 算法严格的收敛性[241-242] 能够保证上述迭代估计结果逐渐趋于稳定，当预定义的收敛条件（如 $\|\boldsymbol{\gamma}^{(q+1)}-\boldsymbol{\gamma}^{(q)}\|_2/\|\boldsymbol{\gamma}^{(q)}\|_2\leqslant\zeta$）得到满足时，就可以终止上

述迭代过程，并输出此时的参数值作为各变量的估计结果。

5.4 联合稀疏重构问题及贝叶斯重构方法的性质

多模型多观测联合稀疏重构问题与典型的单模型多观测稀疏重构问题之间在模型描述和解决途径等方面都存在显著差异，因而导致该问题本身以及用于解决该问题的贝叶斯重构方法具有区别于已有分析结果的若干性质。本小节对多模型多观测问题的可重构性和贝叶斯重构结果的全局收敛性进行分析，以揭示其不同于单模型多观测问题的本质属性。

记无噪条件下式（5.1）对应的观测模型为

$$\boldsymbol{U}_i=\boldsymbol{\Phi}_i\boldsymbol{W}_i,\quad i=1,\cdots,I \tag{5.16}$$

式中：$\boldsymbol{U}_i=[\boldsymbol{u}_{i,1},\ \cdots,\ \boldsymbol{u}_{i,N_i}]\in\mathbb{C}^{M_i\times N_i}$ 表示由第 i 个模型所得到的观测向量。

针对 $I=1$ 时的单观测模型情况，部分文献已经分析了在 $N=1$ 和 $N>1$ 时 $\boldsymbol{U}=\boldsymbol{\Phi}\boldsymbol{W}$ 的解的唯一性（真实解的可重构性）问题[137,169]。分析结果表明，当 $\mathrm{rank}(\boldsymbol{U})\leqslant\mathrm{spark}(\boldsymbol{\Phi})-1$ 时，存在上界 $r_u=\lceil(\mathrm{spark}(\boldsymbol{\Phi})-1+\mathrm{rank}(\boldsymbol{U}))/2\rceil-1$，其中 $\mathrm{rank}(\cdot)$ 表示矩阵的秩，使得当真实解 $\boldsymbol{W}$ 的稀疏性满足 $\|\boldsymbol{W}\|_{0,2}\leqslant r_u$ 时，$\boldsymbol{W}$ 是使 $\boldsymbol{U}=\boldsymbol{\Phi}\boldsymbol{W}$ 成立的唯一最稀疏解，因而可由无噪的观测数据准确重构得到[137,169]。在单观测模型条件下，随着观测向量数目增加，r_u 呈现单调不减趋势且具有上界 $r_u\leqslant\mathrm{spark}(\boldsymbol{\Phi})-1$。然而，由于 $I>1$ 时不同观测向量可能对应于不同的观测矩阵，上述分析结果并不直接适用于多观测模型情况。为此，以下首先对满足式（5.16）的解的唯一性问题进行具体分析，并得出如下定理。

定理 5.1 考虑式（5.16）中的多模型多观测联合稀疏重构问题，并假设 $\mathrm{spark}(\boldsymbol{\Phi}_i)=M_i+1$，$\boldsymbol{W}_1$，…，$\boldsymbol{W}_I$ 具有相同的稀疏结构，I 个单模型稀疏重构问题的解满足唯一性时其稀疏性上界分别为 $r_u^{(1)}$，…，$r_u^{(\mathrm{I})}$，则当 $\boldsymbol{W}_1$，…，$\boldsymbol{W}_I$ 的非零行数目 r 满足 $r\leqslant r_u^{(0)}$（$r_u^{(0)}=\max\{r_u^{(1)},\ \cdots,\ r_u^{(I)}\}$）时，$\boldsymbol{W}_1$，…，$\boldsymbol{W}_I$ 是式（5.16）解空间中的唯一最稀疏元素。

证明： 不失一般性，设 $r_u^{(0)}=r_u^{(1)}$。假设存在另一组具有相同稀疏结构且非零行数目为 r' 的权系数矩阵 $\boldsymbol{W}_1'$，…，$\boldsymbol{W}_I'$ 满足式（5.16），即

$$\boldsymbol{U}_i=\boldsymbol{\Phi}_i\boldsymbol{W}_i=\boldsymbol{\Phi}_i\boldsymbol{W}_i',\quad i=1,\cdots,I \tag{5.17}$$

则当 $r\leqslant r_u^{(1)}$ 时，由 $\boldsymbol{U}_1=\boldsymbol{\Phi}_1\boldsymbol{W}_1=\boldsymbol{\Phi}_1\boldsymbol{W}_1'$ 可以得到 $\|\boldsymbol{W}_1'\|_{0,2}=r'>r$ 的结论[137,169]，此时具有相同稀疏结构的 $\boldsymbol{W}_1$，…，$\boldsymbol{W}_I$ 是使得式（5.16）成立的最稀疏解集。这一分析结果说明 $\boldsymbol{W}_1$，…，$\boldsymbol{W}_I$ 满足唯一性时，其非零行数目的最大可能值不小于 $\max\{r_u^{(1)},\ \cdots,\ r_u^{(\mathrm{I})}\}$。

同时，还可以进一步证明当上界 $r=r_u^{(1)}+1$ 时并不能保证 $\boldsymbol{W}_1$，…，$\boldsymbol{W}_I$ 是满足式（5.16）的最稀疏解集。为证明这一结论，取 $r=r_u^{(1)}+1$，则必然存在稀疏度为 $\|\boldsymbol{W}_1'\|_{0,2}=r'=\|\boldsymbol{W}_1\|_{0,2}=r$ 的矩阵 $\boldsymbol{W}_1$ 和 $\boldsymbol{W}_1'$使得 $\boldsymbol{\Phi}_1\boldsymbol{W}_1=\boldsymbol{\Phi}_1\boldsymbol{W}_1'$成立。而对任一 $i\in[2, I]$，由于 $\|\boldsymbol{W}_i\|_{0,2}=r>r_u^{(i)}$，因此对任意满足 $\mathrm{spark}(\boldsymbol{\Phi}_i)=M_i+1$ 的给定 $\boldsymbol{\Phi}_i$，存在 $\boldsymbol{W}_i$ 和 $\boldsymbol{W}_i'$满足 $\|[\boldsymbol{W}_1, \boldsymbol{W}_i]\|_{0,2}=\|\boldsymbol{W}_1\|_{0,2}$ 和 $\|[\boldsymbol{W}_1', \boldsymbol{W}_i']\|_{0,2}=\|\boldsymbol{W}_1'\|_{0,2}$，且使得 $\boldsymbol{\Phi}_i\boldsymbol{W}_i=\boldsymbol{\Phi}_i\boldsymbol{W}_i'$成立。也就是说，$r=r_u^{(1)}+1$ 可能导致 $\boldsymbol{W}_1$，…，$\boldsymbol{W}_I$ 不再是式（5.16）解空间中的唯一最稀疏元素。综合这两方面的分析结果可得 $r_u^{(0)}=\max\{r_u^{(1)}, \cdots, r_u^{(I)}\}$。(证毕)

定理 5.1 指出，多模型多观测联合稀疏重构问题的真实解满足唯一性时，其稀疏度约束与各单一模型对应的最弱约束相同，而不同模型对应观测向量的积累无法直接放宽这一约束。该现象与单观测模型条件下快拍数（更准确地说是 $\mathrm{rank}(\boldsymbol{U})$）增加时的情况[137,169] 存在区别。然而需要强调的是，定理 5.1 给出了式（5.16）中信号分量可重构时的充分条件，但并不能说明其必要性。事实上，在假设权系数矩阵 $\boldsymbol{W}_1$，…，$\boldsymbol{W}_I$ 中非零元素幅值随机选取的条件下，式（5.16）对应的真实解满足唯一性时，该解的稀疏度以概率 1 达到其下界，这一下界与方献［210］中引理 2 给出的单一模型对应的结论一致，且两者都不会受到样本数的影响，具体性质见定理 5.2。

定理 5.2 考虑式（5.16）中的多模型多观测联合稀疏重构问题，并假设 $\mathrm{spark}(\boldsymbol{\Phi}_i)=M_i+1$，$\boldsymbol{W}_1$，…，$\boldsymbol{W}_I$ 具有相同的稀疏结构，各非零元素的幅度随机分布，则当 $\boldsymbol{W}_1$，…，$\boldsymbol{W}_I$ 的非零行数目满足 $r\leqslant r_u^{(0)}$（$r_u^{(0)}=\max\{M_1, \cdots, M_I\}-1$）时，$\boldsymbol{W}_1$，…，$\boldsymbol{W}_I$ 是式（5.16）解空间中唯一最稀疏元素的概率为 1。

证明： 不失一般性，设 $M_1=\max\{M_1, \cdots, M_I\}$，并记 $\boldsymbol{W}_1$ 中的非零行构成的矩阵为 $\widetilde{\boldsymbol{W}}_1\in\mathbb{C}^{r_1\times N_1}$，对应的基函数矩阵为 $\widetilde{\boldsymbol{\Phi}}_1\in\mathbb{C}^{M_1\times r_1}$。假设存在另一个系数矩阵 $\boldsymbol{W}_1'$满足 $\boldsymbol{U}_1=\boldsymbol{\Phi}_1\boldsymbol{W}_1'$，$\boldsymbol{W}_1'$中非零行构成的矩阵及其对应的基函数矩阵分别为 $\widetilde{\boldsymbol{W}}_1'\in\mathbb{C}^{r_1'\times N_1}$ 和$\widetilde{\boldsymbol{\Phi}}_1'\in\mathbb{C}^{M_1\times r_1'}$，则

$$\boldsymbol{U}_1=\widetilde{\boldsymbol{\Phi}}_1\widetilde{\boldsymbol{W}}_1=\widetilde{\boldsymbol{\Phi}}_1'\widetilde{\boldsymbol{W}}_1' \tag{5.18}$$

由式（5.18）可得

$$[\widetilde{\boldsymbol{\Phi}}_1, \widetilde{\boldsymbol{\Phi}}_1']\begin{bmatrix}\widetilde{\boldsymbol{W}}_1\\ -\widetilde{\boldsymbol{W}}_1'\end{bmatrix}=\boldsymbol{0} \tag{5.19}$$

不妨设 $\widetilde{\boldsymbol{\Phi}}_1$ 与 $\widetilde{\boldsymbol{\Phi}}_1'$之间没有相同列（当存在相同列时可采用类似的方法进行证明，所得结论相同)。记矩阵［$\widetilde{\boldsymbol{\Phi}}_1$，$\widetilde{\boldsymbol{\Phi}}_1'$］的各行所张成子空间的正交子

空间为 $\boldsymbol{P}_1=\begin{bmatrix}(\boldsymbol{P}_1^{(1)})_{r_1\times(r_1+r_1'-M_1)}\\(\boldsymbol{P}_1^{(2)})_{r_1'\times(r_1+r_1'-M_1)}\end{bmatrix}$，则 $\mathrm{span}\left\{\begin{bmatrix}\widetilde{\boldsymbol{W}}_1\\-\widetilde{\boldsymbol{W}}_1'\end{bmatrix}\right\}\in\mathrm{span}\{\boldsymbol{P}_1\}$，其中 $\mathrm{span}\{\cdot\}$ 表示由矩阵各列所张成的子空间。因此，存在矩阵 $\boldsymbol{B}\in\mathbb{C}^{(r_1+r_1'-M_1)\times N_1}$ 使得 $\begin{bmatrix}\widetilde{\boldsymbol{W}}_1\\-\widetilde{\boldsymbol{W}}_1'\end{bmatrix}=\boldsymbol{P}_1\boldsymbol{B}$，可见 $\widetilde{\boldsymbol{W}}_1=\boldsymbol{P}_1^{(1)}\boldsymbol{B}$，这说明矩阵 $\widetilde{\boldsymbol{W}}_1$ 的任一列都是依赖于 $\widetilde{\boldsymbol{\Phi}}_1$ 与 $\widetilde{\boldsymbol{\Phi}}_1'$ 的子空间 $\mathrm{span}\{\boldsymbol{P}_1^{(1)}\}$ 中的元素。因为 $\widetilde{\boldsymbol{W}}_1$ 中各元素的幅度随机分布，要想使这一结论以概率 1 成立，必须 $\mathrm{span}\{\boldsymbol{P}_1^{(1)}\}=\mathbb{C}^{r_1\times r_1}$，所以矩阵 $\boldsymbol{P}_1^{(1)}$ 的列数不小于行数，即 $r_1+r_1'-M_1\geqslant r_1$，由此得到 $r_1'\geqslant M_1$。因此，无论 N_1 取何值，只需 $r_1<M_1=\max\{M_1,\cdots,M_I\}$ 就能保证 $\boldsymbol{W}_1$ 是欠定方程组 $\boldsymbol{U}_1=\boldsymbol{\Phi}_1\boldsymbol{W}_1$ 的最稀疏解。这一性质可推广至式（5.16）中的多模型多观测联合重构问题，得出 $\boldsymbol{W}_1,\cdots,\boldsymbol{W}_I$ 是式（5.16）解空间中的唯一最稀疏元素的结论。

另外，如果取 $r_1=M_1$，从字典集 $\boldsymbol{\Phi}_1$ 中任选 M_1 个不包含于 $\widetilde{\boldsymbol{\Phi}}_1$ 的列构成 $\widetilde{\boldsymbol{\Phi}}_1'$，则取 $\widetilde{\boldsymbol{W}}_1'=(\widetilde{\boldsymbol{\Phi}}_1')^{-1}\widetilde{\boldsymbol{\Phi}}_1\widetilde{\boldsymbol{W}}_1$ 就能够得到满足式（5.18）且与真实解稀疏性相同的另一组解。类似地，还可以得到稀疏性与 $\boldsymbol{W}_i(2\leqslant i\leqslant I)$ 相同（均为 r_1）且满足式（5.17）的系数矩阵 $\boldsymbol{W}_i'$。这一结论适用于所有 $r_1\geqslant M_1$ 的情况。这说明 $\|[\boldsymbol{W}_1,\cdots,\boldsymbol{W}_I]\|_{0,2}\geqslant\max\{M_1,\cdots,M_I\}$ 时无法再保证式（5.16）的真实解的唯一最稀疏性。(证毕)

定理 5.1 和定理 5.2 说明，当观测系统真实解的稀疏性满足特定条件时，方程组的最稀疏解即为真实解。在没有特别说明的情况下，后续分析过程均认为系数向量中各非零值的幅度随机分布，因此观测模型在满足定理 5.2 的条件下，其真实解即为欠定方程组的唯一最稀疏解。在此基础上，如果 5.3 节所给出的多模型 SBL 方法能够收敛至最稀疏解，则说明该方法全局极值解的无偏性。为此，以下证明多模型 SBL 方法所得解的稀疏性，这一性质可由如下定理进行概括。

定理 5.3 在观测模型满足定理 5.2 的情况下，多模型 SBL 方法在高信噪比（$\sigma^2\to 0$）条件下的全局最优解与重构问题的最稀疏解（真实解）的稀疏结构一致，并能够同时得到准确的系数向量估计值。

证明： 对式（5.4）取对数得到多模型 SBL 方法的目标函数为

$$\begin{aligned}\mathcal{L}(\boldsymbol{\gamma},\sigma^2)&=\sum_{i=1}^{I}\sum_{n=1}^{N_i}\{\ln|\sigma^2\boldsymbol{I}_{M_i}+\boldsymbol{\Phi}_i\boldsymbol{\Gamma}\boldsymbol{\Phi}_i^{\mathrm{H}}|+\boldsymbol{x}_{i,n}^{\mathrm{H}}(\sigma^2\boldsymbol{I}_{M_i}+\boldsymbol{\Phi}_i\boldsymbol{\Gamma}\boldsymbol{\Phi}_i^{\mathrm{H}})^{-1}\boldsymbol{x}_{i,n}\}+\mathrm{const}\\&\triangleq\sum_{i=1}^{I}\sum_{n=1}^{N_i}\mathcal{L}_{i,n}(\boldsymbol{\gamma},\sigma^2)+\mathrm{const}\end{aligned}\tag{5.20}$$

式中

$$\mathcal{L}_{i,n}(\boldsymbol{\gamma},\sigma^2)=\ln|\sigma^2\boldsymbol{I}_{M_i}+\boldsymbol{\Phi}_i\boldsymbol{\Gamma}\boldsymbol{\Phi}_i^{\mathrm{H}}|+\boldsymbol{x}_{i,n}^{\mathrm{H}}(\sigma^2\boldsymbol{I}_{M_i}+\boldsymbol{\Phi}_i\boldsymbol{\Gamma}\boldsymbol{\Phi}_i^{\mathrm{H}})^{-1}\boldsymbol{x}_{i,n}$$

依据文献［210］中定理1的证明过程可知，当 $\sigma^2\to0$ 时 $\mathcal{L}_{i,n}(\boldsymbol{\gamma},\ \sigma^2)$ 的取值满足如下性质：

$$\mathcal{L}_{i,n}(\boldsymbol{\gamma},\sigma^2)=(M_i-\|\boldsymbol{\gamma}\|_0)_+\ln\sigma^2+O(1) \tag{5.21}$$

式中：$O(1)$ 为有限幅度的常数项；$(M_i-\|\boldsymbol{\gamma}\|_0)_+=\begin{cases}M_i-\|\boldsymbol{\gamma}\|_0, & \|\boldsymbol{\gamma}\|_0<M_i;\\ 0, & \text{其他}\end{cases}$。

这一结论可以通过综合 $\|\boldsymbol{w}_{i,n}\|_0<M_i$ 时的结果[210] 和 $\|\boldsymbol{w}_{i,n}\|_0\geqslant M_i$ 时 $\mathcal{L}_{i,n}(\boldsymbol{\gamma},\ \sigma^2)=O(1)$ 的直观结果得到。

综合式（5.20）和式（5.21）可得

$$\mathcal{L}(\boldsymbol{\gamma},\sigma^2)_{\sigma^2\to0}=\sum_{i=1}^{I}N_i(M_i-\|\boldsymbol{\gamma}\|_0)_+\ln\sigma^2+O(1) \tag{5.22}$$

可见，$\mathcal{L}(\boldsymbol{\gamma},\ \sigma^2)$ 在 $\sigma^2\to0$ 时是一个关于 $\|\boldsymbol{\gamma}\|_0$ 的线性函数，$\|\boldsymbol{\gamma}\|_0$ 越小，$\mathcal{L}(\boldsymbol{\gamma},\ \sigma^2)$ 也越小。同时，由 $\boldsymbol{w}_{i,n}\sim\mathcal{N}(\boldsymbol{0},\ \boldsymbol{\Gamma})$ 得 $p((\boldsymbol{w}_{i,n})_l=0;\ \gamma_l=0)=1$，$p((\boldsymbol{w}_{i,n})_l\neq0;\ \gamma_l>0)=1$，因此 $\|\boldsymbol{\gamma}\|_0=\|[\boldsymbol{W}_1,\ \cdots,\ \boldsymbol{W}_I]\|_{0,2}$。结合式（5.1）的观测模型可知，$\mathcal{L}(\boldsymbol{\gamma},\ \sigma^2)_{\sigma^2\to0}$ 在 $\|\boldsymbol{\gamma}\|_0=\|[\boldsymbol{W}_1,\ \cdots,\ \boldsymbol{W}_I]\|_{0,2}$ 时取得最小值，且 $\boldsymbol{\gamma}$ 的稀疏结构应当与矩阵 $[\boldsymbol{W}_1,\ \cdots,\ \boldsymbol{W}_I]$ 的非零行相对应，即两者具有一致的稀疏结构。在信号模型符合定理5.2约束的条件下，真实系数向量是满足式（5.16）的最稀疏解，因此基于满足 $\|\boldsymbol{\gamma}\|_0=\|[\boldsymbol{W}_1,\ \cdots,\ \boldsymbol{W}_I]\|_{0,2}$ 的 $\boldsymbol{\gamma}$ 由式（5.7）可得到 $\sigma^2\to0$ 条件下权系数向量的准确估计值。（证毕）

上述分析过程中假设 $\mathrm{spark}(\boldsymbol{\Phi}_i)=M_i+1$ 是为了更好地比较多模型多观测与已有单模型多观测稀疏重构问题的性质之间的联系与差异。基于该假设，前文在定理5.1~定理5.3中分析了多模型多观测联合稀疏重构问题的可重构性以及5.3节所给出的联合稀疏重构方法全局极值解的无偏性。分析结果表明，多模型多观测系统能够有效综合单一模型在满足可重构性方面的优势，其在保证超完备问题的可重构性时所需的约束不强于任一单模型系统；另外，本章所给出的联合稀疏重构方法在高信噪比条件下的全局极值解与真实稀疏模型相吻合，并同时可以得到准确的权系数矩阵。事实上，$\mathrm{spark}(\boldsymbol{\Phi}_i)=M_i+1$ 的约束并非应用多模型多观测联合重构方法的必要前提，当该约束不满足时，贝叶斯稀疏重构方法仍然可能准确地重构出真实观测模型，甚至能够获得优于任一单模型系统的重构性能。为了更具体地阐述相关性质，以下首先对上述结论进行推广，得到如下推论。

推论5.1 考虑式（5.16）中的多模型多观测联合稀疏重构问题，其系数

矩阵 $\boldsymbol{W}_1$，…，$\boldsymbol{W}_I$ 具有相同的稀疏结构且非零行数目均为 r，假设 $\boldsymbol{W}_1$，…，$\boldsymbol{W}_I$ 各非零元素的幅度随机分布，则当 $r \leqslant \max\{\mathrm{spark}(\boldsymbol{\Phi}_1), \cdots, \mathrm{spark}(\boldsymbol{\Phi}_I)\}-2$ 时，$\boldsymbol{W}_1$，…，$\boldsymbol{W}_I$ 是式（5.16）解空间中最稀疏元素的概率为1。

推论5.1是在定理5.2的基础上去掉 $\mathrm{spark}(\boldsymbol{\Phi}_i)=M_i+1$ 的前提假设之后得到的，这个推论可借助与上述定理中类似的分析方法进行证明。然而，与定理5.2兼具充分性和必要性不同，推论5.1只是在不附加 $\mathrm{spark}(\boldsymbol{\Phi}_i)=M_i+1$ 假设的条件下，式（5.16）中联合稀疏重构问题的真实解满足可重构性的充分条件。事实上，该推论中的约束条件还可以进一步放宽，得到多模型多观测系统的最稀疏解具有如下性质。

定理5.4 考虑式（5.16）中的联合稀疏重构问题，$\boldsymbol{W}_1$，…，$\boldsymbol{W}_I$ 具有相同的稀疏结构且其中非零元素幅度随机分布，矩阵 $\overline{\boldsymbol{\Phi}}=[\boldsymbol{\Phi}_1\boldsymbol{G}_1; \cdots; \boldsymbol{\Phi}_I\boldsymbol{G}_I]$ 中在任意 $\boldsymbol{G}_1$，…，$\boldsymbol{G}_I$ 取值条件下均线性无关的最大列数为 r_i，其中 $\boldsymbol{G}_i=\mathrm{diag}(\boldsymbol{g}_i)\in\mathbb{C}^{L\times L}$，$\|\boldsymbol{g}_i\|_0=L$，则当 $\boldsymbol{W}_1$，…，$\boldsymbol{W}_I$ 的非零行数 r 满足 $r\leqslant r_i-1$ 时，$\boldsymbol{W}_1$，…，$\boldsymbol{W}_I$ 是式（5.16）解空间中唯一最稀疏元素的概率为1。

证明：从定理5.2的分析过程不难看出，在权系数矩阵中非零元素幅度值服从随机分布的情况下，真实信号模型是否为式（5.16）唯一解的结论并不依赖于样本数的多少。类似地，定理5.4中待证明结论也与单样本条件下对应的结论等价。为简化分析，以下令 $N_1=\cdots=N_I=1$。

假设对任意满足 $\|\boldsymbol{w}_1\|_0=\cdots=\|\boldsymbol{w}_I\|_0=\|[\boldsymbol{w}_1, \cdots, \boldsymbol{w}_I]\|_0=r$ 的给定向量 $\boldsymbol{w}_1$，…，$\boldsymbol{w}_I$，存在满足 $\|\boldsymbol{w}'_1\|_0=\cdots=\|\boldsymbol{w}'_I\|_0=\|[\boldsymbol{w}'_1, \cdots, \boldsymbol{w}'_I]\|_0=r'$ 的向量 $\boldsymbol{w}'_1$，…，$\boldsymbol{w}'_I$，使得 $\boldsymbol{u}_i=\boldsymbol{\Phi}_i\boldsymbol{w}_i=\boldsymbol{\Phi}_i\boldsymbol{w}'_i(i=1, \cdots, I)$ 成立。记 $\widetilde{\boldsymbol{w}}_i$ 为 $\boldsymbol{w}_i$ 中非零元素构成的子向量，Ξ 表示 $\widetilde{\boldsymbol{w}}_i$ 在 $\boldsymbol{w}_i$ 中的坐标集，$\widetilde{\boldsymbol{w}}'_i$ 和 Ξ' 的定义类似（这里只考虑 Ξ 和 Ξ' 无交集的情况），$\widetilde{\boldsymbol{\Phi}}_i$ 和 $\widetilde{\boldsymbol{\Phi}}'_i$ 分别由 $\boldsymbol{\Phi}_i$ 中与序列 Ξ 和 Ξ' 相对应的各列构成，$\widetilde{\boldsymbol{g}}_i=(\boldsymbol{g}_i)_{\Xi}$，$\widetilde{\boldsymbol{g}}'_i=(\boldsymbol{g}_i)_{\Xi'}$，$\widetilde{\boldsymbol{G}}_i=\mathrm{diag}(\widetilde{\boldsymbol{g}}_i)$，$\widetilde{\boldsymbol{G}}'_i=\mathrm{diag}(\widetilde{\boldsymbol{g}}'_i)$，则在取 $\widetilde{\boldsymbol{g}}_1=\boldsymbol{1}_{r\times1}$，$\widetilde{\boldsymbol{g}}'_1=\boldsymbol{1}_{r'\times1}$，$\widetilde{\boldsymbol{g}}_i=[\mathrm{diag}(\widetilde{\boldsymbol{w}}_1)]^{-1}\widetilde{\boldsymbol{w}}_i$，$\widetilde{\boldsymbol{g}}'_i=[\mathrm{diag}(\widetilde{\boldsymbol{w}}'_1)]^{-1}\widetilde{\boldsymbol{w}}'_i(i=2, \cdots, I)$ 且 $\boldsymbol{g}_i$ 中不包含于集合 $\Xi\cup\Xi'$ 的各元素随机选取非零幅度值的情况下，$\widetilde{\boldsymbol{\Phi}}_i\widetilde{\boldsymbol{G}}_i\widetilde{\boldsymbol{w}}_1=\widetilde{\boldsymbol{\Phi}}'_i\widetilde{\boldsymbol{G}}'_i\widetilde{\boldsymbol{w}}'_1(i=1, \cdots, I)$ 均成立。这表明，在上述 $\boldsymbol{g}_1$，…，$\boldsymbol{g}_I$ 取值条件下，$\boldsymbol{w}_1$ 和 $\boldsymbol{w}'_1$ 满足 $\|\boldsymbol{w}_1\|_0=r$，$\|\boldsymbol{w}'_1\|_0=r'$ 且 $\overline{\boldsymbol{\Phi}}\boldsymbol{w}_1=\overline{\boldsymbol{\Phi}}\boldsymbol{w}'_1$。由于 $\boldsymbol{w}_1$ 中非零元素幅度值随机分布，在推论5.1中取 $I=1$ 可知，当时 $r\leqslant\mathrm{rank}(\overline{\boldsymbol{\Phi}})-1$ 时 $r'>r$ 成立的概率为1，即 $\boldsymbol{w}_1$，…，$\boldsymbol{w}_I$ 几乎一定是单观测条件下式（5.16）解空间中唯一最稀疏元素。同时考虑到 $\boldsymbol{w}_2$，…，$\boldsymbol{w}_I$ 中非零元素与 $\boldsymbol{w}_1$ 中非零元素相互独立，因此上述结论需要在所有 $\boldsymbol{g}_1$，…，$\boldsymbol{g}_I$ 取值条件下得到满足时才能保证 $\boldsymbol{w}_1$，…，$\boldsymbol{w}_I$ 的最

稀疏性和唯一性，由此证明了定理 5.4 中的结论。(证毕)

定理 5.4 表明，联合稀疏重构问题式（5.16）中真实解的可重构性依赖于所有观测模型的结构以及它们之间的相互关系。在一些特殊情况下，可以进一步建立定理 5.4 与定理 5.2 和推论 5.1 之间的联系。首先，依据 spark(·) 的定义不难证明 $\text{spark}(\boldsymbol{\Phi}_i)=\text{spark}(\boldsymbol{\Phi}_i\boldsymbol{G}_i)$，其中 $\boldsymbol{G}_i$ 的定义与定理 5.4 中相同，因此 $\max\{\text{spark}(\boldsymbol{\Phi}_1),\cdots,\text{spark}(\boldsymbol{\Phi}_I)\}\leqslant r_i+1$。可见，定理 5.4 中的结论在一定程度上放宽了推论 5.1 中对真实解满足可重构性所附加的约束。例如，取 $I=2$，$\boldsymbol{\Phi}_1=[\boldsymbol{\phi}_1,\boldsymbol{\phi}_2,\boldsymbol{\phi}_1,\boldsymbol{\phi}_2]$，$\boldsymbol{\Phi}_2=[\boldsymbol{\phi}_1,\boldsymbol{\phi}_2,\boldsymbol{\phi}_3,\boldsymbol{\phi}_1]$，$\boldsymbol{\phi}_1,\boldsymbol{\phi}_2,\boldsymbol{\phi}_3\in\mathbb{C}^{4\times1}$ 相互独立，则 $\max\{\text{spark}(\boldsymbol{\Phi}_1),\text{spark}(\boldsymbol{\Phi}_2)\}=2$，而 $r_i=3$，在保证真实解的可重构性条件下，由推论 5.1 和定理 5.4 所得到的 W_1 和 W_2 的最大非零行数分别为 0 和 2。这一结果表明，通过结合不同观测模型条件下具有相同稀疏结构的多组观测数据，可以改善单一模型对真实解的稀疏性的适应能力。其次，对非零行数 r 不小于 $\max\{M_1,\cdots,M_I\}$ 且非零行序号为 Ξ 的向量 $\boldsymbol{w}_1,\cdots,\boldsymbol{w}_I$，总能找到非零行数 $r'\leqslant r$ 且非零行序号为 Ξ' 的向量 $\boldsymbol{w}'_1,\cdots,\boldsymbol{w}'_I$，使得 $\boldsymbol{u}_i=\boldsymbol{\Phi}_i\boldsymbol{w}_i=\boldsymbol{\Phi}_i\boldsymbol{w}'_i(i=1,\cdots,I)$ 成立，因此，结合定理 5.4 的分析过程不难证明 $r_i\leqslant\max\{M_1,\cdots,M_I\}$，当 $\text{spark}(\boldsymbol{\Phi}_i)=M_i+1$ 时等号成立。这说明，定理 5.2 是定理 5.4 在 $\text{spark}(\boldsymbol{\Phi}_i)=M_i+1$ 条件下的特例。

5.5 在时变阵列测向问题中的应用

稀疏重构技术应用于谱估计等领域时，人们感兴趣的不仅是对各信号分量整体的重构性能，而且包括最终的参数估计精度。贝叶斯方法的多级概率结构可以较好地保留信号各分量的局部特征，从而有助于获得高精度的参数估计结果，这一性质已经在前面几章得到验证。受模型差异的影响，用于解决多模型多观测系统中高精度参数估计问题的方法与已有单模型系统中的方法不尽相同。本小节以时变阵列测向问题[224-225]为例，给出基于多模型多观测稀疏重构结果的高精度参数估计方法，以消除重构过程中对感兴趣参数进行离散采样所引入的量化误差。

在时变阵列的测向问题中，阵列输出向量由式（5.1）给出，且 $N_1=\cdots=N_I=1$，$M_1=\cdots=M_I=M$ 为阵列阵元数，$\boldsymbol{x}_i=[x_{i,1},\cdots,x_{i,M}]^T\in\mathbb{C}^{M\times1}$ 为 i 时刻的阵列输出。对信号可能的入射空域进行离散采样得到角度集 $\boldsymbol{\Theta}=[\theta_1,\cdots,\theta_L]$，$K$ 个真实入射信号的方向分别为 $\boldsymbol{\vartheta}=[\vartheta_1,\cdots,\vartheta_K]$，$i$ 时刻阵列对 θ 方向入射信号的响应函数为 $\boldsymbol{a}_i(\theta)$，对应的阵列观测矩阵为 $\boldsymbol{\Phi}_i=[\boldsymbol{a}_i(\theta_1),\cdots,$

$\boldsymbol{a}_i(\theta_L)$]。受阵列结构时变特性的影响，相同方向入射信号在不同时刻的响应函数互不相同，从而导致 $\boldsymbol{\Phi}_1$，…，$\boldsymbol{\Phi}_I$ 之间存在差异。

一种典型的时变阵列由两个子阵组成，一个子阵在观测过程中保持静止，另一个子阵搭载在舰船、车辆等机动平台上，两子阵之间的相对运动导致阵列结构及其所对应的观测模型发生实时变化。图 5.2 给出了三阵元时变阵列的结构，为简化模型，图中假设运动子阵沿两子阵的轴线方向向外侧平移，因此阵列的线性特征在整个观测过程中并未发生改变。需要指出的是，本节所介绍的方法适用于任意构型的阵列。在图 5.2 所描述的时变阵列测向场景中，虽然信号相对于阵列轴线的入射方向保持恒定，但阵列结构的实时变化导致不同时刻的阵列响应向量是一个关于时间的函数 $\boldsymbol{a}(\vartheta_k, t)$，其中下标 k 表示第 k 个入射信号，$k=1$，…，k。

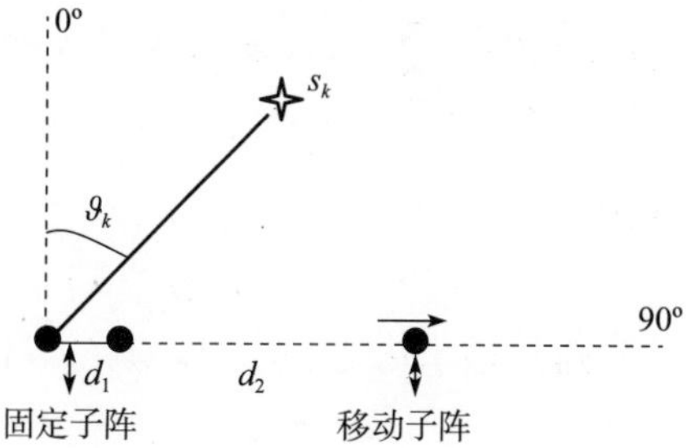

图 5.2 三阵元平移阵列几何结构

尽管不同时刻的阵列输出对应于不同的阵列观测模型，但各信号幅度系数向量 $\boldsymbol{w}_1$，…，$\boldsymbol{w}_I$ 都仅在信号入射方向处取非零值，因此它们具有相同的稀疏结构，即 $\|\boldsymbol{w}_1\|_0=\cdots=\|\boldsymbol{w}_I\|_0=\|[\boldsymbol{w}_1, \cdots, \boldsymbol{w}_I]\|_0=K$。基于上述模型假设，采用 5.3 节的方法对 I 个时刻的阵列输出向量进行联合稀疏重构。当算法达到收敛时，记 $\boldsymbol{\gamma}$ 和 σ^2 的估计值分别为 $\boldsymbol{\gamma}^\#$ 和 $(\sigma^2)^\#$，它们可看作式（5.20）中目标函数极小化所对应的参数估计结果，即 $(\boldsymbol{\gamma}^\#, (\sigma^2)^\#)=\underset{\boldsymbol{\gamma},\sigma^2}{\arg\min}\mathcal{L}(\boldsymbol{\gamma}, \sigma^2)$。虽然在大多数实际应用中 $\boldsymbol{\vartheta}\not\subset\boldsymbol{\Theta}$，但稀疏重构过程在信号方向附近所得到的多个非零分量之间往往具有极强的相关性，可看作入射信号的多分量表示形式，并不会从根本上改变模型的稀疏性。这一现象与基于单模型的重构过程是类似的。空间谱重构结果 $\boldsymbol{\gamma}^\#$ 也因此在各信号方向附近形成由多个非零幅度值构成的谱峰簇，通过将这些谱峰簇对应的多分量信号合并为单一分量才能方便地获取入射信号的测向结果。

记与第 k 个信号谱峰簇对应的中间参数集为 $\boldsymbol{\gamma}_k$，相应的角度集为 θ_k，在 $\boldsymbol{\gamma}^\#$ 中去除 $\boldsymbol{\gamma}_k$ 后得到 $\boldsymbol{\gamma}_{-k}$，$\boldsymbol{\Phi}_i$ 中与 θ_k 相对应的子矩阵为 $\boldsymbol{\Phi}_{i,k}$，在 $\boldsymbol{\Phi}_i$ 中剔除 $\boldsymbol{\Phi}_{i,k}$ 之后所得到的子矩阵为 $\boldsymbol{\Phi}_{i,-k}$，则式（5.20）可改写为

$$\begin{aligned}\mathcal{L}(\boldsymbol{\gamma},\sigma^2) = \sum_{i=1}^{I}\{\ln|\sigma^2\boldsymbol{I}_M + \boldsymbol{\Phi}_{i,-k}\boldsymbol{\Gamma}_{-k}\boldsymbol{\Phi}_{i,-k}^{\mathrm{H}} + \boldsymbol{\Phi}_{i,k}\boldsymbol{\Gamma}_k\boldsymbol{\Phi}_{i,k}^{\mathrm{H}}| \\ + \boldsymbol{x}_i^{\mathrm{H}}(\sigma^2\boldsymbol{I}_M + \boldsymbol{\Phi}_{i,-k}\boldsymbol{\Gamma}_{-k}\boldsymbol{\Phi}_{i,-k}^{\mathrm{H}} + \boldsymbol{\Phi}_{i,k}\boldsymbol{\Gamma}_k\boldsymbol{\Phi}_{i,k}^{\mathrm{H}})^{-1}\boldsymbol{x}_i\} + \mathrm{const}\end{aligned} \tag{5.23}$$

式中：$\boldsymbol{\Gamma}_k=\mathrm{diag}(\boldsymbol{\gamma}_k)$；$\boldsymbol{\Gamma}_{-k}=\mathrm{diag}(\boldsymbol{\gamma}_{-k})$。

当EM算法收敛至极值点（$\boldsymbol{\gamma}^{\#}$，$(\sigma^2)^{\#}$）处时，用 $\gamma\boldsymbol{a}_i(\theta)\boldsymbol{a}_i^{\mathrm{H}}(\theta)$ 代替式（5.23）中的 $\boldsymbol{\Phi}_{i,k}\boldsymbol{\Gamma}_k^{\#}\boldsymbol{\Phi}_{i,k}^{\mathrm{H}}$，并通过优化 γ 和 θ 实现对该信号功率和方向的估计。用于估计 γ 和 θ 的目标函数为

$$\mathcal{L}_k(\gamma,\theta)=\sum_{i=1}^{I}\{\ln|\boldsymbol{B}_{i,-k}+\gamma\boldsymbol{a}_i(\theta)\boldsymbol{a}_i^{\mathrm{H}}(\theta)|+\boldsymbol{x}_i^{\mathrm{H}}(\boldsymbol{B}_{i,-k}+\gamma\boldsymbol{a}_i(\theta)\boldsymbol{a}_i^{\mathrm{H}}(\theta))^{-1}\boldsymbol{x}_i\}\tag{5.24}$$

式中

$$\boldsymbol{B}_{i,-k}=(\sigma^2)^{\#}\boldsymbol{I}_M+\boldsymbol{\Phi}_{i,-k}\boldsymbol{\Gamma}_{-k}^{\#}\boldsymbol{\Phi}_{i,-k}^{\mathrm{H}}$$

通过最小化 $\mathcal{L}_k(\gamma,\theta)$ 就可以估计出 γ 和 θ，因此

$$\frac{\partial}{\partial\gamma}\mathcal{L}_k(\gamma,\theta)\Big|_{\gamma=\gamma_k}=0,\quad\frac{\partial}{\partial\theta}\mathcal{L}_k(\gamma,\theta)\Big|_{\theta=\vartheta_k}=0$$

首先由 $\frac{\partial}{\partial\gamma}\mathcal{L}_k(\gamma,\theta)=0$ 可得

$$\sum_{i=1}^{I}\left\{\frac{\alpha_{k,i}(\theta)}{1+\gamma\alpha_{k,i}(\theta)}-\frac{|\xi_{k,i}(\theta)|^2}{(1+\gamma\alpha_{k,i}(\theta))^2}\right\}=0\tag{5.25}$$

式中

$$\alpha_{k,i}(\theta)=\boldsymbol{a}_i^{\mathrm{H}}(\theta)\boldsymbol{B}_{i,-k}^{-1}\boldsymbol{a}_i(\theta),\quad\xi_{k,i}(\theta)=\boldsymbol{a}_i^{\mathrm{H}}(\theta)\boldsymbol{B}_{i,-k}^{-1}\boldsymbol{x}_i$$

式（5.25）是一个关于 γ 的 $2I-1$ 次方程，在 I 较大时难以获得解析解。实际上，由于信号幅度随机变化，可以引入不同时刻的功率 $\gamma_{k,1}$，…，$\gamma_{k,I}$ 实现对 $\mathcal{L}_k(\gamma,\theta)$ 的优化。将式（5.25）中与 $\boldsymbol{x}_i$ 对应的 γ 替换为 $\gamma_{k,i}$，得到如下方程组：

$$\frac{\alpha_{k,i}(\theta)}{1+\gamma_{k,i}\alpha_{k,i}(\theta)}-\frac{|\xi_{k,i}(\theta)|^2}{(1+\gamma_{k,i}\alpha_{k,i}(\theta))^2}=0,\quad i=1,\cdots,I\tag{5.26}$$

由此解得

$$\hat{\gamma}_{k,i}=\frac{|\xi_{k,i}(\theta)|^2-\alpha_{k,i}(\theta)}{\alpha_{k,i}^2(\theta)}\tag{5.27}$$

借助直接的数学分析可以证明，这一结果与文献［246］中信号成分对应的中间参数的稳态估计值是一致的，其取值必然大于0，该估计值与代表信号功率的正实数参数 $\gamma_{k,1}$，…，$\gamma_{k,I}$ 相吻合。随后，将 $\hat{\gamma}_{k,1}$，…，$\hat{\gamma}_{k,I}$ 代入 $\frac{\partial}{\partial\theta}\mathcal{L}_k(\gamma,\theta)=0$，可得

$$\sum_{i=1}^{I}\mathrm{Re}\left\{\frac{|\xi_{k,i}(\theta)|^2-\alpha_{k,i}(\theta)}{\alpha_{k,i}(\theta)}\left[\frac{\bar{\alpha}_{k,i}(\theta)}{\alpha_{k,i}(\theta)}-\frac{\bar{\xi}_{k,i}(\theta)}{\xi_{k,i}(\theta)}\right]\right\}=0\tag{5.28}$$

式中

$$\overline{\alpha}_{k,i}(\theta)=\boldsymbol{d}_i^{\mathrm{H}}(\theta)\boldsymbol{B}_{i,-k}^{-1}\boldsymbol{a}_i(\theta),\quad \overline{\xi}_{k,i}(\theta)=\boldsymbol{d}_i^{\mathrm{H}}(\theta)\boldsymbol{B}_{i,-k}^{-1}\boldsymbol{x}_i,\quad \boldsymbol{d}_i(\theta)=\partial\boldsymbol{a}_i(\theta)/\partial\theta$$

由于实际观测数据和重构结果受到各种误差因素的影响，导致式（5.28）在真实信号方向 ϑ_k 处并不严格成立，因此需要通过判断该式中等式左侧函数与0的距离估计 ϑ_k，估计式为

$$\hat{\vartheta}_k=\underset{\theta\in\Omega_k}{\arg\max}\left|\sum_{i=1}^{I}\mathrm{Re}\left\{\frac{|\xi_{k,i}(\theta)|^2-\alpha_{k,i}(\theta)}{\alpha_{k,i}(\theta)}\left[\frac{\overline{\alpha}_{k,i}(\theta)}{\alpha_{k,i}(\theta)}-\frac{\overline{\xi}_{k,i}(\theta)}{\xi_{k,i}(\theta)}\right]\right\}\right|^{-1} \tag{5.29}$$

式中：$\boldsymbol{\Omega}_k$ 表示第 k 个信号谱峰簇对应角度集 θ_k 所覆盖的空域范围。实际应用中可在 $\boldsymbol{\Omega}_k(k=1,\cdots,K)$ 内以所需要的测向精度进行搜索，然后依据式（5.29）得到消除量化误差之后的波达方向估计值。

由于上述时变阵列测向方法是多模型多观测贝叶斯稀疏重构方法的一种直接应用，将该测向方法也称为 $\mathrm{M^4SBL}$（Multi-Model Multi-Measurement Sparse Bayesian Learning）。

5.6 在宽带信号测向问题中的应用

第4章针对时延相关特征较为明显的宽带信号，分析了独立和多径条件下对它们的阵列测向问题，所给出的方法在低信噪比、小样本及多径信道等信号环境的适应能力等方面体现出了显著优势。然而，当阵列接收机同时接收到多个宽带信号，且信号的时域特征不明显或存在显著差异时，第4章中的方法就不再适用。在这种情况下，有必要首先将宽带阵列观测数据分解为多个离散频点处的窄带分量，以消除测向方法对信号时域特征的依赖性，其次综合这些窄带分量中的信号信息实现对宽带入射信号的波达方向估计。

假设 K 个相同带宽的宽带信号从 $\boldsymbol{\vartheta}=[\vartheta_1,\cdots,\vartheta_K]$ 方向同时入射到 M 元线性阵列上，t 时刻的阵列输出为

$$\boldsymbol{x}(t)=\left[\sum_{k=1}^{K}s_k(t-\Delta_{k,1}),\cdots,\sum_{k=1}^{K}s_k(t-\Delta_{k,M})\right]^{\mathrm{T}}+\boldsymbol{v}(t) \tag{5.30}$$

式中：$s_k(t)$ 为第 k 个信号的波形，$k=1,\cdots,K$；$\Delta_{k,m}$ 为第 k 个信号在参考点和第 m 个阵元之间的传播时延，$m=1,\cdots,M$；$\boldsymbol{v}(t)$ 为高斯噪声，假设噪声功率在接收机带宽内均匀分布，记为 σ_{wb}^2。

本小节沿用了第2章和第4章中的观测模型和变量表示方式，以突出几部分工作之间的内在联系，因而与本章前面各节的模型和表述方式之间存在一定

差异。

对宽带阵列输出数据进行频域分解，得到信号带宽内离散频点 $f=f_1$，…，f_J 处的观测样本 $\boldsymbol{X}_{f_1}$，…，$\boldsymbol{X}_{f_J}$ 如下：

$$\boldsymbol{X}_f=\boldsymbol{A}_f\boldsymbol{S}_f+\boldsymbol{V}_f,\quad f\in\{f_1,\cdots,f_J\} \tag{5.31}$$

式中：$\boldsymbol{X}_f=[\boldsymbol{x}_f(1),\cdots,\boldsymbol{x}_f(N')]$，$\boldsymbol{S}_f=[\boldsymbol{s}_f(1),\cdots,\boldsymbol{s}_f(N')]$ 和 $\boldsymbol{V}_f=[\boldsymbol{v}_f(1),\cdots,\boldsymbol{v}_f(N')]$ 分别为频率 f 处的阵列输出、信号波形和观测噪声，N' 为各频点处的样本数；$\boldsymbol{A}_f=[\boldsymbol{a}_f(\vartheta_1),\cdots,\boldsymbol{a}_f(\vartheta_K)]$ 和 $\boldsymbol{a}_f(\vartheta_k)=[\mathrm{e}^{\mathrm{j}2\pi fD_1\sin\vartheta_k/c},\cdots,\mathrm{e}^{\mathrm{j}2\pi fD_M\sin\vartheta_k/c}]^{\mathrm{T}}$ 分别为该频率处的阵列响应矩阵和向量，$k=1$，…，K。

对信号可能的入射空域进行离散采样得到方向集 $\boldsymbol{\Theta}=[\theta_1,\cdots,\theta_L]$，式（5.31）从方向集 $\boldsymbol{\vartheta}$ 到 $\boldsymbol{\Theta}$ 的扩展形式为

$$\boldsymbol{X}_f=\overline{\boldsymbol{A}}_f\overline{\boldsymbol{S}}_f+\boldsymbol{V}_f,\quad f\in\{f_1,\cdots,f_J\} \tag{5.32}$$

式中

$$\overline{\boldsymbol{A}}_f=\overline{\boldsymbol{A}}(f,\boldsymbol{\Theta})=[\boldsymbol{a}_f(\theta_1),\cdots,\boldsymbol{a}_f(\theta_L)],\quad \overline{\boldsymbol{S}}_f=[\overline{\boldsymbol{s}}_f(1),\cdots,\overline{\boldsymbol{s}}_f(N')]$$

由于阵列响应向量 $\boldsymbol{a}_f(\theta_k)$ 是关于载频的函数，频域分解所得到的不同载频处的字典集 $\overline{\boldsymbol{A}}_f$ 之间因此存在结构差异，导致式（5.32）中离散频点 $f=f_1$，…，f_J 处的观测模型互不相同，但这些观测数据中所包含的 K 个信号分量具有相同的入射方向。可见，综合利用各频点处的数据 $\boldsymbol{X}_{f_1}$，…，$\boldsymbol{X}_{f_J}$ 估计宽带信号方向的问题是一个典型的多模型多观测问题。在这一特定的联合稀疏重构问题中，观测模型数目为 $I=J$，由不同观测模型所得到的观测向量数目为 $N_1=\cdots=N_I=N'$，这一模型与时变阵列的测向模型之间存在差异，但仍然符合 5.2 节中所描述的多模型多观测系统，可以借助 5.3 节中的贝叶斯重构方法实现参数估计。

当 EM 算法迭代过程满足预定义的收敛准则时，例如 $\|\boldsymbol{\gamma}^{(q+1)}-\boldsymbol{\gamma}^{(q)}\|_2/\|\boldsymbol{\gamma}^{(q)}\|_2<\zeta$，记此时的噪声方差估计值为 $(\sigma_{wb}^2)^{\#}$，空间谱重构结果为 $\boldsymbol{\gamma}^{\#}$，$\boldsymbol{\Gamma}^{\#}=\mathrm{diag}(\boldsymbol{\gamma}^{\#})$，对应的观测协方差矩阵估计为

$$\boldsymbol{\Sigma}_{X_f}^{\#}=\overline{\boldsymbol{A}}_f\boldsymbol{\Gamma}^{\#}\overline{\boldsymbol{A}}_f^{\mathrm{H}}+(\sigma_{wb}^2)^{\#}\boldsymbol{I} \tag{5.33}$$

记 $\boldsymbol{\Sigma}_{f,-k}=\overline{\boldsymbol{A}}_{f,-k}\boldsymbol{\Gamma}_{-k}\overline{\boldsymbol{A}}_{f,-k}^{\mathrm{H}}+(\sigma_{wb}^2)^{\#}\boldsymbol{I}$，其中，$\overline{\boldsymbol{A}}_{f,-k}$、$\boldsymbol{\Gamma}_{-k}$、$\boldsymbol{\Sigma}_{f,-k}$ 分别为在对应变量中去除与第 k 个谱峰簇相关联的分量后所得到的结果。用单一谱线表示协方差矩阵 $\boldsymbol{\Sigma}_{X_f}^{\#}$ 中的第 k 个信号分量，以替代原始重构结果中对应的谱峰簇，得到该协方差矩阵的另一种表示形式为 $\boldsymbol{\Sigma}'_{X_f}=\boldsymbol{\Sigma}_{f,-k}+\eta_{f,k}\boldsymbol{a}_f(\theta)\boldsymbol{a}_f^{\mathrm{H}}(\theta)$，其中，$\eta_{f,k}$ 表示第 k 个信号在频率 f 处的功率。与式（5.24）类似，通过在稀疏重构目标函数中用 $\boldsymbol{\Sigma}'_{X_f}$ 替代 $\boldsymbol{\Sigma}_{X_f}^{\#}$ 得到用于估计 $\eta_{f,k}$ 的目标函数如下：

$$\mathcal{L}_{f,k}(\eta_{f,k},\theta)=\ln|\boldsymbol{\Sigma}_{f,-k}+\eta_{f,k}\boldsymbol{a}_f(\theta)\boldsymbol{a}_f^{\mathrm{H}}(\theta)|+\mathrm{tr}[(\boldsymbol{\Sigma}_{f,-k}+\eta_{f,k}\boldsymbol{a}_f(\theta)\boldsymbol{a}_f^{\mathrm{H}}(\theta))^{-1}\hat{\boldsymbol{R}}_{X_f}] \tag{5.34}$$

式中

$$\hat{\boldsymbol{R}}_{X_f}=\frac{1}{N'}\boldsymbol{X}_f\boldsymbol{X}_f^{\mathrm{H}}$$

综合各频点处的观测数据，得到用于估计 ϑ_k 的目标函数为

$$\begin{aligned}&\mathcal{L}_k(\{\eta_{f,k}\}_{f=f_1,\cdots,f_J},\theta)\\&=\sum_{f=f_1}^{f_J}\{\ln|\boldsymbol{\Sigma}_{f,-k}+\eta_{f,k}\boldsymbol{a}_f(\theta)\boldsymbol{a}_f^{\mathrm{H}}(\theta)|+\mathrm{tr}[(\boldsymbol{\Sigma}_{f,-k}+\eta_{f,k}\boldsymbol{a}_f(\theta)\boldsymbol{a}_f^{\mathrm{H}}(\theta))^{-1}\hat{\boldsymbol{R}}_{X_f}]\}\end{aligned} \tag{5.35}$$

首先由 $\frac{\partial}{\partial\eta_{f,k}}\mathcal{L}_{f,k}(\eta_{f,k},\ \theta)=0$ 解得 $\eta_{f,k}$ 的估计值如下：

$$\hat{\eta}_{f,k}=\frac{\boldsymbol{a}_f^{\mathrm{H}}(\theta)\boldsymbol{\Sigma}_{f,-k}^{-1}(\hat{\boldsymbol{R}}_{X_f}-\boldsymbol{\Sigma}_{f,-k})\boldsymbol{\Sigma}_{f,-k}^{-1}\boldsymbol{a}_f(\theta)}{(\boldsymbol{a}_f^{\mathrm{H}}(\theta)\boldsymbol{\Sigma}_{f,-k}^{-1}\boldsymbol{a}_f(\theta))^2} \tag{5.36}$$

将上述结果代入 $\frac{\partial}{\partial\theta}\mathcal{L}_k(\{\eta_{f,k}\}_{f=f_1,\cdots,f_J},\ \theta)=0$ 并化简，可得

$$\sum_{f=f_1}^{f_J}\mathrm{Re}\left\{\frac{\zeta_{f,k}(\theta)-\alpha_{f,k}(\theta)}{\alpha_{f,k}(\theta)}\left[\frac{\bar{\alpha}_{f,k}(\theta)}{\alpha_{f,k}(\theta)}-\frac{\bar{\zeta}_{f,k}(\theta)}{\zeta_{f,k}(\theta)}\right]\right\}=0 \tag{5.37}$$

式中

$$\alpha_{f,k}(\theta)=\boldsymbol{a}_f^{\mathrm{H}}(\theta)\boldsymbol{\Sigma}_{f,-k}^{-1}\boldsymbol{a}_f(\theta),\quad \zeta_{f,k}(\theta)=\boldsymbol{a}_f^{\mathrm{H}}(\theta)\boldsymbol{\Sigma}_{f,-k}^{-1}\hat{\boldsymbol{R}}_{X_f}\boldsymbol{\Sigma}_{f,-k}^{-1}\boldsymbol{a}_f(\theta)$$

$$\bar{\alpha}_{f,k}(\theta)=\boldsymbol{d}_f^{\mathrm{H}}(\theta)\boldsymbol{\Sigma}_{f,-k}^{-1}\boldsymbol{a}_f(\theta),\quad \bar{\zeta}_{f,k}(\theta)=\boldsymbol{d}_f^{\mathrm{H}}(\theta)\boldsymbol{\Sigma}_{f,-k}^{-1}\hat{\boldsymbol{R}}_{X_f}\boldsymbol{\Sigma}_{f,-k}^{-1}\boldsymbol{a}_f(\theta)$$

$$\boldsymbol{d}_f(\theta)=\partial\boldsymbol{a}_f(\theta)/\partial\theta$$

受各种实际误差因素的影响，式（5.37）在真实信号方向 ϑ_k 处往往并不严格成立，需要采取与式（5.29）类似的方法进行估计，估计式为

$$\hat{\vartheta}_k=\underset{\theta\in\Omega_k}{\mathrm{argmax}}\left|\sum_{f=f_1}^{f_J}\mathrm{Re}\left\{\frac{\zeta_{f,k}(\theta)-\upsilon_{f,k}(\theta)}{\upsilon_{f,k}(\theta)}\left[\frac{\bar{\upsilon}_{f,k}(\theta)}{\upsilon_{f,k}(\theta)}-\frac{\bar{\zeta}_{f,k}(\theta)}{\zeta_{f,k}(\theta)}\right]\right\}\right|^{-1} \tag{5.38}$$

式中：$\boldsymbol{\Omega}_k$ 表示第 k 个信号谱峰簇对应角度集 $\boldsymbol{\theta}_k$ 所覆盖的空域范围。

本小节所给出的宽带信号测向方法可看作第2章中窄带方法 iRVM-DOA 在频域的扩展形式，因此将该方法称为基于独立相关向量机的宽带阵列测向（WiRVM-DOA）方法。

5.7 多模型多观测联合稀疏重构测向仿真实验与分析

本节利用仿真实验对本章给出的多模型多观测联合稀疏重构方法以及由此导出的阵列测向方法的性能及其相关性质进行验证。首先以一种典型的多模型多观测重构问题为例说明联合利用多个模型所得观测数据对重构性能的改善情况，然后针对时变阵列测向和宽带信号测向这两种典型的多模型多观测问题，验证定理 5.4 中对联合重构问题真实解的唯一性的讨论结果，以及基于联合重构结果所导出的波达方向估计方法的性能。在本节的所有单模型和多模型贝叶斯稀疏重构过程中，当$\|\boldsymbol{\gamma}^{(q+1)}-\boldsymbol{\gamma}^{(q)}\|_2/\|\boldsymbol{\gamma}^{(q)}\|_2\leqslant 10^{-4}$时，认为算法达到收敛，并输出此时的状态作为最终的重构结果。

5.7.1 典型多模型多观测问题的联合稀疏重构

假设$I=2$，$M_1=M_2=8$，$L=32$，$N_1=N_2=5$，$\boldsymbol{\Phi}_1$，$\boldsymbol{\Phi}_2\in\mathbb{C}^{8\times 32}$分别是傅里叶基函数集和高斯随机字典集，$[\boldsymbol{\Phi}_1]_{m,l}=\dfrac{1}{\sqrt{M}}\exp\{\mathrm{j}2\pi(m-1)(l-1)/L\}$，在生成$\boldsymbol{\Phi}_2$时首先依据分布$\mathcal{N}(0,\ 1)$随机设置字典集中各元素的幅度，然后对字典集各列进行归一化处理使得各基函数的模为 1。$\boldsymbol{W}_1$，$\boldsymbol{W}_2\in\mathbb{C}^{32\times 5}$具有相同的稀疏结构，$\|\boldsymbol{W}_1\|_{0,2}=\|\boldsymbol{W}_2\|_{0,2}=2$ 且 $\boldsymbol{W}_1$ 和 $\boldsymbol{W}_2$ 中非零元素幅度服从相同方差的高斯随机分布。依据式（5.1）产生相应的观测数据 $\boldsymbol{X}_1$，$\boldsymbol{X}_2\in\mathbb{C}^{8\times 5}$，其中 $\boldsymbol{V}_1$，$\boldsymbol{V}_2\in\mathbb{C}^{8\times 5}$ 为相同方差的高斯随机噪声，信噪比由$\dfrac{\mathrm{E}\{\|\boldsymbol{w}_{i,n}\|_2^2\}/K}{\mathrm{E}\{\|\boldsymbol{v}_{i,n}\|_2^2\}/M_i}$定义。取$\|\boldsymbol{W}_i-\hat{\boldsymbol{W}}_i\|_F/\|\boldsymbol{W}_i\|_F(i=1,\ 2)$作为两个系数矩阵的重构精度评价指标，分别使用单模型 SBL 方法[178] 和本章给出的多模型联合 SBL 方法对系数矩阵进行估计。当系数矩阵中非零元素对应信号分量的信噪比从 10~60dB 变化时，得到 300 次仿真实验中单独和联合使用两组观测数据时，对傅里叶和高斯随机字典集权系数矩阵的重构精度如图 5.3 所示，其中每次实验中高斯字典集随机生成，系数矩阵的稀疏结构和幅度也随机产生。

对比图 5.3 中单模型与多模型稀疏重构的精度不难看出，通过联合利用傅里叶和随机高斯模型对应的观测数据，权系数矩阵 $\boldsymbol{W}_1$ 和 $\boldsymbol{W}_2$ 的重构精度均有不同程度的改善，其中傅里叶模型对应权系数 $\boldsymbol{W}_1$ 的重构精度的改善幅度尤为明显。值得指出的是，仿真过程中两个模型对应的权系数及观测数据之间均相互独立，可见这一结果说明联合重构过程有效利用了不同模型之间共同的稀疏

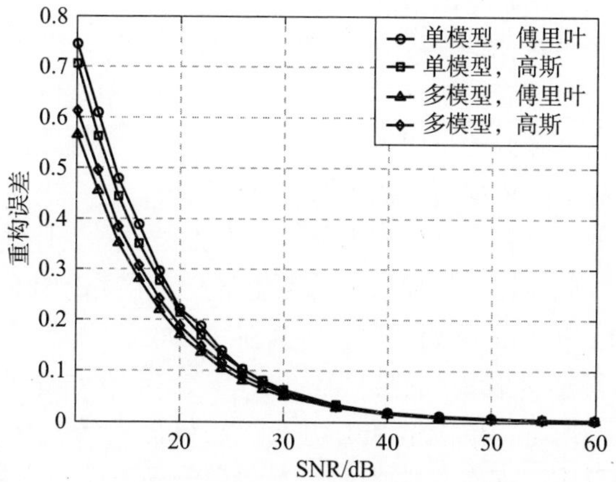

图 5.3　单模型稀疏重构与多模型联合稀疏重构精度比较

结构这一内在联系，从而显著地提高了 $\boldsymbol{\gamma}$ 和 σ^2 等参数的估计精度，最终带来重构性能的改善。当观测模型的信噪比升高至 60dB 时，联合重构方法的重构精度仍然高于单模型 SBL 方法，达到了 2×10^{-3} 以内，这一结果较好地支持了定理 5.3 中关于高信噪比条件下多模型稀疏重构方法全局收敛性的结论。

5.7.2　时变阵列测向

以下借助时变阵列模型验证定理 5.4 中的结论以及本章所给出的时变阵列测向方法的性能，由于该测向方法的实现过程并不依赖于具体阵列结构，下面仿真中仅考虑一维线性阵列以简化表述。

假设一个点源信号从偏离法线 23.6°方向入射到 3 元线性阵列上，阵列结构如图 5.2 所示。阵列接收机在 t_1 和 t_2 时刻分别采集到一组观测样本，信号的信噪比为 30dB。t_1 和 t_2 时刻阵列的几何结构如图 5.4（a）所示，两个时刻阵列相邻阵元间距分别为 $3\lambda_0$、λ_0 和 $3\lambda_0$、$1.5\lambda_0$，其中 λ_0 为入射信号波长。由于 t_1 和 t_2 时刻阵列相邻阵元间距的最大公约数分别为 λ_0 和 $1.5\lambda_0$，大于实现无模糊测向对应的上界 $0.5\lambda_0$，因此单独利用任一时刻的静态阵列都可能出现测向模糊。这一结果体现在图 5.4（b）所示的空间谱图中。在图 5.4（b）中，第一、二幅子图分别表示单独使用 t_1 和 t_2 时刻的观测数据，利用单模型 SBL 方法在角度集 {−90°，−89°，…，89°} 上（后续仿真实验中进行同样的设置）所得到的空间谱图，两幅子图中在真实信号位置以外的其他一个和两个位置处分别出现了伪峰，且伪峰的高度甚至可能高于真实信号对应谱峰的高度，而通过联合利用两个时刻的观测数据所得到的空间谱图（第三幅子图）

中却较好地消除了前两幅子图中的伪峰。

从图 5.4（b）的三幅子图还可以看出，各信号谱峰往往十分尖锐，每个谱峰通常由真实信号方向两侧具有显著非零幅值的两根谱线构成，因此在基于重构结果进行高精度测向的过程中，将每个谱峰中两个幅度最大的相邻谱线作为该信号的对应分量。依据第三幅子图的重构结果，进一步利用 5.5 节所介绍的时变阵列测向方法可得到信号的入射方向为 23.76°，估计误差仅为 0.16°。

三幅子图中空间谱图所体现出来的性能差异可由推论 5.1 和定理 5.4 进行解释。对于 t_1 和 t_2 时刻的阵列结构，将其在［−90°，90°）范围内的响应函数进行离散采样所得字典集 $\boldsymbol{\Phi}_1$ 满足 $\mathrm{spark}(\boldsymbol{\Phi}_1)=2$。依据推论 5.1，即使在仅有单个信号入射的情况下，单模型 SBL 方法无法保证最稀疏解的唯一性（事实上，在给定的场景中，现有其他各种静态阵列测向方法也无法完全解模糊）。但由于阵列结构发生变化，两时刻对应的超完备字典集中相干基函数的位置之间也互不相同，这些差异直观地反映在图 5.4（b）前两幅子图中伪峰的位置差异上。当使用多模型多观测联合稀疏重构方法求解该问题时，不难证明 $\min\limits_{\boldsymbol{G}_1,\cdots,\boldsymbol{G}_I}\mathrm{spark}([\boldsymbol{\Phi}_1\boldsymbol{G}_1;\ \boldsymbol{\Phi}_2\boldsymbol{G}_2])=3$，因此依据定理 5.4 中的分析结果可知，联合利用两个时刻的观测数据可以实现对单个入射信号的无模糊测向。联合稀疏重构方法的这一优越性质能够用于解决目标定位领域的测向/定位模糊问题。基于这一特点，在时变阵列结构设计过程中可以显著放宽静态阵列对最小阵元间距的半波长约束，达到扩展阵列孔径和削弱阵元间互耦作用的效果。

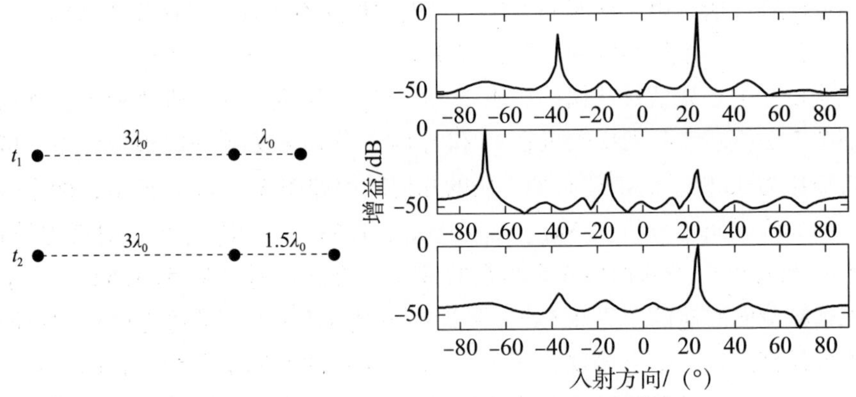

（a）阵列结构　　（b）空间谱图

图 5.4　典型场景中的时变阵列测向效果

为了更加全面地说明本章所给出的多模型多观测联合稀疏重构方法和以此为基础的时变阵列测向方法的性能，以下实验中针对多种场景下的时变阵列测向精度进行仿真分析。假设两个角度间隔 10°的等功率同频窄带信号从-5°+v和 5°+v 方向同时入射到 8 元线性阵列上，每次实验中 v 随机取值以消除预设角度集中可能包含的信号方向先验信息，信号方向在整个采样过程中保持恒定。静止状态下阵列结构为均匀线阵，相邻阵元间距为 $0.5\lambda_0$，但受到各种外界因素的影响，在各采样时刻每个阵元位置均存在均值为 0、方差为 $0.05\lambda_0$ 的随机抖动，且所有时刻的阵列结构都能够准确获得。阵列共采集到 10 组观测向量，即 $I=10$，而每组观测向量分别对应于不同的观测模型，即 $N_1=\cdots=N_{10}=1$。假设入射信号个数先验已知，或者已经遵循本书第 2 章的处理方法依据信息论准则估计得到。采用 5.5 节中的方法对入射信号进行测向时，[-90°，89°] 空域内的离散采样间隔为 1°，精测向过程的角度搜索步进为 0.01°。每种场景下进行 100 次仿真实验以获得统计的测向性能，采用两信号的平均测向均方根误差作为性能评价指标，并将本章方法的性能与传统的阵列内插方法[225] 和理论下界[224] 进行比较。

当两信号信噪比从-5~20dB 变化时，得到 M^4SBL 方法的测向均方根误差变化曲线如图 5.5 所示。可见，M^4SBL 方法用于时变阵列测向时具有显著优于传统方法的低信噪比适应能力。在本实验中，M^4SBL 方法在信噪比高于 0dB 时的测向精度就已经高于 2°，与分析得到的 CRLB[13,247,248] 相比，两者非常接近，而阵列内插方法只有在信噪比超过 14dB 时才能够得到较好的测向性能，且其测向精度始终低于 M^4SBL 方法。

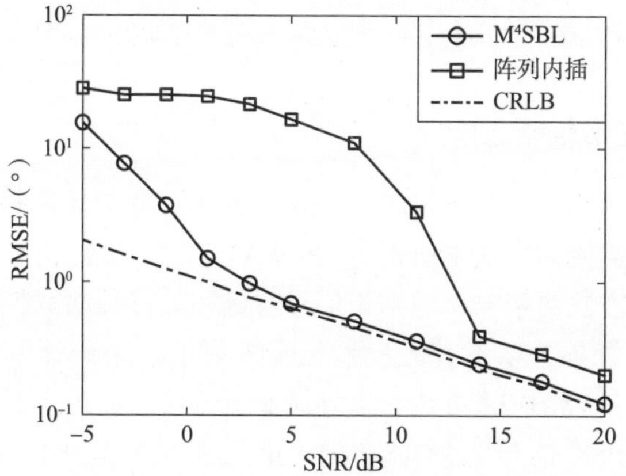

图 5.5 时变阵列测向均方根误差随入射信号信噪比变化情况

随后，固定两信号信噪比为 10dB，阵列各阵元位置随机抖动幅度的方差从 0~$0.1\lambda_0$ 变化，得到 M^4SBL 方法和阵列内插方法的平均测向均方根误差曲线如图 5.6 所示。阵元位置抖动幅度的方差大小反映了用于联合重构和参数估计的不同观测模型之间差异的显著性，而不同测向方法对该方差的适应能力则体现了其对多个系统所得到的观测数据进行有效融合的能力。从图 5.6 可以看出，在给定的仿真条件下，5.5 节介绍的时变阵列测向方法所能适应的阵元位置抖动幅度约为常规阵列内插方法的 2 倍，它在标准差达到 0.1 信号波长（静态阵列相邻阵元间距的 1/5）时的测向性能开始恶化，且其测向精度始终高于后者，并在未发散时非常接近 CRLB。这一结果也表明本章方法有望更好地用于实际的时变阵列测向系统，以及解决不同观测模型之间差异较大条件下的联合稀疏重构问题。

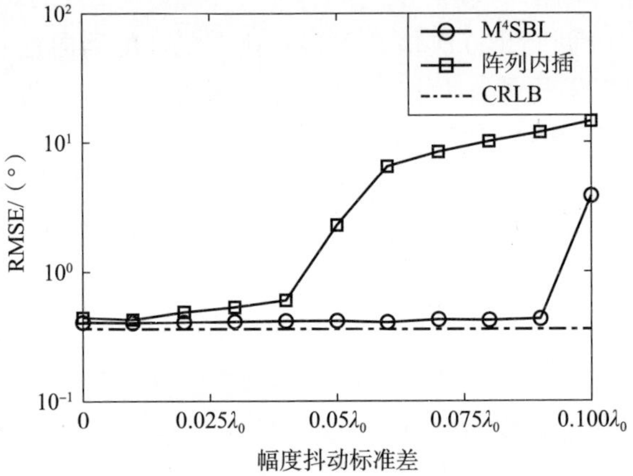

图 5.6 时变阵列测向均方根误差随阵元位置抖动幅度标准差变化情况

5.7.3 宽带信号测向

本小节借助仿真实验验证 WiRVM-DOA 方法对宽带信号的测向性能，并将其与常规子空间类测向方法 CSSM[32] 和 WAVES[34] 进行比较。此外，为了对比 WiRVM-DOA 方法与第 4 章中基于信号时延相关特征的宽带独立信号测向方法 WCV-RVM 的性能，以下首先设置宽带入射信号为码速率已知的 BPSK 信号，随后验证 WiRVM-DOA 方法对未知调制宽带信号的适应能力。

针对宽带 BPSK 信号入射的情况，重复 4.5.1 节中的仿真实验，得到 CSSM 方法、WAVES 方法、WCV-RVM 方法和 WiRVM-DOA 方法对两个入射信号的平均测向均方根误差随信噪比、快拍数和两信号角度间隔的变化情况，如图 5.7～图 5.9 所示。

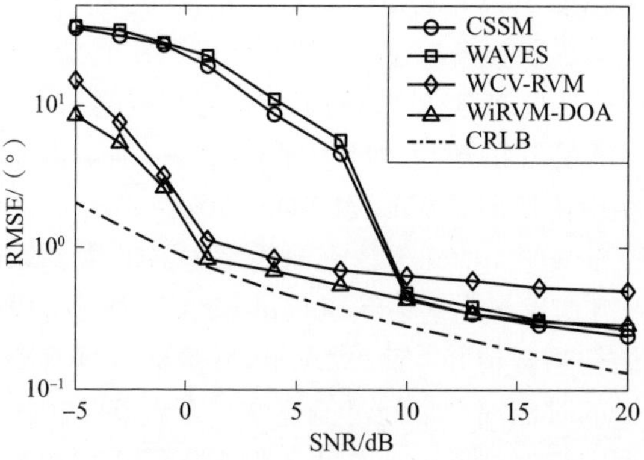

图 5.7　不同信噪比条件下的宽带 BPSK 信号测向性能

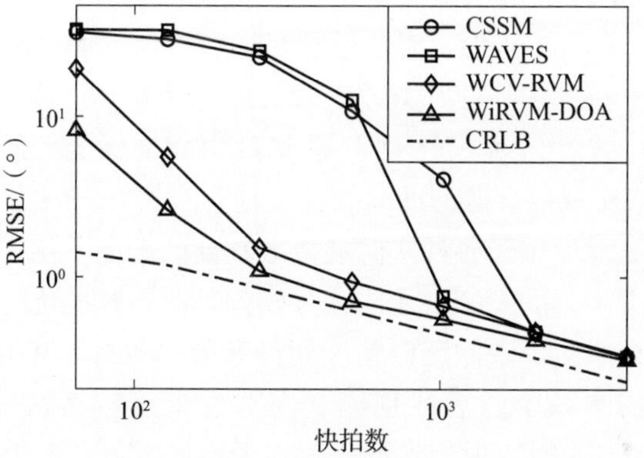

图 5.8　不同快拍数条件下的宽带 BPSK 信号测向性能

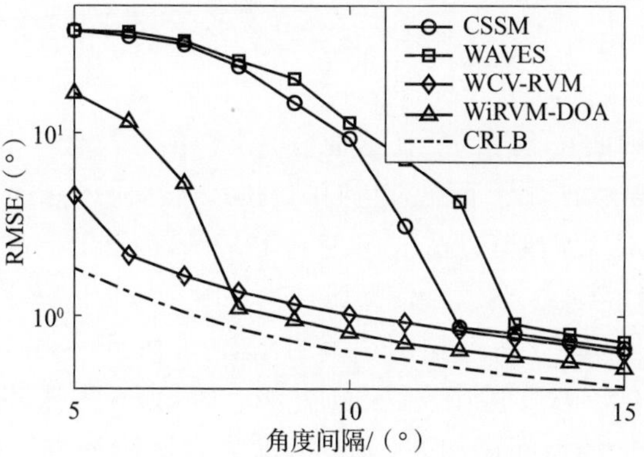

图 5.9　不同角度间隔条件下的宽带 BPSK 信号测向性能

从仿真结果可以看出，WiRVM-DOA 方法对低信噪比和小样本数的适应能力、超分辨能力以及测向精度都显著优于 CSSM 方法和 WAVES 方法；与 WCV-RVM 方法相比，两者实现高精度测向的信噪比和样本数阈值十分接近，而 WiRVM-DOA 方法的超分辨能力相对较弱，但当信噪比、样本数和信号角度间隔超过相应阈值时，WiRVM-DOA 方法具有更高的测向精度。造成 WiRVM-DOA 方法和 WCV-RVM 方法测向精度差异的主要原因是模型的准确性。WiRVM-DOA 方法以多个离散频点处的窄带阵列输出模型为基础，这一模型与实际数据结构吻合较好，而 WCV-RVM 方法依据有限观测数据所构造的信号模型与假设的时延模型之间可能存在一定误差，从而导致该方法在高信噪比条件下的测向精度低于其他方法，但它在样本数较为充分时也可以得到理想的测向精度。

然而，WiRVM-DOA 方法测向精度的改善是以牺牲一定的计算效率为代价的。WiRVM-DOA 方法在实现入射信号空间功率谱估计的过程中，需要分别对各离散频点处信号幅度的均值和方差进行估计，因此其计算量随窄带分量数目（宽带信号带宽）线性增大。针对上述实验中相对带宽 20% 的 BPSK 信号，WiRVM-DOA 方法实现单次测向的时间与其他三种方法相比显著增大，这说明该方法还不能较好地应用于各种实时性要求较高的测向系统，只有在计算能力较强且实时性要求不高的系统中才能充分发挥其测向精度优势。

除上述实验结果所反映的测向精度和计算效率以外，WiRVM-DOA 方法和 WCV-RVM 方法的另一个显著区别体现在对宽带信号类型的适应能力方面。WiRVM-DOA 方法没有对入射信号形式附加任何假设，它能够满足宽带信号时延相关特征不明显或多种类型宽带信号同时入射等场景中的测向需求。

为了验证 WiRVM-DOA 方法对信号类型的适应能力，在上述实验中将宽带 BPSK 信号替换为由信号带宽内多个正弦波合成的信号，各正弦波频率与宽带阵列输出子带分解所得到的各窄带分量频率相对应，不同信号中各正弦波的功率分布随机设置因而互不相同。在这种情况下，信号没有可用的时域特征，因而 WCV-RVM 方法无法用于实现对它们的测向。假设两个相对带宽为 20% 的正弦波合成信号分别从偏离阵列法线 5.3°和 13.3°方向同时入射到上述实验中所使用的 5 元均匀线阵上，两信号信噪比均为 0dB（信号信噪比定义为信号带宽内所有正弦波分量功率之和与噪声功率的比值），阵列共采集到 256 个连续快拍。在随机选取的一次实验中，CSSM 方法、WAVES 方法和 WiRVM-DOA 方法对两个信号测向的空间谱如图 5.10 所示。对比三种方法的空间谱可以看出，WiRVM-DOA 方法在两信号入射方向处得到了明显谱峰，而 CSSM 方法和 WAVES 方法都未能分辨这两个信号。这一结果表明 WiRVM-DOA 方法能够实现对一般类型宽带信号的测向，且具有显著优于各种子空间类方法的超分辨能力。

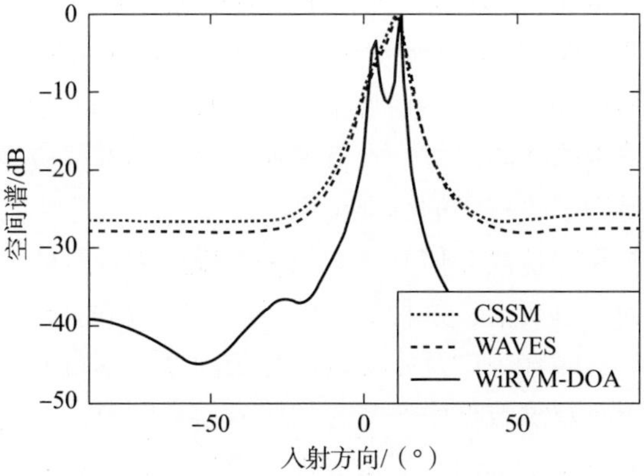

图 5.10 CSSM、WAVES 和 WiRVM-DOA 方法对一般宽带信号的测向结果

5.8 本章小结

多模型多观测问题广泛存在于多任务学习、分布式压缩感知和阵列信号处理等领域，本章针对该问题给出了综合利用不同模型所得观测数据提取目标信息的贝叶斯联合稀疏重构方法，有效改善了基于单一观测模型的重构方法的精度。理论分析结果揭示了多模型多观测问题的可重构性和贝叶斯联合稀疏重构方法的全局收敛性。随后，将该联合稀疏重构技术应用于阵列信号处理领域，给出了相应的时变阵列测向方法和宽带信号测向方法。仿真结果表明，这些方法能够比各种已有方法更好地适应低信噪比、小样本等信号环境，其测向精度也有较大幅度的改善。本章内容主要包括：

（1）给出了一种多模型多观测贝叶斯联合稀疏重构方法，并理论分析了多模型多观测问题本身的可重构性和贝叶斯重构方法的全局收敛性。该方法所采取的技术途径以及所得到的理论分析结果对多任务学习、分布式压缩感知等领域中的相关研究也具有较大的参考价值，部分理论结果对联合稀疏重构技术在阵列信号处理领域的应用还具有直接的指导意义。

（2）给出了一种结合信号的空域稀疏性实现时变阵列测向的方法。该方法能够较好地利用阵列结构的时变特征消除静态阵列中可能出现的测向模糊，同时较好地避免阵列流形实时变化带来的负面影响，在仿真实验中体现出了突出的低信噪比和小样本适应能力，以及对不同观测模型之间差异性的适应能力，并得到了比已有方法更高的测向精度。

（3）给出了基于信号带宽内多个离散频率点处观测数据联合稀疏重构的宽带信号测向方法 WiRVM-DOA，实现了对时延相关特征不明显的一般宽带信号的波达方向估计。WiRVM-DOA 方法不需要对入射信号附加任何时域特征约束，因而能够比 WCV-RVM 方法更好地适应各种复杂调制信号等环境，同时又较好地继承了稀疏重构类测向方法在低信噪比、小样本适应能力和超分辨能力等方面的优势，得到了较理想的测向精度。

时变阵列测向和宽带混合信号测向只是多模型多观测联合稀疏重构技术的两个典型应用实例，事实上，这种扩展的贝叶斯模型具有较强的推广性，能够应用于解决多源信息融合等广泛领域内的相关问题。本章所建立的贝叶斯联合重构模型结合了所有观测数据中所包含的信号信息和对信源空域分布的稀疏性先验假设，较好地避免了不同数据对应观测模型之间的差异对参数估计过程的影响，可应用于水下拖曳式阵列测向、机载和车载等运动平台上的阵列测向、非均匀采样条件下的频率估计、基于多观测平台的目标检测与跟踪等问题，具有较普遍的适用性。

第6章 基于旋转长基线干涉仪的虚拟阵列二维测向方法

6.1 引　言

相位干涉仪通过测量信号到达干涉仪基线的两个天线之间的相位差实现测向[249]，使用的基线越长，测向精度越高；但基线长度超过半倍波长时，测量的相位差可能出现2π模糊。采用长短组合基线的方式可以在提高测向精度的同时避免相位模糊，但对系统复杂度和通道校准精度都提出了更高的要求。

通过实时改变干涉仪结构可以构造分时虚拟多基线测向系统，该系统是调和干涉仪基线长度与无模糊测向范围之间矛盾的一种有效途径[250-252]。时变基线干涉仪通过增大基线长度以获得瞬时长基线，从而提高测向精度，同时借助基线结构的实时变化测量得到目标信号到达的时度相位差，综合不同时刻结构各异的测向基线可以有效消除基线长度增加所带来的测向模糊效应，从而仅利用单个通道获得理想的测向精度。基线结构的时变规律设计是实现时变基线测向的关键，目前常用的两种时变基线测向系统实现方式是通道切换[250-251]和基线重构[252]。通道切换系统由多个备选的接收通道组成，特定时刻仅选通其中的单个通道，并通过不断切换通道达到实时改变基线长度和构造时分多基线测向系统的目的[250-251]。基线重构借助平台姿态变化或基线长度、指向的实时变化构造时变基线，系统通道数目仅为一个，但基线与目标的几何关系实时变化[252]。与通道切换方式相比，基线重构方式所需的通道数更少，基线长度的选择性更强。通过增加时变基线的通道数还可以得到时变阵列测向系统[225,253-254]，此类系统仅需要利用单个脉冲就可以实现对同时入射多目标的方向估计，但对测向模型的准确性提出了更高的要求。

要想利用时变长基线实现高精度测向，需着重解决测向模糊和多目标测向两个问题。文献［252］提出使用旋转长基线干涉仪对地球同步轨道卫星进行高精度测向的方案，并对所研制的基线长度为 13m 的机械旋转干涉仪进行地面试验，得到了精度高达 0.01°量级的方位角和俯仰角跟踪估计结果。然而，该文献以对目标的方向跟踪为应用背景，对目标方向的初值进行了高精度假设，通过将目标位置限定在一个较小的范围内以消除基线长度增加可能带来的测向模糊问题，实际上是以覆盖范围的缩小换取基线长度的增加和测向精度的提高，并没有从本质上突破常规静态干涉仪测向系统基线长度与无模糊测向范围之间的矛盾，且没有考虑其他方向目标脉冲信号的干扰。尽管如此，该文献所得到的结果有效验证了旋转长基线测向系统在测向精度方面的优势。

本章借鉴文献［252］中的基线旋转思路，给出一种适用于多目标二维方向估计的圆周旋转长基线测向方法，充分发挥长基线在测向精度方面的优势，并借助基线旋转形成时分多基线消除测向模糊，在没有目标方向先验信息的条件下，利用单个相位差测量通道实现对远场多目标的个数估计和方位角、俯仰角估计。所给出的方法能够较好地适应同时多目标环境，无须事先进行脉冲分选就能够直接得到多个目标的数目和方向估计结果。

本章主要分为七节。6.2 节介绍旋转长基线测向系统结构并建立其相位差观测模型，6.3 节分析旋转长基线测向系统测向精度的 CRLB 和可观测性等特性，6.4 节借助特定变换得到频域观测数据，并基于该数据给出旋转长基线二维测向方法，6.5 节深入分析频域观测数据长度和相位差测量系统误差对测向方法性能的影响情况，6.6 节对测向方法的性能进行仿真验证，6.7 节总结本章内容。部分理论结果的详细分析过程在附录中给出。

6.2 观测模型

本节主要介绍旋转长基线测向系统结构，并建立其相位差观测模型。

6.2.1 旋转长基线测向系统结构

旋转长基线二维测向系统结构如图 6.1 所示。两个接收天线分别位于基线两端，基线长度 d 远大于入射信号波长 λ，并绕其中心沿顺时针方向匀速转动，旋转周期为 T。当两天线同时检测到脉冲信号时，它们以相同的采样速率对入射信号进行离散采样，并对两天线的采样数据进行相关处理以获得和输出 $[-\pi, \pi)$ 区间内的 2π 周期模糊相位差，每个相位差测量结果与特定脉冲相对应，不同时刻相位差测量结果对应的基线指向各不相同。

假设观测时段内旋转基线接收机能够同时观测到 K 个远场目标所发射的时间交错脉冲序列，第 k 个目标信号记为 s_k，在基线旋转一周过程中各目标的方向保持不变。信号入射方向在基线旋转平面内的投影与 0 时刻基线指向之间的夹角定义为目标的方位角，记为 $\alpha_k \in [0, 2\pi)$，入射方向与基线法线方向的夹角定义为目标的俯仰角，记为 $\beta_k \in [0, \beta_{\text{Max}}]$，其中 $\beta_{\text{Max}} \leqslant \pi/2$ 为目标俯仰角的最大值。基线以角速度 ω 匀速转动，t 时刻基线指向与其参考方向之间的夹角为 θ_t。通常情况下，脉冲信号的持续时间很短，在脉冲持续时间内基线指向的变化可忽略不计，那么各脉冲信号对应的相位差测量值可认为是在特定时刻得到的，其对应的基线指向是 θ_t 的离散采样点。

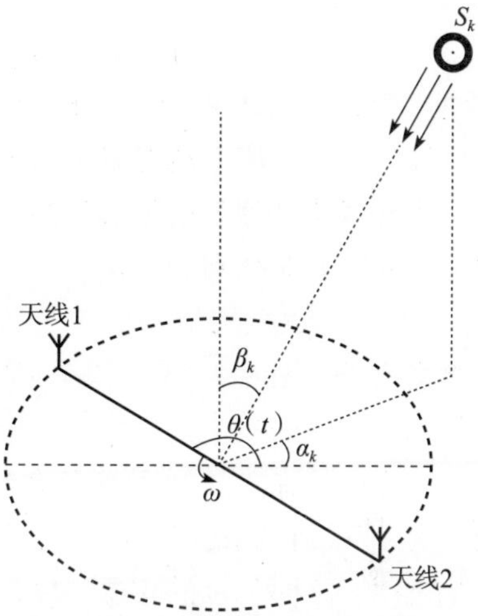

图 6.1　旋转长基线二维测向系统结构

6.2.2　旋转长基线相位差观测模型

在图 6.1 中，取基线指向基准方向和基线旋转平面法线方向分别为 X、Z 轴正向确定笛卡儿坐标系。依据 6.2.1 节的模型描述可得到第 k 个目标入射方向的单位向量为

$$\boldsymbol{u}_k = [\cos\alpha_k \sin\beta_k, \sin\alpha_k \sin\beta_k, \cos\beta_k]^{\mathrm{T}} \tag{6.1}$$

式中：上标 T 为向量转置运算符。

t 时刻的基线指向向量为

$$\boldsymbol{h}(t) = [d\cos\theta_t, d\sin\theta_t, 0]^{\mathrm{T}} \tag{6.2}$$

不失一般性，假设 0 时刻的基线指向与 X 轴正向一致，同时假设基线以角速度 ω 逆时针匀速转动，则 $\theta_t = \omega t$，其中 $\omega = 2\pi/T$。

该时刻脉冲信号在两天线上的无模糊观测相位差为

$$\psi_k(t) = (2\pi/\lambda) \times \boldsymbol{u}_k^{\mathrm{T}} \boldsymbol{h}(t) = (2\pi/\lambda) \times (d\sin\beta_k) \times \cos(\theta_t - \alpha_k) \tag{6.3}$$

记 $d_k = d\sin\beta_k$ 表示基线对于第 k 个目标的有效长度，由基线的绝对长度和目标的俯仰角共同决定。由式（6.3）不难看出，在基线旋转过程中，由特定方向入射信号产生的无模糊相位差序列是标准的余弦曲线，余弦曲线的幅度和初始相位分别依赖于目标的俯仰角和方位角。

实际测量结果为 $\psi_k(t)$ 经 2π 周期模糊后在主值区间 $[-\pi, \pi)$ 内的相位差，记为

$$\phi_k(t)=\mathrm{mod}(\psi_k(t),2\pi)=\psi_k(t)-c_k(t)\times 2\pi \tag{6.4}$$

式中：$c_k(t)$、$\mathrm{mod}(\psi_k(t), 2\pi)$ 分别表示 $\psi_k(t)$ 除以 2π 的商和余数。仅有单个目标时，可去掉上述变量中的下标 k 以简化表述。

当基线长度等于信号波长的 20 倍时，图 6.2 给出了基线匀速旋转一周过程中，入射方向分别为 $(\alpha_1, \beta_1)=(30°, 60°)$、$(\alpha_2, \beta_2)=(120°, 30°)$ 和 $(\alpha_3, \beta_3)=(150°, 30°)$ 的三个目标对应的相位差观测曲线，图 6.2（a）为无模糊曲线，图 6.2（b）为 2π 周期模糊采样点。可以看出，入射信号无模糊相位差观测序列的余弦曲线特征十分明显，可以从各曲线的变化规律直观地分辨不同方向目标，并利用其各自的幅度和初始相位确定目标的二维方向。然而，实际观测得到的 $[-\pi, \pi)$ 区间内的模糊相位差序列不再具有余弦曲线变化规律，不同目标的相位差序列相互交叠，从该序列中分辨多个信号并分别估计其二维方向的难度随之急剧增大。实际系统中的相位差测量误差会进一步增大相位差变化规律辨别和目标测向的难度。

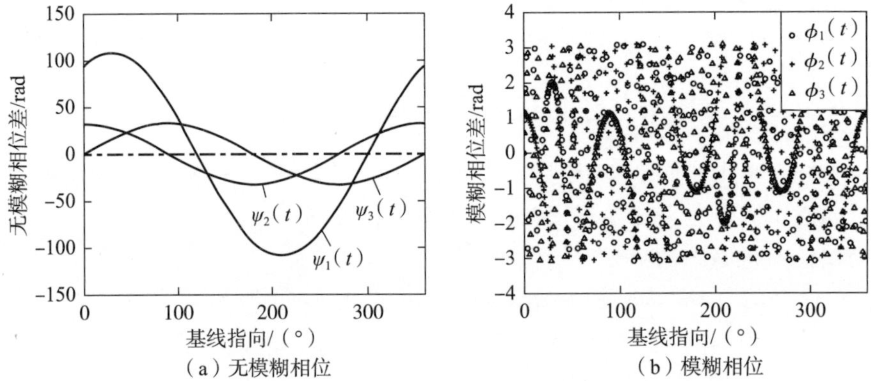

（a）无模糊相位　　（b）模糊相位

图 6.2　旋转长基线相位差观测序列

6.3　测向特性

图 6.2 表明，基线长度的增加会增大目标测向的难度，但没有直观地反映旋转长基线测向系统的优势。本节以单目标情况为例，通过推导测向结果的

CRLB 说明增大旋转基线长度对测向精度的改善作用，并借助对系统可观测性的分析论证该系统应用于目标测向的可行性。

6.3.1 测向精度理论下界

假设 N 个目标脉冲在 t_1，t_2，…，t_N 时刻到达测向系统，对应的相位差观测序列为

$$\varphi(t_n)=\phi(t_n)+\varepsilon(t_n),\quad n=1,2,\cdots,N \tag{6.5}$$

式中：$\varepsilon(t_n)$ 表示均值为 0、方差为 σ^2 的相位差测量误差，且不同时刻的测量误差之间相互独立。为表述方便，式（6.5）中没有考虑 $\varphi(t_n)$ 超出相位差测量主值区间的情况，但这种情况并不会对下文的理论分析和所给出测向方法的性能产生影响。基于该观测模型可得到 $\varphi(t_1)$，$\varphi(t_2)$，…，$\varphi(t_N)$ 关于目标方向等参数的似然函数为

$$\begin{aligned}&p(\{\varphi(t_n)\}_{n=1,\cdots,N}\mid\alpha,\beta,\sigma^2,\{c(t_n)\}_{n=1,\cdots,N})\\&=(2\pi\sigma^2)^{-\frac{N}{2}}\exp\left\{-\frac{1}{2\sigma^2}\sum_{n=1}^{N}\left[\varphi(t_n)-\frac{2\pi d\sin\beta}{\lambda}\times\cos(\theta_{t_n}-\alpha)+c(t_n)\times 2\pi\right]^2\right\}\end{aligned} \tag{6.6}$$

在成功消除测向模糊且相位差测量误差适当小的条件下（$\sigma/(2\pi)\ll 1$），可认为最后对 $\{c(t_n)\}_{n=1,\cdots,N}$ 的估计结果完全正确，则式（6.6）中的似然函数可简化为 $p(\{\varphi(t_n)\}_{n=1,\cdots,N}\mid\alpha,\ \beta,\ \sigma^2)$。对该似然函数取对数并舍去常数项，得到关于 $\{\alpha,\ \beta,\ \sigma^2\}$ 的对数似然函数为

$$\mathcal{L}(\alpha,\beta,\sigma^2)=-\frac{N}{2}\ln\sigma^2-\frac{1}{2\sigma^2}\sum_{n=1}^{N}\left[\varphi(t_n)-\frac{2\pi d\sin\beta}{\lambda}\times\cos(\theta_{t_n}-\alpha)+c(t_n)\times 2\pi\right]^2 \tag{6.7}$$

借助直接的数学推导可得到 $\{\alpha,\ \beta,\ \sigma^2\}$ 估计误差的 CRLB 满足下式（详细推导过程参见附录 6A）：

$$\mathrm{CRLB}_{\sigma^2}=\frac{2}{N}(\sigma^2)^2 \tag{6.8}$$

$$\mathrm{CRLB}_{\{\alpha,\beta\}}=\boldsymbol{B}^{-1}\propto\sigma^2(d/\lambda)^{-2} \tag{6.9}$$

式中

$$\boldsymbol{B}=\frac{1}{\sigma^2}\left(\frac{2\pi d}{\lambda}\right)^2\begin{bmatrix}b_1(\sin\beta)^2 & b_3\cos\beta\sin\beta\\ b_3\cos\beta\sin\beta & b_2(\cos\beta)^2\end{bmatrix},$$

$$b_1=\sum_{n=1}^{N}\sin^2(\theta_{t_n}-\alpha)$$

$$b_2=\sum_{n=1}^{N}\cos^2(\theta_{t_n}-\alpha),\quad b_3=\sum_{n=1}^{N}[\cos(\theta_{t_n}-\alpha)\sin(\theta_{t_n}-\alpha)]$$

式（6.9）表明，目标二维测向结果的最小均方误差与相位差测量均方误差成正比，与基线电尺寸的平方成反比。当 t_1，…，t_N 在基线旋转周期内密集均匀分布时，可以更加具体地得到

$$\mathrm{CRLB}_{\{\alpha,\beta\}}\approx\frac{2\sigma^2}{N}\left(\frac{2\pi d}{\lambda}\right)^{-2}\begin{bmatrix}(\sin\beta)^{-2} & 0\\ 0 & (\cos\beta)^{-2}\end{bmatrix}\tag{6.10}$$

式（6.10）表明，这种情况下的二维测向结果的最小均方误差与脉冲数目成反比，且依赖于目标俯仰角，俯仰角越大，俯仰角估计精度越低、方位角估计精度越高。

在式（6.6）和式（6.7）中，令 $\theta_{t_n}-\alpha=0$ 并经过类似的推导，还可以得到多脉冲条件下静止基线干涉仪用于一维角度估计时的 CRLB 为 $\frac{\sigma^2}{N}\left(\frac{2\pi d\cos\beta}{\lambda}\right)^{-2}$。从表面上看，静止基线干涉仪的一维测向理论精度大约是旋转基线的 $\sqrt{2}$ 倍。但是，静态干涉仪无法实现二维测向，且其长度必须小于入射信号半波长以消除测向模糊，不能通过增大基线长度提高测向精度，而旋转长基线用于二维测向的可行性可以通过分析其可观测性部分说明。

6.3.2 可观测性

6.3.1 节的分析表明，基线长度越长，测向精度的 CRLB 越小。这一结论是在对目标成功解模糊的前提下得到的。然而，随着基线长度的增加，静态长基线干涉仪的测向模糊程度也会随之增大，要想实现解模糊测向也更加困难。为了证明旋转长基线二维测向方案的可行性，同时揭示测向无模糊性对观测模型参数的约束，本小节分充分条件和一般条件两种情况对旋转长基线测向系统的可观测性进行理论分析，其中充分条件是指在任意脉冲到达时间序列条件下均能够成功分辨观测空域内任何两个位置到达目标的前提条件，一般条件是指在脉冲到达时间序列随机（非人为）选取的情况下分辨任意两个目标的前提条件。

借助理论分析得到关于旋转长基线测向系统可观测性的如下两个结论，其证明过程参见附录 6B 和 6C。

结论 6.1（充分条件） 在基线的一个旋转周期内，若相位差测量误差为 0，则当观测脉冲数目大于 Ξ_{Max} 时，旋转长基线测向系统能够成功分辨观测空域内任何两个位置到达目标，其中

$$\varXi_{\mathrm{Max}}=4\times\lfloor 2d\sin\beta_{\mathrm{Max}}/\lambda\rfloor+2-2\mathbb{Z}(2d\sin\beta_{\mathrm{Max}}/\lambda) \tag{6.11}$$

式中：$\lfloor\cdot\rfloor$表示向下取整；$\mathbb{Z}(\cdot)$ 为整数指示符，当变量为整数时等于 1，否则等于 0。

结论 6.2（一般条件） 在基线的一个旋转周期内，若相位差测量误差为 0，不同脉冲到达时间在基线旋转周期内随机取值，则当观测脉冲数目大于 3 时，旋转长基线测向系统能够以概率 1 成功分辨观测空域内任何两个位置到达目标。

6.3.3 测向问题的求解难度

6.3.1 节的分析表明，在保证消除测向模糊的前提下，旋转基线长度的增大有助于提高测向精度。然而结论 6.1 则说明基线长度越长，消除测向模糊所需脉冲数目越多；尽管结论 6.2 说明只需 3 个脉冲就可以概率 1 消除测向模糊，但从其证明过程不难看出，基线长度越长，不同方向目标的模糊相位差观测序列之间的差别越小，受实际测向系统中各种误差因素的影响越大。因此，旋转基线的长度需要综合考虑测向精度和解模糊难度两个因素折中选取。

当旋转基线长度较大时，测量得到的相位差序列可能存在 2π 周期模糊，难以直接结合无模糊相位差序列的余弦曲线变化规律估计目标方向。实际应用中的系统误差和相位差测量误差会进一步增大测向难度。解决旋转基线测向问题的一种直观思路是遍历目标可能入射空域内的各种二维角度组合，分别计算脉冲到达时刻对应的模糊相位差序列，并将其与实际测量结果进行比较，选取拟合程度最高的序列对应的角度假设作为目标方向的估计值。但二维空间内的方位角、俯仰角组合数目是很多的，且相位差预测序列需要依据实际的脉冲到达时刻实时计算，因此这种方法的计算量非常大。另外，当接收脉冲为多个目标的交错脉冲列时，需要首先进行脉冲分选之后再利用上述遍历方法实现多目标二维测向，这一分选测向过程是一个 NP 难问题，在脉冲数较多的情况下几乎不可能实现。

6.4 二维测向方法

为了发挥旋转基线测向系统借助长基线提高测向精度和利用分时虚拟多基线特性消除测向模糊等方面的优势，本节给出一种高效的频域测向方法，将相位差测量值在复平面内的投影作为观测数据以消除 2π 周期模糊的影响，并借助观测数据的时—频域转换把多个辐射源的时域交错脉冲转化为其频谱分量的线性叠加形式，最后通过对这些叠加频谱的分析，跳过脉冲分选步骤直接实现目标个数和方向估计。

6.4.1 频域观测数据

模糊相位差 $\phi(t)$ 和无模糊相位差 $\psi(t)$ 之间存在 2π 周期模糊，但其在复平面内的投影是一致的，本节的测向方法选取该投影作为原始信号，即

$$s_k(t)=\exp\{\mathrm{j}\times\phi_k(t)\}=\exp\{\mathrm{j}\times\psi_k(t)\},\quad k=1,2,\cdots,K \tag{6.12}$$

式中：$\mathrm{j}=\sqrt{-1}$；K 为同时观测到的目标数目。

假设基线旋转一周过程中在 t_1，…，t_N 时刻共接收到 N 个脉冲，得到相位差观测序列 $\varphi(t_n)=\phi(t_n)+\varepsilon(t_n)(n=1,\cdots,N)$，其中第 k 个目标对应的脉冲数为 N_k，脉冲到达时间集合为 $\Lambda_k=\{t_1^{(k)},\cdots,t_{N_k}^{(k)}\}$，不同时刻 $\varepsilon(t_n)$ 之间相互独立。考虑实际相位差测量误差条件下的观测数据为

$$x(t_n)=\exp\{\mathrm{j}\times[\phi(t_n)+\varepsilon(t_n)]\}=\rho(t_n)\sum_{k=1}^{K}s_k(t_n)Y(t_n,\Lambda_k) \tag{6.13}$$

式中：$\rho(t_n)=\exp\{\mathrm{j}\times\varepsilon(t_n)\}$；$Y(t_n,\Lambda_k)$ 为示性函数，当 $t_n\in\Lambda_k$ 时，$Y(t_n,\Lambda_k)=1$，否则为0。

对 $x(t_1)$，…，$x(t_N)$ 进行时频变换，得到离散频率 f_1，…，f_M 处的观测数据如下：

$$\begin{aligned}y(f_m)&=\frac{1}{N}\sum_{n=1}^{N}x(t_n)\exp\{-\mathrm{j}2\pi f_m t_n\}\\&=\sum_{k=1}^{K}\frac{1}{N}\sum_{n=1}^{N_k}\rho(t_n^{(k)})s_k(t_n^{(k)})\exp\{-\mathrm{j}2\pi f_m t_n^{(k)}\},\quad m=1,2,\cdots,M\end{aligned} \tag{6.14}$$

在脉冲信号信噪比较高，因而相位差测量误差不是十分显著的情况下，$\rho(t_n)$ 可表示为 $1+[\rho(t_n)-1]$ 的形式，其中 $\rho(t_n)-1$ 为 $x(t_n)$ 的观测误差幅度，式（6.14）则可以改写为

$$y(f_m)=\sum_{k=1}^{K}\frac{N_k}{N}y_k(f_m)+e(f_m),\quad m=1,2,\cdots,M \tag{6.15}$$

式中

$$y_k(f_m)=\frac{1}{N_k}\sum_{n=1}^{N_k}s_k(t_n^{(k)})\exp\{-\mathrm{j}2\pi f_m t_n^{(k)}\}$$

$$e(f_m)=\frac{1}{N}\sum_{n=1}^{N}[\rho(t_n)-1]\exp\{\mathrm{j}\phi(t_n)\}\exp\{-\mathrm{j}2\pi f_m t_n\}$$

将式（6.15）中的 M 个方程写成方程组形式为：

$$\boldsymbol{y} = \sum_{k=1}^{K} \frac{N_k}{N} \boldsymbol{y}_k + \boldsymbol{e} \tag{6.16}$$

式中

$\boldsymbol{y}=[y(f_1),\cdots,y(f_M)]^{\mathrm{T}}$， $\boldsymbol{y}_k=[y_k(f_1),\cdots,y_k(f_M)]^{\mathrm{T}}$， $\boldsymbol{e}=[e(f_1),\cdots,e(f_M)]^{\mathrm{T}}$

由于基线旋转周期为 T，各目标对应相位差观测序列也以时间 T 周期变化，相应地，$f_0=1/T$ 可看作各频域信号分量的基本频率。相位差观测序列到复平面的非线性投影变换过程 $\exp\{\mathrm{j}\phi(t)\}$ 会使各频域信号分量频带进一步展宽，因此，在时—频变换过程中选取 f_0 为基本频率，且 $f_m=(m-1)f_0=(m-1)/T$。

式（6.16）表明，通过对观测数据进行时频变换，多个目标的时域交错脉冲列转化为其频谱分量的线性叠加形式，如果能够从频谱观测序列中准确地分离不同目标脉冲列对应的频谱分量，并据此估计其入射方向，就可以很好地避免脉冲分选这一 NP 难问题。

6.4.2 信号和噪声分量的频谱特征

要想从频域观测数据中分离多个目标分量并实现二维测向，其前提是不同方向目标对应的相位差序列在复平面内投影的频谱特征存在差异。同时，观测噪声的统计特性也会对最优测向方法的设计产生影响。为此，本小节对相位差序列与目标二维入射方向之间的依赖关系和观测噪声 $\boldsymbol{e}$ 的统计特性进行深入分析。

式（6.16）中第 k 个信号分量 $\boldsymbol{y}_k$ 可看作时域连续信号 $s_k(t)$ 经过离散采样器 $\prod_k(t)=\sum_{n=1}^{N_k}\delta(t-t_n^{(k)})$（$\delta(\cdot)$ 仅在原点处取非零值 1）后的时—频变换结果，在采样点数 N_k 较大且采样序列时域分布较均匀的情况下，$\boldsymbol{y}_k$ 能够近似反映 $s_k(t)$ 的频域特征。由于相位差测量序列中各信号对应的子序列先验未知，因此可以用 $s_k(t)$ 的时—频变换结果近似表示 $\boldsymbol{y}_k$。参考式（6.3）中的相位差观测模型，可以得到（α，β）方向目标对应的频谱特征描述如下：

$$\begin{aligned} y_{(\alpha,\beta)}(f) &= \frac{1}{T}\int_0^{T} \exp\{\mathrm{j}\psi_{(\alpha,\beta)}(t)\}\exp\{-\mathrm{j}2\pi f t\}\,\mathrm{d}t \\ &= \frac{1}{T}\int_0^{T} \exp\left\{\mathrm{j}\,\frac{2\pi d\sin\beta}{\lambda}\cos\left(\frac{2\pi}{T}t-\alpha\right)\right\}\exp\{-\mathrm{j}2\pi f t\}\,\mathrm{d}t \end{aligned} \tag{6.17}$$

尽管由式（6.17）难以得到 $\boldsymbol{y}_{(\alpha,\beta)}(f)$ 的解析表达形式，但可以分析其相位和带宽与目标方位角、俯仰角的关系。在实际应用中，可事先通过时域均匀采样获得一系列离散时间处的相位差预测序列，然后借助数值积分计算所需频率处的时—频变换结果。

将 $\alpha=2\pi\Delta_\alpha/T$ 和 $\Delta_\alpha=\alpha/(2\pi)\cdot T$ 代入式（6.17）并简化，可得

$$\begin{aligned}\gamma_{(\alpha,\beta)}(f)&=\exp\{-\mathrm{j}2\pi f\Delta_\alpha\}\times\frac{1}{T}\int_0^T\exp\left\{\mathrm{j}\frac{2\pi d\sin\beta}{\lambda}\cos\left(\frac{2\pi}{T}t\right)\right\}\exp\{-\mathrm{j}2\pi ft\}\,\mathrm{d}t\\&=\exp\{-\mathrm{j}2\pi f\Delta_\alpha\}\gamma_{(0,\beta)}(f)\end{aligned}\tag{6.18}$$

可见，对于特定俯仰角处的目标，其方位角决定了 $\gamma_{(\alpha,\beta)}(f)$ 的相位。与方位角为0°的目标相比，方位角 α 处目标在相同脉冲到达时刻对应的相位差观测序列可看作其延迟 Δ_α 后的形式，相应频谱的相位也因此具有一个正比于该群延迟和变换频率的偏移。

另外，时域波形 $\exp\{\mathrm{j}\psi_{(\alpha,\beta)}(t)\}$ 的瞬时频率为

$$f_{(\alpha,\beta)}(t)=\left|\frac{\partial}{\partial t}\psi_{(\alpha,\beta)}(t)\right|=\frac{(2\pi)^2d\sin\beta}{\lambda T}\sin\left(\frac{2\pi}{T}t-\alpha\right)\tag{6.19}$$

可见，对于特定方位角处的目标，其瞬时频率与俯仰角的正弦成正比。目标俯仰角越大，通过上述分析过程得到的信号频谱带宽越宽，因此通过分析对应信号分量的频带宽度可以实现对目标俯仰角的估计。但由于不同目标频谱的解析表达式难以得到，其俯仰角与频带宽度的映射函数也无法解析表示，因此由频谱带宽估计目标俯仰角的过程只能用数值方法实现。

以上分析表明，不同俯仰角目标的频谱带宽各不相同，相同俯仰角上不同目标的方位角差异则会造成其频谱序列的相位偏移，因此由频域观测序列能够唯一确定信号二维方向。图6.3给出了图6.2中三个目标对应模糊相位差观测序列的频谱特性，图6.2（a）顺次为三个目标的频谱幅度 $|\gamma_{(\alpha,\beta)}(f)|$ 随 f 的变化情况，图6.2（b）是第三个目标对应频谱的相位与第二个目标相位之差。由于第一个目标的俯仰角大于其余两个目标，其频谱带宽更大，而其余两个目

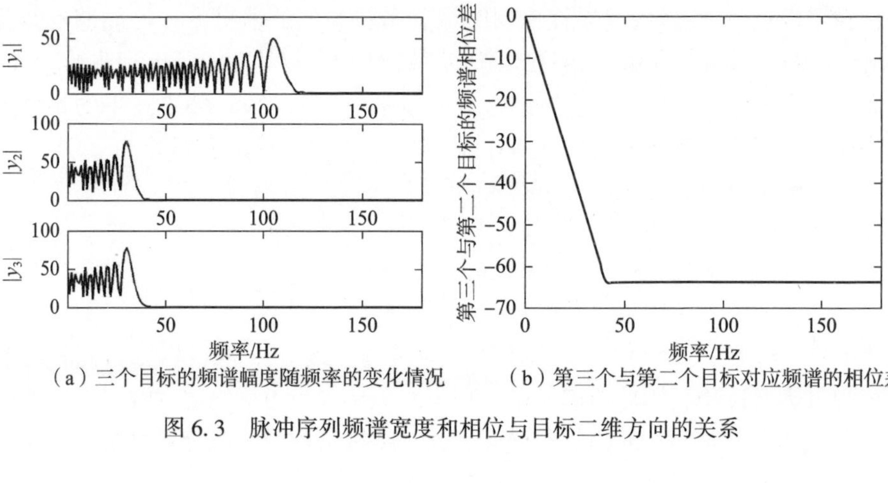

（a）三个目标的频谱幅度随频率的变化情况　（b）第三个与第二个目标对应频谱的相位差

图6.3　脉冲序列频谱宽度和相位与目标二维方向的关系

标由于具有相同的俯仰角，因而其带宽也相等，这一现象验证了式（6.19）中的分析；图6.2（b）结果则表明，在两个相同俯仰角处目标对应频谱的有效带宽范围内，其频谱分量相位差值与频率成正比，这一现象与由式（6.18）得到的结论是一致的。

频域观测数据中除包含K个目标对应的频谱分量外，还受到由相位差测量误差产生的观测噪声的干扰。通过直接的数学分析（见附录6D），可以证明观测噪声e与各时刻相位差测量误差之间满足如下关系。

结论6.3 假设不同脉冲相位差测量误差之间相互独立，且服从均值为0、方差为σ^2的高斯分布，当基线旋转周期内接收脉冲数较多且脉冲到达时刻分布较均匀时，观测噪声$\boldsymbol{e}$近似服从均值为$\boldsymbol{\mu}$、方差为$\boldsymbol{\Sigma}$的高斯分布，其中$\boldsymbol{\mu}=-\frac{\sigma^2}{2}\sum_{k=1}^{K}\frac{N_k}{N}\boldsymbol{y}_k$，$\boldsymbol{\Sigma}_{m_1,m_2}=\frac{\sigma^2}{N}\delta(m_1-m_2)$，$\boldsymbol{\Sigma}_{m_1,m_2}$表示矩阵$\boldsymbol{\Sigma}$的第$m_1$行、$m_2$列元素。

6.4.3 测向方法DeSoMP实现过程

依据式（6.16）的频域观测模型以及结论6.3中对频域观测噪声统计特性的分析，可将式（6.16）改写为

$$\boldsymbol{y}=\sum_{k=1}^{K}\left(1-\frac{\sigma^2}{2}\right)\frac{N_k}{N}\boldsymbol{y}_k+\boldsymbol{e}' \tag{6.20}$$

式中：$\boldsymbol{e}'\sim\mathcal{N}(\boldsymbol{0},\boldsymbol{\Sigma})$。尽管原始观测噪声均值非0，经过上述变换后仍然没有改变频域观测数据中各信号分量的结构，且变换后的观测噪声服从理想的0均值高斯分布，这一变换对测向方法的优化设计提供了依据。

式（6.20）表明，频域观测序列$\boldsymbol{y}$可看作K个不同方向目标对应频域分量和高斯噪声的线性组合形式，其中所有可能方向的信号分量可首先进行时域高密度采样后依据式（6.15）计算得到。由于感兴趣目标的空域分布通常具有明显的稀疏性[151,162,196,254-256]，近年来迅速发展起来的稀疏重构技术[121,126,257-259]能够较好地适用于求解单观测条件下的阵列测向问题[200,260-262]，与式（6.20）中的数据模型正好吻合；但现有方法仅适用于一维测向问题，其计算量受限于二维测向模型维数因而至今没有较好的成果。本小节引入OMP稀疏重构方法[263]，并利用式（6.18）中所反映的频域信号分量与目标方位角的依赖关系，进一步提高频域观测数据稀疏重构过程的计算效率，从而导出基于频域正文匹配追踪的二维测向方法DeSoMP（Direction estimation via Spectral orthogonal Matching Pursuit）方法。以下首先对稀疏重构过程的原理进行介绍，然后给出该方法的实现过程。

记原始频域观测数据 $\boldsymbol{y}$ 经 $q-1$ 步 OMP 迭代后的残余数据为 $\boldsymbol{z}^{(q-1)}$，其中 $\boldsymbol{z}^{(0)}=\boldsymbol{y}$，依据相关性最强准则由该数据向量得到最可能的信号方向为[263]

$$[\alpha^{(q)},\beta^{(q)}]=\underset{\alpha,\beta}{\operatorname{argmax}}\,|\boldsymbol{y}_{(\alpha,\beta)}^{\mathrm{H}}\boldsymbol{z}^{(q-1)}| \tag{6.21}$$

式中：$\boldsymbol{y}_{(\alpha,\beta)}=[y_{(\alpha,\beta)}(f_1),\cdots,y_{(\alpha,\beta)}(f_M)]^{\mathrm{T}}/\|[y_{(\alpha,\beta)}(f_1),\cdots,y_{(\alpha,\beta)}(f_M)]\|_2$；上标 $(\cdot)^{\mathrm{H}}$ 为向量共轭转置运算符；上标 $(\cdot)^{\mathrm{T}}$ 为向量转置运算符；$\|\cdot\|_2$ 表示向量 2-范数。

由于

$$y_{(\alpha,\beta)}(f)=\exp\{-\mathrm{j}2\pi f\Delta_\alpha\}y_{(0,\beta)}(f)$$

（6.21）式中 $\bar{\boldsymbol{y}}_{(\alpha,\beta)}^{\mathrm{H}}\ \bar{\boldsymbol{z}}^{(q-1)}$ 可改写为

$$w_{(\alpha,\beta)}^{(q-1)}=\boldsymbol{y}_{(\alpha,\beta)}^{\mathrm{H}}\boldsymbol{z}^{(q-1)}=[\exp\{\mathrm{j}2\pi f_1\Delta_\alpha\},\cdots,\exp\{\mathrm{j}2\pi f_M\Delta_\alpha\}]\times\{\boldsymbol{y}_{(0,\beta)}^{*}\odot\boldsymbol{z}^{(q-1)}\} \tag{6.22}$$

式中：$\Delta_\alpha=\alpha/(2\pi)\cdot T$；$\boldsymbol{y}_{(0,\beta)}=[y_{(0,\beta)}(f_1),\cdots,y_{(0,\beta)}(f_M)]^{\mathrm{T}}$；$\odot$ 表示向量点乘；上标 $(\cdot)^{*}$ 为复数或复向量共轭运算符。

若取 $f_m=(m-1)/T$，则 $2\pi f_m\Delta_\alpha=(m-1)\alpha$。因此，式（6.22）可看作向量 $\boldsymbol{g}_\beta^{(q-1)}=\boldsymbol{y}_{(0,\beta)}^{*}\odot\boldsymbol{z}^{(q-1)}$ 在角频率 α 处经时—频变换后的结果。选取 $\alpha_m=(m-1)/M\times(2\pi)$，则 $\boldsymbol{y}_{(\alpha,\beta)}^{\mathrm{H}}\boldsymbol{z}^{(q-1)}$ 在 $\alpha_1,\cdots,\alpha_M$ 处的取值可通过对 $\boldsymbol{g}_\beta^{(q-1)}$ 在角频率 $2\pi-\alpha_1,\cdots,2\pi-\alpha_M$ 处进行快速傅里叶变换（FFT）得到，从而使特定俯仰角处匹配过程所需的复数乘法次数从 M^2 下降至 $O(M\log_2 M)$，这一 MP 过程的乘法次数也相应从 M^2J 下降至 $O(JM\log_2 M)$，其中 J 为俯仰维搜索次数，因此 DeS-oMP 方法的计算复杂度介于一阶和二阶之间。

获得第 q 步的最佳匹配向量 $\boldsymbol{y}_{(\alpha^{(q)},\beta^{(q)})}$ 后，从 $\boldsymbol{z}^{(0)}$ 中去除与 $\boldsymbol{y}_{(\alpha^{(1)},\beta^{(1)})},\cdots,\boldsymbol{y}_{(\alpha^{(q)},\beta^{(q)})}$ 相关的分量得到 $\boldsymbol{z}^{(q)}$，即

$$\boldsymbol{z}^{(q)}=[\boldsymbol{I}_M-\boldsymbol{G}^{(q)}(\boldsymbol{G}^{(q)})^{\dagger}]\boldsymbol{z}^{(0)} \tag{6.23}$$

式中

$$\boldsymbol{G}^{(q)}=[\boldsymbol{y}_{(\alpha^{(1)},\beta^{(1)})},\cdots,\boldsymbol{y}_{(\alpha^{(q)},\beta^{(q)})}],\quad(\boldsymbol{G}^{(q)})^{\dagger}=[(\boldsymbol{G}^{(q)})^{\mathrm{H}}\boldsymbol{G}^{(q)}]^{-1}(\boldsymbol{G}^{(q)})^{\mathrm{H}}$$

假设 $\boldsymbol{z}^{(q)}$ 中不再含有信号分量，则可以估计得到 $\boldsymbol{y}$ 中的噪声功率为

$$(\sigma^2)^{(q)}=\|P_{\boldsymbol{G}^{(q)}}^{\perp}\boldsymbol{y}\|_2^2/(M-q) \tag{6.24}$$

式中

$$P_{\boldsymbol{G}^{(q)}}^{\perp}=\boldsymbol{I}_M-\boldsymbol{G}^{(q)}(\boldsymbol{G}^{(q)})^{\dagger}$$

当目标数目先验未知时，可以依据对各目标的测向结果遵循信息论准则检测目标数目，参考文献［255］中的分析，得到用于估计目标数目的对象函数为

$$g(k)=M\ln(\sigma^2)^{(k)}+r(k) \tag{6.25}$$

式中：目标数目由 $\hat{K}=\arg\min_k g(k)$ 确定；$r(k)$ 为信息论准则中的罚函数，在不同信息论准则中具有不同取值[97]。

由于上述数据拟合过程只能在离散的方位角、俯仰角上实现，由此所得到的测向结果难免存在量化误差，在确定目标个数和大致方向后，有必要进一步提高测向精度，以下再次利用旋转基线无模糊相位差序列的余弦曲线变化规律实现这一过程。

记 $\hat{K}$ 个目标的初始测向结果分别为 $(\hat{\alpha}_1,\ \hat{\beta}_1)$，…，$(\hat{\alpha}_{\hat{K}},\ \hat{\beta}_{\hat{K}})$，依据这些方向和基线长度、信号波长等参数可以计算得到各目标在 $[0,\ T)$ 时段内的无模糊观测相位差曲线：

$$\hat{\psi}_k(t)=\frac{2\pi d\sin\hat{\beta}_k}{\lambda}\cos\left(\frac{2\pi t}{T}-\hat{\alpha}_k\right),\quad k=1,2,\cdots,\hat{K}$$

随后，将 t_1，…，t_N 时刻的模糊相位差观测序列 $\varphi(t_1)$，$\varphi(t_2)$，…，$\varphi(t_N)$ 经 $c(t_n)$ 个整数 2π 周期扩展至 $\hat{\psi}_k(t_n)$ 附近得到 $\tilde{\varphi}(t_n)=\varphi(t_n)+c(t_n)\times(2\pi)$，其中 $c(t_n)$ 由 $-\pi\leqslant\hat{\psi}_k(t_n)-\tilde{\varphi}(t_n)<\pi$ 确定。参考相位差测量误差大小选取阈值 $\eta(<\pi)$，依据准则 $|\hat{\psi}_k(t_n)-\tilde{\varphi}(t_n)|\leqslant\eta$ 从 $\{\tilde{\varphi}(t_1),\ \tilde{\varphi}(t_2),\ \cdots,\ \tilde{\varphi}(t_N)\}$ 中挑选与 $\hat{\psi}_k(t)$ 匹配误差较小的序列 $\{\tilde{\varphi}(t_1^{(k)}),\ \cdots,\ \tilde{\varphi}(t_{N_k}^{(k)})\}$。这一无模糊相位差序列可看作真实相位差

$$\psi_k(t_n^{(k)})=\frac{2\pi d\sin\beta_k}{\lambda}\cos\left(\frac{2\pi t_n^{(k)}}{T}-\alpha_k\right)$$

受观测误差 $\varepsilon(t_n^{(k)})$ 污染所得到的结果，即

$$\tilde{\varphi}(t_n^{(k)})=\psi_k(t_n^{(k)})+\varepsilon(t_n^{(k)}),\quad n=1,2,\cdots,N_k \tag{6.26}$$

记 $\hat{\alpha}_k$ 和 $\hat{\beta}_k$ 的估计误差分别为 $\Delta\alpha_k$ 和 $\Delta\beta_k$，即 $\alpha_k=\hat{\alpha}_k+\Delta\alpha_k$，$\beta_k=\hat{\beta}_k+\Delta\beta_k$，则对式（6.26）在 $(\hat{\alpha}_k,\ \hat{\beta}_k)$ 处进行一阶泰勒展开得到如下方程组：

$$\tilde{\boldsymbol{\varphi}}_k=\hat{\boldsymbol{\psi}}_k+\boldsymbol{Q}_k\boldsymbol{\mu}+\boldsymbol{\varepsilon}_k \tag{6.27}$$

式中

$$\tilde{\boldsymbol{\varphi}}_k=[\tilde{\varphi}(t_1^{(k)}),\cdots,\tilde{\varphi}(t_{N_k}^{(k)})]^{\mathrm{T}},\quad \hat{\boldsymbol{\psi}}_k=[\hat{\psi}_k(t_1^{(k)}),\cdots,\hat{\psi}_k(t_{N_k}^{(k)})]^{\mathrm{T}},$$

$$\boldsymbol{\mu}=[\Delta\alpha_k,\Delta\beta_k]^{\mathrm{T}},\quad \boldsymbol{\varepsilon}_k=[\varepsilon(t_1^{(k)}),\cdots,\varepsilon(t_{N_k}^{(k)})]^{\mathrm{T}},$$

$$\boldsymbol{Q}_k=\frac{2\pi d}{\lambda}\begin{bmatrix}\sin(2\pi t_1^{(k)}/T-\hat{\alpha}_k) & \cdots & \sin(2\pi t_{N_k}^{(k)}/T-\hat{\alpha}_k)\\ \cos(2\pi t_1^{(k)}/T-\hat{\alpha}_k) & \cdots & \cos(2\pi t_{N_k}^{(k)}/T-\hat{\alpha}_k)\end{bmatrix}^{\mathrm{T}}\begin{bmatrix}\sin\hat{\beta}_k & \\ & \cos\hat{\beta}_k\end{bmatrix}$$

式（6.27）中假设初始测向过程中的量化误差和相位差测量误差不是十分显著，因而 $c(t_n)$ 取值正确。由式（6.27）得到 $\boldsymbol{\mu}$ 的最小二乘解为

$$\hat{\boldsymbol{\mu}}=\boldsymbol{Q}_k^{\dagger}(\widetilde{\boldsymbol{\varphi}}_k-\hat{\boldsymbol{\psi}}_k) \tag{6.28}$$

利用$\hat{\boldsymbol{\mu}}$将原始测向结果（$\hat{\alpha}_k$，$\hat{\beta}_k$）修正为（$\hat{\alpha}_k+\Delta\hat{\alpha}_k$，$\hat{\beta}_k+\Delta\hat{\beta}_k$），从而有效消除量化误差。如果初始测向误差较大，每次最小二乘优化过程只能消除式(6.26)中的一阶误差，需要借助多次连续的迭代过程逐步修正测向结果，直至两次相邻迭代过程所得到的测向结果变化很小。

对上述分析过程进行总结，得到 DeSoMP 方法的实现流程如下：

DeSoMP 方法实现流程：

初始化： $q=0$，$g(0)=-\mathrm{Inf}$，$\{\boldsymbol{y}_{(0,\beta_1)},\cdots,\boldsymbol{y}_{(0,\beta_J)}\}$；

获取频域观测数据： 由 $\varphi(t_1)$，…，$\varphi(t_N)$ 计算 $\boldsymbol{y}$，并记 $\boldsymbol{z}^{(0)}=\boldsymbol{y}$。

目标个数及初始方向估计：

Do $q=q+1$

1-1) For $j=1,\cdots,J$

a. 计算 $\boldsymbol{g}_{\beta_j}^{(q-1)}=\boldsymbol{y}_{(0,\beta_j)}^{*}\odot\boldsymbol{z}^{(q-1)}$；

b. 对 $\boldsymbol{g}_{\beta_j}^{(q-1)}$ 进行 M 点 FFT 得到 $\{w_{(\alpha_i,\beta_j)}^{(q-1)}\}_{i=1,\cdots,M}=\mathrm{FFT}\{\boldsymbol{g}_{\beta_j}^{(q-1)}\}$，其中 $\alpha_i=(i-1)/M\times(2\pi)$；

c. 记 $i_j=\arg\max\limits_{i}\{|w_{(\alpha_i,\beta_j)}^{(k-1)}|\}_{i=1,\cdots,M}$，$u_j=|w_{(\alpha_{i_j},\beta_j)}^{(k-1)}|$；

End

1-2) 记 $j_q=\arg\max\limits_{j}\{u_j\}$，取 $\alpha^{(q)}=2\pi-\alpha_{i_{j_q}}$，$\beta^{(q)}=\beta_{j_q}$。

1-3) 依据式 (6.23)、式 (6.24) 和式 (6.25) 计算 $z^{(q)}$、$(\sigma^2)^{(q)}$ 和 $g(q)$。

1-4) If $g(q)<g(q-1)$，continue；Else，输出目标个数 $\hat{K}=q-1$，初始方向 $\{\hat{\alpha}_k=\alpha^{(k)},\hat{\beta}_k=\beta^{(k)}\}_{k=1,\cdots,\hat{K}}$，break.

End

目标方向精确估计：

For $k=1,2,\cdots,\hat{K}$

2-1) 依据 ($\hat{\alpha}_k$, $\hat{\beta}_k$) 计算 $\hat{\psi}_k(t_n)$ 和 $\widetilde{\varphi}(t_n^{(k)})$，选取满足 $|\hat{\psi}_k(t_n)-\widetilde{\varphi}(t_n)|\leqslant\eta$ 的脉冲序列；

2-2) 依据式 (6.28) 计算 $\Delta\hat{\alpha}_k$ 和 $\Delta\hat{\beta}_k$，修正测向结果得到 $\hat{\alpha}'_k=\hat{\alpha}_k+\Delta\hat{\alpha}_k$ 和 $\hat{\beta}'_k=\hat{\beta}_k+\Delta\hat{\beta}_k$；

2-3) If $\|[\hat{\alpha}'_k,\hat{\beta}'_k]-[\hat{\alpha}_k,\hat{\beta}_k]\|_2\geqslant\xi$，$\hat{\alpha}_k=\hat{\alpha}'_k$，$\hat{\beta}_k=\hat{\beta}'_k$，返回 2-1)；Else，break；

End

6.5 测向方法性能分析

本节对频域观测数据长度的优化选取和测向方法对干涉仪系统误差适应能力两个问题进行分析。

6.5.1 频域观测数据长度的选取

在获取频域观测数据的过程中，取基线旋转频率为基本频率，共选取了相位差观测序列在复平面的投影序列在 $f_m=(m-1)/T(m=1, \cdots, M)$ 处共 M 个载频处的频谱幅相响应系数作为测向方法的输入数据，M 的取值大小对测向方法的性能和计算量都存在直接影响。

依据 6.4.2 节的分析，频域观测数据中各信号分量的瞬时频率为

$$f_{(\alpha_k,\beta_k)}(t)=\frac{(2\pi)^2 d\sin\beta_k}{\lambda T}\sin\left(\frac{2\pi}{T}t-\alpha_k\right)$$

在基线旋转一周过程中，当 $\sin\left(\frac{2\pi}{T}t-\alpha_k\right)=1$ 时，得到该信号分量的最高频率为

$$\bar{f}_{(\alpha_k,\beta_k)}=\frac{(2\pi)^2 d\sin\beta_k}{\lambda T}$$

在选取 M 的过程中首先需保证 $f_M \geqslant \{\bar{f}_{(\alpha_k,\beta_k)}\}_{k=1,\cdots,K}$，以使频域观测数据中包含各目标信号分量的完整信息。同时，M 最好是选取 2 的整数次幂以方便运用 FFT 实现式（6.22）中同一俯仰角、不同方位角处的快速匹配运算。在满足该条件的基础上，需考虑计算量因素以确定 M 的取值。

假设不同俯仰角处的频域模板已经通过离线计算事先获得，则本章算法的计算量集中在频域观测数据的获取、目标方向初估和高精度测向三部分，各部分所需的复数乘法次数分别约为 MN、$\left(M+\frac{M}{2}\log_2 M\right)JK$ 和 $O(NKP)$，其中 P 为精测向过程中各目标方向估计值的迭代更新次数。可见，前两部分的计算量近似与 M 的取值成正比，M 值越小，算法计算效率越高。

综合测向性能和计算效率两方面因素，在先验未知目标方向的情况下，M 应取为

$$M=2^{\left\lceil \log_2 \frac{(2\pi)^2 d\sin\beta_{\mathrm{Max}}}{\lambda T}\right\rceil} \tag{6.29}$$

式中：$\lceil\cdot\rceil$为向上取整运算符，输出不小于输入数据的最小整数。

6.5.2 系统误差适应能力

具备较强的系统误差适应能力是旋转基线干涉仪测向系统相对于静态干涉仪测向系统的另一个突出优势。由于旋转基线长度可以远大于静态干涉仪基线，天线之间的互耦效应非常微弱，因此不需要对天线进行特别设计以削弱互耦效应的影响。同时，旋转干涉仪只需要测量两天线接收信号之间的相位差，因此对系统幅度误差不敏感。此外，本小节将分析本章所给出的旋转基线干涉仪系统方案和测向方法对相位差测量系统偏差的适应性。

记相位差系统偏差为 ξ，则模糊相位差观测序列为

$$\varphi'(t_n)=\phi(t_n)+\varepsilon(t_n)+\xi \tag{6.30}$$

与式（6.5）类似，式（6.30）没有考虑 $\varphi'(t_n)$ 超出相位差测量主值区间的情况。将式（6.30）代入式（6.14），并借助与 6.4.1 节和 6.4.2 节类似的分析，可以得到考虑相位差测量系统偏差条件下的频域观测数据为

$$\boldsymbol{y}' = \mathrm{e}^{\mathrm{j}\xi}\boldsymbol{y} = \sum_{k=1}^{K}\left(1-\frac{\boldsymbol{\sigma}_{\varphi}^{2}}{2}\right)\frac{N_k}{N}\mathrm{e}^{\mathrm{j}\xi}\boldsymbol{y}_k + \mathrm{e}^{\mathrm{j}\xi}\boldsymbol{e}' \tag{6.31}$$

可见，相位差系统偏差仅仅只是在频域观测数据向量中引入了一个相位偏移，并不会影响式（6.21）中的方向初估结果以及式（6.23）的观测数据迭代过程，因此本章给出的方向预估方法和目标个数检测方法的性能不会受到相位差系统偏差的影响。

然而，基于目标方向初估结果实现高精度测向的过程借助预测相位差序列与观测相位差序列的最优拟合实现，但相位差系统误差的存在会导致观测相位差序列以幅度 ξ 整体偏离理想的余弦曲线。可以预见，当相位差系统偏差较显著时，后续迭代过程可能导致测向误差逐步增大。本章仿真部分将对这一结果进行验证。解决这一问题的一种方法是在精测向过程中考虑相位差系统偏差的影响，将式（6.27）修正为

$$\widetilde{\boldsymbol{\varphi}}_k'=\hat{\boldsymbol{\psi}}_k'+\boldsymbol{Q}_k\boldsymbol{\mu}+\xi\times\boldsymbol{1}+\boldsymbol{\varepsilon}_k \tag{6.32}$$

式中：$\hat{\boldsymbol{\psi}}_k'=\hat{\boldsymbol{\psi}}_k+\hat{\xi}\times\boldsymbol{1}$，$\hat{\xi}$ 为 ξ 的估计值，其初始值为 0，并在后续迭代过程中逐步更新，$\boldsymbol{1}$ 表示全 1 列向量，其维数由上下文推断。

基于式（6.32）得到目标方向估计偏差和相位差测量系统偏差的最小二乘解为

$$\hat{\boldsymbol{\mu}}'=\widetilde{\boldsymbol{Q}}_k^{\dagger}(\widetilde{\boldsymbol{\varphi}}_k'-\hat{\boldsymbol{\psi}}_k') \tag{6.33}$$

式中：$\widetilde{\boldsymbol{Q}}_k=[\boldsymbol{Q}_k,\ \boldsymbol{1}]$；$\hat{\boldsymbol{\mu}}'=[\hat{\boldsymbol{\mu}}^{\mathrm{T}},\ \Delta\hat{\xi}]^{\mathrm{T}}$。

完成该步迭代后，将目标方向估计值和相位差测量系统偏差估计值分别更

新为 $\hat{\alpha}_k+\Delta\hat{\alpha}_k$、$\hat{\beta}_k+\Delta\hat{\beta}_k$ 和 $\hat{\xi}+\Delta\hat{\xi}$，利用这些估计值重新构造 $\hat{\psi}'_k$后进入下一次迭代过程。

6.6 旋转长基线二维测向仿真实验与分析

本节借助仿真实验验证旋转基线二维测向方法 DeSoMP 的性能，包括源个数估计性能、单目标和多目标测向性能，以及对相位差测量系统偏差的适应能力等。由于相关文献［252］中的方法只能用于单目标的角度跟踪，因此本节的仿真着重用于验证该体制的可行性和各种因素对 DeSoMP 方法性能的影响情况。固定脉冲信号波长均为 0.1m，基线旋转周期为 3s，每种场景条件下的仿真次数均为 3000 次。目标的俯仰角限制在［0°，75°］范围内，事先在该区间内等间隔离散采集 100 个俯仰角样点，这些样点即为目标方向初估过程中的俯仰角匹配序列。对每个俯仰角样点，在［0，T］范围内均匀采集 $2M$ 个模糊相位差观测样点，并借助 FFT 获取频率f_1，…，f_M 处的频域匹配模板。目标方位角匹配序列为 $0\times(2\pi/M)$，$1\times(2\pi/M)$，…，$(M-1)\times(2\pi/M)$。

6.6.1 单目标场景

在单目标仿真实验中，选定典型场景中旋转基线长度为 2m，脉冲数目为 300，每次实验中脉冲到达时刻在 0~3s 范围内随机产生，相位差测量随机误差的标准差为 10°，目标方向为（α_1，β_1）=（30°，60°），通过在每组仿真实验中分别改变其中一个参数，得到 DeSoMP 方法的方位角和俯仰角测量均方根误差与由式（6.9）计算得到的 CRLB 和由式（6.10）计算得到的渐近 CRLB 的对比情况如图 6.4 所示，其中频域观测数据长度选为 512 点，用于高精度测向的最小二乘迭代次数为 10 次，用于脉冲挑选的相位差拟合误差阈值为 $\eta=3\sigma$，σ 为相位差测量系统指标，假定事先已知，方位角和俯仰角测量均方根误差定义为

$$\mathrm{RMSE}_{\alpha}=\sqrt{\frac{1}{KW}\sum_{k=1}^{K}\sum_{w=1}^{W}(\hat{\alpha}_k^{(w)}-\alpha_k)^2} \tag{6.34}$$

$$\mathrm{RMSE}_{\beta}=\sqrt{\frac{1}{KW}\sum_{k=1}^{K}\sum_{w=1}^{W}(\hat{\beta}_k^{(w)}-\beta_k)^2} \tag{6.35}$$

式中：W 表示特定场景中的仿真次数，$\hat{\alpha}_k^{(w)}$ 和 $\hat{\beta}_k^{(w)}$ 分别表示第 w 次仿真实验中第 k 个目标的方位角和俯仰角估计结果。各子图对应的仿真场景如下：

图 6.4（a）：固定脉冲数目、相位差测量误差水平、目标方向，旋转基线

长度从 1~3m 变化。

图 6.4（b）：固定基线长度、相位差测量误差水平、目标方向，脉冲数目从 100~1000 变化。

图 6.4（c）：固定基线长度、脉冲数目、目标方向，相位差测量随机误差的标准差从 5°~80°变化。

图 6.4（d）：固定基线长度、脉冲数目、相位差测量误差水平和目标方位角，目标俯仰角从 5°~65°变化。

这一组仿真结果验证了旋转基线干涉仪实现单目标二维测向的可行性，且式（6.9）和式（6.10）中得到的 CRLB 和渐近 CRLB 在脉冲数目较大时具有较好的一致性。这两个 CRLB 表达式中反映的测向精度与基线长度成正比、与脉冲数目的 1/2 次方成反比、与相位差测量标准差成反比，以及方位角估计精度与目标俯仰角的正弦成正比、俯仰角估计精度与目标俯仰角余弦成正比等关系在这组单目标仿真结果中也得到了很好的验证，同时说明 DeSoMP 方法对单

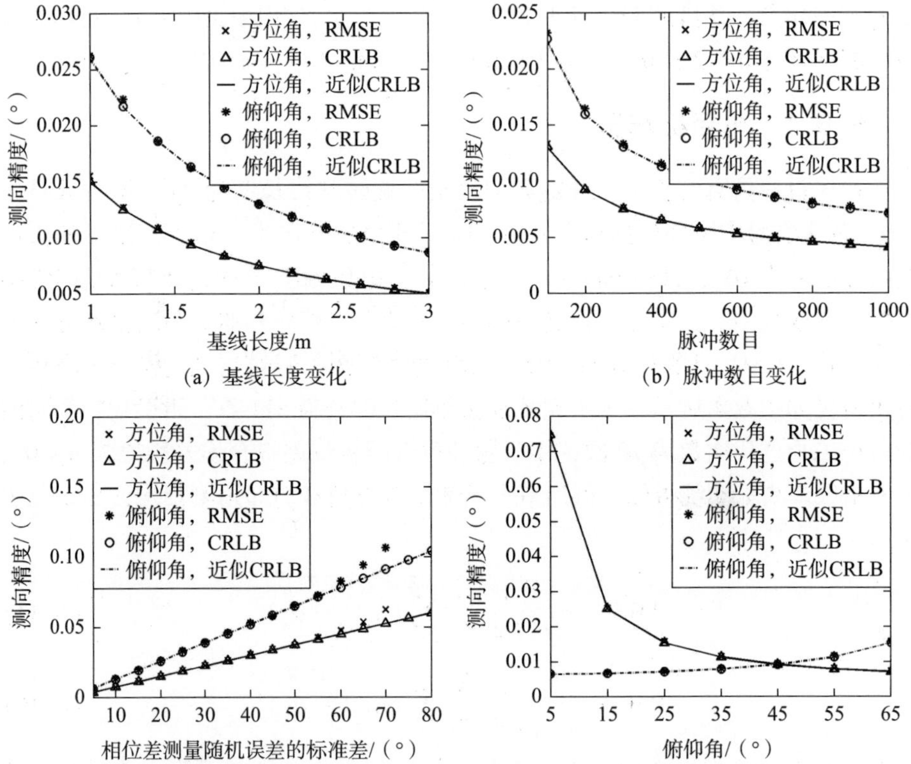

（a）基线长度变化　（b）脉冲数目变化

（c）相位差测量随机误差的标准差变化　（d）目标俯仰角变化

图 6.4　单目标场景中 DeSoMP 方法的测向精度及旋转基线测向精度的 CRLB

目标的测向性能较为理想，且能够适应不大于 60°的相位差测量标准差（当相位差测量标准差大于 70°时，实际测向结果的 RMSE 远远超过了该图的坐标范围，因此没有完整显示）。

6.6.2 多目标场景

假设两个辐射源的方向分别为（α_1，β_1）=（30°，40°）和（α_2，β_2）=（40°，30°），其他典型场景参数与 6.1 节相同，首先考查下列三种场景中 DeSoMP 方法的源个数估计性能，其中式（6.25）中用于源个数估计的罚函数 $r(k)$ 依据 BIC 准则设定为 $(5k+1)\ln M$[97]，分别得到如下仿真结果：

图 6.5（a）：固定基线长度、脉冲数目、相位差测量误差水平、目标方向。

图 6.5（b）：固定脉冲数目、相位差测量误差水平、目标方向，旋转基线长度从 1~3m 变化。

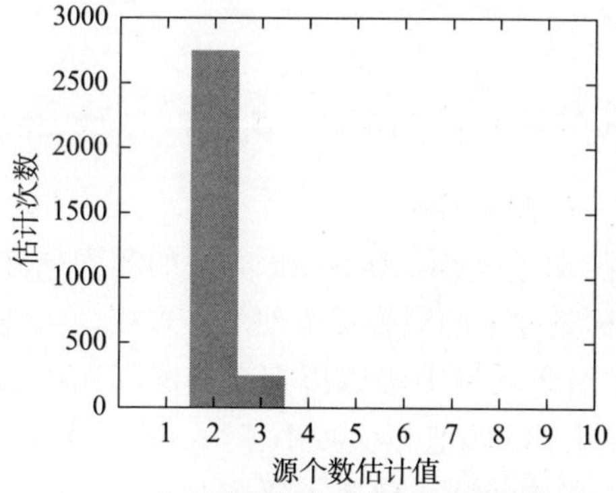

（a）典型场景下的估计结果分布

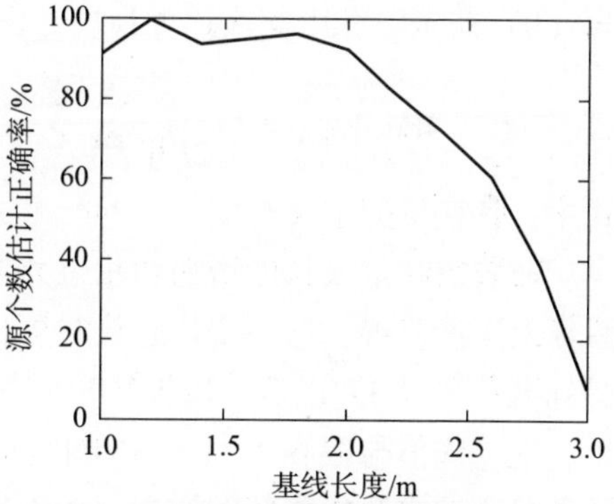

（b）基线长度变化

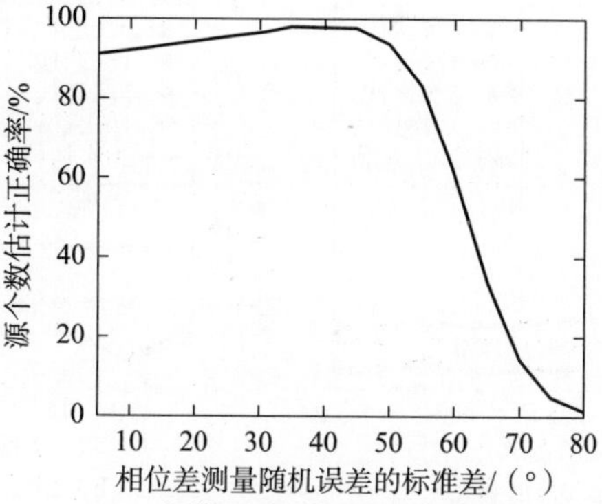

（c）相位差测量随机误差的标准差变化

图 6.5 两目标场景中 DeSoMP 方法的源个数估计性能

图 6.5（c）：固定基线长度、脉冲数目、目标方向，相位差测量随机误差的标准差从 5°~80°变化。

在图 6.5（a）中，DeSoMP 方法以较高概率正确估计出了目标个数，但也存在少量过估计的情况。图 6.5（b）和（c）中的仿真结果则表明，当基线长度小于 2m 和相位差测量随机误差标准差不大于 50°时，DeSoMP 方法的源个数估计正确率均超过了 90%。然而，当基线长度或相位差测量误差进一步增大时，正确检测概率急剧下降。依据 6.3.2 节的分析，在信号波长和脉冲数一定的情况下，基线越长，则出现测向模糊的可能性增大，从而使模型阶数估计过程的随机性增强，因此基线长度过大会导致检测性能受到显著影响。而当相位差测量误差过大时，观测数据中各信号分量的特征变得越来越不显著，这也会造成源个数估计性能明显下降。

假设源个数先验已知，并改变精测向过程中的最小二乘迭代次数，重复图 6.5（b）和（c）两种场景中的仿真实验，得到 DeSoMP 方法的测向均方根误差随基线长度和相位差测量随机误差的误差标准差变化情况如图 6.6（a）和（b）所示，其中测向均方根误差定义为

$$\mathrm{RMSE_{DOA}} = \sqrt{\frac{1}{2KW}\sum_{k=1}^{K}\sum_{w=1}^{W}\left[(\hat{\alpha}_k^{(w)} - \alpha_k)^2 + (\hat{\beta}_k^{(w)} - \beta_k)^2\right]} \tag{6.36}$$

式中：各变量的定义与式（6.34）和式（6.35）相同。

随着旋转基线长度增加和相位差测量误差减小，DeSoMP 方法的测向精度总体上逐渐改善，这一变化趋势与单目标条件下的结果是类似的。当相位差测量标准差超过 35°以后，DeSoMP 方法在给定场景中难以得到高精度的测向结果，这一阈值与图 6.4（c）中单目标条件下的阈值相比减小了约一半。此外，随着最小二乘迭代次数的增加，DeSoMP 方法的测向精度也逐步改善，且第一

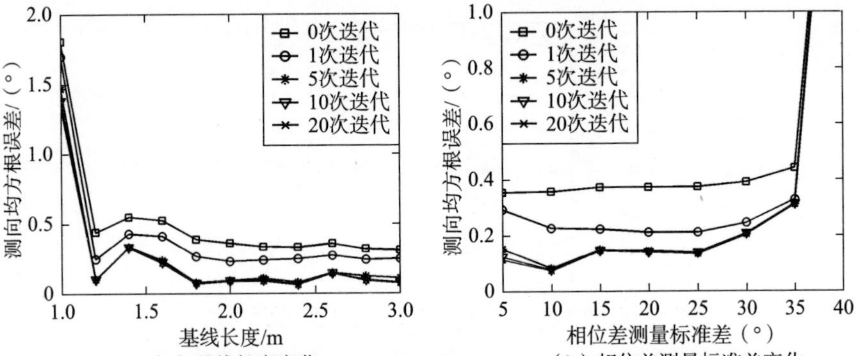

（a）基线长度变化　（b）相位差测量标准差变化

图 6.6　两目标场景中 DeSoMP 方法的测向均方根误差

次迭代过程中的改善幅度尤为显著；当迭代次数超过5次之后，进一步迭代所能带来的测向精度改善较小。迭代次数的增加同时会造成算法计算负担的加重，在仿真所使用的主频3GHz的计算机上，从获得模糊相位差观测序列到粗估两目标方向所耗费的平均时间约为0.067s，精测向过程中完成20步迭代所需总时间约为0.033s，每步迭代过程的计算量相当。在算法使用过程中需确定迭代次数时，有必要综合考虑测向精度和计算量两个因素。

6.6.3 频域观测数据长度选取

6.5.1节中的分析表明，频域观测数据长度的选取会对DeSoMP方法的测向精度和计算效率产生影响，其最优取值由基线波长比、干涉仪旋转周期和目标的最大俯仰角决定。为了验证这一结论，在图6.6（b）场景的基础上，固定算法中最小二乘迭代次数为10次，选取频域观测数据长度M分别为128、256、512和1024，重复该仿真实验，同时，为突出目标俯仰角的影响，将两个目标的方向调整为$(\alpha_1, \beta_1)=(30°, 60°)$和$(\alpha_2, \beta_2)=(60°, 30°)$，得到图6.7中所示的仿真结果。

取$\beta_{\text{Max}}=60°$（未知目标方向情况下，可取β_{Max}为目标可能的最大俯仰角或$\beta_{\text{Max}}=90°$），则当基线长度从1m开始以0.5m间隔增大到4m的过程中，由式（6.29）计算得到最优的M取值分别为128、256、256、512、512、512和512。图6.7中的仿真结果则表明，当M值取为128、256、512和1024时，DeSoMP方法所能适应的基线长度分别约为1.5m、2.5m、>4m、>4m，与理论分析结果基本吻合。通过对仿真时间进行统计发现，当M取上述值时，DeS-

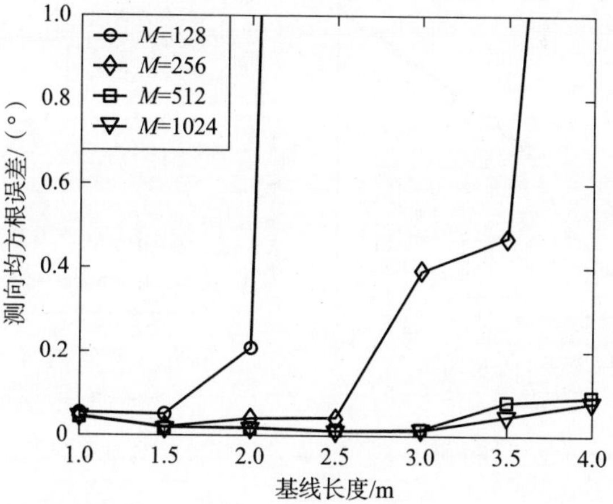

图6.7 不同频域观测数据长度条件下，DeSoMP方法的测向性能随基线长度变化情况

oMP 方法完成单次测向的平均时间顺次为 0.027s、0.041s、0.084s 和 0.218s。综合测向精度和计算时间两方面因素，本节其他实验中均选取 $M=512$。

6.6.4 相位差系统偏差影响与校正

为揭示相位差系统偏差对 DeSoMP 方法测向性能的影响以及 6.5.2 节中所给出的相位差系统偏差校正方法的有效性，选取图 6.6（a）场景，并加入不同的相位差测量误差的系统偏差。选定精测向过程的最小二乘迭代次数分别为 0 次、1 次、5 次、10 次和 20 次，当相位差测量误差的系统偏差从 0°~50°变化时，在不改变 DeSoMP 方法其他参数设置的情况下，得到其测向均方根误差随相位差系统偏差变化情况如图 6.8（a）所示。

在相位差系统偏差逐渐增大的过程中，目标方向初估值的精度基本保持不变，对源个数估计性能的仿真也可以得到类似结论。然而，精测向结果的精度则受到了显著影响，当系统偏差小于 30°时，多次迭代能够逐渐改善测向精度，但系统偏差越大，最终的测向精度越低。当系统偏差超过 30°时，精测向过程反而会降低算法测向精度，且迭代次数越多，给测向精度造成的负面影响越大。

随后，将高精度测向过程中用于脉冲挑选的相位差拟合误差阈值调整为 $\eta=6\sigma$ 以增大对真实脉冲的正确检测概率，并引入 6.5.2 节中所给出的相位差系统误差校正方法，重复上述实验，得到如图 6.8（b）所示的仿真结果。通过对相位差测量误差的系统偏差进行校正，DeSoMP 方法能够在系统误差不超过 40°时得到较理想的测向精度，其对该系统误差的适应能力显著增强。

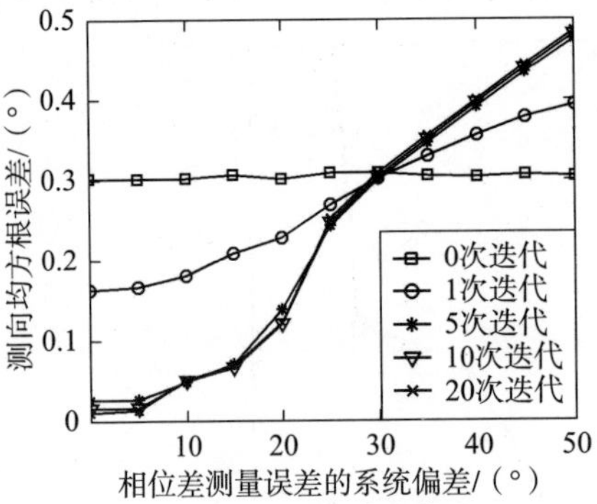

（a）不进行偏差校正

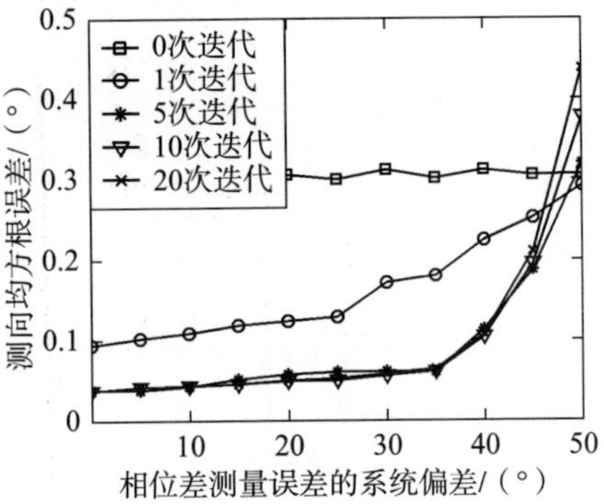

（b）进行偏差校正

图 6.8 DeSoMP 方法的测向均方根误差随相位差测量系统偏差变化情况

6.7 本章小结

本章完整设计了基于旋转长基线干涉仪的多目标二维测向体制，利用单个相位差测量通道和一个旋转周期内的多个目标脉冲，实现了对这些目标的个数估计和方位角、俯仰角联合估计，显著降低了测向系统的复杂度和成本，降低了系统校正的难度。本章理论分析了旋转长基线干涉仪二维测向体制在测向性能和可观测性等方面的特性，论证了该测向体制的可行性。针对单通道难以进行脉冲分选的问题，本章在深入分析观测相位差序列经特定变换后所得频域观测数据特征（包括频谱特征和时—频域映射关系）的基础上，结合目标的空域稀疏性，给出了频域正交匹配追踪测向方法 DeSoMP。该方法不需要事先进行脉冲分选就能够确定目标数目，并对其方向进行较准确的初始估计。随后，该方法利用初始测向结果完成脉冲分选，并借助多次最小二乘迭代实现对各目标方向的精估。本章还建立了频域观测数据长度的选取准则，并给出了对相位差测量系统误差的校正方法，进一步增强了算法的可实现性和对系统误差的适应能力。

仿真实验结果表明，旋转基线干涉仪测向体制突破了基线长度与无模糊测向范围之间的矛盾，通过增大基线长度显著提高了系统测向精度，而这是制约静态干涉仪测向体制发展的一个瓶颈问题。此外，本章给出的 DeSoMP 方法在单目标和多目标条件下都能够得到较理想的测向精度，且对相位差测量随机误差具备较强的适应能力。通过对算法进行细微修正，极大地增强了算法对相位差测量系统误差的适应能力。仿真结果还验证了本章对旋转基线干涉仪测向精度 CRLB、可观测性和频域观测数据长度优化准则等理论结果的正确性。

附录 6A CRLB 的详细推导过程

对式（6.7）关于各变量求偏导可得

$$\frac{\partial \mathcal{L}}{\partial \alpha}=\frac{1}{\sigma^2}\sum_{n=1}^{N}\left[\frac{2\pi d\sin\beta}{\lambda}\sin(\theta_{t_n}-\alpha)\right]\varepsilon(t_n) \tag{6A.1}$$

$$\frac{\partial \mathcal{L}}{\partial \beta}=\frac{1}{\sigma^2}\sum_{n=1}^{N}\left[\frac{2\pi d\cos\beta}{\lambda}\cos(\theta_{t_n}-\alpha)\right]\varepsilon(t_n) \tag{6A.2}$$

$$\frac{\partial \mathcal{L}}{\partial \sigma^2}=-\frac{N}{2}\frac{1}{\sigma^2}+\frac{1}{2(\sigma^2)^2}\sum_{n=1}^{N}(\varepsilon(t_n))^2 \tag{6A.3}$$

在不同时刻的测量误差之间相互独立的情况下，得到上述各一阶偏导数的相关性如下：

$$\mathrm{E}\left[\frac{\partial\mathcal{L}}{\partial\alpha}\frac{\partial\mathcal{L}}{\partial\alpha}\right]=\frac{1}{\sigma^2}\left(\frac{2\pi d\sin\beta}{\lambda}\right)^2\sum_{n=1}^{N}\sin^2(\theta_{t_n}-\alpha) \tag{6A.4}$$

$$\mathrm{E}\left[\frac{\partial\mathcal{L}}{\partial\beta}\frac{\partial\mathcal{L}}{\partial\beta}\right]=\frac{1}{\sigma^2}\left(\frac{2\pi d\cos\beta}{\lambda}\right)^2\sum_{n=1}^{N}\cos^2(\theta_{t_n}-\alpha) \tag{6A.5}$$

$$\mathrm{E}\left[\frac{\partial\mathcal{L}}{\partial\sigma^2}\frac{\partial\mathcal{L}}{\partial\sigma^2}\right]=\frac{N}{2}\frac{1}{(\sigma^2)^2} \tag{6A.6}$$

$$\mathrm{E}\left[\frac{\partial\mathcal{L}}{\partial\sigma^2}\frac{\partial\mathcal{L}}{\partial\alpha}\right]=\mathrm{E}\left[\frac{\partial\mathcal{L}}{\partial\sigma^2}\frac{\partial\mathcal{L}}{\partial\beta}\right]=0 \tag{6A.7}$$

$$\mathrm{E}\left[\frac{\partial\mathcal{L}}{\partial\alpha}\frac{\partial\mathcal{L}}{\partial\beta}\right]=\frac{1}{\sigma^2}\left(\frac{2\pi d}{\lambda}\right)^2\cos\beta\sin\beta\sum_{n=1}^{N}\left[\cos(\theta_{t_n}-\alpha)\sin(\theta_{t_n}-\alpha)\right]=\mathrm{E}\left[\frac{\partial\mathcal{L}}{\partial\beta}\frac{\partial\mathcal{L}}{\partial\alpha}\right] \tag{6A.8}$$

观测数据 $\varphi(t_1)$，…，$\varphi(t_N)$ 关于变量 $\{\alpha,\beta,\sigma^2\}$ 的 Fisher 信息矩阵为

$$\mathrm{FIM}_{\{\alpha,\beta,\sigma^2\}}=\mathrm{E}\left[\frac{\partial\mathcal{L}}{\partial\{\alpha,\beta,\sigma^2\}}\left(\frac{\partial\mathcal{L}}{\partial\{\alpha,\beta,\sigma^2\}}\right)^{\mathrm{T}}\right]=\begin{bmatrix}\boldsymbol{B} & \mathbf{0}_{2\times1}\\ \mathbf{0}_{2\times1}^{\mathrm{T}} & \dfrac{N}{2}\dfrac{1}{(\sigma^2)^2}\end{bmatrix} \tag{6A.9}$$

式中

$$\boldsymbol{B}=\mathrm{FIM}_{\{\alpha,\beta\}}=\frac{1}{\sigma^2}\left(\frac{2\pi d}{\lambda}\right)^2\begin{bmatrix}b_1(\sin\beta)^2 & b_3\cos\beta\sin\beta\\ b_3\cos\beta\sin\beta & b_2(\cos\beta)^2\end{bmatrix} \tag{6A.10}$$

其中

$$b_1=\sum_{n=1}^{N}\sin^2(\theta_{t_n}-\alpha),\quad b_2=\sum_{n=1}^{N}\cos^2(\theta_{t_n}-\alpha),$$

$$b_3=\sum_{n=1}^{N}\left[\cos(\theta_{t_n}-\alpha)\sin(\theta_{t_n}-\alpha)\right]$$

由 $\mathrm{CRLB}_{\{\alpha,\beta,\sigma^2\}}=\mathrm{FIM}_{\{\alpha,\beta,\sigma^2\}}^{-1}$ 可得

$$\mathrm{CRLB}_{\sigma^2}=\frac{2}{N}(\sigma^2)^2 \tag{6A.11}$$

$$\mathrm{CRLB}_{\{\alpha,\beta\}}=\boldsymbol{B}^{-1}\propto\sigma^2(d/\lambda)^{-2} \tag{6A.12}$$

当 t_1，…，t_N 在基线旋转周期内密集均匀分布时，$b_1\approx N/2$，$b_2\approx N/2$，$b_3\approx0$，则由式（6A.10）可得

$$\mathrm{CRLB}_{\{\alpha,\beta\}}\approx\frac{2\sigma^2}{N}\left(\frac{2\pi d}{\lambda}\right)^{-2}\begin{bmatrix}(\sin\beta)^{-2} & 0\\ 0 & (\cos\beta)^{-2}\end{bmatrix} \tag{6A.13}$$

附录 6B 结论 6.1 的证明

对于各种可能的脉冲到达时间序列，对任意两个位置到达目标的分辨等价于对其相位差观测序列的区分，因此实现目标分辨的最小脉冲数应大于两个目标相位差观测曲线的交点数，即 Ξ_{Max} 等于观测空域内两个目标相位差观测曲线交点数的最大值。

设观测空域内两个入射方向分别为（α_1，β_1）和（α_2，β_2）的目标在（0，T］时段内的模糊相位差观测曲线分别为 $\phi_1(t)$ 和 $\phi_2(t)$，对应的无模糊相位差观测曲线分别为 $\psi_1(t)$ 和 $\psi_2(t)$，$\phi_1(t)$ 和 $\phi_2(t)$ 在 τ_1，…，τ_J 时刻共存在 J 个交点，则

$$\psi_1(\tau_i)-\psi_2(\tau_i)=h_i\times(2\pi),\quad i=1,\cdots,J \tag{6B.1}$$

式中：h_i 为［H_1，H_2］范围内的整数，$H_1=\lfloor \min\limits_{t\in(0,T]}(\psi_1(t)-\psi_2(t))/(2\pi)\rfloor$，$H_2=\lfloor \max\limits_{t\in(0,T]}(\psi_1(t)-\psi_2(t))/(2\pi)\rfloor$。由于对任意 $t\in(0,\ T/2]$，$\psi_1(t+T/2)-\psi_2(t+T/2)=-[\psi_1(t)-\psi_2(t)]$，因此，$H_1=-H_2$。$\phi_1(t)$ 和 $\phi_2(t)$ 的交点数目取决于 H_2 的大小和［$-H_2$，H_2］范围内各个整数是否出现，以及每个整数重复的次数。

一方面，由于 $\psi_1(t)-\psi_2(t)$ 是时域连续函数，因此 h_i 将取遍［$-H_2$，H_2］范围内的所有整数值。同时

$$H_2\leqslant\left\lfloor\left(\max_{t\in(0,T]}\psi_1(t)-\max_{t\in(0,T]}\psi_2(t)\right)/(2\pi)\right\rfloor=\left\lfloor\frac{d}{\lambda}(\sin\beta_1+\sin\beta_2)\right\rfloor$$

可见，当 $\beta_1=\beta_2=\beta_{\text{Max}}$ 且 $\alpha_2=\alpha_1+\pi$ 时，H_2 取得最大值 $\lfloor 2d\sin\beta_{\text{Max}}/\lambda\rfloor$。

另一方面，假设不同时刻 τ_{i_1}，τ_{i_2} 对应的 $h_{i_1}=h_{i_2}=h_*$，则

$$\begin{aligned}&\frac{2\pi d}{\lambda}[\sin\beta_1\cos(\theta_{\tau_{i_1}}-\alpha_1)-\sin\beta_2\cos(\theta_{\tau_{i_1}}-\alpha_2)]=h_*\times(2\pi)\\&\frac{2\pi d}{\lambda}[\sin\beta_1\cos(\theta_{\tau_{i_2}}-\alpha_1)-\sin\beta_2\cos(\theta_{\tau_{i_2}}-\alpha_2)]=h_*\times(2\pi)\end{aligned} \tag{6B.2}$$

将式（6B.2）中两个等式左右侧分别相减并整理，可得

$$\sin\frac{\theta_{\tau_{i_1}}-\theta_{\tau_{i_2}}}{2}\left(\sin\beta_1\sin\frac{\theta_{\tau_{i_1}}+\theta_{\tau_{i_2}}-2\alpha_1}{2}-\sin\beta_2\sin\frac{\theta_{\tau_{i_1}}+\theta_{\tau_{i_2}}-2\alpha_2}{2}\right)=0 \tag{6B.3}$$

考虑到基线以均匀角速度转动，即 $\theta_t=(2\pi/T)\ t$，因此

$$\sin\frac{(2\pi/T)(\tau_{i_1}-\tau_{i_2})}{2}\times$$
$$\left[\sin\beta_1\sin\frac{(2\pi/T)(\tau_{i_1}+\tau_{i_2})-2\alpha_1}{2}-\sin\beta_2\sin\frac{(2\pi/T)(\tau_{i_1}+\tau_{i_2})-2\alpha_2}{2}\right]=0$$
(6B.4)

由于 $0<\tau_{i_1}$，$\tau_{i_2}\leqslant T$ 且 $\tau_{i_1}\neq\tau_{i_2}$，因此 $\tau_{i_1}-\tau_{i_2}\in(-T,0)\cup(0,T)$，$\tau_{i_1}+\tau_{i_2}\triangleq 2\bar{\tau}\in(\tau_{i_1},\tau_{i_1}+T]$，因此

$$\sin\frac{(2\pi/T)(\tau_{i_1}-\tau_{i_2})}{2}\neq 0$$

由式（6B.4）可得到如下结论：

$$\sin\beta_1\sin(2\pi\bar{\tau}/T-\alpha_1)-\sin\beta_2\sin(2\pi\bar{\tau}/T-\alpha_2)=0 \tag{6B.5}$$

式（6B.5）表征了幅度分别为 $\sin\beta_1$ 和 $\sin\beta_2$、初相分别为 $-\alpha_1$ 和 $-\alpha_2$ 的正弦曲线在 $\bar{\tau}\in(\tau_{i_1}/2,(\tau_{i_1}+T)/2]$ 区间内的交点。

对于 $(0,T]$ 范围内任意周期为 T 的正弦曲线，可看作周长为 T 的圆柱体表面与经过圆柱体中心的任一平面的交线经展开得到的平面曲线。由于两个经过圆柱体中心的不同平面与圆柱面之间有且仅有两个交点，且两个交点关于圆柱体中心对称，因此在长度为 $T/2$ 的区间 $(\tau_{i_1}/2,(\tau_{i_1}+T)/2]$ 有且仅有一个交点，即式（6B.5）的解存在且唯一。

另外，式（6B.5）的唯一解可能不满足 $\tau_{i_1}\neq\tau_{i_2}$，即 $\tau_{i_1}=\tau_{i_2}=\bar{\tau}_*$ 同时满足式（6B.2）和式（6B.5），此时 h_* 在 $t\in(0,T]$ 时仅出现一次。考虑到 $\psi_1(t)-\psi_2(t)$ 是时域连续函数且 $\psi_1(t+T/2)-\psi_2(t+T/2)=-[\psi_1(t)-\psi_2(t)]$，因此 $\psi_1(t)-\psi_2(t)$ 的全局最小值与相邻全局最大值之间的时间间隔为 $T/2$，在长度为 T 的连续时间内，每个相位差值至少出现两次，因此 (H_1,H_2) 范围内的每个整数都会至少出现两次，这些整数对应的时间 τ 不会使满足式（6B.5）且 $\tau_{i_1}\neq\tau_{i_2}$ 的解不存在，所以式（6B.5）的唯一解不满足 $\tau_{i_1}\neq\tau_{i_2}$ 的情况只可能出现在 $h_*=H_1$ 和 $h_*=H_2$ 处。

取 $h_*=H_1$ 或 $h_*=H_2$，将式（6B.2）中的 θ_t 表示为 t 的函数，并将 $\tau_{i_1}=\tau_{i_2}=\bar{\tau}_*$ 代入式（6B.2）和式（6B.5），则式（6B.2）中的两个方程式合并为一个，且对该方程式关于 t 求导后即得式（6B.5），可见 $\bar{\tau}_*$ 在满足式（6B.2）的同时，也使 $\psi_1(t)-\psi_2(t)$ 达到极值 $2\pi h_*$，即当 $\psi_1(t)-\psi_2(t)$ 的极值 $\psi_1(\bar{\tau}_*)-\psi_2(\bar{\tau}_*)$ 是 2π 的整数倍时，对应的 $h_*\in\{H_1,H_2\}$ 仅出现一次。

综合以上分析可知，对于 $t\in(0,T]$，符合 $\psi_1(t)-\psi_2(t)=2\pi h$ 的整数 h

满足条件：①$h\in[H_1, H_2]$，其中 $H_1=-H_2$，满足此条件的 h 的个数为 $2H_2+1$，当 $\beta_1=\beta_2=\beta_{\text{Max}}$ 且 $\alpha_2=\alpha_1+\pi$ 时，H_2 取得最大值$\lfloor 2d\sin\beta_{\text{Max}}/\lambda\rfloor$；②（$H_1$，$H_2$）范围内的 h 均出现两次；③当 $\max\limits_{t\in(0,T]}[\psi_1(t)-\psi_2(t)]$ 能被 2π 整除时，$h=H_1$ 和 $h=H_2$ 仅出现 1 次，否则出现两次。因此，满足式（6B.1）的整数 h 的个数为 $J=4\times\lfloor 2d\sin\beta_{\text{Max}}/\lambda\rfloor+2-2\mathbb{Z}(2d\sin\beta_{\text{Max}}/\lambda)$，$\mathbb{Z}(\cdot)$ 为整数指示符，当变量为整数时等于 1，否则等于 0，该值即为任意两个目标相位差曲线的最大交点数目，由此可证明结论 6.1。

附录 6C　结论 6.2 的证明

对于（α，β）方向处的目标，其无模糊和模糊相位差函数分别为

$$\psi(t)=(2\pi d\sin\beta/\lambda)\times\cos(2\pi t/T-\alpha),\quad \phi(t)=\text{mod}(\psi(t),2\pi)$$

在未知信号方向的情况下，对 t 时刻接收脉冲对应的模糊相位差 $\phi(t)$，其无模糊相位差可能为 $\phi(t)+h\times(2\pi)$，其中整数 $h\in[(-2\pi d\sin\beta_{\text{Max}}/\lambda-\phi(t))/(2\pi),(2\pi d\sin\beta_{\text{Max}}/\lambda-\phi(t))/(2\pi)]\triangleq\Omega(t)$。

若 t_1 时刻方向（α_*，β_*）处目标的模糊相位差为 $\phi_*(t_1)$，相应的无模糊相位差集合为 $\Psi_*(t_1)=\{\phi_*(t_1)+h\times2\pi\mid h\in\Omega(t_1), h\in\mathbb{Z}\}$，该集合中元素个数是有限的。对于 $\Psi_*(t_1)$ 中的任一元素 $\psi_*^{(i)}(t_1)$，其中 $i=1, \cdots, \text{Card}(\Psi_*(t_1))$，$\text{Card}(\cdot)$ 表示集合的元素个数，由 $\psi_*^{(i)}(t_1)=(2\pi d\sin\beta/\lambda)\times\cos(2\pi t_1/T-\alpha)$ 可以确定目标俯仰角的取值范围为 $\beta\in[\beta_0^{(i)}, \beta_{\text{Max}}]\beta_0^{(i)}=\arcsin\left(\dfrac{\lambda\psi_*^{(i)}(t_1)}{2\pi d}\right)$，并由该范围内的特定 β_* 值可以解得

$$\alpha_*\in\{2\pi t_1/T-\xi_*^{(i)}+q\times2\pi,2\pi t_1/T+\xi_*^{(i)}+q\times2\pi\mid q\in\mathbb{Z}\}\cap[0,2\pi),$$
$$\xi_*^{(i)}=\arccos(\lambda\psi_*^{(i)}(t_1)/(2\pi d\sin\beta_*))$$

当 $\xi_*^{(i)}=0$，即 $\beta=\beta_0^{(i)}$ 时，α_* 有唯一解（记为 $\alpha_0^{(i)}$），否则有两个不同的解。由于目标方向（α_*，β_*）与无模糊相位差 $\psi_*^{(i)}(t_1)$ 之间的映射函数是连续可导的，由 $\psi_*^{(i)}(t_1)$ 求解得到的（α_*，β_*）集合在（α，β）平面内表现为两条连续曲线，这两条曲线共用端点（$\alpha_0^{(i)}$，$\beta_0^{(i)}$）（因此也可看作一条曲线）。当 i 取遍集合 $\{1, \cdots, \text{Card}(\Psi_*(t_1))\}$ 内的所有值时，可以得到模糊相位差为 $\phi_*(t_1)$ 对应的（α_*，β_*）的所有模糊解集合为（α，β）平面内的 $2\cdot\text{Card}(\Psi_*(t_1))$ 条曲线。

增加 t_2 时刻的模糊相位差为 $\phi_*(t_2)$，借助类似的分析可以得到位于与 t_1 时刻类似的 $2\cdot\text{Card}(\Psi_*(t_2))$ 条曲线上的模糊解集，同时可以证明，这两组

解集合的交集仅包含有限的离散点集，不包含连续的解集合。为证明这一结论，选定 t_1 和 t_2 时刻模糊周期数分别为 h_1 和 h_2 的两个无模糊相位差 $\psi_*^{(i_1)}(t_1)$ 和 $\psi_*^{(i_2)}(t_2)$，联合方程式

$$\psi_*^{(i_1)}(t_1)=(2\pi d\sin\beta/\lambda)\times\cos(2\pi t_1/T-\alpha)$$
$$\psi_*^{(i_2)}(t_2)=(2\pi d\sin\beta/\lambda)\times\cos(2\pi t_2/T-\alpha)$$

并整理得如下方程组：

$$\begin{bmatrix}\cos(2\pi t_1/T) & \sin(2\pi t_1/T)\\ \cos(2\pi t_2/T) & \sin(2\pi t_2/T)\end{bmatrix}\begin{bmatrix}\sin\beta\cos\alpha\\ \sin\beta\sin\alpha\end{bmatrix}=\begin{bmatrix}\psi_*^{(i_1)}(t_1)\\ \psi_*^{(i_2)}(t_2)\end{bmatrix}\times\frac{\lambda}{2\pi d} \tag{6C.1}$$

该方程组系数矩阵的行列式为 $\sin(2\pi(t_1-t_2)/T)$，考虑到 t_1 和 t_2 是随机选取的，$\sin(2\pi(t_1-t_2)/T)$ 以概率 1 不等于 0，因此由式（6C.1）可得到未知量 $\sin\beta\cos\alpha$ 和 $\sin\beta\sin\alpha$ 的确定解。在所得解满足约束 $(\sin\beta\cos\alpha)^2+(\sin\beta\sin\alpha)^2=(\sin\beta)^2\leqslant(\sin\beta_{\text{Max}})^2$ 的条件下，最终可得到（α，β）的最多四组解。综合所有 h_1 和 h_2 的组合情况，可以证明 t_1 和 t_2 时刻的模糊相位差分别为 $\phi_*(t_1)$ 和 $\phi_*(t_2)$ 的（α，β）解集合由有限个离散点构成。

记由 t_1 和 t_2 时刻的相位差测量值得到的有限解集合为 $\{(\alpha_i,\beta_i)\mid i=1,\cdots,I\}$，在任意选取的 t_3 时刻，该解集对应的模糊相位差集合 $\{\mathrm{mod}((2\pi d\sin\beta_i/\lambda)\times\cos(2\pi t_3/T-\alpha_i),2\pi)\mid i=1,\cdots,I\}\triangleq\{\phi_i(t_3)\mid i=1,\cdots,I\}$ 为 $[-\pi,\pi)$ 范围内的有限点集，方向（α_*，β_*）处的真实目标对应的模糊相位差 $\phi_*(t_3)$ 以概率 1 区别于该集合中其他 $I-1$ 个相位差，即由随机选定的三个时刻的模糊相位差测量值就可以概率 1 确定目标的方向。

附录 6D　结论 6.3 的证明

由式（6.15）得到 $e(f_m)$ 的期望值为

$$\begin{aligned}\mathrm{E}\{e(f_m)\}&=\frac{1}{N}\sum_{n=1}^{N}[\mathrm{E}\{\rho(t_n)\}-1]\exp\{\mathrm{j}\phi(t_n)\}\exp\{-\mathrm{j}2\pi f_m t_n\}\\&\approx-\frac{\sigma_\varphi^2}{2}\frac{1}{N}\sum_{n=1}^{N}\exp\{\mathrm{j}\phi(t_n)\}\exp\{-\mathrm{j}2\pi f_m t_n\}\\&=-\frac{\sigma_\varphi^2}{2}\sum_{k=1}^{K}\frac{N_k}{N}\gamma_k(f_m)\end{aligned} \tag{6D.1}$$

考虑到不同时刻相位差观测误差之间相互独立，频率 f_{m_1} 和 f_{m_2} 处观测噪声的互相关函数为

$$
\begin{aligned}
&\mathrm{E}\{[e(f_{m_1})-\mathrm{E}\{e(f_{m_1})\}][e(f_{m_1})-\mathrm{E}\{e(f_{m_1})\}]^*\}\\
&=\frac{1}{N^2}\sum_{n_1=1}^{N}\sum_{n_2=1}^{N}\mathrm{E}\{[\rho(t_{n_1})-\mathrm{E}\{\rho(t_{n_1})\}][\rho^*(t_{n_2})-\mathrm{E}\{\rho^*(t_{n_2})\}]\}\\
&\quad\times\exp\{\mathrm{j}\phi(t_{n_1})-\mathrm{j}\phi(t_{n_2})\}\exp\{-\mathrm{j}2\pi(f_{m_1}t_{n_1}-f_{m_2}t_{n_2})\}\\
&\approx\frac{\sigma_\varphi^2}{N^2}\sum_{n=1}^{N}\exp\{-\mathrm{j}2\pi(m_1-m_2)t_n/T\}\\
&\approx\frac{\sigma_\varphi^2}{N}\delta(m_1-m_2)
\end{aligned}
\tag{6D.2}
$$

式中：$(\cdot)^*$表示取复数共轭。

式（6D.1）中近似处理和式（6D.2）中第一个近似处理的依据是相位差测量误差不显著情况下$\rho(t)$可用其二阶泰勒展开形式

$$\rho(t)=\exp\{\mathrm{j}\varepsilon(t)\}\approx 1+\mathrm{j}\varepsilon(t)-\frac{1}{2}\varepsilon^2(t)$$

近似，式（6D.2）中第二个近似处理的依据是当基线旋转周期内接收脉冲数较多且脉冲到达时刻分布较均匀时，有

$$\frac{1}{N}\sum_{n=1}^{N}\exp\{-\mathrm{j}2\pi(m_1-m_2)t_n/T\}\approx\delta(m_1-m_2)$$

第7章 阵列误差自校正与高精度测向方法

7.1 引 言

实际阵列测向系统中广泛存在着阵列互耦[39,42-44,46]、幅相不一致[47]和阵元位置不准确[40,92]等非理想因素，它们会造成各种阵列处理方法中所建立的信号模型与真实模型失配，从而导致这些方法的性能出现不同程度的恶化。

在阵列模型失配的条件下，为得到高精度的测向结果，需要综合考虑实际存在的模型误差因素，并有针对性地进行校正。大多数实际的测向系统中总是以某种特定类型的误差因素占据主导地位，因此常见的解决思路是对几类典型的阵列误差进行独立分析，并分别研究相应的校正方法。现有模型误差校正方法主要包括有源校正[226-228]和无源校正[39,40,42-44,46-47,92,229-232]两类。模型误差的有源校正需要增加已知方向的参考信源[226]或直接对误差参数进行测量[227-228]，其成本一般较高，且在星载、机载等测向系统中往往难以实现[233]。模型误差的无源校正方法则大多采用信号方向和模型误差联合估计的思路，将子空间类测向方法与对阵列模型误差的最小二乘等估计方法结合起来，借助阵列误差的估计结果实现对观测模型的校正，最终基于校正后的观测模型得到入射信号更准确的波达方向估计结果[39-40,42-44,46-47,92,229-232]。当子空间类方法受低信噪比、小样本数等信号环境制约而无法为阵列误差参数估计过程提供准确的先验信息时，此类无源校正方法的性能会显著恶化。部分文献还研究了多种误差同时存在时的阵列校准与信号测向方法[234-235]，但这些方法需要进行多维搜索[234]或者依赖于辐射源方向的先验信息[235]，而且它们在低信噪比、小样本数等信号环境的适应能力方面也存在显著局限。阵列误差校准与波达方向估计的性能分析也一直是该领域的一个研究热点，目前已有文献分析了相应的CRLB[236-238]，然而这些表达形式十分复杂的分析结果仅适用于特定阵列误差类型，且其中阵列误差和信号方向估计误差的效果相互耦合，因而极大地削弱了这些结果的可用性。

对信号空域稀疏性的利用可以显著增强测向方法对低信噪比、小样本数等非理想信号环境的适应能力，因而有望更好地解决阵列模型失配条件下的测向问题，但目前在模型失配条件下有效利用信号的空域稀疏性实现阵列测向的研究成果还非常少见[198]。本章针对窄带独立信号环境，在充分利用入射信号空域稀疏性的基础上，寻求一条有效的阵列误差校正和波达方向估计途径。首先建立单一类型误差条件下统一的阵列观测模型，然后以该模型为基础，引入贝叶斯稀疏重构技术解决对各类典型阵列误差的无源校正以及信号方向的联合估计问题，同时分析阵列校准和信号测向精度的 CRLB，并将所给出的联合估计方法推广至多种类型误差同时存在时的阵列测向环境。

本章内容主要分为七部分，7.2 节建立阵列互耦、幅相不一致和阵元位置不准确等单一类型误差条件下通用的阵列观测模型，7.3 节基于该观测模型给出适用于这几类典型模型误差的统一阵列校正与信号测向方法 SBAC（Sparse Bayesian Array Calibration），7.4 节分析阵列校准与信号测向精度的 CRLB，7.2 节~7.4 节中的成果经具体化之后适用于阵列互耦、幅相不一致和阵元位置不准确等误差类型中的任意一种，7.5 节以阵列互耦和幅相误差同时存在的情况为例，给出对多种阵列误差的联合校正方法，7.6 节借助仿真实验验证 SBAC 方法的性能，7.7 节总结本章内容。一些重要结论的分析过程放在附录 7A、7B、7C 中。

7.2 不同类型误差条件下统一的阵列观测模型

假设 K 个同频窄带信号从 $\boldsymbol{\vartheta}=[\vartheta_1, \cdots, \vartheta_K]^{\mathrm{T}}$ 方向同时入射到 M 元阵列上，阵列接收机共采集到 N 个时刻的观测样本，其中 t 时刻的阵列输出具有如下形式：

$$\boldsymbol{x}^{(pf)}(t) = \sum_{k=1}^{K} \boldsymbol{a}(\vartheta_k)\boldsymbol{s}_k(t) + \boldsymbol{v}(t) = \boldsymbol{A}(\boldsymbol{\vartheta})\boldsymbol{s}(t) + \boldsymbol{v}(t) \tag{7.1}$$

式中：$\boldsymbol{A}(\boldsymbol{\vartheta})=[\boldsymbol{a}(\vartheta_1), \cdots, \boldsymbol{a}(\vartheta_K)]$ 和 $\boldsymbol{a}(\vartheta_k)=[\mathrm{e}^{\mathrm{j}\varphi_{k,1}}, \cdots, \mathrm{e}^{\mathrm{j}\varphi_{k,M}}]^{\mathrm{T}}$ 分别为阵

列响应矩阵和响应向量，$\varphi_{k,m}$ 为第 k 个信号在参考点与第 m 个阵元之间传播的相位延迟；$s_k(t)$ 为第 k 个信号在 t 时刻的波形，$\boldsymbol{s}(t)=[s_1(t),\cdots,s_K(t)]^{\mathrm{T}}$；$\boldsymbol{v}(t)=[v_1(t),\cdots,v_M(t)]^{\mathrm{T}}$ 为 t 时刻阵列的观测噪声向量，其方差为 σ^2；$\boldsymbol{x}^{(\mathrm{pf})}(t)=[x_1^{(\mathrm{pf})}(t),\cdots,x_M^{(\mathrm{pf})}(t)]^{\mathrm{T}}$，上标（pf）为无扰动（perturbation-free）。

实际的阵列接收系统往往受到各种模型误差的影响，导致观测数据与式（7.1）所给出的模型之间存在偏差，模型失配条件下的阵列输出为

$$\boldsymbol{x}(t)=\sum_{k=1}^{K}\boldsymbol{a}'(\vartheta_k)s_k(t)+\boldsymbol{v}(t)=\boldsymbol{A}'(\boldsymbol{\vartheta})\boldsymbol{s}(t)+\boldsymbol{v}(t) \tag{7.2}$$

式中：$\boldsymbol{A}'(\boldsymbol{\vartheta})=[\boldsymbol{a}'(\vartheta_1),\cdots,\boldsymbol{a}'(\vartheta_K)]$，$\boldsymbol{a}'(\theta)$ 为模型失配时的阵列响应向量。

本章针对阵列互耦、幅相不一致和阵元位置不准确三种典型的阵列误差进行探讨，将线性阵列作为接收阵列以简化表述；并假设阵元位置误差仅存在于阵列轴线上，因而不会改变其线性结构；对阵列互耦效应的分析则主要针对均匀线性阵列。在线性阵列中，精确校准条件下的阵列响应向量为

$$\boldsymbol{a}(\vartheta_k)=[\mathrm{e}^{\mathrm{j}2\pi d_1\sin\vartheta_k/\lambda},\cdots,\mathrm{e}^{\mathrm{j}2\pi d_M\sin\vartheta_k/\lambda}]^{\mathrm{T}}$$

即

$$\varphi_{k,m}=2\pi d_m\sin\vartheta_k/\lambda_0$$

式中：λ_0 为入射信号波长；$d_1,\cdots,d_M$ 分别为 M 个阵元与参考点的距离，取第一个阵元位置为参考点，则 $d_1=0$。

在不同类型的阵列误差条件下，$\boldsymbol{a}'(\vartheta)$ 具有不同的表现形式，其中阵列互耦和幅相不一致时可表示为 $\boldsymbol{a}'(\vartheta)=\boldsymbol{C}\boldsymbol{a}(\vartheta)$[42-43,47,229-231]。两种情况下 $\boldsymbol{C}$ 分别代表阵列互耦矩阵和幅相增益矩阵，互耦矩阵 $\boldsymbol{C}=\mathrm{toeplitz}([1,b_1,\cdots,b_P,\boldsymbol{0}_{(M-P-1)\times 1}^{\mathrm{T}}]^{\mathrm{T}})$ 表示以括号中列向量作为第一列的对称 Toeplitz 矩阵，其中，$b_p\in\mathbb{C}$ 为均匀线阵中相距 $p-1$ 个相邻阵元间距的两个阵元的互耦系数，当 $p>P$ 时，b_p 近似为 0，因而在该模型中予以忽略，幅相增益矩阵 $\boldsymbol{C}=\mathrm{diag}([\alpha_1\mathrm{e}^{\mathrm{j}\phi_1},\cdots,\alpha_M\mathrm{e}^{\mathrm{j}\phi_M}]^{\mathrm{T}})$，其中，$\alpha_1,\cdots,\alpha_M$ 和 $\phi_1,\cdots,\phi_M$ 分别表示各阵元的幅度增益和初始相移；在阵元位置不准确条件下，有

$$\boldsymbol{a}'(\theta)=[\mathrm{e}^{\mathrm{j}2\pi(d_1+\tilde{d}_1)\sin\theta/\lambda_0},\cdots,\mathrm{e}^{\mathrm{j}2\pi(d_M+\tilde{d}_M)\sin\theta/\lambda_0}]^{\mathrm{T}}$$

式中：$\tilde{d}_1,\cdots,\tilde{d}_M$ 分别为 M 个阵元的位置误差[92,232]。

当存在幅相不一致性时，阵列接收到的第 k 个信号分量 $\boldsymbol{a}'(\vartheta_k)s_k(t)$ 满足

$$\boldsymbol{a}'(\vartheta_k)s_k(t)=\boldsymbol{C}_0\boldsymbol{a}(\vartheta_k)(\alpha_1\mathrm{e}^{\mathrm{j}\phi_1}s_k(t))$$

式中

$$C_0=\mathrm{diag}([1,\alpha_1^{-1}\alpha_2\mathrm{e}^{\mathrm{j}(\phi_2-\phi_1)},\cdots,\alpha_1^{-1}\alpha_M\mathrm{e}^{\mathrm{j}(\phi_M-\phi_1)}]^{\mathrm{T}})$$

当存在阵元位置误差时，该信号分量满足

$$\boldsymbol{a}'(\vartheta_k)s_k(t)=\boldsymbol{a}_0'(\vartheta)(\mathrm{e}^{\mathrm{j}2\pi\tilde{d}_t\sin\vartheta/\lambda_0}s_k(t))$$

式中

$$\boldsymbol{a}_0'(\theta)=[1,\mathrm{e}^{\mathrm{j}2\pi(d_2+\tilde{d}_2-\tilde{d}_1)\sin\theta/\lambda_0},\cdots,\mathrm{e}^{\mathrm{j}2\pi(d_M+\tilde{d}_M-\tilde{d}_1)\sin\theta/\lambda_0}]^{\mathrm{T}}$$

在选取第一个阵元为参考阵元的条件下，可认为该阵元的幅相和位置都是完全校准的，即 $\alpha_1=1$，$\phi_1=0$，$\tilde{d}_1=0$。上述约束有助于增强最优解的唯一性。这是因为，在不附加这一约束的情况下，任意 $\boldsymbol{C}=\mathrm{diag}([\alpha_0\alpha_1\mathrm{e}^{\mathrm{j}(\phi_0+\phi_1)},\cdots,\alpha_0\alpha_M\mathrm{e}^{\mathrm{j}(\phi_0+\phi_M)}]^{\mathrm{T}})$（$\alpha_0\in\mathbb{C}$ 且 $\alpha_0\neq 0$）和 $d_0+\tilde{d}_1$，…，$d_0+\tilde{d}_M$（$d_0\in\mathbb{R}$）都可能成为幅相增益矩阵和阵元位置误差的解。

为了统一不同类型误差条件下的阵列观测模型，以下首先建立阵列输出数据与互耦、幅相误差和阵元位置误差参数之间的关系。并将这三类误差顺次标注为第Ⅰ、Ⅱ、Ⅲ类误差以进行区分，并在必要的情况下用上标（Ⅰ）、（Ⅱ）和（Ⅲ）明确各变量与误差类型的对应关系。互耦条件下式（7.2）可改写为

$$\boldsymbol{x}(t)=\boldsymbol{A}(\boldsymbol{\vartheta})\boldsymbol{s}(t)+(\boldsymbol{C}^{(\mathrm{I})}-\boldsymbol{I}_M)\boldsymbol{A}(\boldsymbol{\vartheta})\boldsymbol{s}(t)+\boldsymbol{v}(t)=\boldsymbol{A}(\boldsymbol{\vartheta})\boldsymbol{s}(t)+\boldsymbol{Q}_t^{(\mathrm{I})}\boldsymbol{c}^{(\mathrm{I})}+\boldsymbol{v}(t) \tag{7.3}$$

式中：$\boldsymbol{c}^{(\mathrm{I})}=[c_1^{(\mathrm{I})},\ \cdots,\ c_P^{(\mathrm{I})}]^{\mathrm{T}}=[b_1,\ \cdots,\ b_P]^{\mathrm{T}}$；$\boldsymbol{Q}_t^{(\mathrm{I})}\in\mathbb{C}^{M\times P}$，$[\boldsymbol{Q}_t^{(\mathrm{I})}]_{:,p}=\boldsymbol{G}_p^{(\mathrm{I})}\boldsymbol{A}(\boldsymbol{\vartheta})\boldsymbol{s}(t)$，$\boldsymbol{G}_p^{(\mathrm{I})}=\partial\boldsymbol{C}^{(\mathrm{I})}/\partial c_p^{(\mathrm{I})}\in\mathbb{R}^{M\times M}$，均匀线阵中 $\boldsymbol{G}_p^{(\mathrm{I})}$ 的 $\pm p$ 对角线元素为 1、其他元素为 0。$\boldsymbol{G}_p^{(\mathrm{I})}$ 的这一表示形式可通过对式（7.3）中 $\boldsymbol{x}(t)$ 的两种表达式关于 $c_p^{(\mathrm{I})}$ 求偏导得到。幅相不一致条件下式（7.2）也可改写为与式（7.3）类似的形式，不同之处在于 $\boldsymbol{c}^{(\mathrm{II})}=[\alpha_2\mathrm{e}^{\mathrm{j}\phi_2}-1,\ \cdots,\ \alpha_M\mathrm{e}^{\mathrm{j}\phi_M}-1]^{\mathrm{T}}\triangleq[c_1^{(\mathrm{II})},\ \cdots,\ c_{M-1}^{(\mathrm{II})}]^{\mathrm{T}}$，$\boldsymbol{Q}_t^{(\mathrm{II})}\in\mathbb{C}^{M\times(M-1)}$，$[\boldsymbol{Q}_t^{(\mathrm{II})}]_{:,p}=\boldsymbol{G}_p^{(\mathrm{II})}\boldsymbol{A}(\boldsymbol{\vartheta})\boldsymbol{s}(t)$，$\boldsymbol{G}_p^{(\mathrm{II})}=\partial\boldsymbol{C}^{(\mathrm{II})}/\partial c_p^{(\mathrm{II})}\in\mathbb{R}^{M\times M}$ 仅有第（$p+1$，$p+1$）个元素取非零值 1。阵元位置不准确条件下的阵列输出表达式为

$$\begin{aligned}\boldsymbol{x}(t)&=\boldsymbol{A}(\boldsymbol{\vartheta})\boldsymbol{s}(t)+(\boldsymbol{A}'(\boldsymbol{\vartheta})-\boldsymbol{A}(\boldsymbol{\vartheta}))\boldsymbol{s}(t)+\boldsymbol{v}(t)\\&=\boldsymbol{A}(\boldsymbol{\vartheta})\boldsymbol{s}(t)+\mathrm{diag}([0,\tilde{d}_2,\cdots,\tilde{d}_M]^{\mathrm{T}})\boldsymbol{A}(\boldsymbol{\vartheta})\mathrm{diag}\left(\frac{\mathrm{j}2\pi}{\lambda}[\sin\vartheta_1,\cdots,\sin\vartheta_K]^{\mathrm{T}}\right)\boldsymbol{s}(t)+\boldsymbol{v}(t)\\&=\boldsymbol{A}(\boldsymbol{\vartheta})\boldsymbol{s}(t)+\boldsymbol{Q}_t^{(\mathrm{III})}c^{(\mathrm{III})}+\boldsymbol{v}(t)\end{aligned} \tag{7.4}$$

式（7.4）中第二个等式是在假设位置误差较小时通过一阶泰勒展开近似得到的，这一假设适用于大多数实际系统[92]，$\boldsymbol{c}^{(\mathrm{III})}=[\tilde{d}_2,\ \cdots,\ \tilde{d}_M]^{\mathrm{T}}\triangleq[c_1^{(\mathrm{III})},\ \cdots,$

$c_{M-1}^{(\mathrm{III})}]^{\mathrm{T}}$，$\boldsymbol{Q}_t^{(\mathrm{III})}\in\mathbb{C}^{M\times(M-1)}$，$[\boldsymbol{Q}_t^{(\mathrm{III})}]_{:,p}=\boldsymbol{G}_p^{(\mathrm{III})}\boldsymbol{A}(\boldsymbol{\vartheta})\operatorname{diag}\left(\frac{\mathrm{j}2\pi}{\lambda}[\sin\vartheta_1,\ \cdots,\ \sin\vartheta_K]^{\mathrm{T}}\right)$ $\boldsymbol{s}(t)$，$\boldsymbol{G}_p^{(\mathrm{III})}=\boldsymbol{G}_p^{(\mathrm{II})}$。

综合上述分析不难发现，单一类型阵列误差条件下的阵列输出具有如下统一表达形式：

$$\boldsymbol{x}(t)=\boldsymbol{A}'(\boldsymbol{\vartheta})\boldsymbol{s}(t)+\boldsymbol{v}(t)=\boldsymbol{A}(\boldsymbol{\vartheta})\boldsymbol{s}(t)+\boldsymbol{Q}_t\boldsymbol{c}+\boldsymbol{v}(t) \tag{7.5}$$

式中：$\boldsymbol{c}$ 表示由阵列误差参数所构成的列向量，阵列互耦条件下 $\boldsymbol{c}\in\mathbb{C}^{P\times1}$，幅相不一致条件下 $\boldsymbol{c}\in\mathbb{C}^{(M-1)\times1}$，阵元位置不准确条件下 $\boldsymbol{c}\in\mathbb{R}^{(M-1)\times1}$。为统一表述，下文用 P 表示 c 中元素个数，即 $\boldsymbol{c}=[c_1,\ \cdots,\ c_P]^{\mathrm{T}}$，在幅相和阵元位置误差条件下 $P=M-1$。将 $\boldsymbol{A}(\boldsymbol{\vartheta})\boldsymbol{s}(t)$ 从 $\boldsymbol{A}'(\vartheta)\boldsymbol{s}(t)$ 中分离出来是为了更直接地利用各阵元自耦合系数为 1、第一个阵元的幅相和位置完全校准等先验信息，同时也使各误差参数与阵列输出数据之间的关系更加直观。$\boldsymbol{A}'(\boldsymbol{\vartheta})$ 的具体表示形式因阵列误差类型而异，$\boldsymbol{Q}_t$ 和 $\boldsymbol{c}$ 满足

$$\boldsymbol{Q}_t\boldsymbol{c}=[\boldsymbol{A}'(\boldsymbol{\vartheta})-\boldsymbol{A}(\boldsymbol{\vartheta})]\boldsymbol{s}(t)\triangleq\boldsymbol{\Psi}\boldsymbol{\Phi}(\boldsymbol{\vartheta})\boldsymbol{s}(t) \tag{7.6}$$

式中

$$\boldsymbol{\Psi}^{(\mathrm{I})}=\operatorname{toeplitz}([0,b_1,\cdots,b_P,\boldsymbol{0}_{(M-P-1)\times1}^{\mathrm{T}}]^{\mathrm{T}}),\quad c_p^{(\mathrm{I})}=b_p$$

$$\boldsymbol{\Psi}^{(\mathrm{II})}=\operatorname{diag}([0,\alpha_2\mathrm{e}^{\mathrm{j}\phi_2}-1,\cdots,\alpha_M\mathrm{e}^{\mathrm{j}\phi_M}-1]^{\mathrm{T}}),\quad c_p^{(\mathrm{II})}=\alpha_{p+1}\mathrm{e}^{\mathrm{j}\phi_{p+1}}-1$$

$$\boldsymbol{\Psi}^{(\mathrm{III})}=\operatorname{diag}([0,\tilde{d}_2,\cdots,\tilde{d}_M]^{\mathrm{T}}),\quad c_p^{(\mathrm{III})}=\tilde{d}_{p+1},\quad \boldsymbol{\Phi}^{(\mathrm{I})}(\boldsymbol{\vartheta})=\boldsymbol{\Phi}^{(\mathrm{II})}(\boldsymbol{\vartheta})=\boldsymbol{A}(\boldsymbol{\vartheta})$$

$$\boldsymbol{\Phi}^{(\mathrm{III})}(\boldsymbol{\vartheta})=\boldsymbol{A}(\boldsymbol{\vartheta})\operatorname{diag}\left(\frac{\mathrm{j}2\pi}{\lambda}[\sin\vartheta_1,\cdots,\sin\vartheta_K]^{\mathrm{T}}\right)$$

$$[\boldsymbol{Q}_t]_{:,p}=\boldsymbol{G}_p\boldsymbol{\Phi}(\boldsymbol{\vartheta})\boldsymbol{s}(t),\quad \boldsymbol{G}_p=\partial\boldsymbol{\Psi}/\partial c_p$$

阵列误差的存在会对阵列测向系统的分辨能力[64]和测向精度[45]产生显著的负面影响，甚至会得到有偏的测向结果。以受互耦效应影响的均匀线阵为例，对于入射信号角度间隔大于阵列分辨力阈值的情况，通过建立互耦条件下阵列响应函数与理想阵列流形之间的对应关系，借助理论分析可以证明均匀线阵互耦条件下 MUSIC 方法的测向结果是有偏的（具体分析过程见附录 7A），并得到第 k 个信号的测向偏差为

$$\Delta\vartheta_k=-\frac{\operatorname{Im}\{\boldsymbol{1}^{\mathrm{T}}((\boldsymbol{C}\boldsymbol{a}_k\boldsymbol{a}_k^{\mathrm{H}}\boldsymbol{C}^{\mathrm{H}})\odot(\boldsymbol{J}\boldsymbol{a}_k\boldsymbol{a}_k^{\mathrm{H}}-\boldsymbol{a}_k\boldsymbol{a}_k^{\mathrm{H}}\boldsymbol{J})^{\mathrm{T}}\odot\boldsymbol{Y}_1)\boldsymbol{1}\}}{\frac{2\pi f_{\mathrm{c}}D_0}{c}\cos\vartheta_k\operatorname{Re}\{\boldsymbol{1}^{\mathrm{T}}((\boldsymbol{C}\boldsymbol{a}_k\boldsymbol{a}_k^{\mathrm{H}}\boldsymbol{C}^{\mathrm{H}})\odot(\boldsymbol{J}\boldsymbol{a}_k\boldsymbol{a}_k^{\mathrm{H}}-\boldsymbol{a}_k\boldsymbol{a}_k^{\mathrm{H}}\boldsymbol{J})^{\mathrm{T}}\odot\boldsymbol{Y}_2)\boldsymbol{1}\}} \tag{7.7}$$

式中：f_{c} 为信号载频；D_0 为均匀线阵相邻阵元间距；c 为信号传播速度；$\boldsymbol{a}_k$ 为 $\boldsymbol{a}(\vartheta_k)$ 的简写形式；“$\odot$”为 Hadamard 乘子，表示矩阵对应元素相乘；$\operatorname{Re}\{\cdot\}$

和 Im{ · } 分别为复数取实部和取虚部运算符；$\mathbf{1}=[1, \cdots, 1]^{\mathrm{T}} \in \mathbb{R}^{M\times 1}$；$\boldsymbol{Y}_1=$

$$\begin{bmatrix} 0 & 1 & \cdots & 1 \\ 0 & 0 & \ddots & \vdots \\ \vdots & \vdots & \ddots & 1 \\ 0 & \cdots & 0 & 0 \end{bmatrix}_{M\times M};\ \boldsymbol{Y}_2=\begin{bmatrix} 0 & 1 & 2 & \cdots & M-1 \\ 0 & 0 & 1 & \ddots & \vdots \\ 0 & 0 & \ddots & \ddots & 2 \\ \vdots & \ddots & \ddots & 0 & 1 \\ 0 & \cdots & 0 & 0 & 0 \end{bmatrix};\ \boldsymbol{J}=\begin{bmatrix} 0 & 0 & \cdots & 0 \\ 0 & 1 & \ddots & \vdots \\ \vdots & \ddots & \ddots & 0 \\ 0 & \cdots & 0 & M-1 \end{bmatrix}。$$

文献［221］中的仿真结果表明，当阵列阵元间距较小或信号入射方向偏离阵列法线较远时，MUSIC 方法的测向偏差较为显著。这一结论较好地说明了进行阵列模型误差补偿的必要性。

7.3 基于信号空域稀疏性的阵列校准与测向方法

式（7.5）给出了不同类型模型误差条件下阵列输出的统一表达形式，该表达式表明阵列输出除受到未知功率观测噪声的影响外，主要依赖于 $\boldsymbol{\vartheta}$、$\boldsymbol{c}$ 和 $\{\boldsymbol{s}(t)\}_{t=1}^{N}$ 等未知变量。在大多数情况下，阵列误差的自校正过程是依据阵列输出 $\boldsymbol{x}(1), \cdots, \boldsymbol{x}(N)$ 联合估计 ϑ 和 c 的过程。常规阵列校正与测向方法中简单地将 $\{\boldsymbol{s}(t)\}_{t=1}^{N}$ 当作冗余参数的思路忽略了信号能量的空域稀疏性这一有用信息，而近年来的大量研究成果以及本书前面几章中所得到的结论已经证明，对信号空域稀疏性的利用是改善测向性能的一条有效途径。本小节基于式（7.5）中的阵列输出表达式，结合信号的空域稀疏性，实现对阵列误差和信号方向的同时估计。

7.3.1 模型失配条件下阵列输出的空域超完备模型

将信号可能的入射空域进行离散采样得到角度集 $\boldsymbol{\Theta}=[\theta_1, \cdots, \theta_L]$，信号真实方向 $\vartheta_1, \cdots, \vartheta_K$ 以较小量化误差包含在集合 $\boldsymbol{\Theta}$ 内。将 7.2 节中依赖于 $\boldsymbol{\vartheta}$ 的各个变量从 $\boldsymbol{\vartheta}$ 补零扩展至 $\boldsymbol{\Theta}$ 得到相应的超完备表示形式，并用标识符（$\boldsymbol{\Theta}$）明确该变量与 $\boldsymbol{\Theta}$ 的依赖关系，例如 $\boldsymbol{A}(\boldsymbol{\Theta})=[\boldsymbol{a}(\theta)]_{\theta\in\Theta}$，则式（7.5）具有如下扩展形式：

$$\boldsymbol{x}(t)=\boldsymbol{A}'(\boldsymbol{\Theta})\bar{\boldsymbol{s}}(t)+\boldsymbol{v}(t)=\boldsymbol{A}(\boldsymbol{\Theta})\bar{\boldsymbol{s}}(t)+\bar{\boldsymbol{Q}}_t\boldsymbol{c}+\boldsymbol{v}(t) \tag{7.8}$$

式中：$\bar{\boldsymbol{s}}(t)$ 是 $\boldsymbol{s}(t)$ 从 $\boldsymbol{\vartheta}$ 到 $\boldsymbol{\Theta}$ 的补零扩展形式，仅在 $\boldsymbol{\vartheta}$ 对应坐标处取非零幅度值；$\bar{\boldsymbol{Q}}_t$ 和 $\boldsymbol{c}$ 满足 $\bar{\boldsymbol{Q}}_t\boldsymbol{c}=[\boldsymbol{A}'(\boldsymbol{\Theta})-\boldsymbol{A}(\boldsymbol{\Theta})]\bar{\boldsymbol{s}}(t)=\boldsymbol{\Psi\Phi}(\boldsymbol{\Theta})\bar{\boldsymbol{s}}(t)$，$\bar{\boldsymbol{Q}}_t\in\mathbb{C}^{M\times P}$ 的第 p 列由 $[\bar{\boldsymbol{Q}}_t]_{:,p}=\boldsymbol{G}_p\boldsymbol{\Phi}(\boldsymbol{\Theta})\bar{\boldsymbol{s}}(t)$ 确定，$\boldsymbol{G}_p=\partial\boldsymbol{\Psi}/\partial c_p$。

由于真实信号方向 $\boldsymbol{\vartheta}$ 通常不包含在 $\boldsymbol{\Theta}$ 内，式（7.8）并非式（7.5）的准

确扩展形式。但本书前几章的分析和仿真结果已经证明，在角度集 $\boldsymbol{\Theta}$ 的采样间隔合理因而所引入的量化误差较小的情况下，信号模型的空域扩展仍然是有效的，基于该扩展模型能够准确地恢复出入射信号的空域特征。因此，除了需要特别强调该离散误差影响的场合之外，后续分析过程中均假设式（7.8）的扩展模型是完全准确的。式（7.8）中阵列输出的扩展形式虽然较大程度地增大了模型的维数和冗余变量的数目，但也为阵列校准和信号测向过程中联合利用入射信号的空域稀疏性提供了可能。

7.3.2 入射信号的空域重构和阵列误差参数的联合估计

基于式（7.8）的观测模型，引入中间变量 $\boldsymbol{\gamma}=[\gamma_1, \cdots, \gamma_L]^{\mathrm{T}}$ 表示方向 $\theta_1, \cdots, \theta_L$ 处对应信号分量幅度的方差，即

$$\bar{\boldsymbol{s}}(t) \sim \mathcal{N}(\boldsymbol{0},\boldsymbol{\Gamma}) \tag{7.9}$$

式中：$\boldsymbol{\Gamma}=\mathrm{diag}(\boldsymbol{\gamma})$。

由于 $\bar{\boldsymbol{s}}(t)$ 是 $\boldsymbol{s}(t)$ 从 $\boldsymbol{\vartheta}$ 到 $\boldsymbol{\Theta}$ 的补零扩展形式，$\boldsymbol{\gamma}$ 仅包含与 $\boldsymbol{\vartheta}$ 对应的 K 个非零元素，即 $\|\boldsymbol{\gamma}\|_0=K$。依据式（7.8）可得到阵列输出的概率密度函数为

$$\begin{aligned} & p(\{\boldsymbol{x}(t)\}_{t=1}^{N} \mid \{\bar{\boldsymbol{s}}(t)\}_{t=1}^{N};\boldsymbol{c},\sigma^2) \\ &= |\pi\sigma^2\boldsymbol{I}_M|^{-N}\exp\left\{-\sigma^{-2}\sum_{t=1}^{N}\|\boldsymbol{x}(t)-\boldsymbol{A}(\boldsymbol{\Theta})\bar{\boldsymbol{s}}(t)\|_2^2\right\} \\ &= |\pi\sigma^2\boldsymbol{I}_M|^{-N}\exp\left\{-\sigma^{-2}\sum_{t=1}^{N}\|\boldsymbol{x}(t)-\boldsymbol{A}(\boldsymbol{\Theta})\bar{\boldsymbol{s}}(t)-\bar{\boldsymbol{Q}}_t\boldsymbol{c}\|_2^2\right\} \end{aligned} \tag{7.10}$$

综合式（7.9）和式（7.10）可得到给定 $\boldsymbol{\gamma}$、$\boldsymbol{c}$ 和 σ^2 条件下 $\{\boldsymbol{x}(t)\}_{t=1}^{N}$ 的概率为

$$\begin{aligned} & p(\{\boldsymbol{x}(t)\}_{t=1}^{N};\boldsymbol{\gamma},\boldsymbol{c},\sigma^2) \\ &= \int\cdots\int p(\{\boldsymbol{x}(t)\}_{t=1}^{N} \mid \{\bar{\boldsymbol{s}}(t)\}_{t=1}^{N};\boldsymbol{c},\sigma^2)\,p(\{\bar{\boldsymbol{s}}(t)\}_{t=1}^{N};\boldsymbol{\gamma})\,\mathrm{d}\bar{\boldsymbol{s}}(1)\cdots\mathrm{d}\bar{\boldsymbol{s}}(N) \\ &= |\pi\boldsymbol{\Sigma}_x|^{-N}\exp\{-N\mathrm{tr}(\boldsymbol{\Sigma}_x^{-1}\hat{\boldsymbol{R}}_x)\} \end{aligned} \tag{7.11}$$

式中

$$\boldsymbol{\Sigma}_x=\sigma^2\boldsymbol{I}_M+\boldsymbol{A}'(\boldsymbol{\Theta})\boldsymbol{\Gamma}(\boldsymbol{A}'(\boldsymbol{\Theta}))^{\mathrm{H}}, \quad \hat{\boldsymbol{R}}_x=\frac{1}{N}\sum_{t=1}^{N}\boldsymbol{x}(t)\boldsymbol{x}^{\mathrm{H}}(t)$$

通过最大化式（7.11）中的概率密度函数，可以实现对 $\boldsymbol{\gamma}$、$\boldsymbol{c}$ 和 σ^2 的估计，从而获得入射信号的空域分布和阵列误差参数等信息。然而，由于该密度函数关于各参数具有极强的非线性，直接对该函数进行优化十分困难。目前能够用于求解该优化问题的一种有效方法是 EM 算法[129,209,240-241]，该方法采用迭代方式逐步实现对各变量的估计，每一步迭代过程由一个 E-step 和一个 M-step

组成。

E-step：

E-step 的主要任务是计算全概率 $p(\{\boldsymbol{x}(t)\}_{t=1}^{N}, \{\bar{\boldsymbol{s}}(t)\}_{t=1}^{N}; \boldsymbol{\gamma}, \boldsymbol{c}, \sigma^2)$ 的期望值，即

$$
\begin{aligned}
& F(\{\boldsymbol{x}(t)\}_{t=1}^{N}, \{\bar{\boldsymbol{s}}(t)\}_{t=1}^{N}; \boldsymbol{\gamma}, \boldsymbol{c}, \sigma^2) \\
&= \langle \ln p(\{\boldsymbol{x}(t)\}_{t=1}^{N}, \{\bar{\boldsymbol{s}}(t)\}_{t=1}^{N}; \boldsymbol{\gamma}, \boldsymbol{c}, \sigma^2) \rangle \\
&= \langle \ln p(\{\boldsymbol{x}(t)\}_{t=1}^{N} \mid \{\bar{\boldsymbol{s}}(t)\}_{t=1}^{N}; \boldsymbol{c}, \sigma^2) + \ln p(\{\bar{\boldsymbol{s}}(t)\}_{t=1}^{N}; \bar{\boldsymbol{\gamma}}) \rangle
\end{aligned} \tag{7.12}
$$

式中：〈·〉表示给定分布概率条件下对应的期望运算符。

式（7.12）中所使用的条件概率为 $p(\{\bar{\boldsymbol{s}}(t)\}_{t=1}^{N} \mid \{\boldsymbol{x}(t)\}_{t=1}^{N}; \boldsymbol{\gamma}, \boldsymbol{c}, \sigma^2)$。将式（7.10）和式（7.9）代入式（7.12），可得

$$
\begin{aligned}
& F(\{\boldsymbol{x}(t)\}_{t=1}^{N}, \{\bar{\boldsymbol{s}}(t)\}_{t=1}^{N}; \boldsymbol{\gamma}, \boldsymbol{c}, \sigma^2) \\
&= \left\langle -MN\ln\sigma^2 - \sigma^{-2}\sum_{t=1}^{N} \|\boldsymbol{x}(t) - \boldsymbol{A}'(\boldsymbol{\Theta})\bar{\boldsymbol{s}}(t)\|_2^2 - \sum_{l=1}^{L}\left[N\ln\gamma_l + \left(\sum_{t=1}^{N}|\bar{s}_l(t)|^2\right)/\gamma_l\right]\right\rangle \\
&= \left\langle -MN\ln\sigma^2 - \sigma^{-2}\sum_{t=1}^{N} \|\boldsymbol{x}(t) - \boldsymbol{A}(\boldsymbol{\Theta})\bar{\boldsymbol{s}}(t) - \bar{\boldsymbol{Q}}_t\boldsymbol{c}\|_2^2 - \sum_{l=1}^{L}\left[N\ln\gamma_l + \left(\sum_{t=1}^{N}|\bar{s}_l(t)|^2\right)/\gamma_l\right]\right\rangle
\end{aligned} \tag{7.13}
$$

M-step：

M-step 通过最大化 $F(\{\boldsymbol{x}(t)\}_{t=1}^{N}, \{\bar{\boldsymbol{s}}(t)\}_{t=1}^{N}; \boldsymbol{\gamma}, \boldsymbol{c}, \sigma^2)$ 优化各未知变量。首先由式（7.13）中第二种表达式可得

$$
\begin{aligned}
& \frac{\partial}{\partial \boldsymbol{c}} F(\{\boldsymbol{x}(t)\}_{t=1}^{N}, \{\bar{\boldsymbol{s}}(t)\}_{t=1}^{N}; \boldsymbol{\gamma}, \boldsymbol{c}, \sigma^2) \\
&= -2\sigma^{-2}\left[\left\langle \sum_{t=1}^{N} \bar{\boldsymbol{Q}}_t^{\mathrm{H}}\bar{\boldsymbol{Q}}_t \right\rangle \boldsymbol{c} - \left\langle \sum_{t=1}^{N} \bar{\boldsymbol{Q}}_t^{\mathrm{H}}(\boldsymbol{x}(t) - \boldsymbol{A}(\boldsymbol{\Theta})\bar{\boldsymbol{s}}(t)) \right\rangle\right]
\end{aligned} \tag{7.14}
$$

由式（7.13）中第一种表达式可得

$$
\frac{\partial}{\partial \sigma^2} F(\{\boldsymbol{x}(t)\}_{t=1}^{N}, \{\bar{\boldsymbol{s}}(t)\}_{t=1}^{N}; \boldsymbol{\gamma}, \boldsymbol{c}, \sigma^2) = -\frac{MN}{\sigma^2} + \frac{1}{(\sigma^2)^2}\left\langle \sum_{t=1}^{N} \|\boldsymbol{x}(t) - \boldsymbol{A}'(\boldsymbol{\Theta})\bar{\boldsymbol{s}}(t)\|_2^2 \right\rangle \tag{7.15}
$$

$$
\frac{\partial}{\partial \gamma_l} F(\{\boldsymbol{x}(t)\}_{t=1}^{N}, \{\bar{\boldsymbol{s}}(t)\}_{t=1}^{N}; \boldsymbol{\gamma}, \boldsymbol{c}, \sigma^2) = -\frac{N}{\gamma_l} + \frac{1}{(\gamma_l)^2}\left\langle \sum_{t=1}^{N} |\bar{s}_l(t)|^2 \right\rangle \tag{7.16}
$$

分别令式（7.14）~式（7.16）中各偏导数的值等于0，得到第 q 次迭代中各变量的估计值如下：

$$\boldsymbol{c}^{(q)} = \left\langle \sum_{t=1}^{N} \overline{\boldsymbol{Q}}_t^{\mathrm{H}} \overline{\boldsymbol{Q}}_t \right\rangle^{-1} \left\langle \sum_{t=1}^{N} \overline{\boldsymbol{Q}}_t^{\mathrm{H}} (\boldsymbol{x}(t) - \boldsymbol{A}(\boldsymbol{\Theta})\overline{\boldsymbol{s}}(t)) \right\rangle \tag{7.17}$$

$$(\sigma^2)^{(q)} = \frac{1}{MN} \left\langle \sum_{t=1}^{N} \| \boldsymbol{x}(t) - (\boldsymbol{A}'(\boldsymbol{\Theta}))^{(q)} \overline{\boldsymbol{s}}(t) \|_2^2 \right\rangle \tag{7.18}$$

$$\gamma_l^{(q)} = \frac{1}{N} \left\langle \sum_{t=1}^{N} | \overline{s}_l(t) |^2 \right\rangle \tag{7.19}$$

式中：上标（q）表示对应的迭代步骤序号；$(\boldsymbol{A}'(\boldsymbol{\Theta}))^{(q)}$ 的具体形式依赖于 $c^{(q)}$。

式（7.17）~式（7.19）中各期望值取决于条件概率密度函数 $p(\{\overline{\boldsymbol{s}}(t)\}_{t=1}^N | \{\boldsymbol{x}(t)\}_{t=1}^N; \boldsymbol{\gamma}, \boldsymbol{c}, \sigma^2)$，且 $\overline{\boldsymbol{Q}}_t$ 的形式并不直观，因此需要对上述变量更新方法进行深入分析和简化。

由于 t 时刻的信号幅度 $\overline{\boldsymbol{s}}(t)$ 仅与该时刻的阵列观测 $\boldsymbol{x}(t)$ 相关，依据式（7.10）和式（7.9）可得到 $\overline{\boldsymbol{s}}(t)$ 关于 $\boldsymbol{x}(t)$ 的后验概率密度函数为

$$\begin{aligned} & p(\overline{\boldsymbol{s}}(t) | \boldsymbol{x}(t); \boldsymbol{\gamma}, \boldsymbol{c}, \sigma^2) \\ & \propto p(\boldsymbol{x}(t) | \overline{\boldsymbol{s}}(t); \boldsymbol{c}, \sigma^2) p(\overline{\boldsymbol{s}}(t); \boldsymbol{\gamma}) \\ & = | \pi \boldsymbol{\Sigma}_{\overline{s}} |^{-1} \exp\{ -(\overline{\boldsymbol{s}}(t) - \boldsymbol{\mu}_t)^{\mathrm{H}} \boldsymbol{\Sigma}_{\overline{s}}^{-1} (\overline{\boldsymbol{s}}(t) - \boldsymbol{\mu}_t) \} \end{aligned} \tag{7.20}$$

式中

$$\boldsymbol{\Sigma}_{\overline{s}} = [\boldsymbol{\Gamma}^{-1} + \sigma^{-2} (\boldsymbol{A}'(\boldsymbol{\Theta}))^{\mathrm{H}} \boldsymbol{A}'(\boldsymbol{\Theta})]^{-1} = \boldsymbol{\Gamma} - \boldsymbol{\Gamma} (\boldsymbol{A}'(\boldsymbol{\Theta}))^{\mathrm{H}} \boldsymbol{\Sigma}_x^{-1} \boldsymbol{A}'(\boldsymbol{\Theta}) \boldsymbol{\Gamma} \tag{7.21}$$

$$\boldsymbol{\mu}_t = \sigma^{-2} \boldsymbol{\Sigma}_{\overline{s}} (\boldsymbol{A}'(\boldsymbol{\Theta}))^{\mathrm{H}} \boldsymbol{x}(t) = \boldsymbol{\Gamma} (\boldsymbol{A}'(\boldsymbol{\Theta}))^{\mathrm{H}} \boldsymbol{\Sigma}_x^{-1} \boldsymbol{x}(t) \tag{7.22}$$

式（7.20）表明，$\overline{\boldsymbol{s}}(t) \sim \mathcal{N}(\boldsymbol{\mu}_t, \boldsymbol{\Sigma}_{\overline{s}})$，其中 $\boldsymbol{\mu}_t$ 和 $\boldsymbol{\Sigma}_{\overline{s}}$ 分别由式（7.22）和式（7.21）给出，因此

$$\langle | \overline{s}_l(t) |^2 \rangle = | (\boldsymbol{\mu}_t)_l |^2 + (\boldsymbol{\Sigma}_{\overline{s}})_{l,l} \tag{7.23}$$

式中：$(\boldsymbol{\mu}_t)_l$、$(\boldsymbol{\Sigma}_{\overline{s}})_{l,l}$ 分别表示 $\boldsymbol{\mu}_t$ 和 $\boldsymbol{\Sigma}_{\overline{s}}$ 的第 l 个元素和第 l 行、l 列元素。

另外，有

$$\boldsymbol{x}(t) - \boldsymbol{A}'(\boldsymbol{\Theta}) \overline{\boldsymbol{s}}(t) \sim \mathcal{N}(\boldsymbol{x}(t) - \boldsymbol{A}'(\boldsymbol{\Theta}) \boldsymbol{\mu}_t, \boldsymbol{A}'(\boldsymbol{\Theta}) \boldsymbol{\Sigma}_{\overline{s}} (\boldsymbol{A}'(\boldsymbol{\Theta}))^{\mathrm{H}})$$

记 $\mathcal{M} = [\boldsymbol{\mu}_1, \cdots, \boldsymbol{\mu}_N]$，则由 $[\overline{\boldsymbol{Q}}_t]_{:,p} = \boldsymbol{G}_p \boldsymbol{\Phi}(\boldsymbol{\Theta}) \overline{\boldsymbol{s}}(t)$ 可得

$$\begin{aligned} \left\langle \sum_{t=1}^{N} \overline{\boldsymbol{Q}}_t^{\mathrm{H}} \overline{\boldsymbol{Q}}_t \right\rangle_{p_1,p_2} & = \left\langle \sum_{t=1}^{N} \overline{\boldsymbol{s}}^{\mathrm{H}}(t) \boldsymbol{\Phi}^{\mathrm{H}}(\boldsymbol{\Theta}) \boldsymbol{G}_{p_1}^{\mathrm{H}} \boldsymbol{G}_{p_2} \boldsymbol{\Phi}(\boldsymbol{\Theta}) \overline{\boldsymbol{s}}(t) \right\rangle \\ & = \mathrm{tr}[\boldsymbol{G}_{p_1}^{\mathrm{H}} \boldsymbol{G}_{p_2} \boldsymbol{\Phi}(\Theta) \langle \overline{\boldsymbol{S}\boldsymbol{S}^{\mathrm{H}}} \rangle \boldsymbol{\Phi}^{\mathrm{H}}(\boldsymbol{\Theta})] \\ & = \mathrm{tr}[\boldsymbol{G}_{p_1}^{\mathrm{H}} \boldsymbol{G}_{p_2} \boldsymbol{\Phi}(\boldsymbol{\Theta}) (\mathcal{M}\mathcal{M}^{\mathrm{H}} + N\boldsymbol{\Sigma}_{\overline{s}}) \boldsymbol{\Phi}^{\mathrm{H}}(\boldsymbol{\Theta})] \end{aligned} \tag{7.24}$$

类似地，可得

$$\left\langle \sum_{t=1}^{N} \overline{\boldsymbol{Q}}_t^{\mathrm{H}} \boldsymbol{x}(t) \right\rangle_p = \mathrm{tr}[\boldsymbol{G}_p^{\mathrm{H}} \boldsymbol{X} \mathcal{M}^{\mathrm{H}} \boldsymbol{\Phi}^{\mathrm{H}}(\boldsymbol{\Theta})] \tag{7.25}$$

$$\left\langle \sum_{t=1}^{N} \bar{\boldsymbol{Q}}_t^{\mathrm{H}} \boldsymbol{A}(\boldsymbol{\Theta}) \bar{\boldsymbol{s}}(t) \right\rangle_p = \mathrm{tr}[\boldsymbol{G}_p^{\mathrm{H}} \boldsymbol{A}(\boldsymbol{\Theta})(\mathcal{M}\mathcal{M}^{\mathrm{H}} + N\boldsymbol{\Sigma}_{\bar{s}})\boldsymbol{\Phi}^{\mathrm{H}}(\boldsymbol{\Theta})] \tag{7.26}$$

此外，有

$$\begin{aligned} &\left\langle \sum_{t=1}^{N} \| \boldsymbol{x}(t) - (\boldsymbol{A}'(\boldsymbol{\Theta}))^{(q)} \bar{\boldsymbol{s}}(t) \|_2^2 \right\rangle \\ &= \sum_{t=1}^{N} [\, \| \boldsymbol{x}(t) - \boldsymbol{A}'(\boldsymbol{\Theta}) \boldsymbol{\mu}_t \|_2^2 + \mathrm{tr}(\boldsymbol{A}'(\boldsymbol{\Theta}) \boldsymbol{\Sigma}_{\bar{s}} (\boldsymbol{A}'(\boldsymbol{\Theta}))^{\mathrm{H}})] \\ &= \| \boldsymbol{X} - \boldsymbol{A}'(\boldsymbol{\Theta}) \mathcal{M} \|_F^2 + N \mathrm{tr}(\boldsymbol{A}'(\boldsymbol{\Theta}) \boldsymbol{\Sigma}_{\bar{s}} (\boldsymbol{A}'(\boldsymbol{\Theta}))^{\mathrm{H}}) \end{aligned} \tag{7.27}$$

式中

$$\bar{\boldsymbol{S}} = [\bar{\boldsymbol{s}}(1), \cdots, \bar{\boldsymbol{s}}(N)], \quad \boldsymbol{X} = [\boldsymbol{x}(1), \cdots, \boldsymbol{x}(N)]$$

将式（7.23）~式（7.27）代入式（7.17）~式（7.19）就可以实现对变量 $\boldsymbol{c}$、σ^2 和 $\boldsymbol{\gamma}$ 的更新，基于新的变量估计值由式（7.21）和式（7.22）可以计算出信号幅度 $\bar{\boldsymbol{S}}$ 的均值和方差，随后即可进入下一次 EM 迭代过程。由 EM 算法的严格收敛性[241-242] 可知，该迭代过程逐渐逼近一组稳定的估计值。当预设的收敛条件得到满足时，由各变量估计值可以获得所需的信号空域分布、阵列误差模型和噪声功率等信息。

7.3.3 基于重构结果的信号方向估计

在入射信号空域重构和阵列误差参数的联合估计过程中，当迭代过程达到收敛时，$\boldsymbol{\gamma}$ 的估计值反映了入射信号在角度集 $\boldsymbol{\Theta}$ 上的能量分布情况。由于稀疏贝叶斯学习方法具有内在的稀疏性约束[129,177]，$\boldsymbol{\gamma}$ 的估计值通常只包含与入射信号相对应的 K 个显著谱峰，对可能存在的伪峰可依据第 2 章的思路借助信息论准则进行剔除。尽管如此，角度集 Θ 的离散性导致由重构结果中各谱峰的位置难以直接得到高精度的测向结果。为此，以下基于贝叶斯学习过程的重构结果，给出一种高精度的波达方向估计方法。

记稀疏重构方法达到收敛时 $\boldsymbol{c}$、σ^2 和 $\boldsymbol{\gamma}$ 的估计值分别为 $\hat{\boldsymbol{c}}$、$\hat{\sigma}^2$ 和 $\hat{\boldsymbol{\gamma}}$，这一组重构结果可看作基于式（7.8）中的超完备观测模型最大化式（7.11）中的概率密度函数所得到的结果。将重构结果中各个包含多条谱线的谱峰分量用单一谱线表示的信号分量代替，通过优化谱线位置就可以获得高精度的测向结果。基于多级概率模型的贝叶斯稀疏重构方法能够较好地保留各入射信号分量的局部特征[240]，因此这一优化过程可以关于各入射信号依次实现。以第 k 个信号为例，记该信号对应谱峰所包含的谱线构成角度集 θ_k，各谱线对应信号分量的方差集合为 $\hat{\boldsymbol{\gamma}}_k$，$\hat{\boldsymbol{\Gamma}}_k = \mathrm{diag}(\hat{\boldsymbol{\gamma}}_k)$，$\hat{\boldsymbol{A}}'(\theta_k) = [\hat{\boldsymbol{a}}'(\theta)]_{\theta \in \theta_k}$，其中 $\hat{\boldsymbol{a}}'(\theta)$ 表示依赖于阵列误差参数估计值 $\hat{c}$ 的阵列响应向量。与该信号无关的各个变量用下标 $(\cdot)_{-k}$ 进行标注，例如 $\boldsymbol{\Theta}_{-k}=\boldsymbol{\Theta}\setminus\boldsymbol{\theta}_k$，即 $\boldsymbol{\Theta}$ 中剔除 $\boldsymbol{\theta}_k$ 后得到 $\boldsymbol{\Theta}_{-k}$，$\hat{\boldsymbol{\gamma}}_{-k}=\hat{\boldsymbol{\gamma}}\setminus\hat{\boldsymbol{\gamma}}_k$，$\hat{\boldsymbol{\Gamma}}_{-k}=\mathrm{diag}(\hat{\boldsymbol{\gamma}}_{-k})$，$\hat{\boldsymbol{\Sigma}}_{\boldsymbol{x},-k}=\hat{\sigma}^2\boldsymbol{I}_M+\hat{\boldsymbol{A}}'(\boldsymbol{\Theta}_{-k})\hat{\boldsymbol{\Gamma}}_{-k}(\hat{\boldsymbol{A}}'(\boldsymbol{\Theta}_{-k}))^{\mathrm{H}}$。用 $\eta\hat{\boldsymbol{a}}'(\theta)(\hat{\boldsymbol{a}}'(\theta))^{\mathrm{H}}$ 代替 $\hat{\boldsymbol{A}}'(\boldsymbol{\theta}_k)\hat{\boldsymbol{\Gamma}}_k(\hat{\boldsymbol{A}}'(\boldsymbol{\theta}_k))^{\mathrm{H}}$ 表示 $\boldsymbol{\Sigma}_x$ 中的第 k 个信号分量得到 $\boldsymbol{\Sigma}_x=\hat{\boldsymbol{\Sigma}}_{\boldsymbol{x},-k}+\eta\hat{\boldsymbol{a}}'(\theta)(\hat{\boldsymbol{a}}'(\theta))^{\mathrm{H}}$，通过最大化式（7.11）中的概率密度函数实现对该信号的功率 η_k 和方向 ϑ_k 的估计，即

$$\begin{aligned}&[\hat{\eta}_k,\hat{\vartheta}_k]\\&=\arg\max_{\eta,\theta}\left|\pi[\hat{\boldsymbol{\Sigma}}_{\boldsymbol{x},-k}+\eta\hat{\boldsymbol{a}}'(\theta)(\hat{\boldsymbol{a}}'(\theta))^{\mathrm{H}}]\right|^{-N}\exp\{-N\mathrm{tr}([\hat{\boldsymbol{\Sigma}}_{\boldsymbol{x},-k}+\eta\hat{\boldsymbol{a}}'(\theta)(\hat{\boldsymbol{a}}'(\theta))^{\mathrm{H}}]^{-1}\hat{\boldsymbol{R}}_{\boldsymbol{x}})\}\\&=\arg\min_{\eta,\theta}\{\ln\left|\hat{\boldsymbol{\Sigma}}_{\boldsymbol{x},-k}+\eta\hat{\boldsymbol{a}}'(\theta)(\hat{\boldsymbol{a}}'(\theta))^{\mathrm{H}}\right|+\mathrm{tr}([\hat{\boldsymbol{\Sigma}}_{\boldsymbol{x},-k}+\eta\hat{\boldsymbol{a}}'(\theta)(\hat{\boldsymbol{a}}'(\theta))^{\mathrm{H}}]^{-1}\hat{\boldsymbol{R}}_{\boldsymbol{x}})\}\end{aligned} \tag{7.28}$$

记式（7.28）第二种表达式中的对数似然函数为 $\mathcal{L}_k$，首先由 $\partial\mathcal{L}_k/\partial\eta=0$ 解得

$$\hat{\eta}_k=\frac{(\hat{\boldsymbol{a}}'(\theta))^{\mathrm{H}}\hat{\boldsymbol{\Sigma}}_{\boldsymbol{x},-k}^{-1}(\hat{\boldsymbol{R}}_{\boldsymbol{x}}-\hat{\boldsymbol{\Sigma}}_{\boldsymbol{x},-k})\hat{\boldsymbol{\Sigma}}_{\boldsymbol{x},-k}^{-1}\hat{\boldsymbol{a}}'(\theta)}{[(\hat{\boldsymbol{a}}'(\theta))^{\mathrm{H}}\hat{\boldsymbol{\Sigma}}_{\boldsymbol{x},-k}^{-1}\hat{\boldsymbol{a}}'(\theta)]^2} \tag{7.29}$$

将式（7.29）代入 $\partial\mathcal{L}_k/\partial\theta=0$，可得

$$\mathrm{Re}\{(\hat{\boldsymbol{a}}'(\theta))^{\mathrm{H}}\hat{\boldsymbol{\Sigma}}_{\boldsymbol{x},-k}^{-1}[\hat{\boldsymbol{a}}'(\theta)(\hat{\boldsymbol{a}}'(\theta))^{\mathrm{H}}\hat{\boldsymbol{\Sigma}}_{\boldsymbol{x},-k}^{-1}\hat{\boldsymbol{R}}_{\boldsymbol{x}}-\hat{\boldsymbol{R}}_{\boldsymbol{x}}\hat{\boldsymbol{\Sigma}}_{\boldsymbol{x},-k}^{-1}\hat{\boldsymbol{a}}'(\theta)(\hat{\boldsymbol{a}}'(\theta))^{\mathrm{H}}]\hat{\boldsymbol{\Sigma}}_{\boldsymbol{x},-k}^{-1}\hat{\boldsymbol{d}}'(\theta)\}=0 \tag{7.30}$$

式中：$\hat{\boldsymbol{d}}'(\theta)=\partial\hat{\boldsymbol{a}}'(\theta)/\partial\theta$。

由于实际应用中 $\hat{\boldsymbol{R}}_{\boldsymbol{x}}$ 和 $\hat{\boldsymbol{\Sigma}}_{\boldsymbol{x},-k}$ 等估计值往往存在一定的误差，ϑ_k 可依据式（7.30）等号左边函数与 0 之间的距离估计得到，即

$$\hat{\vartheta}_k=\arg\max_{\theta\in\boldsymbol{\Omega}_k}\left|\mathrm{Re}\{(\hat{\boldsymbol{a}}'(\theta))^{\mathrm{H}}\hat{\boldsymbol{\Sigma}}_{\boldsymbol{x},-k}^{-1}[\hat{\boldsymbol{a}}'(\theta)(\hat{\boldsymbol{a}}'(\theta))^{\mathrm{H}}\hat{\boldsymbol{\Sigma}}_{\boldsymbol{x},-k}^{-1}\hat{\boldsymbol{R}}_{\boldsymbol{x}}-\hat{\boldsymbol{R}}_{\boldsymbol{x}}\hat{\boldsymbol{\Sigma}}_{\boldsymbol{x},-k}^{-1}\hat{\boldsymbol{a}}'(\theta)(\hat{\boldsymbol{a}}'(\theta))^{\mathrm{H}}]\hat{\boldsymbol{\Sigma}}_{\boldsymbol{x},-k}^{-1}\hat{\boldsymbol{d}}'(\theta)\}\right|^{-1} \tag{7.31}$$

式中：$\boldsymbol{\Omega}_k$ 表示角度集 $\boldsymbol{\theta}_k$ 所覆盖的空域范围。

在式（7.31）中取 $k=1,\cdots,K$ 即可得到所有信号的波达方向。式（7.31）的测向过程具有与完全校准阵列测向方法 RVM-DOA 中对应步骤类似的形式，不同之处是式（7.31）中 $\hat{\boldsymbol{\Sigma}}_{\boldsymbol{x},-k}$、$\hat{\boldsymbol{a}}'(\theta)$ 和 $\hat{\boldsymbol{d}}'(\theta)$ 等物理量都依赖于阵列误差估计值 $\hat{c}$。

7.4 阵列误差参数及信号波达方向估计的 CRLB

本节依据 7.2 节所建立的阵列观测模型，分析模型失配条件下信号测向精度和阵列校准精度的 CRLB，以评估 7.3 节给出的信号测向和阵列校准方法的性能。本章

所给出的阵列测向方法在实现过程中并没有对信号的波形特征进行严格约束，对确定信号和随机信号都具有较强的适应性，但从数学模型的角度看，使用均值和方差对信号进行描述的方式更加适用于随机信号。为了增强本章成果的全面性，本节同时分析确定信号和随机信号条件下信号测向和阵列校准的 CRLB，并在仿真过程中将随机信号的 CRLB 分析结果用于评估 7.3 节中方法的性能，同时比较两种不同条件下的 CRLB，以说明信号波形特征对参数估计性能的影响。

7.4.1 确定信号条件下的 CRLB

在入射信号波形确定但未知的条件下，由式（7.5）得到 N 个阵列观测样本 $\boldsymbol{x}(1)$，…，$\boldsymbol{x}(N)$ 的概率密度函数为

$$
\begin{aligned}
& p(\boldsymbol{x}(1),\cdots,\boldsymbol{x}(N)\mid\boldsymbol{\vartheta},\boldsymbol{c},\{\boldsymbol{s}(t)\}_{t=1}^{N},\sigma^2) \\
&= |\pi\sigma^2\boldsymbol{I}_M|^{-N}\exp\left\{-\sigma^{-2}\sum_{t=1}^{N}\|\boldsymbol{x}(t)-\boldsymbol{A}'(\boldsymbol{\vartheta})\boldsymbol{s}(t)\|_2^2\right\} \\
&= |\pi\sigma^2\boldsymbol{I}_M|^{-N}\exp\left\{-\sigma^{-2}\sum_{t=1}^{N}\|\boldsymbol{x}(t)-\boldsymbol{A}(\boldsymbol{\vartheta})\boldsymbol{s}(t)-\boldsymbol{Q}_t\boldsymbol{c}\|_2^2\right\}
\end{aligned}
\tag{7.32}
$$

对该概率密度函数取对数得到似然函数为

$$
\begin{aligned}
& \mathcal{L}(\boldsymbol{\vartheta},\boldsymbol{c},\{\boldsymbol{s}(t)\}_{t=1}^{N},\sigma^2) \\
&= -MN\ln\sigma^2-\sigma^{-2}\sum_{t=1}^{N}\|\boldsymbol{x}(t)-\boldsymbol{A}'(\boldsymbol{\vartheta})\boldsymbol{s}(t)\|_2^2 \\
&= -MN\ln\sigma^2-\sigma^{-2}\sum_{t=1}^{N}\|\boldsymbol{x}(t)-\boldsymbol{A}(\boldsymbol{\vartheta})\boldsymbol{s}(t)-\boldsymbol{Q}_t\boldsymbol{c}\|_2^2
\end{aligned}
\tag{7.33}
$$

上述似然函数所包含的变量中，$\boldsymbol{\vartheta}$ 和 σ^2 为实数，$\boldsymbol{s}(t)=[s_1(t),\ \cdots,\ s_K(t)]^{\mathrm{T}}$ 为复向量，$\boldsymbol{c}$ 在阵列互耦和幅相误差条件下为复向量，在阵元位置误差条件下为实向量。为方便表述，以下分析过程中先统一认为 $\boldsymbol{c}$ 为复向量，其中阵列误差参数的虚部为0，并在最终的结果中针对不同误差类型进行特别说明。将 $\boldsymbol{s}(t)$ 和 $\boldsymbol{c}$ 分解为实部和虚部之和的形式，即 $\boldsymbol{s}(t)=\boldsymbol{s}_{\mathrm{R}}(t)+\mathrm{j}\boldsymbol{s}_{\mathrm{I}}(t)$，$\boldsymbol{c}=\boldsymbol{c}_{\mathrm{R}}+\mathrm{j}\boldsymbol{c}_{\mathrm{I}}$，其中下标 $(\cdot)_{\mathrm{R}}$ 和 $(\cdot)_{\mathrm{I}}$ 分别表示复变量的实部和虚部，得到模型失配条件下阵列输出数据所依赖的实值参数空间为 $\boldsymbol{\Xi}=[\boldsymbol{\vartheta}^{\mathrm{T}},\ \boldsymbol{c}_{\mathrm{R}}^{\mathrm{T}},\ \boldsymbol{c}_{\mathrm{I}}^{\mathrm{T}},\ \{\boldsymbol{s}_{\mathrm{R}}^{\mathrm{T}}(\mathrm{t}),\ \boldsymbol{s}_{\mathrm{I}}^{\mathrm{T}}(t)\}_{t=1}^{N},\ \sigma^2]^{\mathrm{T}}$。

基于式（7.33）中的似然函数，通过直接的数学推导（见附录7B）可得到噪声方差估计值的 CRLB 为

$$
\mathrm{CRLB}_{\sigma^2}=\frac{(\sigma^2)^2}{MN} \tag{7.34}
$$

信号方向估计值的 CRLB 为

$$
\mathrm{CRLB}_{\vartheta}^{-1}=\frac{2}{\sigma^2}\mathrm{Re}\{\boldsymbol{F}-\boldsymbol{U}^{\mathrm{H}}\boldsymbol{W}^{-1}\boldsymbol{U}\} \tag{7.35}
$$

式中：$\boldsymbol{F}=\sum_{t=1}^{N}\boldsymbol{\Lambda}_t^{\mathrm{H}}(\boldsymbol{D}'(\boldsymbol{\vartheta}))^{\mathrm{H}}\boldsymbol{P}_{\boldsymbol{A}'(\boldsymbol{\vartheta})}^{\perp}\boldsymbol{D}'(\boldsymbol{\vartheta})\boldsymbol{\Lambda}_t\in\mathbb{C}^{K\times K}$；$\boldsymbol{U}=\sum_{t=1}^{N}\boldsymbol{Q}_t^{\mathrm{H}}\boldsymbol{P}_{\boldsymbol{A}'(\boldsymbol{\vartheta})}^{\perp}\boldsymbol{D}'(\boldsymbol{\vartheta})\boldsymbol{\Lambda}_t\in\mathbb{C}^{P\times K}$，$\boldsymbol{\Lambda}_t=\mathrm{diag}([s_1(t),\cdots,s_K(t)]^{\mathrm{T}})$；$\boldsymbol{D}'(\boldsymbol{\vartheta})=[\boldsymbol{d}'(\vartheta_1),\cdots,\boldsymbol{d}'(\vartheta_K)]$；$\boldsymbol{d}'(\theta)=\partial\boldsymbol{a}'(\theta)/\partial\theta$；$\boldsymbol{W}=\sum_{t=1}^{N}\boldsymbol{Q}_t^{\mathrm{H}}\boldsymbol{P}_{\boldsymbol{A}'(\boldsymbol{\vartheta})}^{\perp}\boldsymbol{Q}_t\in\mathbb{C}^{P\times P}$；$\boldsymbol{P}_{\boldsymbol{A}'(\boldsymbol{\vartheta})}^{\perp}=\boldsymbol{I}_M-\boldsymbol{A}'(\boldsymbol{\vartheta})(\boldsymbol{A}'(\boldsymbol{\vartheta}))^{\dagger}$ 为阵列响应矩阵 $\boldsymbol{A}'(\boldsymbol{\vartheta})$ 的正交子空间，$(\boldsymbol{A}'(\boldsymbol{\vartheta}))^{\dagger}=((\boldsymbol{A}'(\boldsymbol{\vartheta}))^{\mathrm{H}}\boldsymbol{A}'(\boldsymbol{\vartheta}))^{-1}(\boldsymbol{A}'(\boldsymbol{\vartheta}))^{\mathrm{H}}$ 为 $\boldsymbol{A}'(\boldsymbol{\vartheta})$ 的伪逆。

阵列误差向量估计值的 CRLB 为

$$\mathrm{CRLB}_{[\boldsymbol{c}_{\mathrm{R}}^{\mathrm{T}},\boldsymbol{c}_{\mathrm{I}}^{\mathrm{T}}]^{\mathrm{T}}}^{-1}=\frac{2}{\sigma^2}\left\{\begin{bmatrix}\mathrm{Re}(\boldsymbol{W}) & -\mathrm{Im}(\boldsymbol{W})\\ \mathrm{Im}(\boldsymbol{W}) & \mathrm{Re}(\boldsymbol{W})\end{bmatrix}-\begin{bmatrix}\mathrm{Re}(\boldsymbol{U})\\ \mathrm{Im}(\boldsymbol{U})\end{bmatrix}[\mathrm{Re}(\boldsymbol{F})]^{-1}[\mathrm{Re}(\boldsymbol{U}^{\mathrm{H}})-\mathrm{Im}(\boldsymbol{U}^{\mathrm{H}})]\right\} \tag{7.36}$$

仅考虑阵元位置误差条件下，$\boldsymbol{c}=\boldsymbol{c}_{\mathrm{R}}$，$\boldsymbol{c}_{\mathrm{I}}=\boldsymbol{0}$，因此位置误差估计值的 CRLB 可简化为

$$\mathrm{CRLB}_{\boldsymbol{c}(\mathrm{III})}^{-1}=\frac{2}{\sigma^2}\{\mathrm{Re}(\boldsymbol{W})-\mathrm{Re}(\boldsymbol{U})[\mathrm{Re}(\boldsymbol{F})]^{-1}\mathrm{Re}(\boldsymbol{U}^{\mathrm{H}})\} \tag{7.37}$$

而在阵列互耦或幅相不一致条件下，式（7.36）所给出的分析结果简单地将误差参数分解为实部和虚部，因而并不能很好地反映误差参数估计精度的物理属性。为了解决这一问题，可以结合文献［63］中的结论，将［$\boldsymbol{c}_{\mathrm{R}}^{\mathrm{T}}$，$\boldsymbol{c}_{\mathrm{I}}^{\mathrm{T}}$］^{T} 估计值的 CRLB 转化为［$\boldsymbol{c}^{\mathrm{T}}$，$\boldsymbol{c}^{\mathrm{H}}$］^{T} 对应的结果，则该结果就能够更加直观地给出复向量 $\boldsymbol{c}$ 的估计精度。记

$$\boldsymbol{Z}=\mathrm{CRLB}_{[\boldsymbol{c}_{\mathrm{R}}^{\mathrm{T}},\boldsymbol{c}_{\mathrm{I}}^{\mathrm{T}}]^{\mathrm{T}}}=\begin{bmatrix}(\boldsymbol{Z}_{11})_{P\times P} & (\boldsymbol{Z}_{12})_{P\times P}\\ (\boldsymbol{Z}_{21})_{P\times P} & (\boldsymbol{Z}_{22})_{P\times P}\end{bmatrix}$$

则由转化后的结果可得向量 $\boldsymbol{c}$ 各元素以及整个向量估计方差的下限为

$$\mathrm{E}\{(\hat{\boldsymbol{c}}_p-\boldsymbol{c}_p)(\hat{\boldsymbol{c}}_p-\boldsymbol{c}_p)^*\}\geqslant(\boldsymbol{Z}_{11})_{p,p}+(\boldsymbol{Z}_{22})_{p,p} \tag{7.38}$$

$$\mathrm{E}\{(\hat{\boldsymbol{c}}_p-\boldsymbol{c}_p)^{\mathrm{H}}(\hat{\boldsymbol{c}}_p-\boldsymbol{c}_p)\}\geqslant\mathrm{tr}(\boldsymbol{Z}) \tag{7.39}$$

在式（7.38）和式（7.39）中，令 $\boldsymbol{Z}=\boldsymbol{Z}_{11}$ 和 $\boldsymbol{Z}_{12}$，$\boldsymbol{Z}_{21}$，$\boldsymbol{Z}_{22}=\varnothing$，其中$\varnothing$表示空集，就可以得到关于阵元位置误差的结论。

由于 $\boldsymbol{Q}_t$ 需要依据式（7.6）中［$\boldsymbol{Q}_t$］$_{:,p}=\boldsymbol{G}_p\boldsymbol{\Phi}(\boldsymbol{\vartheta})\boldsymbol{s}(t)$ 的结论逐个快拍进行构造，且各求和项需要累加所有快拍对应构造结果得到，在快拍数较多的情况下，由式（7.35）和式（7.36）计算参数估计精度的 CRLB 的过程较为复杂，因而在附录 7C 中给出了一种更加简便的 CRLB 计算方法，通过简化 $\boldsymbol{W}$、$\boldsymbol{F}$ 和 $\boldsymbol{U}$ 的计算过程降低 CRLB 的复杂度。

7.4.2 随机信号条件下的 CRLB

在入射信号波形确定但未知的条件下，$\boldsymbol{x}(t)$ 服从以下零均值正态分布：

$$\boldsymbol{x}(t) \sim \mathcal{N}(\boldsymbol{0},\boldsymbol{R}_x) \tag{7.40}$$

式中：$\boldsymbol{R}_x$ 为阵列观测协方差矩阵，且有

$$\boldsymbol{R}_x = \lim_{N\to+\infty} \hat{\boldsymbol{R}}_x = \boldsymbol{A}'(\boldsymbol{\vartheta})\boldsymbol{R}_s(\boldsymbol{A}'(\boldsymbol{\vartheta}))^{\mathrm{H}}+\sigma^2\boldsymbol{I}_M$$

其中：$\boldsymbol{R}_s$ 为随机信号波形的协方差矩阵，且有

$$\boldsymbol{R}_s = \lim_{N\to+\infty} \frac{1}{N}\sum_{n=1}^{N}\boldsymbol{s}(t_n)\boldsymbol{s}^{\mathrm{H}}(t_n)$$

上述分布函数中同时包含了实值和复值的未知参数，其中信号方向 $\boldsymbol{\vartheta}$、噪声方差 σ^2 为实参数，信号波形协方差矩阵 $\boldsymbol{R}_s$ 中各元素为复参数，阵列误差向量 $\boldsymbol{c}$ 用于表示阵元位置误差时为实参数，用于表示阵列互耦参数或幅相不一致性参数时为复参数。在以下的分析过程中，首先默认 $\boldsymbol{c}$ 为复向量以简化表示，然后在分析结果中对阵元位置不准确条件下的情况进行特别说明。

将 $\boldsymbol{R}_s$ 和 $\boldsymbol{c}$ 中的各复变量表示成相应的实部和虚部之和的形式，即

$$\boldsymbol{R}_s = \mathrm{Re}(\boldsymbol{R}_s)+\mathrm{j}\mathrm{Im}(\boldsymbol{R}_s),\quad \boldsymbol{c}=\boldsymbol{c}_{\mathrm{R}}+\mathrm{j}\boldsymbol{c}_{\mathrm{I}}$$

式中：符号 Re(·) 和下标 $(\cdot)_{\mathrm{R}}$ 表示取变量的实部；符号 Im(·) 和下标 $(\cdot)_{\mathrm{I}}$ 表示取变量的虚部。

由于 $\boldsymbol{R}_s$ 为共轭对称矩阵，可以用包含对角线的左下三角矩阵元素完全表示，因此决定阵列输出向量 $\boldsymbol{x}(t)$ 的变量集合可表示为

$$\Xi=[\boldsymbol{\vartheta}^{\mathrm{T}},\boldsymbol{c}_{\mathrm{R}}^{\mathrm{T}},\boldsymbol{c}_{\mathrm{I}}^{\mathrm{T}},\{\mathrm{Re}(\boldsymbol{R}_s)_{k_1,k_2},\quad \mathrm{Im}(\boldsymbol{R}_s)_{k_1,k_2}\}_{1\le k_2<k_1\le K},\{(\boldsymbol{R}_s)_{k,k}\}_{1\le k\le K},\sigma^2]^{\mathrm{T}}$$

不同时刻的阵列输出向量 $\boldsymbol{x}(1)$，…，$\boldsymbol{x}(N)$ 关于集合 Ξ 的对数似然函数为

$$\mathcal{L}(\Xi)=N\ln|\boldsymbol{R}_x|+N\mathrm{tr}(\boldsymbol{R}_x^{-1}\hat{\boldsymbol{R}}_x) \tag{7.41}$$

通过直接的数学推导，可得到该似然函数相对于 Ξ 的第 i 个元素 Ξ_i 的一阶偏导数为

$$\frac{\partial\mathcal{L}(\Xi)}{\partial\,\Xi_i}=N\mathrm{tr}\left(\boldsymbol{R}_x^{-1}\frac{\partial\boldsymbol{R}_x}{\partial\,\Xi_i}\right)-N\mathrm{tr}\left(\boldsymbol{R}_x^{-1}\frac{\partial\boldsymbol{R}_x}{\partial\,\Xi_i}\boldsymbol{R}_x^{-1}\hat{\boldsymbol{R}}_x\right) \tag{7.42}$$

同时，$\mathcal{L}(\Xi)$ 关于 Ξ_{i_1} 和 Ξ_{i_2} 的二阶偏导数的期望值为

$$\mathrm{E}\left\{\frac{\partial^2\mathcal{L}(\Xi)}{\partial\,\Xi_{i_1}\partial\,\Xi_{i_2}}\right\}=N\mathrm{tr}\left(\boldsymbol{R}_x^{-1}\frac{\partial\boldsymbol{R}_x}{\partial\,\Xi_{i_1}}\boldsymbol{R}_x^{-1}\frac{\partial\boldsymbol{R}_x}{\partial\,\Xi_{i_2}}\right) \tag{7.43}$$

由 $\boldsymbol{R}_x=\boldsymbol{A}'(\boldsymbol{\vartheta})\boldsymbol{R}_s(\boldsymbol{A}'(\boldsymbol{\vartheta}))^{\mathrm{H}}+\sigma^2\boldsymbol{I}_M$ 可以得到偏导数 $\partial\boldsymbol{R}_x/\partial\,\Xi_i$ 在不同 Ξ_i 条件下的表达式，利用这些结果对式（7.42）和式（7.43）进行简化，并将其代入 CRLB 的计算公式，可得

$$[\mathrm{CRLB}_{\Xi}^{-1}]_{i_1,i_2}=N\mathrm{tr}\left(\boldsymbol{R}_x^{-1}\frac{\partial\boldsymbol{R}_x}{\partial\,\Xi_{i_1}}\boldsymbol{R}_x^{-1}\frac{\partial\boldsymbol{R}_x}{\partial\,\Xi_{i_2}}\right) \tag{7.44}$$

式（7.44）中的结果是模型失配条件下阵列参数估计精度 CRLB 的一般表达形式，可用于分析所有参数估计精度的理论下界。然而，在大多数阵列测向问题中，$\boldsymbol{R}_s$ 和 σ^2 的估计结果往往并不是用户最为关心的。为了消除这些参数的影响，以更直观地呈现信号方向和阵列误差等参数的估计性能，将 $\boldsymbol{R}_s$ 和 σ^2 的最大似然估计值代入式（7.41）以简化该 CRLB 表达式。经过变量替换，得到阵列观测向量关于变量集 $\Xi'=[\boldsymbol{\vartheta}^{\mathrm{T}},\ \boldsymbol{c}_R^{\mathrm{T}},\ \boldsymbol{c}_I^{\mathrm{T}}]^{\mathrm{T}}$ 的对数似然函数为

$$\mathcal{L}(\Xi')=\ln\left|\boldsymbol{A}'(\boldsymbol{\vartheta})\boldsymbol{Z}(\boldsymbol{A}'(\boldsymbol{\vartheta}))^{\mathrm{H}}+\kappa\boldsymbol{I}_M\right| \tag{7.45}$$

式中

$$\boldsymbol{Z}=(\boldsymbol{A}'(\boldsymbol{\vartheta}))^{\dagger}\hat{\boldsymbol{R}}_x[(\boldsymbol{A}'(\boldsymbol{\vartheta}))^{\dagger}]^{\mathrm{H}}-\kappa[(\boldsymbol{A}'(\boldsymbol{\vartheta}))^{\mathrm{H}}\boldsymbol{A}'(\boldsymbol{\vartheta})]^{-1} \tag{7.46}$$

$$\kappa=\frac{1}{M-K}\mathrm{tr}\{\boldsymbol{P}_{\boldsymbol{A}'(\boldsymbol{\vartheta})}^{\perp}\hat{\boldsymbol{R}}_x\} \tag{7.47}$$

且

$$\boldsymbol{P}_{\boldsymbol{A}'(\boldsymbol{\vartheta})}^{\perp}=\boldsymbol{I}_M-\boldsymbol{A}'(\boldsymbol{\vartheta})(\boldsymbol{A}'(\boldsymbol{\vartheta}))^{\dagger}$$

$$(\boldsymbol{A}'(\boldsymbol{\vartheta}))^{\dagger}=[(\boldsymbol{A}'(\boldsymbol{\vartheta}))^{\mathrm{H}}\boldsymbol{A}'(\boldsymbol{\vartheta})]^{-1}(\boldsymbol{A}'(\boldsymbol{\vartheta}))^{\mathrm{H}}$$

假定

$$\hat{\Xi}'=\underset{\Xi'}{\mathrm{argmax}}\,\mathcal{L}(\Xi') \tag{7.48}$$

则变量集 Ξ' 的 CRLB 可由 $\mathrm{E}\{(\hat{\Xi}'-\Xi')(\hat{\Xi}'-\Xi')^{\mathrm{T}}\}$ 导出[247-248]。将 $\partial\mathcal{L}(\hat{\Xi})/\partial\Xi'=\boldsymbol{0}$ 在 Ξ' 的较小邻域内进行泰勒展开，并舍去二阶及以上阶无穷小量，得到

$$\frac{\partial\mathcal{L}(\Xi')}{\partial\Xi'}=\frac{\partial^2\mathcal{L}(\Xi')}{(\partial\Xi')^2}(\hat{\Xi}'-\Xi')=\boldsymbol{0} \tag{7.49}$$

因此

$$\mathrm{E}\{(\hat{\Xi}'-\Xi')(\hat{\Xi}'-\Xi')^{\mathrm{T}}\}=\mathrm{E}\left\{\left[\frac{\partial^2\mathcal{L}(\Xi')}{(\partial\Xi')^2}\right]^{-1}\frac{\partial\mathcal{L}(\Xi')}{\partial\Xi'}\left(\frac{\partial\mathcal{L}(\Xi')}{\partial\Xi'}\right)^{\mathrm{T}}\left[\frac{\partial^2\mathcal{L}(\Xi')}{(\partial\Xi')^2}\right]^{-1}\right\} \tag{7.50}$$

遵循文献［247］中的推导方法，可进一步得到集合 Ξ' 中各参数估计精度的 CRLB 满足

$$[\mathrm{CRLB}_{\Xi'}^{-1}]_{i_1,i_2}=\frac{2N}{\sigma^2}\mathrm{Re}\{\mathrm{tr}[\boldsymbol{B}\boldsymbol{Y}^{(i_1,i_2)}]\} \tag{7.51}$$

式中：$\boldsymbol{B}=\boldsymbol{R}_s(\boldsymbol{A}'(\boldsymbol{\vartheta}))^{\mathrm{H}}\boldsymbol{R}_x^{-1}\boldsymbol{A}'(\boldsymbol{\vartheta})\boldsymbol{R}_s$；$\boldsymbol{Y}^{(i_1,i_2)}=\left(\dfrac{\partial\boldsymbol{A}'(\boldsymbol{\vartheta})}{\partial\Xi'_{i_2}}\right)^{\mathrm{H}}\boldsymbol{P}_{\boldsymbol{A}'(\boldsymbol{\vartheta})}^{\perp}\dfrac{\partial\boldsymbol{A}'(\boldsymbol{\vartheta})}{\partial\Xi'_{i_1}}$，且有

$$\boldsymbol{P}_{\boldsymbol{A}'(\boldsymbol{\vartheta})}^{\perp}=\boldsymbol{I}_M-\boldsymbol{A}'(\boldsymbol{\vartheta})[(\boldsymbol{A}'(\boldsymbol{\vartheta}))^{\mathrm{H}}\boldsymbol{A}'(\boldsymbol{\vartheta})]^{-1}(\boldsymbol{A}'(\boldsymbol{\vartheta}))^{\mathrm{H}}$$

在完全校准阵列中，$\partial\boldsymbol{A}(\boldsymbol{\vartheta})/\partial\Xi'_i$ 仅包含一个非零列，对应的 $\mathrm{CRLB}_{\Xi'}^{-1}$ 可

简化为文献［43］中的形式，但在阵列误差存在的情况下，这些简化过程将失效。

与确定信号条件下的分析类似，参数 $\boldsymbol{\vartheta}$、$\boldsymbol{c}_{\mathrm{R}}$ 和 $\boldsymbol{c}_{\mathrm{I}}$ 的 CRLB 可通过对式（7.44）和式（7.51）中所得到的结果进行拆分获得。将这几组参数对应的 CRLB 分别表示为 $\mathrm{CRLB}_{\boldsymbol{\vartheta}}$、$\mathrm{CRLB}_{\boldsymbol{c}_{\mathrm{R}}}$ 和 $\mathrm{CRLB}_{\boldsymbol{c}_{\mathrm{I}}}$，则利用文献［63］中的结论可以将变量集 $[\boldsymbol{c}_{\mathrm{R}}^{\mathrm{T}},\ \boldsymbol{c}_{\mathrm{I}}^{\mathrm{T}}]^{\mathrm{T}}$ 的 CRLB 转换为变量集 $[\boldsymbol{c}^{\mathrm{T}},\ \boldsymbol{c}^{\mathrm{H}}]^{\mathrm{T}}$ 的 CRLB，以更加直观地表征阵列误差向量 $\boldsymbol{c}$ 的估计精度。通过上述变量转换，可以得到对向量 $\boldsymbol{c}$ 元素以及整个向量的估计精度分别满足

$$\mathrm{E}\{(\hat{c}_i-c_i)(\hat{c}_i-c_i)^*\}\geqslant(\mathrm{CRLB}_{\boldsymbol{c}_{\mathrm{R}}})_{i,i}+(\mathrm{CRLB}_{\boldsymbol{c}_{\mathrm{I}}})_{i,i} \tag{7.52}$$

$$\mathrm{E}\{(\hat{\boldsymbol{c}}-\boldsymbol{c})^{\mathrm{H}}(\hat{\boldsymbol{c}}-\boldsymbol{c})\}\geqslant\mathrm{tr}(\mathrm{CRLB}_{\boldsymbol{c}_{\mathrm{R}}}+\mathrm{CRLB}_{\boldsymbol{c}_{\mathrm{I}}}) \tag{7.53}$$

当 $\boldsymbol{c}$ 表示阵元位置误差时，该向量中所有元素均为实数，因此 $\boldsymbol{c}_I=\varnothing$，式（7.52）和式（7.53）则分别简化为

$$\mathrm{E}\{(\hat{c}_i-c_i)(\hat{c}_i-c_i)^*\}\geqslant(\mathrm{CRLB}_{\boldsymbol{c}_{\mathrm{R}}})_{i,i}$$

$$\mathrm{E}\{(\hat{\boldsymbol{c}}-\boldsymbol{c})^{\mathrm{H}}(\hat{\boldsymbol{c}}-\boldsymbol{c})\}\geqslant\mathrm{tr}(\mathrm{CRLB}_{\boldsymbol{c}_{\mathrm{R}}})$$

7.5 多种误差条件下的阵列校正与测向方法

本小节以均匀线阵中同时存在阵列互耦和阵元幅相误差的情形为例，将 7.3 节所给出的方法进行推广，以解决多种阵列误差的联合校正问题。这种情况下的阵列输出表达式为

$$\boldsymbol{x}(t)=\boldsymbol{C}^{(\mathrm{I})}\boldsymbol{C}^{(\mathrm{II})}\boldsymbol{A}(\boldsymbol{\vartheta})\boldsymbol{s}(t)+\boldsymbol{v}(t)=\boldsymbol{A}'(\boldsymbol{\vartheta})\boldsymbol{s}(t)+\boldsymbol{v}(t) \tag{7.54}$$

式中：$\boldsymbol{C}^{(\mathrm{I})}$、$\boldsymbol{C}^{(\mathrm{II})}$ 分别为阵列互耦矩阵和幅相增益矩阵，且有

$$\boldsymbol{C}^{(\mathrm{I})}=\mathrm{toeplitz}([1,b_1,\cdots,b_P,\boldsymbol{0}_{(M-P-1)\times 1}^{\mathrm{T}}]^{\mathrm{T}}),$$

$$\boldsymbol{C}^{(\mathrm{II})}=\mathrm{diag}([1,\alpha_2\mathrm{e}^{\mathrm{j}\phi_2},\cdots,\alpha_M\mathrm{e}^{\mathrm{j}\phi_M}]^{\mathrm{T}})$$

为了进一步明确阵列输出与互耦系数和幅相误差参数之间的关系，对式（7.54）做如下变换：

$$\begin{aligned}\boldsymbol{x}(t)&=\boldsymbol{C}^{(\mathrm{II})}\boldsymbol{A}(\boldsymbol{\vartheta})\boldsymbol{s}(t)+\boldsymbol{Q}_t^{(\mathrm{I})}\boldsymbol{c}^{(\mathrm{I})}+\boldsymbol{v}(t)\\&=\boldsymbol{C}^{(\mathrm{I})}\boldsymbol{A}(\boldsymbol{\vartheta})\boldsymbol{s}(t)+\boldsymbol{Q}_t^{(\mathrm{II})}(t)\boldsymbol{c}^{(\mathrm{II})}+\boldsymbol{v}(t)\end{aligned} \tag{7.55}$$

式中

$$[\boldsymbol{Q}_t^{(\mathrm{I})}]_{:,p}=\frac{\partial}{\partial \boldsymbol{c}_p^{(\mathrm{I})}}[(\boldsymbol{C}^{(\mathrm{I})}-\boldsymbol{I}_M)\boldsymbol{C}^{(\mathrm{II})}\boldsymbol{A}(\boldsymbol{\vartheta})\boldsymbol{s}(t)],$$

$$[\boldsymbol{Q}_t^{(\mathrm{II})}]_{:,p}=\frac{\partial}{\partial \boldsymbol{c}_p^{(\mathrm{II})}}[\boldsymbol{C}^{(\mathrm{I})}(\boldsymbol{C}^{(\mathrm{II})}-\boldsymbol{I}_M)\boldsymbol{A}(\boldsymbol{\vartheta})\boldsymbol{s}(t)]$$

将式（7.54）和式（7.55）从 $\boldsymbol{\vartheta}$ 扩展至 $\boldsymbol{\Theta}$ 得到阵列输出的超完备表示形式，仍然采用稀疏贝叶斯学习方法实现对入射信号分量的空域重构和阵列误差参数的估计。多种误差条件下的贝叶斯重构方法遵循与单一误差条件下类似的思路，但 EM 算法实现过程中各变量的迭代策略需要进行适当修正，具体包括

$$(\boldsymbol{c}^{(\mathrm{I})})^{(q)} = \left\langle \sum_{t=1}^{N} (\overline{\boldsymbol{Q}}_t^{(\mathrm{I})})^{\mathrm{H}} \overline{\boldsymbol{Q}}_t^{(\mathrm{I})} \right\rangle^{-1} \left\langle \sum_{t=1}^{N} (\overline{\boldsymbol{Q}}_t^{(\mathrm{I})})^{\mathrm{H}} (\boldsymbol{x}(t) - \boldsymbol{C}^{(\mathrm{II})} A(\boldsymbol{\Theta}) \bar{\boldsymbol{s}}(t)) \right\rangle \tag{7.56}$$

$$(\boldsymbol{c}^{(\mathrm{II})})^{(q)} = \left\langle \sum_{t=1}^{N} (\overline{\boldsymbol{Q}}_t^{(\mathrm{II})})^{\mathrm{H}} \overline{\boldsymbol{Q}}_t^{(\mathrm{II})} \right\rangle^{-1} \left\langle \sum_{t=1}^{N} (\overline{\boldsymbol{Q}}_t^{(\mathrm{II})})^{\mathrm{H}} (\boldsymbol{x}(t) - \boldsymbol{C}^{(\mathrm{I})} \boldsymbol{A}(\boldsymbol{\Theta}) \bar{\boldsymbol{s}}(t)) \right\rangle \tag{7.57}$$

$$(\sigma^2)^{(q)} = \frac{1}{MN} \left\langle \sum_{t=1}^{N} \| \boldsymbol{x}(t) - (\boldsymbol{A}'(\boldsymbol{\Theta}))^{(q)} \bar{\boldsymbol{s}}(t) \|_2^2 \right\rangle \tag{7.58}$$

$$\gamma_l^{(q)} = \frac{1}{N} \left\langle \sum_{t=1}^{N} | \bar{s}_l(t) |^2 \right\rangle \tag{7.59}$$

式（7.56）~式（7.59）中各变量的定义与 7.3 节类似，$\bar{\boldsymbol{s}}(t) \sim \mathcal{N}(\boldsymbol{\mu}_t, \boldsymbol{\Sigma}_{\bar{s}})$，$\boldsymbol{\mu}_t$ 和 $\boldsymbol{\Sigma}_{\bar{s}}$ 分别由式（7.22）和式（7.21）给出，其中 $\boldsymbol{A}'(\boldsymbol{\Theta})$ 是式（7.54）中 $\boldsymbol{A}'(\boldsymbol{\vartheta})$ 的扩展形式。通过与式（7.23）~式（7.27）中类似的分析，可以将式（7.56）~式（7.59）转化为仅依赖于观测数据和 $\boldsymbol{\mu}_t$、$\boldsymbol{\Sigma}_{\bar{s}}$ 的形式，这里不再赘述。当稀疏重构过程达到收敛后，利用 7.3.3 节的方法可以得到高精度的测向结果。

7.6 阵列误差自校正与测向仿真实验与分析

本部分仿真验证 SBAC 方法的波达方向估计精度和阵列校准精度，其中 7.6.1 节至 7.6.4 节仅考虑单一类型误差存在的情况，7.6.5 节考虑阵列互耦和幅相误差同时存在的情况。假设两个等功率的窄带独立信号同时入射到 8 元均匀线阵上，完全校准条件下的相邻阵元间距等于入射信号半波长。SBAC 实现过程中认为信号可能从［$-90°$，$90°$］空域入射，对该空域以 $1°$ 为间隔进行离散采样得到角度集 $\boldsymbol{\Theta}=[-90°, -89°, \cdots, 90°]$，当两次连续的迭代过程中 $\boldsymbol{\gamma}$ 的更新幅度小于 1×10^{-4}，即 $\|\boldsymbol{\gamma}^{(q+1)}-\boldsymbol{\gamma}^{(q)}\|_2/\|\boldsymbol{\gamma}^{(q)}\|_2<10^{-4}$ 时，认为重构结果达到收敛。各种方法的测向精度为（$10^{-\mathrm{SNR}/20-1}$）°，该精度依赖于入射信号信噪比且约为测向精度 CRLB 的 1/10。在没有特别说明的情况下，本节中的 CRLB 特指 7.4.2 节中随机信号条件下所得到的结果，确定

信号和随机信号对信号测向和阵列校准理想精度的影响情况将在7.6.6节进行特别说明。

在测向精度统计分析过程中，采用两信号测向结果的平均均方根误差作为评价指标，其定义为

$$\mathrm{RMSE}_{\boldsymbol{\vartheta}} = \sqrt{\sum_{i=1}^{I_s} \| \hat{\boldsymbol{\vartheta}}^{(i)} - \boldsymbol{\vartheta}^{(i)} \|_2^2 / (K \times I_s)} \tag{7.60}$$

式中：I_s 表示特定信号环境中的仿真次数，本节取 $I_s=300$；$\boldsymbol{\vartheta}^{(i)}$、$\hat{\boldsymbol{\vartheta}}^{(i)}$ 分别为第 i 次仿真实验中 K 个信号入射方向的真实值和估计值，每次实验中 $\boldsymbol{\vartheta}^{(i)}$ 存在一定差异。

类似地，定义阵列误差校准精度的均方根误差为

$$\mathrm{RMSE}_{c} = \zeta \times \sqrt{\sum_{i=1}^{I} \| \hat{\boldsymbol{c}}^{(i)} - \boldsymbol{c} \|_2^2 / I_s} \tag{7.61}$$

式中：误差向量 $\boldsymbol{c}$ 在每次实验中保持恒定；ζ 为调节因子，在阵列互耦条件下，$\zeta=\|\boldsymbol{c}\|_2$，在幅相误差条件下，$\zeta=1$，在阵元位置误差条件下，$\zeta=\lambda^{-1}$，$\lambda$ 表示信号波长。

7.6.1 典型场景中的阵列校正与信号测向结果

假设两个信噪比为10dB的信号从30.3°和36.8°方向同时入射到互耦效应显著的阵列上，互耦系数向量为 $\boldsymbol{c}=[0.6+\mathrm{j}0.4,\ 0.2+\mathrm{j}0.1]^{\mathrm{T}}$，阵列共采集到10组快拍，分别采用SBAC方法、S-S方法[42]和Y-L方法[229]对两信号进行测向，得到各种方法的空间谱图如图7.1（a）所示。三种方法中仅有SBAC方法能够成功分辨两个信号，同时得到互耦系数估计值为 $\hat{\boldsymbol{c}}=[0.576+\mathrm{j}0.374,\ 0.225+\mathrm{j}0.109]^{\mathrm{T}}$，相对误差仅为5.9%。从图7.1（a）的结果还可以看出，SBAC在离散角度集 $\boldsymbol{\Theta}$ 上的重构结果中所包含的信号谱峰十分尖锐，仅在信号真实方向两侧的相邻网格上具有显著非零幅度值，因此在本实验和后续实验中，借助7.3.3节中的方法实现入射信号方向的高精度估计时，认为具有最大幅度值的两根相邻谱线构成相应的信号谱峰，精测向过程中的角度搜索范围为1°。基于图7.1（a）中的重构结果利用该方法得到图7.1（b）所示的空间谱，对应的信号方向估计值分别为30.10°和36.22°，最大测向误差在0.6°以内。这组典型条件下的仿真结果说明SBAC方法具有较好的阵列校准和波达方向估计性能。

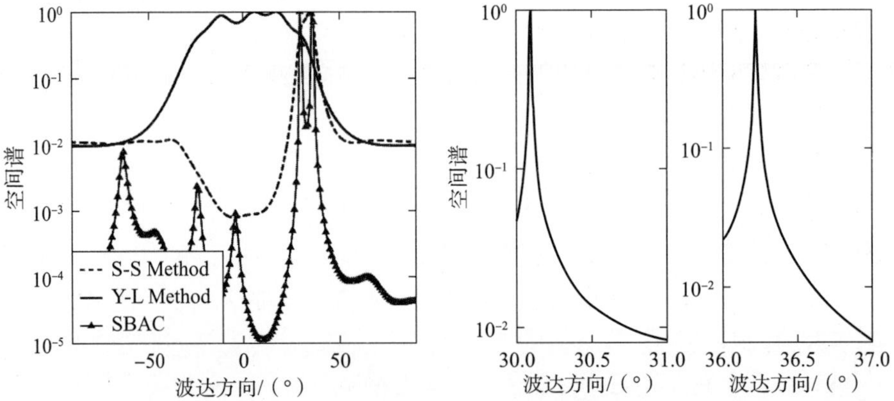

（a）离散角度集θ上的空间谱图
（b）信号谱峰内的SBAC精测向空间谱图

图 7.1 阵列互耦条件下的典型空间谱图

7.6.2 阵列互耦条件下的统计性能

假设两个角度间隔为 10°的等功率信号同时入射到互耦效应显著的 8 元均匀线阵上，阵列互耦系数设置与图 7.1 对应实验相同，每次仿真实验中两信号的方向分别为 $30°+\zeta$ 和 $40°+\zeta$，其中 ζ 在［-0.5°，0.5°］范围内随机取值以消除 $\boldsymbol{\Theta}$ 设置过程中可能包含的关于入射信号方向的先验信息。首先固定阵列接收机所采集到的快拍数为 30，两信号信噪比从-3～20dB 变化，得到 SBAC 方法、S-S 方法和 Y-L 方法对信号方向和互耦系数估计结果的均方根误差如图 7.2（a）和（b）所示。当信噪比大于 0dB 时，SBAC 方法对信号方向和互耦系数的估计精度就已经十分接近 CRLB，且随着信噪比进一步升高，其参数估计精度以与 CRLB 相同的规律迅速改善。由于 Y-L 方法在互耦系数估计过程中仅利用了阵列中心的 4 元子阵，其阵列校正性能并不理想，导致该方法在信噪比升高至 20dB 时仍然未能得到理想的参数估计精度。S-S 方法在信噪比高于 5dB 时也能够实现对两个入射信号的分辨，并同时得到具有较高精度的互耦系数估计结果，但其测向精度和互耦系数估计精度始终低于 SBAC 方法。

随后固定两个入射信号的信噪比为 10dB，两个信号入射方向的设置策略与图 7.2 对应实验相同，当阵列接收机所采集的快拍数从 2～1024 变化时，得到 SBAC 方法、S-S 方法和 Y-L 方法对信号方向和互耦系数估计结果的均方根误差曲线如图 7.3（a）和（b）所示。SBAC 方法体现出了远优于其他两种方法的小样本适应能力和参数估计精度，该方法仅需要 8 个快拍就能够得到十分逼近 CRLB 的阵列测向和互耦系数估计精度，而 S-S 方法成功分辨两信号所需的快拍数大于 16，Y-L 方法在快拍数达到 1024 时仍然未能得到高精度的信号方向和阵列误差参数估计结果。

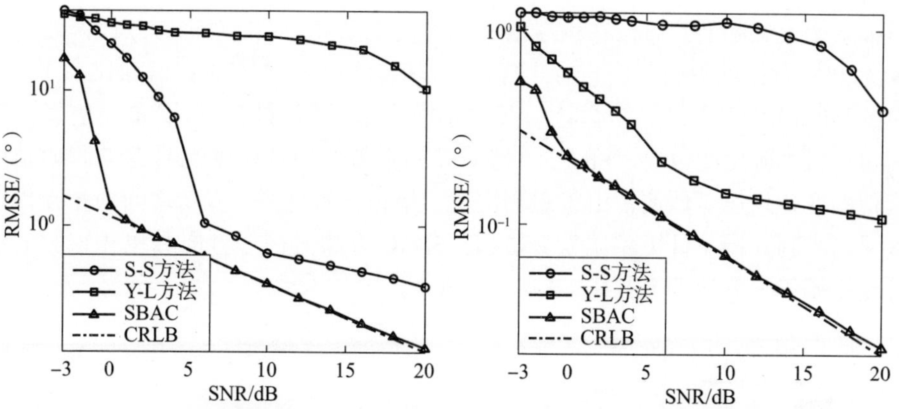

（a）信号方向　　（b）互耦系数

图 7.2　阵列互耦条件下，信号信噪比变化时信号方向与互耦系数的估计精度

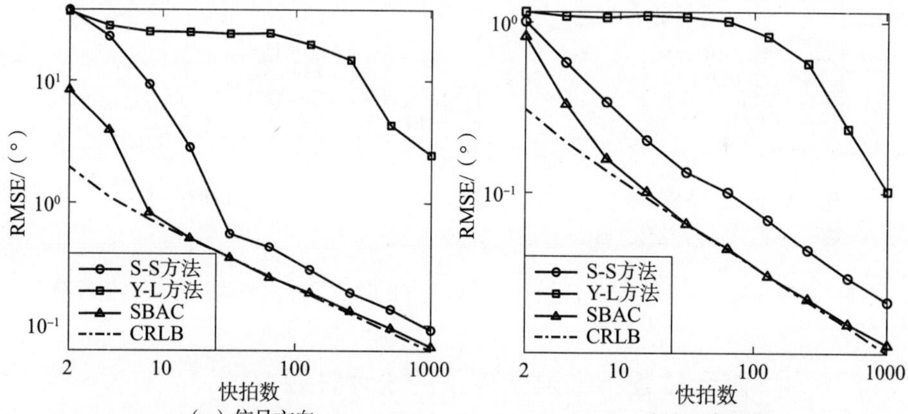

（a）信号方向　　（b）互耦系数

图 7.3　阵列互耦条件下，快拍数变化时信号方向与互耦系数的估计精度

7.6.3　幅相不一致条件下的统计性能

假设阵列存在显著的幅相不一致性，各阵元的幅度误差顺次为 0、0.15、0.3、0.2、0.25、−0.2、−0.2、−0.3，相位误差顺次为 0°、−20°、−30°、−40°、35°、25°、20°、40°，两个角度间隔 10°的等功率信号同时入射到阵列

上，信号方向的设置策略与图 7.2 对应实验相同，阵列接收机共采集到 30 个快拍。当两信号信噪比从 -5 ~ 20dB 变化时，得到 SBAC 方法、特征结构方法(Eigenstructure Method)[230] 和 L-E 方法[231] 对信号方向和幅相系数估计结果的均方根误差如图 7.4（a）和（b）所示。由于阵列幅相不一致性较为显著，特征结构方法和 L-E 方法在信号信噪比升高至 20dB 时的测向均方根误差仍然仅为 3°左右，对幅相系数的估计精度也较低，但 SBAC 方法在信噪比高于 0dB 时的测向精度就达到了 3°以内，其波达方向估计值的均方根误差随信噪比升高也有较大幅度的改善。SBAC 方法对幅相系数的估计精度也具有与测向精度类似的变化规律。然而，由于观测模型中幅相误差与信号方向之间的相互耦合效果与阵列互耦条件下相比显著增强，SBAC 方法对信号方向和幅相系数的估计精度始终未能达到 CRLB。

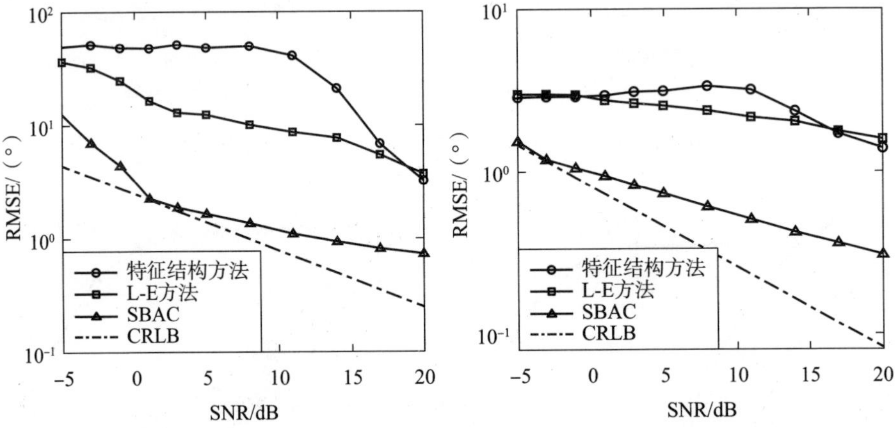

（a）信号方向　　（b）幅相参数

图 7.4　阵列幅相不一致条件下，信号信噪比变化时信号方向与幅相参数的估计精度

7.6.4　阵元位置不准确条件下的统计性能

假设阵列各阵元存在显著的位置误差，各阵元偏离理想均匀线阵中对应阵元位置的距离分别为 0、0.08、0.12、0.16、0.04、-0.12、-0.08、-0.16 半波长，两个角度间隔 10°的等功率信号同时入射到阵列上，信号方向的设置策略与图 7.2 对应实验相同，阵列接收机共采集到 30 个快拍。当两信号的信噪比从 -5 ~ 20dB 变化时，得到 SBAC、极大似然（ML）方法[92] 和 IMTAM 方法[232] 对信号方向和阵元位置估计结果的均方根误差如图 7.5（a）和（b）所示。可见 SBAC 方法在阵元位置不准确条件下仍然得到了显著优于各种已有

方法的阵列校准和波达方向估计精度，该方法的测向精度在信噪比高于 5dB 时达到了 2°以内且十分接近 CRLB，随着入射信号信噪比逐渐升高，其对阵元位置的校准精度也以与 CRLB 相近的速度迅速改善。ML 方法和 IMTAM 方法在信噪比高于 8dB 时也能够成功分辨两个入射信号，但当信号信噪比进一步升高时，其测向精度和 ML 方法的阵列校准精度（IMTAM 方法中并未得到阵元位置的估计结果）的改善幅度很小，当信噪比升高至 20dB 时它们的测向均方根误差仍然大于 1°。

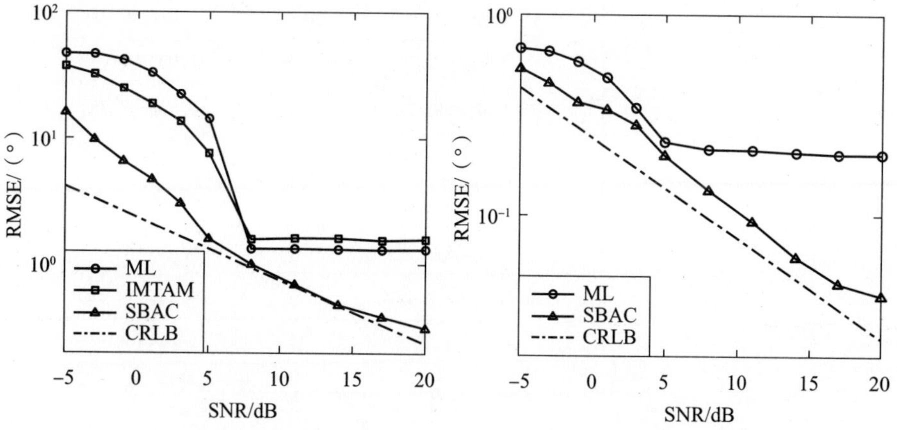

（a）信号方向　　（b）阵元位置误差

图 7.5　阵元位置不准确条件下，信号信噪比变化时信号方向与阵元位置误差的估计精度

7.6.5　阵列互耦与幅相误差联合校正

假设接收阵列同时受到阵列互耦效应和通道不一致性的影响，互耦系数和幅相误差参数分别与 7.6.2 节和 7.6.3 节中实验相同。假设两个信噪比均为 20dB 的信号从−10°和 20°方向同时入射到阵列上，接收机共采集到 100 组快拍。采用 7.5 节的方法进行阵列互耦和幅相误差的联合校正以及信号方向的同时估计，得到互耦系数和幅相系数的真实值和估计结果分别如表 7.1 和表 7.2 所列，阵列校准后 SBAC 方法的空间谱图如图 7.6 所示，基于该重构结果利用 7.3.3 节的方法得到两信号方向的估计结果分别为−9.02°和 21.03°。互耦系数估计值的相对误差仅为 1%，幅相系数估计值也具有较高精度，两信号测向误差均为 1°左右，这一结果表明 SBAC 方法能够有效地解决多种类型误差同时存在时的阵列校准和信号测向问题。

表 7.1 互耦系数真实值与估计结果

	真实值	估计值
$c_1^{(\mathrm{I})}$	0. 6+j0. 4	0. 602+j0. 402
$c_2^{(\mathrm{I})}$	0. 2+j0. 1	0. 193+j0. 101

表 7.2 幅相系数真实值与估计结果

	真实值	估计值
$c_1^{(\mathrm{II})}$	1. 081−j0. 393	1. 014−j0. 434
$c_2^{(\mathrm{II})}$	1. 126−j0. 650	1. 000−j0. 732
$c_3^{(\mathrm{II})}$	0. 919−j0. 771	0. 748−j0. 884
$c_4^{(\mathrm{II})}$	1. 024+j0. 717	1. 128+j0. 464
$c_5^{(\mathrm{II})}$	0. 725+j0. 338	0. 760+j0. 130
$c_6^{(\mathrm{II})}$	0. 752+j0. 274	0. 761+j0. 021
$c_7^{(\mathrm{II})}$	0. 536+j0. 450	0. 651+j0. 206

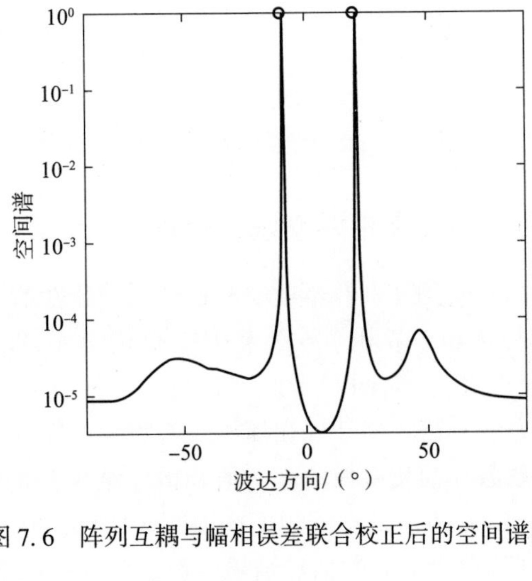

图 7.6 阵列互耦与幅相误差联合校正后的空间谱图

7.6.6 确定信号和随机信号条件下的 CRLB 比较

在 7.6.2 节至 7.6.4 节的统计仿真实验中，已经对不同阵列误差情况下 SBAC 方法与随机信号测向和阵列校准精度的 CRLB 进行了详细比较，本小节对 7.4.1 节和 7.4.2 节中得到的两种不同信号环境中的 CRLB 进行仿真对比，以说明信号的波形特征对参数估计精度下界的影响情况。

仿真过程选取互耦效应显著的 8 元均匀线性阵列，相邻阵元间距半波长，每个阵元与其左右两侧各两个相邻阵元之间存在较明显的互耦效应，耦合系数分别为 $c_1=0.6+j0.4$ 和 $c_2=0.2+j0.1$。两个相同频率的窄带独立信号分别从偏离阵列法线 10°和 40°方向同时入射，阵列共采集到 30 个快拍数据。两个入射信号的波形分别从零均值的正态分布中采样得到，分布函数的方差对应于信号功率，分析确定信号条件下的 CRLB（conditional CRLB，cCRLB）时假设波形采样数据确定且未知，分析随机信号条件下的 CRLB（Un-conditional CRLB，UcCRLB）时假设波形依赖于信号功率。通过 300 次蒙特卡罗仿真得到不同信噪比时 cCRLB 和 UcCRLB 的对比情况如图 7.7 所示。

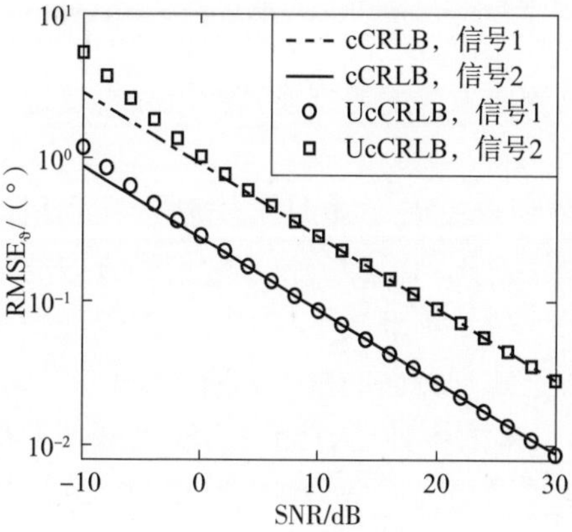

（a）信号方向

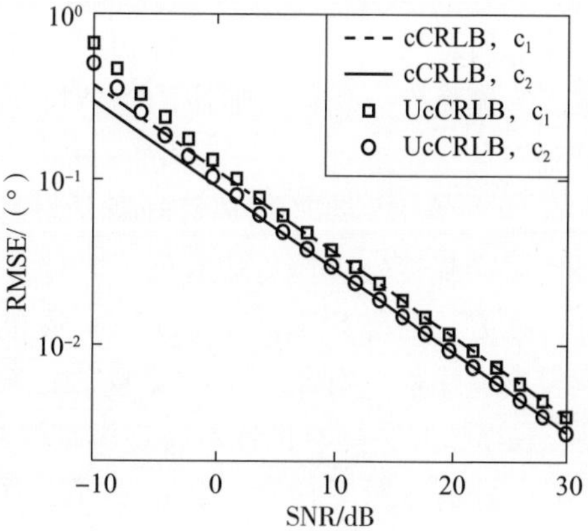

（b）互耦系数

图 7.7　确定信号和随机信号测向精度及阵列互耦估计精度的 CRLB 随信噪比变化情况

从图 7.7 中不难看出，无论入射信号是具有确定波形还是具有随机波形，其测向精度以及相应的阵列误差校准精度的 CRLB 在高信噪比条件下基本一致；然而，在低信噪比条件下，随机信号的测向精度以及相应的阵列误差校准精度的 CRLB 略高于确定信号环境中的结果。这些现象与完全校准阵列中对确定信号和随机信号测向精度的 CRLB 的分析结果[247] 是一致的。

7.7　本章小结

实际测向系统中广泛存在的各种模型误差会对阵列测向方法的波达方向估计精度产生较大的负面影响，这是基于信号空域稀疏性的各种测向方法也无法回避的问题。在充分继承前面几章中所给出的稀疏重构类测向方法对低信噪比、小样本数适应能力和超分辨能力等方面优势的基础上，本章内容旨在实现阵列模型失配条件下对入射信号方向的高精度估计，探索在实际系统中联合利用信号空域稀疏性完成阵列测向的有效途径。

本章针对阵列互耦、通道不一致和阵元位置不准确等条件下的阵列测向问题，建立了适用于各种典型模型误差的通用阵列观测模型，结合入射信号的空域稀疏性给出了用于阵列校准与信号测向的贝叶斯方法 SBAC，并分析了单一类型误差条件下阵列校准和信号测向精度的 CRLB。这些成果经具体化之后适用于阵列互耦、通道不一致和阵元位置不准确等任一典型阵列误差类型，所导出的 SBAC 方法还能够有效地推广至多种类型阵列误差同时存在的情况。本章的主要内容包括：

（1）建立了单一类型阵列误差条件下统一的阵列观测模型。该模型经具体化之后适用于阵列互耦、幅相不一致和阵元位置不准确等各种典型的阵列误差，为模型失配条件下通用的阵列校正与测向方法的提出及其性能分析奠定了基础。

（2）给出了基于稀疏贝叶斯学习的阵列自校正（SBAC）方法，在利用信号空域稀疏性先验信息的基础上联合实现了对阵列模型的校正和信号方向的估计。该方法对阵列互耦、幅相不一致和阵元位置不准确等典型阵列误差类型具有普遍适用性，有助于统一模型失配条件下阵列测向的基本思路。仿真结果表明，SBAC 方法具有比针对特定类型阵列误差的各种已有测向方法更好的低信噪比、小样本数适应能力和超分辨能力，以及更高的信号测向精度和阵列校准精度。

（3）推导了阵列误差校准与信号方向估计精度的 CRLB。该结果同时适用于阵列互耦、幅相不一致和阵元位置不准确等各种典型阵列误差类型，且具有比已有结果更简洁的表示形式。这一理论成果能够较好地补充阵列信号处理的理论体系，对阵列校正与信号测向方法的性能评估具有重要的参考价值。

（4）将 SBAC 方法进行推广，结合入射信号的空域稀疏性实现了对同时存在的多种类型阵列误差的联合校正，并得到了信号方向的估计结果。

值得指出的是，本章对模型失配条件下阵列测向问题的解决思路能够与第 3 章中的空域滤波思想相结合，解决模型失配条件下对相关信号的测向问题，或者与第 4 章中利用信号时延相关特征的宽带测向方法相结合，解决模型失配条件下对宽带信号的测向问题，等等。

附录 7A 阵列互耦条件下 MUSIC 方法的测向偏差

M 元均匀线阵对 ϑ 方向入射信号的响应函数为

$$\boldsymbol{a}(\vartheta)=[1 \quad \alpha \quad \cdots \quad \alpha^{M-1}]^{\mathrm{T}} \tag{7A.1}$$

式中

$$\alpha=\mathrm{e}^{\mathrm{j}2\pi f_{\mathrm{c}}D_0\sin\vartheta/c}$$

其中：D_0 为相邻阵元间距；f_{c} 为信号载频；c 为信号传播速度。

假设 MUSIC 方法依据互耦条件下阵列输出得到该信号的角度估计值为 $\hat{\vartheta}$，对应的阵列响应函数为

$$\boldsymbol{a}(\hat{\vartheta})=[1 \quad \hat{\alpha} \quad \cdots \quad \hat{\alpha}^{M-1}]^{\mathrm{T}} \tag{7A.2}$$

式中：$\hat{\alpha}=\mathrm{e}^{\mathrm{j}2\pi f_{\mathrm{c}}D_0\sin\hat{\vartheta}/c}$。

依据 MUSIC 方法的测向原理可知，K 个信号角度估计值对应的阵列响应矩阵与受互耦效应影响的真实阵列响应矩阵张成同样的子空间，即

$$\mathrm{span}\{\boldsymbol{A}(\hat{\boldsymbol{\vartheta}})\}=\mathrm{span}\{\boldsymbol{C}\boldsymbol{A}(\boldsymbol{\vartheta})\} \tag{7A.3}$$

式中：$\mathrm{span}\{\cdot\}$ 表示由矩阵各列所张成的子空间；$\boldsymbol{A}(\boldsymbol{\vartheta})=[\boldsymbol{a}(\vartheta_1),\ \cdots,\ \boldsymbol{a}(\vartheta_K)]$；$\boldsymbol{A}(\hat{\boldsymbol{\vartheta}})=[\boldsymbol{a}(\hat{\vartheta}_1),\ \cdots,\ \boldsymbol{a}(\hat{\vartheta}_K)]$。

假设 MUSIC 方法能够分辨 K 个同时入射信号，则每个信号角度估计值对应的阵列响应函数与受互耦效应影响的真实阵列响应函数等价，即

$$\boldsymbol{a}(\hat{\vartheta}_k)=\rho\boldsymbol{C}\boldsymbol{a}(\vartheta_k),\quad k=1,\cdots,K \tag{7A.4}$$

式中：ρ 为幅度调整因子。

为方便表述，用 $\boldsymbol{a}(\hat{\vartheta})=\rho\boldsymbol{C}\boldsymbol{a}(\vartheta)$ 统一表示式（7A.4）中的 K 个等式，并记 $\boldsymbol{a}=\boldsymbol{a}(\hat{\vartheta})$，$\boldsymbol{a}_0=\boldsymbol{a}(\vartheta)$，$\boldsymbol{\Psi}(\alpha,\ \rho)=\|\boldsymbol{a}-\rho\boldsymbol{C}\boldsymbol{a}_0\|_2^2$，则 $\hat{\alpha}$ 由下式给出：

$$[\hat{\alpha},\hat{\rho}]=\underset{\alpha,\rho}{\mathrm{argmin}}\,\boldsymbol{\Psi}(\alpha,\rho) \tag{7A.5}$$

依据式（7A.5），通过直接的数学推导可以证明，$\boldsymbol{a}$ 与 $\boldsymbol{a}_0$ 之间的关系由下式确定：

$$\mathrm{tr}(\boldsymbol{C}\boldsymbol{a}_0\boldsymbol{a}_0^{\mathrm{H}}\boldsymbol{C}^{\mathrm{H}}(\boldsymbol{J}\boldsymbol{a}\boldsymbol{a}^{\mathrm{H}}-\boldsymbol{a}\boldsymbol{a}^{\mathrm{H}}\boldsymbol{J}))=0 \tag{7A.6}$$

式中

$$\boldsymbol{J}=\begin{bmatrix} 0 & 0 & \cdots & 0 \\ 0 & 1 & \ddots & \vdots \\ \vdots & \ddots & \ddots & 0 \\ 0 & \cdots & 0 & M-1 \end{bmatrix}$$

证明：见附录 7A-1。

定义 $\hat{\alpha}$ 相对于 α 的误差 $\Delta\alpha=\hat{\alpha}/\alpha$，则 $\Delta\alpha$ 可通过求解下式得到：

$$\sum_{i_1=1}^{M}\sum_{i_2=1}^{M} p_{i_1i_2}q_{i_2i_1}(\Delta\alpha)^{i_2-i_1}=0 \tag{7A.7}$$

式中：$p_{i_1i_2}$、$q_{i_1i_2}$ 分别为矩阵 $\boldsymbol{P}$ 和 $\boldsymbol{Q}$ 的第（i_1，i_2）个元素，$\boldsymbol{P}$ 和 $\boldsymbol{Q}$ 的定义为

$$\boldsymbol{P}=\boldsymbol{C}\boldsymbol{a}_0\boldsymbol{a}_0^{\mathrm{H}}\boldsymbol{C}^{\mathrm{H}} \tag{7A.8}$$

$$\boldsymbol{Q}=\boldsymbol{J}\boldsymbol{a}_0\boldsymbol{a}_0^{\mathrm{H}}-\boldsymbol{a}_0\boldsymbol{a}_0^{\mathrm{H}}\boldsymbol{J} \tag{7A.9}$$

证明：见附录 7A-2。

在实际应用中，$\Delta\alpha$ 通常较小，利用该约束不难证明

$$\arg(\Delta\alpha)=\frac{2\pi f_{\mathrm{c}}D_0}{c}(\sin\hat{\vartheta}-\sin\vartheta)\approx\frac{2\pi f_{\mathrm{c}}D_0}{c}\cos\vartheta(\hat{\vartheta}-\vartheta) \tag{7A.10}$$

式中：$\arg(\cdot)$ 表示复数的辐角。

因此

$$\Delta\vartheta=\hat{\vartheta}-\vartheta=\frac{\arg(\Delta\alpha)}{2\pi f_{\mathrm{c}}D_0\cos\vartheta/c} \tag{7A.11}$$

即为互耦条件下 MUSIC 方法对 ϑ 方向入射信号的测向偏差。

结合多个信号能够分辨条件下 MUSIC 方法测向误差并不十分显著的约束条件，可以对式（7A.11）作进一步简化，得到测向偏差的如下表示形式：

$$\Delta\vartheta=\frac{\arg(\Delta\alpha)}{2\pi f_{\mathrm{c}}D_0\cos\vartheta/c}=-\frac{\mathrm{Im}\{[w_1,\cdots,w_{M-1}]\}\mathbf{1}}{2\pi f_{\mathrm{c}}D_0\cos\vartheta/c\times\mathrm{Re}\{[w_1,\cdots,w_{M-1}]\}[1,\cdots,M-1]^{\mathrm{T}}} \tag{7A.12}$$

式中：$\mathbf{1}=[1,\ \cdots,\ 1]^{\mathrm{T}}\in\mathbb{R}^{(M-1)\times1}$；$\mathrm{Re}\{\cdot\}$ 和 $\mathrm{Im}\{\cdot\}$ 分别为取实部和取虚部运算符；w_1，$\cdots$，w_{M-1} 由下式给出，即

$$\boldsymbol{W}=\boldsymbol{P}\odot\boldsymbol{Q}^{\mathrm{T}} \tag{7A.13}$$

$$w_i=\sum_{i_2-i_1=i}[\boldsymbol{W}]_{i_1i_2},\quad i=1,\cdots,M-1 \tag{7A.14}$$

其中：矩阵 $\boldsymbol{P}$ 和 $\boldsymbol{Q}$ 分别由式（7A.8）和式（7A.9）定义；“$\odot$”为 Hadamard 乘子，表示矩阵对应元素相乘；$[\boldsymbol{W}]_{i_1i_2}$ 表示矩阵 $\boldsymbol{W}$ 的第（i_1，i_2）个元素。

证明：见附录 7A-3。

利用均匀线阵的特殊结构，还可以对式（7A.12）进一步简化，可得

$$\Delta\vartheta=-\frac{\mathrm{Im}\{\mathbf{1}^{\mathrm{T}}((\boldsymbol{C}\boldsymbol{a}_0\boldsymbol{a}_0^{\mathrm{H}}\boldsymbol{C}^{\mathrm{H}})\odot(\boldsymbol{J}\boldsymbol{a}_0\boldsymbol{a}_0^{\mathrm{H}}-\boldsymbol{a}_0\boldsymbol{a}_0^{\mathrm{H}}\boldsymbol{J})^{\mathrm{T}}\odot\boldsymbol{Y}_1)\mathbf{1}\}}{\dfrac{2\pi f_{\mathrm{c}}D_0}{c}\cos\vartheta\mathrm{Re}\{\mathbf{1}^{\mathrm{T}}((\boldsymbol{C}\boldsymbol{a}_0\boldsymbol{a}_0^{\mathrm{H}}\boldsymbol{C}^{\mathrm{H}})\odot(\boldsymbol{J}\boldsymbol{a}_0\boldsymbol{a}_0^{\mathrm{H}}-\boldsymbol{a}_0\boldsymbol{a}_0^{\mathrm{H}}\boldsymbol{J})^{\mathrm{T}}\odot\boldsymbol{Y}_2)\mathbf{1}\}} \tag{7A.15}$$

式中

$$\boldsymbol{Y}_1=\begin{bmatrix}0&1&\cdots&1\\0&0&\ddots&\vdots\\\vdots&\ddots&\ddots&1\\0&\cdots&0&0\end{bmatrix}_{M\times M},\quad \boldsymbol{Y}_2=\begin{bmatrix}0&1&2&\cdots&M-1\\0&0&1&\ddots&\vdots\\0&0&\ddots&\ddots&2\\\vdots&\ddots&\ddots&0&1\\0&\cdots&0&0&0\end{bmatrix}$$

证明：见附录7A-4。

在式（7A.15）中用 $\boldsymbol{a}_k$ 替换 $\boldsymbol{a}_0$、用 ϑ_k 替换 ϑ 就可以得到式（7.7）。

附录7A-1 式（7A.6）的证明

对 $\boldsymbol{\Psi}(\alpha,\rho)=\|\boldsymbol{a}-\rho\boldsymbol{C}\boldsymbol{a}_0\|_2^2$ 进行展开得到

$$\boldsymbol{\Psi}(\alpha,\rho)=M+|\rho|^2\boldsymbol{a}_0^{\mathrm{H}}\boldsymbol{C}^{\mathrm{H}}\boldsymbol{C}\boldsymbol{a}_0-2\mathrm{Re}(\rho\boldsymbol{a}^{\mathrm{H}}\boldsymbol{C}\boldsymbol{a}_0)\tag{7A.16}$$

由 $\partial\boldsymbol{\Psi}(\alpha,\rho)/\partial\rho=0$ 可得

$$\hat{\rho}=(\boldsymbol{a}_0^{\mathrm{H}}\boldsymbol{C}^{\mathrm{H}}\boldsymbol{C}\boldsymbol{a}_0)^{-1}\boldsymbol{a}_0^{\mathrm{H}}\boldsymbol{C}^{\mathrm{H}}\boldsymbol{a}\tag{7A.17}$$

将式（7A.17）代入式（7A.16）以消除对象函数 $\boldsymbol{\Psi}(\alpha,\rho)$ 对 ρ 的依赖，可得

$$\boldsymbol{\Psi}(\alpha)=M-(\boldsymbol{a}_0^{\mathrm{H}}\boldsymbol{C}^{\mathrm{H}}\boldsymbol{C}\boldsymbol{a}_0)^{-1}\boldsymbol{a}^{\mathrm{H}}\boldsymbol{C}\boldsymbol{a}_0\boldsymbol{a}_0^{\mathrm{H}}\boldsymbol{C}^{\mathrm{H}}\boldsymbol{a}\tag{7A.18}$$

随后由 $\partial\boldsymbol{\Psi}(\alpha)/\partial\alpha=0$ 可得

$$\frac{\partial\boldsymbol{\Psi}(\alpha)}{\partial\alpha}=-(\boldsymbol{a}_0^{\mathrm{H}}\boldsymbol{C}^{\mathrm{H}}\boldsymbol{C}\boldsymbol{a}_0)^{-1}(-\alpha^{-1}\boldsymbol{a}^{\mathrm{H}}\boldsymbol{J}\boldsymbol{C}\boldsymbol{a}_0\boldsymbol{a}_0^{\mathrm{H}}\boldsymbol{C}^{\mathrm{H}}\boldsymbol{a}+\alpha^{-1}\boldsymbol{a}^{\mathrm{H}}\boldsymbol{C}\boldsymbol{a}_0\boldsymbol{a}_0^{\mathrm{H}}\boldsymbol{C}^{\mathrm{H}}\boldsymbol{J}\boldsymbol{a})\triangleq 0\tag{7A.19}$$

式中

$$\boldsymbol{J}=\begin{bmatrix}0&0&\cdots&0\\0&1&\ddots&\vdots\\\vdots&\ddots&\ddots&0\\0&\cdots&0&M-1\end{bmatrix}$$

因此，如下关于 $\boldsymbol{a}_0$ 和 $\boldsymbol{a}$ 的等式成立：

$$\boldsymbol{a}^{\mathrm{H}}\boldsymbol{C}\boldsymbol{a}_0\boldsymbol{a}_0^{\mathrm{H}}\boldsymbol{C}^{\mathrm{H}}\boldsymbol{J}\boldsymbol{a}-\boldsymbol{a}^{\mathrm{H}}\boldsymbol{J}\boldsymbol{C}\boldsymbol{a}_0\boldsymbol{a}_0^{\mathrm{H}}\boldsymbol{C}^{\mathrm{H}}\boldsymbol{a}=\mathrm{tr}(\boldsymbol{C}\boldsymbol{a}_0\boldsymbol{a}_0^{\mathrm{H}}\boldsymbol{C}^{\mathrm{H}}(\boldsymbol{J}\boldsymbol{a}\boldsymbol{a}^{\mathrm{H}}-\boldsymbol{a}\boldsymbol{a}^{\mathrm{H}}\boldsymbol{J}))=0\tag{7A.20}$$

式中：$\mathrm{tr}(\cdot)$ 为矩阵求迹运算符。

附录7A-2 式（7A.7）的证明

定义 $\Delta\alpha=\hat{\alpha}/\alpha$，则 $\boldsymbol{a}_0$ 和 $\boldsymbol{a}$ 之间存在如下关系：

$$\boldsymbol{a}=\begin{bmatrix}1 & & & \\ & \Delta\alpha & & \\ & & \ddots & \\ & & & (\Delta\alpha)^{M-1}\end{bmatrix}\boldsymbol{a}_0 \triangleq \boldsymbol{\Lambda}\boldsymbol{a}_0 \tag{7A.21}$$

因此

$$\boldsymbol{J}\boldsymbol{a}\boldsymbol{a}^{\mathrm{H}}-\boldsymbol{a}\boldsymbol{a}^{\mathrm{H}}\boldsymbol{J}=\boldsymbol{J}\boldsymbol{\Lambda}\boldsymbol{a}_0\boldsymbol{a}_0^{\mathrm{H}}\boldsymbol{\Lambda}^{\mathrm{H}}-\boldsymbol{\Lambda}\boldsymbol{a}_0\boldsymbol{a}_0^{\mathrm{H}}\boldsymbol{\Lambda}^{\mathrm{H}}\boldsymbol{J}=\boldsymbol{\Lambda}(\boldsymbol{J}\boldsymbol{a}_0\boldsymbol{a}_0^{\mathrm{H}}-\boldsymbol{a}_0\boldsymbol{a}_0^{\mathrm{H}}\boldsymbol{J})\boldsymbol{\Lambda}^{\mathrm{H}} \tag{7A.22}$$

将式（7A.22）代入式（7A.6）可得

$$\mathrm{tr}(\boldsymbol{C}\boldsymbol{a}_0\boldsymbol{a}_0^{\mathrm{H}}\boldsymbol{C}^{\mathrm{H}}\boldsymbol{\Lambda}(\boldsymbol{J}\boldsymbol{a}_0\boldsymbol{a}_0^{\mathrm{H}}-\boldsymbol{a}_0\boldsymbol{a}_0^{\mathrm{H}}\boldsymbol{J})\boldsymbol{\Lambda}^{\mathrm{H}})=0 \tag{7A.23}$$

令 $\boldsymbol{P}=\boldsymbol{C}\boldsymbol{a}_0\boldsymbol{a}_0^{\mathrm{H}}\boldsymbol{C}^{\mathrm{H}}$，$\boldsymbol{Q}=\boldsymbol{J}\boldsymbol{a}_0\boldsymbol{a}_0^{\mathrm{H}}-\boldsymbol{a}_0\boldsymbol{a}_0^{\mathrm{H}}\boldsymbol{J}$，则式（7A.23）可改写为

$$\mathrm{tr}(\boldsymbol{C}\boldsymbol{a}_0\boldsymbol{a}_0^{\mathrm{H}}\boldsymbol{C}^{\mathrm{H}}\boldsymbol{\Lambda}(\boldsymbol{J}\boldsymbol{a}_0\boldsymbol{a}_0^{\mathrm{H}}-\boldsymbol{a}_0\boldsymbol{a}_0^{\mathrm{H}}\boldsymbol{J})\boldsymbol{\Lambda}^{\mathrm{H}})=\sum_{i_1=1}^{M}\sum_{i_2=1}^{M}p_{i_1i_2}q_{i_2i_1}(\Delta\alpha)^{i_2-i_1}=0 \tag{7A.24}$$

式中：$p_{i_1i_2}$、$q_{i_1i_2}$ 分别为矩阵 $\boldsymbol{P}$ 和 $\boldsymbol{Q}$ 的第（i_1，i_2）个元素。

附录 7A-3 式（7A.12）的证明

由式（7A.8）和式（7A.9）可知，$\boldsymbol{P}$ 和 $\boldsymbol{Q}$ 分别为厄米特和反厄米特矩阵，即 $\boldsymbol{P}^{\mathrm{H}}=\boldsymbol{P}$，$\boldsymbol{Q}^{\mathrm{H}}=-\boldsymbol{Q}$，且矩阵 $\boldsymbol{Q}$ 的对角线元素均为 0，因此式（7A.24）可进一步简化为

$$\begin{aligned}
&\mathrm{tr}(\boldsymbol{C}\boldsymbol{a}_0\boldsymbol{a}_0^{\mathrm{H}}\boldsymbol{C}^{\mathrm{H}}\boldsymbol{\Lambda}(\boldsymbol{J}\boldsymbol{a}_0\boldsymbol{a}_0^{\mathrm{H}}-\boldsymbol{a}_0\boldsymbol{a}_0^{\mathrm{H}}\boldsymbol{J})\boldsymbol{\Lambda}^{\mathrm{H}})\\
&=\sum_{i_1=1}^{M}\sum_{i_2=i_1+1}^{M}p_{i_1i_2}q_{i_2i_1}(\Delta\alpha)^{i_2-i_1}+\sum_{i_1=1}^{M}\sum_{i_2=1}^{i_1-1}p_{i_1i_2}q_{i_2i_1}(\Delta\alpha)^{i_2-i_1}\\
&=\sum_{i_1=1}^{M}\sum_{i_2=i_1+1}^{M}p_{i_1i_2}q_{i_2i_1}(\Delta\alpha)^{i_2-i_1}-\left(\sum_{i_1=1}^{M}\sum_{j=i_1+1}^{M}p_{i_1i_2}q_{i_2i_1}(\Delta\alpha)^{i_2-i_1}\right)^{*}\\
&=2\mathrm{Im}\left\{\sum_{i_1=1}^{M}\sum_{i_2=i_1+1}^{M}p_{i_1i_2}q_{i_2i_1}(\Delta\alpha)^{i_2-i_1}\right\}\\
&=0
\end{aligned} \tag{7A.25}$$

式中：Re(·)、Im(·) 分别表示取实部和取虚部运算符。

定义 $\boldsymbol{W}=\boldsymbol{P}\odot\boldsymbol{Q}^{\mathrm{T}}$，$\boldsymbol{w}_i=\sum\limits_{i_2-i_1=i}[\boldsymbol{W}]_{i_1i_2}(i=1,\cdots,M-1)$，其中矩阵 $\boldsymbol{P}$ 和 $\boldsymbol{Q}$ 分别由式（7A.8）和式（7A.9）式定义，“⊙”为 Hadamard 乘子，表示矩阵对应元素相乘，$[\boldsymbol{W}]_{i_1i_2}$ 表示矩阵 $\boldsymbol{W}$ 的第（i_1，i_2）个元素。则式（7A.25）可改写为

$$\mathrm{Im}\left(\sum_{i=1}^{M-1} w_i(\Delta\alpha)^i\right)=0 \tag{7A.26}$$

将式（7A.26）按实部和虚部进行分解可得

$$\mathrm{Im}\{[w_1,\cdots,w_{M-1}]\}\mathrm{Re}\left\{\begin{bmatrix}(\Delta\alpha)^1\\ \vdots\\ (\Delta\alpha)^{M-1}\end{bmatrix}\right\}+\mathrm{Re}\{[w_1,\cdots,w_{M-1}]\}\mathrm{Im}\left\{\begin{bmatrix}(\Delta\alpha)^1\\ \vdots\\ (\Delta\alpha)^{M-1}\end{bmatrix}\right\}=0 \tag{7A.27}$$

依据式（7A.10），$\Delta\alpha$ 可表示为 $\Delta\alpha\approx \mathrm{e}^{\mathrm{j}\Delta\varphi}$，其中 $\Delta\varphi=\frac{2\pi f_c D_0}{c}\cos\vartheta(\hat{\vartheta}-\vartheta)$，因此式（7A.27）可改写为

$$\mathrm{Im}\{[w_1,\cdots,w_{M-1}]\}\begin{bmatrix}\cos(\Delta\varphi)\\ \vdots\\ \cos((M-1)\Delta\varphi)\end{bmatrix}+\mathrm{Re}\{[w_1,\cdots,w_{M-1}]\}\begin{bmatrix}\sin(\Delta\varphi)\\ \vdots\\ \sin((M-1)\Delta\varphi)\end{bmatrix}=0 \tag{7A.28}$$

考虑实际测向偏差一般较小，对应的相位 $\Delta\varphi$ 也较小，因此 $\cos(n\Delta\varphi)$ 和 $\sin(n\Delta\varphi)$ 具有如下泰勒展开形式：

$$\cos(n\Delta\varphi)=1-\frac{1}{2!}(n\Delta\varphi)^2+\frac{1}{4!}(n\Delta\varphi)^4-\cdots\approx 1,\quad n=1,2,\cdots,M-1 \tag{7A.29}$$

$$\sin(n\Delta\varphi)=n\Delta\varphi-\frac{1}{3!}(n\Delta\varphi)^3+\frac{1}{5!}(n\Delta\varphi)^5-\cdots\approx n\Delta\varphi,\quad n=1,2,\cdots,M-1 \tag{7A.30}$$

将式（7A.29）和式（7A.30）代入式（7A.28），可得

$$\mathrm{Im}\{[w_1,\cdots,w_{M-1}]\}\mathbf{1}+\mathrm{Re}\{[w_1,\cdots,w_{M-1}]\}\begin{bmatrix}1\\ \vdots\\ M-1\end{bmatrix}\Delta\varphi=0 \tag{7A.31}$$

式中：$\mathbf{1}=[1,\ \cdots,\ 1]^{\mathrm{T}}\in\mathbb{R}^{(M-1)\times 1}$。

由式（7A.31）解得

$$\Delta\varphi=-\frac{\mathrm{Im}\{[w_1,\cdots,w_{M-1}]\}\mathbf{1}}{\mathrm{Re}\{[w_1,\cdots,w_{M-1}]\}[1,\cdots,M-1]^{\mathrm{T}}} \tag{7A.32}$$

将式（7A.32）代入式（7A.11）得 ϑ 的估计误差为

$$\Delta\vartheta=\frac{\Delta\varphi}{2\pi f_c D_0\cos\vartheta/c}=-\frac{\mathrm{Im}\{[w_1,\cdots,w_{M-1}]\}\mathbf{1}}{2\pi f_c D_0\cos\vartheta/c\times\mathrm{Re}\{[w_1,\cdots,w_{M-1}]\}[1,\cdots,M-1]^{\mathrm{T}}} \tag{7A.33}$$

附录 7A-4 式（7A. 15）的证明

对于均匀线阵，w_1，⋯，w_{M-1} 满足如下关系式：

$$\begin{aligned}\mathrm{Im}\{[w_1,\cdots,w_{M-1}]\}\mathbf{1}&=\mathrm{Im}\{\mathbf{1}^{\mathrm{T}}(\boldsymbol{W}\odot\boldsymbol{Y}_1)\mathbf{1}\}\\&=\mathrm{Im}\{\mathbf{1}^{\mathrm{T}}((\boldsymbol{C}\boldsymbol{a}_0\boldsymbol{a}_0^{\mathrm{H}}\boldsymbol{C}^{\mathrm{H}})\odot(\boldsymbol{J}\boldsymbol{a}_0\boldsymbol{a}_0^{\mathrm{H}}-\boldsymbol{a}_0\boldsymbol{a}_0^{\mathrm{H}}\boldsymbol{J})^{\mathrm{T}}\odot\boldsymbol{Y}_1)\mathbf{1}\}\end{aligned} \tag{7A. 34}$$

$$\begin{aligned}\mathrm{Re}\{[w_1,\cdots,w_{M-1}]\}[1,\cdots,M-1]^{\mathrm{T}}&=\mathrm{Re}\{\mathbf{1}^{\mathrm{T}}(\boldsymbol{W}\odot\boldsymbol{Y}_2)\mathbf{1}\}\\&=\mathrm{Re}\{\mathbf{1}^{\mathrm{T}}((\boldsymbol{C}\boldsymbol{a}_0\boldsymbol{a}_0^{\mathrm{H}}\boldsymbol{C}^{\mathrm{H}})\odot(\boldsymbol{J}\boldsymbol{a}_0\boldsymbol{a}_0^{\mathrm{H}}-\boldsymbol{a}_0\boldsymbol{a}_0^{\mathrm{H}}\boldsymbol{J})^{\mathrm{T}}\odot\boldsymbol{Y}_2)\mathbf{1}\}\end{aligned} \tag{7A. 35}$$

式中

$$\boldsymbol{Y}_1=\begin{bmatrix}0&1&\cdots&1\\0&0&\ddots&\vdots\\\vdots&\ddots&\ddots&1\\0&\cdots&0&0\end{bmatrix}_{M\times M},\quad \boldsymbol{Y}_2=\begin{bmatrix}0&1&2&\cdots&M-1\\0&0&1&\ddots&\vdots\\0&0&\ddots&\ddots&2\\\vdots&\ddots&\ddots&0&1\\0&\cdots&0&0&0\end{bmatrix}$$

因此，由式（7A. 12）可进一步得到 $\Delta\vartheta$ 的表达式如下：

$$\Delta\vartheta=-\frac{\mathrm{Im}\{\mathbf{1}^{\mathrm{T}}((\boldsymbol{C}\boldsymbol{a}_0\boldsymbol{a}_0^{\mathrm{H}}\boldsymbol{C}^{\mathrm{H}})\odot(\boldsymbol{J}\boldsymbol{a}_0\boldsymbol{a}_0^{\mathrm{H}}-\boldsymbol{a}_0\boldsymbol{a}_0^{\mathrm{H}}\boldsymbol{J})^{\mathrm{T}}\odot\boldsymbol{Y}_1)\mathbf{1}\}}{\dfrac{2\pi f_c D_0}{c}\cos\vartheta\,\mathrm{Re}\{\mathbf{1}^{\mathrm{T}}((\boldsymbol{C}\boldsymbol{a}_0\boldsymbol{a}_0^{\mathrm{H}}\boldsymbol{C}^{\mathrm{H}})\odot(\boldsymbol{J}\boldsymbol{a}_0\boldsymbol{a}_0^{\mathrm{H}}-\boldsymbol{a}_0\boldsymbol{a}_0^{\mathrm{H}}\boldsymbol{J})^{\mathrm{T}}\odot\boldsymbol{Y}_2)\mathbf{1}\}} \tag{7A. 36}$$

附录 7B 确定信号方向与阵列误差参数估计精度的 CRLB

似然函数 $\mathcal{L}(\boldsymbol{\vartheta},\ \boldsymbol{c},\ \{\boldsymbol{s}(t)\}_{t=1}^{N},\ \sigma^2)$ 关于参数空间 Ξ 中各元素的一阶偏导数分别计算如下：

$$\begin{aligned}\frac{\partial\mathcal{L}}{\partial\vartheta_k}&=\frac{1}{\sigma^2}\sum_{t=1}^{N}[s_k^*(t)(\boldsymbol{d}'(\vartheta_k))^{\mathrm{H}}\boldsymbol{e}(t)+\boldsymbol{e}^{\mathrm{H}}(t)\boldsymbol{d}'(\vartheta_k)\boldsymbol{s}_k(t)]\\&=\frac{2}{\sigma^2}\sum_{t=1}^{N}\mathrm{Re}[s_k^*(t)(\boldsymbol{d}'(\vartheta_k))^{\mathrm{H}}\boldsymbol{e}(t)]\end{aligned} \tag{7B. 1}$$

式中

$$\boldsymbol{d}'(\theta)=\partial\boldsymbol{a}'(\theta)/\partial\theta;\ \boldsymbol{e}(t)=\boldsymbol{x}(t)-\boldsymbol{A}'(\boldsymbol{\vartheta})\boldsymbol{s}(t)$$

若记 $\boldsymbol{\Lambda}_t=\mathrm{diag}([\boldsymbol{s}_1(t),\ \cdots,\ \boldsymbol{s}_K(t)]^{\mathrm{T}})$，$\boldsymbol{D}'(\boldsymbol{\vartheta})=[\boldsymbol{d}'(\vartheta_1),\ \cdots,\ \boldsymbol{d}'(\vartheta_K)]$，则可得 $\mathcal{L}(\boldsymbol{\vartheta},\ \boldsymbol{c},\ \{\boldsymbol{s}(t)\}_{t=1}^{N},\ \sigma^2)$ 对 $\boldsymbol{\vartheta}$ 的偏导数为

$$\frac{\partial \mathcal{L}}{\partial \boldsymbol{\vartheta}} = \frac{2}{\sigma^2}\sum_{t=1}^{N}\mathrm{Re}[\boldsymbol{\Lambda}_t^{\mathrm{H}}(\boldsymbol{D}'(\boldsymbol{\vartheta}))^{\mathrm{H}}\boldsymbol{e}(t)] \tag{7B.2}$$

由式（7.33）中第二种表达式可得 $\mathcal{L}(\boldsymbol{\vartheta},\ \boldsymbol{c},\ \{\boldsymbol{s}(t)\}_{t=1}^{N},\ \sigma^2)$ 关于 $\boldsymbol{c}_R$ 和 $\boldsymbol{c}_I$ 的偏导数分别为

$$\frac{\partial \mathcal{L}}{\partial \boldsymbol{c}_{\mathrm{R}}} = \frac{1}{\sigma^2}\sum_{t=1}^{N}[\boldsymbol{Q}_t^{\mathrm{H}}\boldsymbol{e}(t) + \boldsymbol{Q}_t^{\mathrm{T}}\boldsymbol{e}^*(t)] = \frac{2}{\sigma^2}\sum_{t=1}^{N}\mathrm{Re}[\boldsymbol{Q}_t^{\mathrm{H}}\boldsymbol{e}(t)] \tag{7B.3}$$

$$\frac{\partial \mathcal{L}}{\partial \boldsymbol{c}_{\mathrm{I}}} = \frac{1}{\sigma^2}\sum_{t=1}^{N}[-\mathrm{j}\boldsymbol{Q}_t^{\mathrm{H}}\boldsymbol{e}(t) + \mathrm{j}\boldsymbol{Q}_t^{\mathrm{T}}\boldsymbol{e}^*(t)] = \frac{2}{\sigma^2}\sum_{t=1}^{N}\mathrm{Im}[\boldsymbol{Q}_t^{\mathrm{H}}\boldsymbol{e}(t)] \tag{7B.4}$$

另外，$\mathcal{L}(\boldsymbol{\vartheta},\ \boldsymbol{c},\ \{\boldsymbol{s}(t)\}_{t=1}^{N},\ \sigma^2)$ 关于 $\boldsymbol{s}_{\mathrm{R}}(t)$ 和 $\boldsymbol{s}_{\mathrm{I}}(t)$ 的偏导数由下式给出：

$$\frac{\partial \mathcal{L}}{\partial \boldsymbol{s}_{\mathrm{R}}(t)} = \frac{1}{\sigma^2}[(\boldsymbol{A}'(\boldsymbol{\vartheta}))^{\mathrm{H}}\boldsymbol{e}(t) + (\boldsymbol{A}'(\boldsymbol{\vartheta}))^{\mathrm{T}}\boldsymbol{e}^*(t)] = \frac{2}{\sigma^2}\mathrm{Re}[(\boldsymbol{A}'(\boldsymbol{\vartheta}))^{\mathrm{H}}\boldsymbol{e}(t)] \tag{7B.5}$$

$$\frac{\partial \mathcal{L}}{\partial \boldsymbol{s}_{\mathrm{I}}(t)} = \frac{1}{\sigma^2}[-\mathrm{j}(\boldsymbol{A}'(\boldsymbol{\vartheta}))^{\mathrm{H}}\boldsymbol{e}(t) + \mathrm{j}(\boldsymbol{A}'(\boldsymbol{\vartheta}))^{\mathrm{T}}\boldsymbol{e}^*(t)] = \frac{2}{\sigma^2}\mathrm{Im}[(\boldsymbol{A}'(\boldsymbol{\vartheta}))^{\mathrm{H}}\boldsymbol{e}(t)] \tag{7B.6}$$

最后，$\mathcal{L}(\boldsymbol{\vartheta},\ \boldsymbol{c},\ \{\boldsymbol{s}(t)\}_{t=1}^{N},\ \sigma^2)$ 关于 σ^2 的偏导数为

$$\frac{\partial \mathcal{L}}{\partial \sigma^2} = -\frac{MN}{\sigma^2} + \frac{1}{(\sigma^2)^2}\sum_{t=1}^{N}\|\boldsymbol{e}(t)\|_2^2 \tag{7B.7}$$

观测数据 $\boldsymbol{x}(1)$，…，$\boldsymbol{x}(N)$ 关于参数集 Ξ 的 Fisher 信息矩阵（FIM）可表示为 $\mathrm{FIM}_{\Xi} = \mathrm{E}\left\{\frac{\partial \mathcal{L}}{\partial \Xi}\left(\frac{\partial \mathcal{L}}{\partial \Xi}\right)^{\mathrm{T}}\right\}$，在分析感兴趣参数的 CRLB 过程中需要利用上述一阶偏导数之间的相关情况。首先，由式（7B.7）不难得到

$$\begin{aligned}\mathrm{E}\left\{\left(\frac{\partial \mathcal{L}}{\partial \sigma^2}\right)^2\right\} &= \frac{M^2N^2}{(\sigma^2)^2} - \frac{2MN}{(\sigma^2)^3}\sum_{t=1}^{N}\mathrm{E}\|\boldsymbol{e}(t)\|_2^2 + \frac{1}{(\sigma^2)^4}\sum_{t_1=1}^{N}\sum_{t_2=1}^{N}\|\boldsymbol{e}(t_1)\|_2^2\|\boldsymbol{e}(t_2)\|_2^2 \\ &= \frac{MN}{(\sigma^2)^2}\end{aligned} \tag{7B.8}$$

式（7B.8）的得出借鉴了文献［13］中式（B.3）的结论。另外，基于文献［13］式（B.4）的结论不难证明，$\mathcal{L}$ 关于 σ^2 的一阶偏导数与关于 Ξ 中其他元素的偏导数之间的相关性为 0。此外，由式（7B.2）~式（7B.6）可得

$$\begin{aligned}\mathrm{E}\left\{\frac{\partial \mathcal{L}}{\partial \boldsymbol{\vartheta}}\left(\frac{\partial \mathcal{L}}{\partial \boldsymbol{\vartheta}}\right)^{\mathrm{T}}\right\} &= \frac{4}{(\sigma^2)^2}\mathrm{E}\sum_{t_1=1}^{N}\sum_{t_2=1}^{N}\mathrm{Re}[\boldsymbol{\Lambda}_{t_1}^{\mathrm{H}}(\boldsymbol{D}'(\boldsymbol{\vartheta}))^{\mathrm{H}}\boldsymbol{e}(t_1)]\mathrm{Re}[\boldsymbol{e}^{\mathrm{H}}(t_2)\boldsymbol{D}'(\boldsymbol{\vartheta})\boldsymbol{\Lambda}_{t_2}] \\ &= \frac{2}{(\sigma^2)^2}\sum_{t=1}^{N}\mathrm{Re}[\boldsymbol{\Lambda}_t^{\mathrm{H}}(\boldsymbol{D}'(\boldsymbol{\vartheta}))^{\mathrm{H}}\mathrm{E}(\boldsymbol{e}(t)\boldsymbol{e}^{\mathrm{H}}(t))\boldsymbol{D}'(\boldsymbol{\vartheta})\boldsymbol{\Lambda}_t]\end{aligned}$$

$$= \frac{2}{\sigma^2}\sum_{t=1}^{N}\mathrm{Re}[\boldsymbol{\Lambda}_t^{\mathrm{H}}(\boldsymbol{D}'(\boldsymbol{\vartheta}))^{\mathrm{H}}\boldsymbol{D}'(\boldsymbol{\vartheta})\boldsymbol{\Lambda}_t] \tag{7B.9}$$

类似地，可得

$$\mathrm{E}\left\{\frac{\partial\mathcal{L}}{\partial\boldsymbol{\vartheta}}\left(\frac{\partial\mathcal{L}}{\partial\boldsymbol{c}_{\mathrm{R}}}\right)^{\mathrm{T}}\right\} = \frac{2}{\sigma^2}\sum_{t=1}^{N}\mathrm{Re}[\boldsymbol{\Lambda}_t^{\mathrm{H}}(\boldsymbol{D}'(\boldsymbol{\vartheta}))^{\mathrm{H}}\boldsymbol{Q}_t] \tag{7B.10}$$

$$\mathrm{E}\left\{\frac{\partial\mathcal{L}}{\partial\boldsymbol{\vartheta}}\left(\frac{\partial\mathcal{L}}{\partial\boldsymbol{c}_{\mathrm{I}}}\right)^{\mathrm{T}}\right\} = -\frac{2}{\sigma^2}\sum_{t=1}^{N}\mathrm{Im}[\boldsymbol{\Lambda}_t^{\mathrm{H}}(\boldsymbol{D}'(\boldsymbol{\vartheta}))^{\mathrm{H}}\boldsymbol{Q}_t] \tag{7B.11}$$

$$\mathrm{E}\left\{\frac{\partial\mathcal{L}}{\partial\boldsymbol{\vartheta}}\left(\frac{\partial\mathcal{L}}{\partial\boldsymbol{s}_{\mathrm{R}}(t)}\right)^{\mathrm{T}}\right\} = \frac{2}{\sigma^2}\mathrm{Re}[\boldsymbol{\Lambda}_t^{\mathrm{H}}(\boldsymbol{D}'(\boldsymbol{\vartheta}))^{\mathrm{H}}\boldsymbol{A}'(\boldsymbol{\vartheta})] \tag{7B.12}$$

$$\mathrm{E}\left\{\frac{\partial\mathcal{L}}{\partial\boldsymbol{\vartheta}}\left(\frac{\partial\mathcal{L}}{\partial\boldsymbol{s}_{\mathrm{I}}(t)}\right)^{\mathrm{T}}\right\} = -\frac{2}{\sigma^2}\mathrm{Im}[\boldsymbol{\Lambda}_t^{\mathrm{H}}(\boldsymbol{D}'(\boldsymbol{\vartheta}))^{\mathrm{H}}\boldsymbol{A}'(\boldsymbol{\vartheta})] \tag{7B.13}$$

$$\mathrm{E}\left\{\frac{\partial\mathcal{L}}{\partial\boldsymbol{c}_{\mathrm{R}}}\left(\frac{\partial\mathcal{L}}{\partial\boldsymbol{c}_{\mathrm{R}}}\right)^{\mathrm{T}}\right\} = \frac{2}{\sigma^2}\sum_{t=1}^{N}\mathrm{Re}[\boldsymbol{Q}_t^{\mathrm{H}}\boldsymbol{Q}_t] \tag{7B.14}$$

$$\mathrm{E}\left\{\frac{\partial\mathcal{L}}{\partial\boldsymbol{c}_{\mathrm{R}}}\left(\frac{\partial\mathcal{L}}{\partial\boldsymbol{c}_{\mathrm{I}}}\right)^{\mathrm{T}}\right\} = -\frac{2}{\sigma^2}\sum_{t=1}^{N}\mathrm{Im}[\boldsymbol{Q}_t^{\mathrm{H}}\boldsymbol{Q}_t] \tag{7B.15}$$

$$\mathrm{E}\left\{\frac{\partial\mathcal{L}}{\partial\boldsymbol{c}_{\mathrm{R}}}\left(\frac{\partial\mathcal{L}}{\partial\boldsymbol{s}_{\mathrm{R}}(t)}\right)^{\mathrm{T}}\right\} = \frac{2}{\sigma^2}\mathrm{Re}[\boldsymbol{Q}_t^{\mathrm{H}}\boldsymbol{A}'(\boldsymbol{\vartheta})] \tag{7B.16}$$

$$\mathrm{E}\left\{\frac{\partial\mathcal{L}}{\partial\boldsymbol{c}_{\mathrm{R}}}\left(\frac{\partial\mathcal{L}}{\partial\boldsymbol{s}_{\mathrm{I}}(t)}\right)^{\mathrm{T}}\right\} = -\frac{2}{\sigma^2}\mathrm{Im}[\boldsymbol{Q}_t^{\mathrm{H}}\boldsymbol{A}'(\boldsymbol{\vartheta})] \tag{7B.17}$$

$$\mathrm{E}\left\{\frac{\partial\mathcal{L}}{\partial\boldsymbol{c}_{\mathrm{I}}}\left(\frac{\partial\mathcal{L}}{\partial\boldsymbol{c}_{\mathrm{I}}}\right)^{\mathrm{T}}\right\} = \frac{2}{\sigma^2}\sum_{t=1}^{N}\mathrm{Re}[\boldsymbol{Q}_t^{\mathrm{H}}\boldsymbol{Q}_t] \tag{7B.18}$$

$$\mathrm{E}\left\{\frac{\partial\mathcal{L}}{\partial\boldsymbol{c}_{\mathrm{I}}}\left(\frac{\partial\mathcal{L}}{\partial\boldsymbol{s}_{\mathrm{R}}(t)}\right)^{\mathrm{T}}\right\} = \frac{2}{\sigma^2}\mathrm{Im}[\boldsymbol{Q}_t^{\mathrm{H}}\boldsymbol{A}'(\boldsymbol{\vartheta})] \tag{7B.19}$$

$$\mathrm{E}\left\{\frac{\partial\mathcal{L}}{\partial\boldsymbol{c}_{\mathrm{I}}}\left(\frac{\partial\mathcal{L}}{\partial\boldsymbol{s}_{\mathrm{I}}(t)}\right)^{\mathrm{T}}\right\} = \frac{2}{\sigma^2}\mathrm{Re}[\boldsymbol{Q}_t^{\mathrm{H}}\boldsymbol{A}'(\boldsymbol{\vartheta})] \tag{7B.20}$$

$$\mathrm{E}\left\{\frac{\partial\mathcal{L}}{\partial\boldsymbol{s}_{\mathrm{R}}(t_1)}\left(\frac{\partial\mathcal{L}}{\partial\boldsymbol{s}_{\mathrm{R}}(t_2)}\right)^{\mathrm{T}}\right\} = \frac{2}{\sigma^2}\mathrm{Re}[(\boldsymbol{A}'(\boldsymbol{\vartheta}))^{\mathrm{H}}\boldsymbol{A}'(\boldsymbol{\vartheta})]\delta(t_1-t_2) \tag{7B.21}$$

$$\mathrm{E}\left\{\frac{\partial\mathcal{L}}{\partial\boldsymbol{s}_{\mathrm{R}}(t_1)}\left(\frac{\partial\mathcal{L}}{\partial\boldsymbol{s}_{\mathrm{I}}(t_2)}\right)^{\mathrm{T}}\right\} = -\frac{2}{\sigma^2}\mathrm{Im}[(\boldsymbol{A}'(\boldsymbol{\vartheta}))^{\mathrm{H}}\boldsymbol{A}'(\boldsymbol{\vartheta})]\delta(t_1-t_2) \tag{7B.22}$$

$$\mathrm{E}\left\{\frac{\partial\mathcal{L}}{\partial\boldsymbol{s}_{\mathrm{I}}(t_1)}\left(\frac{\partial\mathcal{L}}{\partial\boldsymbol{s}_{\mathrm{I}}(t_2)}\right)^{\mathrm{T}}\right\} = \frac{2}{\sigma^2}\mathrm{Re}[(\boldsymbol{A}'(\boldsymbol{\vartheta}))^{\mathrm{H}}\boldsymbol{A}'(\boldsymbol{\vartheta})]\delta(t_1-t_2) \tag{7B.23}$$

在式（7B.21）~式（7B.23）中，$\delta(\cdot)$ 为仅在原点处取非零值 1 的单位冲击函数。

记

$$\boldsymbol{J}=\begin{bmatrix}\operatorname{Re}\left(\sum_{t=1}^{N}\boldsymbol{\Lambda}_t^{\mathrm{H}}(\boldsymbol{D}'(\boldsymbol{\vartheta}))^{\mathrm{H}}\boldsymbol{D}'(\boldsymbol{\vartheta})\boldsymbol{\Lambda}_t\right) & \operatorname{Re}\left(\sum_{t=1}^{N}\boldsymbol{\Lambda}_t^{\mathrm{H}}(\boldsymbol{D}'(\boldsymbol{\vartheta}))^{\mathrm{H}}\boldsymbol{Q}_t\right) & -\operatorname{Im}\left(\sum_{t=1}^{N}\boldsymbol{\Lambda}_t^{\mathrm{H}}(\boldsymbol{D}'(\boldsymbol{\vartheta}))^{\mathrm{H}}\boldsymbol{Q}_t\right)\\ \operatorname{Re}\left(\sum_{t=1}^{N}\boldsymbol{Q}_t^{\mathrm{H}}\boldsymbol{D}'(\boldsymbol{\vartheta})\boldsymbol{\Lambda}_t\right) & \operatorname{Re}\left(\sum_{t=1}^{N}\boldsymbol{Q}_t^{\mathrm{H}}\boldsymbol{Q}_t\right) & -\operatorname{Im}\left(\sum_{t=1}^{N}\boldsymbol{Q}_t^{\mathrm{H}}\boldsymbol{Q}_t\right)\\ \operatorname{Im}\left(\sum_{t=1}^{N}\boldsymbol{Q}_t^{\mathrm{H}}\boldsymbol{D}'(\boldsymbol{\vartheta})\boldsymbol{\Lambda}_t\right) & \operatorname{Im}\left(\sum_{t=1}^{N}\boldsymbol{Q}_t^{\mathrm{H}}\boldsymbol{Q}_t\right) & \operatorname{Re}\left(\sum_{t=1}^{N}\boldsymbol{Q}_t^{\mathrm{H}}\boldsymbol{Q}_t\right)\end{bmatrix} \tag{7B.24}$$

$$\boldsymbol{B}_t=\begin{bmatrix}\operatorname{Re}[\boldsymbol{\Lambda}_t^{\mathrm{H}}(\boldsymbol{D}'(\boldsymbol{\vartheta}))^{\mathrm{H}}\boldsymbol{A}'(\boldsymbol{\vartheta})] & -\operatorname{Im}[\boldsymbol{\Lambda}_t^{\mathrm{H}}(\boldsymbol{D}'(\boldsymbol{\vartheta}))^{\mathrm{H}}\boldsymbol{A}'(\boldsymbol{\vartheta})]\\ \operatorname{Re}[\boldsymbol{Q}_t^{\mathrm{H}}\boldsymbol{A}'(\boldsymbol{\vartheta})] & -\operatorname{Im}[\boldsymbol{Q}_t^{\mathrm{H}}\boldsymbol{A}'(\boldsymbol{\vartheta})]\\ \operatorname{Im}[\boldsymbol{Q}_t^{\mathrm{H}}\boldsymbol{A}'(\boldsymbol{\vartheta})] & \operatorname{Re}[\boldsymbol{Q}_t^{\mathrm{H}}\boldsymbol{A}'(\boldsymbol{\vartheta})]\end{bmatrix} \tag{7B.25}$$

$$\boldsymbol{\Delta}=\begin{bmatrix}\operatorname{Re}[(\boldsymbol{A}'(\boldsymbol{\vartheta}))^{\mathrm{H}}\boldsymbol{A}'(\boldsymbol{\vartheta})] & -\operatorname{Im}[(\boldsymbol{A}'(\boldsymbol{\vartheta}))^{\mathrm{H}}\boldsymbol{A}'(\boldsymbol{\vartheta})]\\ \operatorname{Im}[(\boldsymbol{A}'(\boldsymbol{\vartheta}))^{\mathrm{H}}\boldsymbol{A}'(\boldsymbol{\vartheta})] & \operatorname{Re}[(\boldsymbol{A}'(\boldsymbol{\vartheta}))^{\mathrm{H}}\boldsymbol{A}'(\boldsymbol{\vartheta})]\end{bmatrix} \tag{7B.26}$$

则

$$\mathrm{FIM}_{\Xi}=\frac{2}{\sigma^2}\begin{bmatrix}\boldsymbol{J} & \boldsymbol{B}_1 & \cdots & \boldsymbol{B}_N & \boldsymbol{0}\\ \boldsymbol{B}_1^{\mathrm{T}} & \boldsymbol{\Delta} & \boldsymbol{0} & \boldsymbol{0} & \boldsymbol{0}\\ \vdots & \boldsymbol{0} & \ddots & \boldsymbol{0} & \boldsymbol{0}\\ \boldsymbol{B}_N^{\mathrm{T}} & \boldsymbol{0} & \boldsymbol{0} & \boldsymbol{\Delta} & \boldsymbol{0}\\ \boldsymbol{0}^{\mathrm{T}} & \boldsymbol{0}^{\mathrm{T}} & \boldsymbol{0}^{\mathrm{T}} & \boldsymbol{0}^{\mathrm{T}} & MN/(2\sigma^2)\end{bmatrix} \tag{7B.27}$$

由 $\mathrm{CRLB}_{\Xi}=\mathrm{FIM}_{\Xi}^{-1}$ 可直接得到噪声方差的 CRLB 为

$$\mathrm{CRLB}_{\sigma^2}=\frac{(\sigma^2)^2}{MN} \tag{7B.28}$$

而由于其他各组参数的估计误差之间相互耦合，对它们估计精度的分析需要借助更加复杂的数学运算实现。通常情况下，信号波形在阵列处理过程中被认为是冗余参数，因此以下分析过程重点考察参数集 $\Xi'=[\boldsymbol{\vartheta}^{\mathrm{T}},\ \boldsymbol{c}_{\mathrm{R}}^{\mathrm{T}},\ \boldsymbol{c}_{\mathrm{I}}^{\mathrm{T}}]^{\mathrm{T}}$ 估计精度的 CRLB。依据式（7B.27）的结果由矩阵求逆引理[212] 可知

$$\mathrm{CRLB}_{\Xi'}^{-1}=\frac{2}{\sigma^2}\left[\boldsymbol{J}-\sum_{t=1}^{N}\boldsymbol{B}_t\boldsymbol{\Delta}^{-1}\boldsymbol{B}_t^{\mathrm{T}}\right] \tag{7B.29}$$

由文献［13］中式（B.6）中结果可得

$$\boldsymbol{\Delta}^{-1}=\begin{bmatrix}\operatorname{Re}[((\boldsymbol{A}'(\boldsymbol{\vartheta}))^{\mathrm{H}}\boldsymbol{A}'(\boldsymbol{\vartheta}))^{-1}] & -\operatorname{Im}[((\boldsymbol{A}'(\boldsymbol{\vartheta}))^{\mathrm{H}}\boldsymbol{A}'(\boldsymbol{\vartheta}))^{-1}]\\ \operatorname{Im}[((\boldsymbol{A}'(\boldsymbol{\vartheta}))^{\mathrm{H}}\boldsymbol{A}'(\boldsymbol{\vartheta}))^{-1}] & \operatorname{Re}[((\boldsymbol{A}'(\boldsymbol{\vartheta}))^{\mathrm{H}}\boldsymbol{A}'(\boldsymbol{\vartheta}))^{-1}]\end{bmatrix} \tag{7B.30}$$

依据式（7B.24）、式（7B.25）和式（7B.30），通过直接的数学运算可得

$$\boldsymbol{J}-\sum_{t=1}^{N}\boldsymbol{B}_t\boldsymbol{\Delta}^{-1}\boldsymbol{B}_t^{\mathrm{T}}=$$

$$\begin{bmatrix} \mathrm{Re}\left(\sum_{t=1}^{N}\boldsymbol{\Lambda}_t^{\mathrm{H}}(\boldsymbol{D}'(\boldsymbol{\vartheta}))^{\mathrm{H}}\boldsymbol{P}_{\boldsymbol{A}'(\boldsymbol{\vartheta})}^{\perp}\boldsymbol{D}'(\boldsymbol{\vartheta})\boldsymbol{\Lambda}_t\right) & \mathrm{Re}\left(\sum_{t=1}^{N}\boldsymbol{\Lambda}_t^{\mathrm{H}}(\boldsymbol{D}'(\boldsymbol{\vartheta}))^{\mathrm{H}}\boldsymbol{P}_{\boldsymbol{A}'(\boldsymbol{\vartheta})}^{\perp}\boldsymbol{Q}_t\right) & -\mathrm{Im}\left(\sum_{t=1}^{N}\boldsymbol{\Lambda}_t^{\mathrm{H}}(\boldsymbol{D}'(\boldsymbol{\vartheta}))^{\mathrm{H}}\boldsymbol{P}_{\boldsymbol{A}'(\boldsymbol{\vartheta})}^{\perp}\boldsymbol{Q}_t\right) \\ \mathrm{Re}\left(\sum_{t=1}^{N}\boldsymbol{Q}_t^{\mathrm{H}}\boldsymbol{P}_{\boldsymbol{A}'(\boldsymbol{\vartheta})}^{\perp}\boldsymbol{D}'(\boldsymbol{\vartheta})\boldsymbol{\Lambda}_t\right) & \mathrm{Re}\left(\sum_{t=1}^{N}\boldsymbol{Q}_t^{\mathrm{H}}\boldsymbol{P}_{\boldsymbol{A}'(\boldsymbol{\vartheta})}^{\perp}\boldsymbol{Q}_t\right) & -\mathrm{Im}\left(\sum_{t=1}^{N}\boldsymbol{Q}_t^{\mathrm{H}}\boldsymbol{P}_{\boldsymbol{A}'(\boldsymbol{\vartheta})}^{\perp}\boldsymbol{Q}_t\right) \\ \mathrm{Im}\left(\sum_{t=1}^{N}\boldsymbol{Q}_t^{\mathrm{H}}\boldsymbol{P}_{\boldsymbol{A}'(\boldsymbol{\vartheta})}^{\perp}\boldsymbol{D}'(\boldsymbol{\vartheta})\boldsymbol{\Lambda}_t\right) & \mathrm{Im}\left(\sum_{t=1}^{N}\boldsymbol{Q}_t^{\mathrm{H}}\boldsymbol{P}_{\boldsymbol{A}'(\boldsymbol{\vartheta})}^{\perp}\boldsymbol{Q}_t\right) & \mathrm{Re}\left(\sum_{t=1}^{N}\boldsymbol{Q}_t^{\mathrm{H}}\boldsymbol{P}_{\boldsymbol{A}'(\boldsymbol{\vartheta})}^{\perp}\boldsymbol{Q}_t\right) \end{bmatrix} \tag{7B.31}$$

式中：$\boldsymbol{P}_{\boldsymbol{A}'(\boldsymbol{\vartheta})}^{\perp}$ 为阵列响应矩阵 $\boldsymbol{A}'(\boldsymbol{\vartheta})$ 的正交子空间，$\boldsymbol{P}_{\boldsymbol{A}'(\boldsymbol{\vartheta})}^{\perp}=\boldsymbol{I}_M-\boldsymbol{A}'(\boldsymbol{\vartheta})(\boldsymbol{A}'(\boldsymbol{\vartheta}))^{\dagger}$；$(\boldsymbol{A}'(\boldsymbol{\vartheta}))^{\dagger}$ 为 $\boldsymbol{A}'(\boldsymbol{\vartheta})$ 的伪逆，$(\boldsymbol{A}'(\boldsymbol{\vartheta}))^{\dagger}=((\boldsymbol{A}'(\boldsymbol{\vartheta}))^{\mathrm{H}}\boldsymbol{A}'(\boldsymbol{\vartheta}))^{-1}(\boldsymbol{A}'(\boldsymbol{\vartheta}))^{\mathrm{H}}$。

依据式（7B.29）和式（7B.31），再次利用矩阵求逆引理[212] 可得信号方向估计精度的 CRLB 为

$$\mathrm{CRLB}_{\boldsymbol{\vartheta}}^{-1}=\frac{2}{\sigma^2}\mathrm{Re}\{\boldsymbol{F}-\boldsymbol{U}^{\mathrm{H}}\boldsymbol{W}^{-1}\boldsymbol{U}\} \tag{7B.32}$$

式中

$$\boldsymbol{F}=\sum_{t=1}^{N}\boldsymbol{\Lambda}_t^{\mathrm{H}}(\boldsymbol{D}'(\boldsymbol{\vartheta}))^{\mathrm{H}}\boldsymbol{P}_{\boldsymbol{A}'(\boldsymbol{\vartheta})}^{\perp}\boldsymbol{D}'(\boldsymbol{\vartheta})\boldsymbol{\Lambda}_t\in\mathbb{C}^{K\times K}$$

$$\boldsymbol{U}=\sum_{t=1}^{N}\boldsymbol{Q}_t^{\mathrm{H}}\boldsymbol{P}_{\boldsymbol{A}'(\boldsymbol{\vartheta})}^{\perp}\boldsymbol{D}'(\boldsymbol{\vartheta})\boldsymbol{\Lambda}_t\in\mathbb{C}^{P\times K}$$

$$\boldsymbol{W}=\sum_{t=1}^{N}\boldsymbol{Q}_t^{\mathrm{H}}\boldsymbol{P}_{\boldsymbol{A}'(\boldsymbol{\vartheta})}^{\perp}\boldsymbol{Q}_t\in\mathbb{C}^{P\times P}$$

阵列误差向量估计值的 CRLB 为

$$\mathrm{CRLB}_{[\boldsymbol{c}_{\mathrm{R}}^{\mathrm{T}},\boldsymbol{c}_{\mathrm{I}}^{\mathrm{T}}]^{\mathrm{T}}}^{-1}=\frac{2}{\sigma^2}\left\{\begin{bmatrix}\mathrm{Re}(\boldsymbol{W}) & -\mathrm{Im}(\boldsymbol{W})\\ \mathrm{Im}(\boldsymbol{W}) & \mathrm{Re}(\boldsymbol{W})\end{bmatrix}-\begin{bmatrix}\mathrm{Re}(\boldsymbol{U})\\ \mathrm{Im}(\boldsymbol{U})\end{bmatrix}[\mathrm{Re}(\boldsymbol{F})]^{-1}[\mathrm{Re}(\boldsymbol{U}^{\mathrm{H}})-\mathrm{Im}(\boldsymbol{U}^{\mathrm{H}})]\right\} \tag{7B.33}$$

仅考虑阵元位置误差条件下，$\boldsymbol{c}=\boldsymbol{c}_{\mathrm{R}}$，$\boldsymbol{c}_{\mathrm{I}}=\boldsymbol{0}$，因此位置误差估计值的 CRLB 可简化为

$$\mathrm{CRLB}_{\boldsymbol{c}(\mathrm{III})}^{-1}=\frac{2}{\sigma^2}\{\mathrm{Re}(\boldsymbol{W})-\mathrm{Re}(\boldsymbol{U})[\mathrm{Re}(\boldsymbol{F})]^{-1}\mathrm{Re}(\boldsymbol{U}^{\mathrm{H}})\} \tag{7B.34}$$

附录 7C 测向精度和阵列校准精度 CRLB 的简化计算方法

依据式（7.6）中 $[\boldsymbol{Q}_t]_{:,p}=\boldsymbol{G}_p\boldsymbol{\Phi}(\boldsymbol{\vartheta})\boldsymbol{s}(t)$ 的结论，结合式（7B.32）中

$\boldsymbol{F}$、$\boldsymbol{U}$ 和 $\boldsymbol{W}$ 的表达式可得

$$\boldsymbol{F}_{p_1,p_2}=\sum_{t=1}^{N}s_{p_1}^{*}(t)(\boldsymbol{d}'(\vartheta_{p_1}))^{\mathrm{H}}\boldsymbol{P}_{\boldsymbol{A}'(\boldsymbol{\vartheta})}^{\perp}\boldsymbol{d}'(\vartheta_{p_2})s_{p_2}(t)=N[\hat{\boldsymbol{R}}_s]_{p_2,p_1}(\boldsymbol{d}'(\vartheta_{p_1}))^{\mathrm{H}}\boldsymbol{P}_{\boldsymbol{A}'(\boldsymbol{\vartheta})}^{\perp}\boldsymbol{d}'(\vartheta_{p_2}) \tag{7C.1}$$

式中

$$\hat{\boldsymbol{R}}_s=\frac{1}{N}\sum_{t=1}^{N}\boldsymbol{s}(t)\boldsymbol{s}^{\mathrm{H}}(t)$$

因此，有

$$\boldsymbol{F}=N\hat{\boldsymbol{R}}_s^{\mathrm{T}}\odot[(\boldsymbol{D}'(\boldsymbol{\vartheta}))^{\mathrm{H}}\boldsymbol{P}_{\boldsymbol{A}'(\boldsymbol{\vartheta})}^{\perp}\boldsymbol{D}'(\boldsymbol{\vartheta})] \tag{7C.2}$$

另外，有

$$\begin{aligned}\boldsymbol{U}_{p_1,p_2}&=\sum_{t=1}^{N}([\boldsymbol{Q}_t]_{:,p_1})^{\mathrm{H}}\boldsymbol{P}_{\boldsymbol{A}'(\boldsymbol{\vartheta})}^{\perp}\boldsymbol{d}'(\vartheta_{p_2})s_{p_2}(t)\\&=\sum_{t=1}^{N}\boldsymbol{s}^{\mathrm{H}}(t)\boldsymbol{\Phi}^{\mathrm{H}}(\boldsymbol{\vartheta})\boldsymbol{G}_{p_1}^{\mathrm{H}}\boldsymbol{P}_{\boldsymbol{A}'(\boldsymbol{\vartheta})}^{\perp}\boldsymbol{d}'(\vartheta_{p_2})s_{p_2}(t)\\&=\left(\sum_{t=1}^{N}s_{p_2}(t)\boldsymbol{s}^{\mathrm{H}}(t)\right)\boldsymbol{\Phi}^{\mathrm{H}}(\boldsymbol{\vartheta})\boldsymbol{G}_{p_1}^{\mathrm{H}}\boldsymbol{P}_{\boldsymbol{A}'(\boldsymbol{\vartheta})}^{\perp}\boldsymbol{d}'(\vartheta_{p_2})\\&=N([\hat{\boldsymbol{R}}_s]_{p_2,:})\boldsymbol{\Phi}^{\mathrm{H}}(\boldsymbol{\vartheta})\boldsymbol{G}_{p_1}^{\mathrm{H}}\boldsymbol{P}_{\boldsymbol{A}'(\boldsymbol{\vartheta})}^{\perp}\boldsymbol{d}'(\vartheta_{p_2})\end{aligned} \tag{7C.3}$$

$$\begin{aligned}\boldsymbol{W}_{p_1,p_2}&=\sum_{t=1}^{N}([\boldsymbol{Q}_t]_{:,p_1})^{\mathrm{H}}\boldsymbol{P}_{\boldsymbol{A}'(\boldsymbol{\vartheta})}^{\perp}([\boldsymbol{Q}_t]_{:,p_2})\\&=\sum_{t=1}^{N}\boldsymbol{s}^{\mathrm{H}}(t)\boldsymbol{\Phi}^{\mathrm{H}}(\boldsymbol{\vartheta})\boldsymbol{G}_{p_1}^{\mathrm{H}}\boldsymbol{P}_{\boldsymbol{A}'(\boldsymbol{\vartheta})}^{\perp}G_{p_2}\boldsymbol{\Phi}(\boldsymbol{\vartheta})\boldsymbol{s}(t)\\&=\mathrm{tr}\left[\boldsymbol{P}_{\boldsymbol{A}'(\boldsymbol{\vartheta})}^{\perp}G_{p_2}\boldsymbol{\Phi}(\boldsymbol{\vartheta})\left(\sum_{t=1}^{N}\boldsymbol{s}(t)\boldsymbol{s}^{\mathrm{H}}(t)\right)\boldsymbol{\Phi}^{\mathrm{H}}(\boldsymbol{\vartheta})\boldsymbol{G}_{p_1}^{\mathrm{H}}\right]\\&=N\mathrm{tr}[\boldsymbol{P}_{\boldsymbol{A}'(\boldsymbol{\vartheta})}^{\perp}G_{p_2}\boldsymbol{\Phi}(\boldsymbol{\vartheta})\hat{\boldsymbol{R}}_s\boldsymbol{\Phi}^{\mathrm{H}}(\boldsymbol{\vartheta})\boldsymbol{G}_{p_1}^{\mathrm{H}}]\end{aligned} \tag{7C.4}$$

第 8 章 基于深度神经网络的未校准阵列测向方法

8.1 引 言

一直以来，阵列信号波达方向（DOA）估计方法的一个主要研究方向是提高测向精度和分辨率[264]，以及增强对小样本、低信噪比等复杂场景的适应能力[3]。目前，已经提出了许多方法来解决阵列信号波达方向估计问题，典型代表包括波束形成方法[265-267]、基于子空间的方法[7,8,268]、稀疏重构方法[196,255,260,269-270]和最大似然方法[13,74,85]等。这些方法的一个共同特点是，它们都是参数化方法，即先建立从信号方向到阵列输出的映射关系，并且假设这些映射关系是可逆的。基于这个假设，就可以通过将阵列输出与预先设定的映射关系进行匹配，来实现信号波达方向估计。不同的匹配准则对应不同的阵列测向方法，如波束形成方法利用流形相关性[265-267]、基于子空间的方法利用超平面拟合[7,8,268]、稀疏重构方法利用超完备字典中多个原子组合与阵列输出的吻合性[196,255,260,269,270]、最大似然方法利用理论模型与实际阵列输出的拟合度[13,74,85]。这些参数化方法的性能在很大程度上取决于两种映射之间的一致性，即数据采集过程中从信号方向到阵列输出的正向映射以及 DOA 估计时从阵列输出到信号方向的逆向映射。

受传感器设计和制造工艺、阵列安装误差、阵元互耦、背景辐射等因素的影响，阵列系统中可能存在各种各样的误差[271]，导致实际阵列系统中从信号方向到观测数据的正向映射比参数化 DOA 估计方法中使用的逆向映射复杂得多[272-273]。有些阵列误差过于复杂，无法对其进行精确建模，而不精确的模型会降低参数化 DOA 估计的性能[221,274]。为了方便阵列误差校正与波达方向估计方法的实现，该领域的学者们建立了描述各种阵列误差的简化模型，并提出相应的误差自校正方法以提高 DOA 估计性能[39-40,220,231,275-277]。大多数阵列误差模型的简化过程都是从数学近似角度出发，并且附加了各种额外的假设或约束，如将阵列构型限定为均匀线阵或圆阵[39,220,275]、将传感器位置误差约束在特定直线或平面内[40,276]、认为不同阵元的增益和相位误差相互独立[231,277] 等。

在已有文献的仿真实验中，基于阵列误差自校正的 DOA 估计方法都取得了理想的性能[39,40,220,231,275-277]。然而，这些仿真实验中的阵列输出都是基于人工简化的模型产生的，阵列误差被建模为仅含有少量未知变量的模型。这类简化模型与实际情况存在不同程度的偏差，并不能够有效验证各种自校正方法在实际系统中的性能，特别是当关于阵列构型和误差性质的额外假设与实际情况不相符的时候尤其如此。此外，在实际系统中可能同时存在多种阵列误差，这种组合效应使得对非理想阵列观测模型的精确建模和自动校准更加难以实现。只有少数文献对组合误差的校正问题进行了探讨[235,256,278]。

近年来，部分研究成果引入机器学习技术来解决阵列信号测向问题[279-283]。尽管这些思想可以追溯到 20 世纪 90 年代[284-286]，但随着深度学习理论和方法的快速发展[287-290]，最近基于深度学习的 DOA 估计方法又得到了研究者的重新关注。与浅层神经网络和其他常规机器学习技术相比，深度学习技术具有更强的模型表达能力。这类方法基于已知信号入射方向的阵列观测数据集，利用径向基函数（RBF）[286]、支持向量机（SVR）[279-280] 等机器学习技术，建立从阵列输出到信号方向的逆向映射关系，然后将训练得到的映射关系应用于测试数据以估计信号方向。这些方法是数据驱动的，不依赖于关于阵列流形、误差类型的先验假设，也没有设计和实现专门的阵列误差校正步骤。仿真实验证明，基于机器学习的阵列测向方法比基于子空间的方法具有更高的计算效率[279,286] 和相当的测向性能[280]。

基于 RBF 和 SVR 的 DOA 估计方法的性能在很大程度上依赖于机器学习技术的泛化能力。当训练和测试数据具有几乎相同的分布时，它们的表现十分理想[291-292]。然而，在大多数 DOA 估计问题中，建立一个足够大的训练数据集来覆盖测试数据的所有可能分布是非常困难甚至不可能的，这是因为阵列观测模型中存在太多的未知参数，包括信号个数、波达方向、信噪比、信号波形和噪声样本等。

自 2015 年以来，一些研究人员引入深度学习技术来解决麦克风阵列的 DOA 估计和声源定位等问题[293-305]，并考虑了声学信号动态变化[293]、混响环境[294-295] 和宽带信号[296-297] 等非常苛刻的应用场景。在这些应用场景中，很难建立解析的信号传播模型，所以参数化估计方法在解决这些问题时会遇到很大的困难。然而，基于深度学习的方法能够利用训练数据集重建复杂的传播模型，进而估计传播源的方向和位置。尽管部分方法在单信号情况下[294-295] 和声学信号处理领域[293,296-297] 取得了成功，但它们很难作为通用的 DOA 估计方法。这是因为阵列信号处理方法通常需要分辨多个持续时间较短的时域重叠信号，而声音信号一般持续较长时间并包含丰富的时频特征，因而可以在时频域上分离多个信号分量，然后将变换后的信号作为深层神经网络的输入，采用与图像模式识别相似的方法实现对声音信号的 DOA 估计[293,296-297]。然而，在一般的 DOA 估计问题中，多个信号可能在时、频域同时混叠，且往往只能采集几十个或几百个快拍，难以通过时频变换实现多信号分离。

本章设计一种深度神经网络（DNN）框架来解决 DOA 估计问题。该框架由一个多任务自编码器和多个并行的多层分类器组成，将阵列输出的协方差向量作为 DNN 的输入。在多层分类器之前加上多任务自编码器，将输入信号分解为空间不同子区域中的多个分量。在此基础上，构建一系列的多层分类器来实现 DOA 估计。

本章共分为六节：8.2 节建立阵列观测模型；8.3 节建立用于阵列测向的 DNN 框架，并解释了其实现 DOA 估计的原理；8.4 节介绍对该 DNN 框架的训练策略，并重点介绍了其对阵列误差的适应能力；8.5 节仿真验证该方法在泛化性能方面相对于以往基于机器学习的 DOA 估计方法的优势，以及在阵列误差适应能力方面相对于传统参数化 DOA 估计方法的优势；8.6 节总结本章内容。

8.2 阵列信号观测模型

假设 K 个相互独立的远场信号 $\boldsymbol{s}(t)=[s_1(t), s_2(t), \cdots, s_K(t)]^{\mathrm{T}}$ 同时入射到由 M 个增益为 1 的各向同性阵元所组成的阵列上，信号的入射方向分别为 θ_1，θ_2，$\cdots$，θ_K。阵列接收机在 $t=t_1$，t_2，$\cdots$，t_N 时刻共采集了 N 组快拍数据 $\boldsymbol{X}=[\boldsymbol{x}(t_1), \boldsymbol{x}(t_2), \cdots, \boldsymbol{x}(t_N)]$，阵列输出矩阵中含有零均值高斯白噪声 $\boldsymbol{v}(t)$。

阵列信号处理的大部分学术研究成果都忽略了实际阵列系统中的各种误差，并且假设从信号方向到阵列响应函数的映射是确定且先验已知的。记无误差条件下的映射关系为 $\theta \mapsto \boldsymbol{a}(\theta)$，则阵列输出可表示为

$$\boldsymbol{x}(t_n) = \sum_{k=1}^{K} \boldsymbol{a}(\theta_k) s_k(t_n) + \boldsymbol{v}(t_n), \quad n = 1,\cdots,N \tag{8.1}$$

式中：$\boldsymbol{a}(\theta)$ 为具有单位幅度的阵列响应向量，即 $\|\boldsymbol{a}(\theta)\|_2=1$，$\|\boldsymbol{a}\|_2$ 表示 $\boldsymbol{a}$ 的 l_2 范数。

实际阵列系统中存在着各种类型的阵列误差，其中，幅相误差、阵元位置误差和阵列互耦是研究最广泛的三类误差。这些误差使得实际阵列导向向量与理想的 $\boldsymbol{a}(\theta)$ 之间存在一定程度的偏离，因而式（8.1）中信号方向和阵列输出的映射关系不再成立。记误差参数为 $\boldsymbol{e}$，则实际阵列观测模型应被修正为

$$\boldsymbol{x}(t_n) = \sum_{k=1}^{K} \boldsymbol{a}(\theta_k,\boldsymbol{e}) s_k(t_n) + \boldsymbol{v}(t_n), \quad n = 1,2,\cdots,N \tag{8.2}$$

不同类型的阵列误差对阵列响应函数有不同的影响，在实际阵列中如何精确地计算出 $\boldsymbol{a}(\theta,\ \boldsymbol{e})$ 仍是一个有待解决的问题。只有在适度的简化之后，才可以近似地得到（θ，$\boldsymbol{e}$）和 $\boldsymbol{a}(\theta,\ \boldsymbol{e})$ 之间映射关系的解析形式。然而，这种简化和近似仅适用于特定的阵列构型和应用场景，当这些简化和近似的前提条件不成立时，大多数现有的自校正方法将难以适用。

8.3 用于阵列测向的深度神经网络框架

8.3.1 深度神经网络模型

本章构建的用于阵列测向的 DNN 框架由两部分组成：一组用于实现空域滤波的多任务自编码器；另一组用于实现空间谱重构的并行多层分类器。该深层神经网络框架如图 8.1 所示。自编码器对输入数据进行去噪，并将其分解到 P 个子空域中。如果输入数据中包含位于第 p 个子空域中的信号（可能与位于其他 $P-1$ 个子区域中的其他信号交叠在一起），则第 p 个解码器的输出应等于该信号单独存在时的 DNN 输入。如果没有来自该子区域的信号入射，则第 p 个解码器的输出应等于零。在空域滤波器之后，为每个子区域的输出数据设计一系列并行的全连接多层神经网络，每一个多层神经网络都是一个多类分类器，用于确定对应子空域内预设的方向网格上是否存在信号。如果信号位于某个网格上或两个相邻网格之间，则相应网络节点的输出是非零值，并且节点输出值的大小指示信号方向与该网格的接近程度。方向网格需要进行合理预设，以避免相邻或相同网格上存在两个或多个信号。

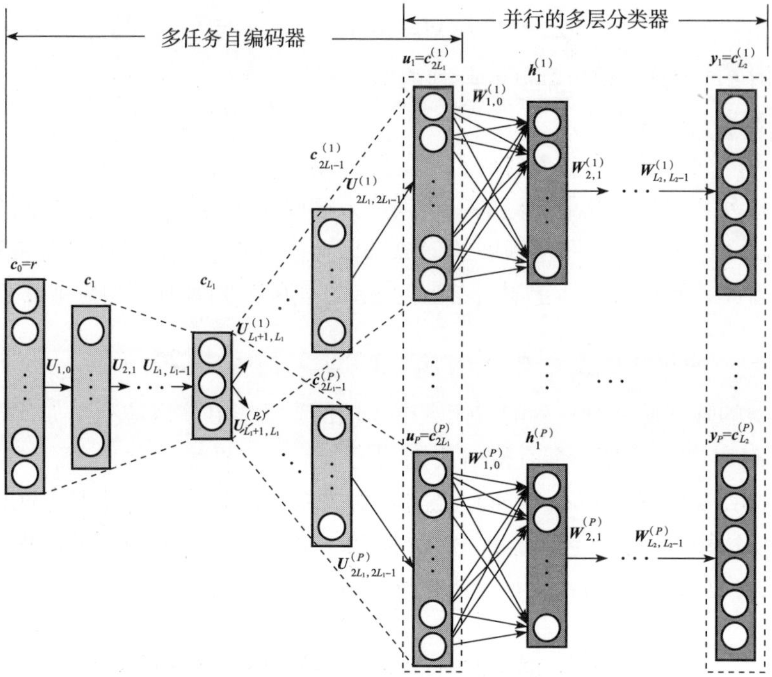

图 8.1　用于阵列测向的深层神经网络框架

在这个 DNN 框架中，多任务编解码器的每个解码器输出比 DNN 的原始输入数据具有更小的角度散布范围，所以其概率分布具有更强的聚集性。在编解码器之后，用于 DOA 估计的分类器不必考虑位于其他子空域内的信号分量，使得分类器训练更加容易，并且其泛化能力也能得到加强。

8.3.2　基于自编码器的空域滤波器设计

自编码器首先将输入数据向量压缩为一个低维向量以提取原始数据中的主成分，然后通过多任务解码将其恢复到原始维度，不同解码器恢复来自不同子区域的分量。编解码过程有助于减少输入数据中其他信号的干扰和噪声的影响[287]。

在图 8.1 所示的结构中，假设编码器和解码器各有 L_1 层，则对于所有的 $0 \leqslant l_1 \leqslant L_1$，第 L_1-l_1 层和 L_1+l_1 层的向量 c 具有相同的维度，并且通常 $|\boldsymbol{c}_{l_1}^{(p)}| < |\boldsymbol{c}_{l_1-1}^{(p)}|$，其中 $|\boldsymbol{c}|$ 表示向量 $\boldsymbol{c}$ 的维数，编解码器的每一层都是全连接层，即

$$\mathbf{net}_{l_1}^{(p)} = \boldsymbol{U}_{l_1,l_1-1}^{(p)} \boldsymbol{c}_{l_1-1}^{(p)} + \boldsymbol{b}_{l_1}^{(p)}, \quad p = \begin{cases} 1, & l_1 = 1,2,\cdots,L_1 \\ 1,\cdots,P, & l_1 = L_1+1,\cdots,2L_1 \end{cases} \tag{8.3}$$

$$\boldsymbol{c}_{l_1}^{(p)}=f_{l_1}[\mathbf{net}_{l_1}^{(p)}] \tag{8.4}$$

式中：P 代表子空域的数量；上标 $(\cdot)^{(p)}$ 代表第 p 个子区域或第 p 个自编码器中的变量；下标 $(\cdot)_{l_1}$ 和 $(\cdot)_{l_1-1}$ 代表层编号；$\boldsymbol{c}_{l_1}^{(p)}$ 代表第 p 个自编码器中第 l_1 层的输出，上标 $(\cdot)^{(p)}$ 在 $l_1 \leqslant L_1$ 时可以省略，自编码器的输入记为 $\boldsymbol{c}_0=\boldsymbol{r}$；$\boldsymbol{U}_{l_1,l_1-1}^{(p)} \in \mathbb{R}^{|\boldsymbol{c}_{l_1}^{(p)}| \times |\boldsymbol{c}_{l_1-1}^{(p)}|}$ 是第 p 个自编码器中第 l_1-1 层和第 l_1 层之间的权值矩阵；$\boldsymbol{b}_{l_1}^{(p)} \in \mathbb{R}^{|\boldsymbol{c}_{l_1}^{(p)}| \times 1}$ 是第 l_1 层的偏置向量；$f_{l_1}[\cdot]$ 代表第 l_1 层的逐元素激活函数。

多任务自编码器的任务是将输入数据分解到 P 个子空域中。划分子空域的一个简单方法是选择 $P+1$ 个特定的方向 $\theta^{(0)}<\theta^{(1)}<\cdots<\theta^{(P)}$，且满足 $\theta^{(1)}-\theta^{(0)}=\theta^{(2)}-\theta^{(1)}=\theta^{(P)}-\theta^{(P-1)}$，区间 $[\theta^{(0)},\theta^{(P)})$ 覆盖阵列信号所有可能的入射方向。如果将从第 p 个子空域入射的信号分量输入到自编码器，则第 p 个解码器的输出 $\boldsymbol{u}_p=\boldsymbol{c}_{2L_1}^{(p)}$ 应等于输入 $\boldsymbol{r}$，其余解码器的输出为 0。在空域滤波过程中，如果将输入数据的去噪结果作为自编码器的输出，则可以增强自编码器的噪声适应能力。然而在实际系统中，要对训练数据去噪是非常困难的，所以本章使用原始带噪声的输入作为自编码器的输出。

用于空域滤波的自编码器的设计准则是：当阵列信号入射方向 $\theta \in [\theta^{(p-1)},\theta^{(p)})$ 时，第 p 个解码器的输出 $F^{(p)}(\boldsymbol{r})=\boldsymbol{r}$；否则，$F^{(p)}(\boldsymbol{r})=\boldsymbol{0}$，其中 $F^{(p)}(\cdot)$ 是第 p 个编解码器的映射函数。另外，在阵列测向应用中，自编码器还应满足另一个要求，即 $F^{(p)}(\boldsymbol{r}_1+\boldsymbol{r}_2)=F^{(p)}(\boldsymbol{r}_1)+F^{(p)}(\boldsymbol{r}_2)$。对自编码器附加上述加性性质要求，是为了满足将不同子空域的同时入射信号分解到不同的解码器输出中的实际应用需求。为了满足加性性质，自编码器的激活函数 $f_{l_1}[\cdot]$ 应该是线性的，即

$$\boldsymbol{c}_{l_1}^{(p)}=\mathbf{net}_{l_1}^{(p)} \tag{8.5}$$

在自编码器中没有非线性变换的情况下，多层神经网络的编码解码过程可简化为单层神经网络实现，即 $L_1=1$。这样，自编码器可重写为

$$\boldsymbol{c}_1=\boldsymbol{U}_{1,0}\boldsymbol{r}+\boldsymbol{b}_1 \tag{8.6}$$

$$\boldsymbol{u}_p=\boldsymbol{U}_{2,1}^{(p)}\boldsymbol{c}_1+\boldsymbol{b}_2^{(p)},\quad p=1,2,\cdots,P \tag{8.7}$$

8.3.3 基于多层分类器的空间谱估计

已有基于 RBF[286] 和 SVR[279-280] 的机器学习类阵列测向方法假设入射信号个数已知，并将机器学习模型的输出节点数设置为入射信号个数。如果入射信号个数改变，训练所得模型将无法工作。因此，针对不同信号个数条件下的

阵列测向需求需要训练不同的模型。即便如此，这类模型也很难进行有效融合以处理信号个数未知时的 DOA 估计问题。

增强对未知信号个数条件下阵列测向问题的泛化能力的一种方法是使用一系列一对多（one-vs-all）的分类器。在 DOA 估计问题中，分类器的每一个输出节点对应一个预设的方向网格，该节点处最后的输出值代表入射信号方向在该网格附近的概率。DOA 估计值可通过对相邻两个方向网格进行插值来估计。

如图 8.1 所示，自编码器之后总共有 P 个并行的分类器，第 p 个分类器以第 p 个解码器的输出作为输入，接下来就要对每个解码器的输出映射到相应子空域内的预设网格上，以实现阵列信号波达方向估计。不同的分类器结构相同，且相互之间没有连接，每个分类器仅包含前馈计算过程，有

$$\mathbf{net}_{l_2}^{(p)}=\boldsymbol{W}_{l_2,l_2-1}^{(p)}\boldsymbol{h}_{l_2-1}^{(p)}+\boldsymbol{q}_{l_2}^{(p)},\quad p=1,2,\cdots,P,\quad l_2=1,2,\cdots,L_2 \tag{8.8}$$

$$\boldsymbol{h}_{l_2}^{(p)}=g_{l_2}[\mathbf{net}_{l_2}^{(p)}] \tag{8.9}$$

式中：$\boldsymbol{h}_{l_2}^{(p)}$ 为第 p 个分类器第 l_2 层的输出向量，$\boldsymbol{h}_0^{(p)}=\boldsymbol{u}_p$，$\boldsymbol{h}_{L_2}^{(p)}=\boldsymbol{y}_p$；$\boldsymbol{W}_{l_2,l_2-1}^{(p)}\in\mathbb{R}^{|\boldsymbol{h}_{l_2}^{(p)}|\times|\boldsymbol{h}_{l_2-1}^{(p)}|}$ 为第 p 个分类器中第 l_2-1 层和第 l_2 层之间的权值矩阵；$\boldsymbol{q}_{l_2}^{(p)}\in\mathbb{R}^{|\boldsymbol{h}_{l_2}^{(p)}|\times 1}$ 为第 l_2 层的偏置向量；$g_{l_2}[\cdot]$ 代表第 l_2 层的逐元素激活函数。

在得到并行的 P 个分类器的输出后，将这些输出向量进行拼接，就可以得到输入 $\boldsymbol{r}$ 对应的重构空间谱，即

$$\boldsymbol{y}=[\boldsymbol{y}_1^{\mathrm{T}},\cdots,\boldsymbol{y}_P^{\mathrm{T}}]^{\mathrm{T}} \tag{8.10}$$

该输出向量对应于整个空域内 $|\boldsymbol{y}|$ 个方向网格点上的离散空间谱。在与信号入射方向接近的方向网格时，空间谱取值为正实数值，否则为 0。

8.4 基于深度神经网络的阵列测向方法

除了 8.3 节介绍的 DNN 框架外，在基于深层神经网络的 DOA 估计方法中还要着重考虑训练数据的产生以及网络训练策略等问题。由于上述 DNN 框架中自编码器和分类器分别执行不同的功能，如果将整个网络一起训练，就会增大网络收敛到局部极值的风险[306]。所以，本章对这两个模块分开训练。

为了减少未知信号波形等因素对 DNN 输入数据的干扰，本章首先对阵列输出进行一定的预处理后再输入到 DNN 中。预处理过程是先计算阵列输出协方差矩阵，然后取协方差矩阵的右上三角元素排列成一个向量，并进行归一化，即

$$\bar{\boldsymbol{r}}=[R_{1,2},R_{1,3},\cdots,R_{1,M},R_{2,3},\cdots,R_{2,M},\cdots,R_{M-1,M}]^{\mathrm{T}}\in\mathbb{C}^{(M-1)M/2\times 1} \tag{8.11}$$

$$\boldsymbol{r}=\frac{[\operatorname{Re}\{\bar{\boldsymbol{r}}^{\mathrm{T}}\},\operatorname{Im}\{\bar{\boldsymbol{r}}^{\mathrm{T}}\}]^{\mathrm{T}}}{\|\bar{\boldsymbol{r}}\|_2} \tag{8.12}$$

式中：R_{m_1,m_2} 为协方差矩阵 $\hat{\boldsymbol{R}}=\frac{1}{N}\sum_{n=1}^{N}\boldsymbol{x}(t_n)\boldsymbol{x}^{\mathrm{H}}(t_n)$ 的第 (m_1, m_2) 个元素；$\operatorname{Re}\{\cdot\}$、$\operatorname{Im}\{\cdot\}$ 分别表示复数的实数和虚数部分。

这一预处理过程与基于 RBF[286] 和 SVR[279-280] 的机器学习类阵列测向方法类似，不同之处在于，本章的输入向量中没有包含阵列观测协方差矩阵的对角线元素，因为这些元素中包含未知的噪声功率成分，输入向量中也没有包含阵列观测协方差矩阵的左下三角元素（它们与右上三角元素互为共轭对）。

8.4.1 基于自编码器的空域滤波器训练

由于自编码器是线性的，而且满足多个信号分量之间的可加性，因此，如果自编码器能够在单信号场景中正常工作，则其空域滤波性能就可以得到保障。基于这一考虑，本章选用单信号场景中的 $\boldsymbol{r}$ 来构造自编码器的训练数据集，信号入射方向在 $[\theta^{(0)}, \theta^{(P)})$ 范围内以特定离散间隔遍历。其中一种较为直接的做法是依据分类器中的频谱网格设置训练数据对应的信号方向，记为 $\theta_1, \theta_2, \cdots, \theta_I$，其中 I 能被 P 整除，且 $I/P=I_0$。当与 θ_i 对应的协方差向量 $\boldsymbol{r}(\theta_i)$ 输入到自编码器时，第 p_i($p_i=\lceil i/I_0\rceil$，$\lceil\cdot\rceil$表示上取整）个解码器的输出向量应为 $\boldsymbol{r}(\theta_i)$，其余 $P-1$ 个解码器的输出应为 $\mathbf{0}_{\kappa\times 1}$，其中 $\kappa=|\boldsymbol{r}|$。通过拼接 P 个解码器的输出向量，得到多任务自编码器的期望输出为

$$\boldsymbol{u}=[\boldsymbol{u}_1^{\mathrm{T}},\cdots,\boldsymbol{u}_P^{\mathrm{T}}]^{\mathrm{T}}=[\underbrace{\mathbf{0}_{\kappa\times1}^{\mathrm{T}},\cdots,\mathbf{0}_{\kappa\times1}^{\mathrm{T}}}_{p-1},\boldsymbol{r}^{\mathrm{T}}(\theta_i),\underbrace{\mathbf{0}_{\kappa\times1}^{\mathrm{T}},\cdots,\mathbf{0}_{\kappa\times1}^{\mathrm{T}}}_{P-p}]^{\mathrm{T}} \tag{8.13}$$

当 θ_i 从 $\theta^{(0)}$ 到 $\theta^{(P)}$ 变化时，相应的 p_i 依次为 $\underbrace{1,\cdots,1}_{I_0个}$，$\underbrace{2,\cdots,2}_{I_0个}$，$\cdots$，$\underbrace{P,\cdots,P}_{I_0个}$。记输入 $\boldsymbol{r}(\theta_i)$ 对应的自编码器期望输出为 $\boldsymbol{u}(\theta_i)$，则自编码器的训练数据集为

$$\boldsymbol{\Gamma}^{(1)}=[\boldsymbol{r}(\theta_1),\boldsymbol{r}(\theta_2),\cdots,\boldsymbol{r}(\theta_1)] \tag{8.14}$$

相应的标签数据集为

$$\boldsymbol{\Psi}^{(1)}=[\boldsymbol{u}(\theta_1),\cdots,\boldsymbol{u}(\theta_i)]=\begin{bmatrix}\boldsymbol{\Phi}_1 & \mathbf{0}_{\kappa\times I_0} & \mathbf{0}_{\kappa\times I_0} & \mathbf{0}_{\kappa\times I_0}\\ \mathbf{0}_{\kappa\times I_0} & \boldsymbol{\Phi}_2 & \mathbf{0}_{\kappa\times I_0} & \mathbf{0}_{\kappa\times I_0}\\ \mathbf{0}_{\kappa\times I_0} & \mathbf{0}_{\kappa\times I_0} & \cdots & \mathbf{0}_{\kappa\times I_0}\\ \mathbf{0}_{\kappa\times I_0} & \mathbf{0}_{\kappa\times I_0} & \mathbf{0}_{\kappa\times I_0} & \boldsymbol{\Phi}_P\end{bmatrix} \tag{8.15}$$

式中：上标 $(\cdot)^{(1)}$ 表示与自编码器有关的变量，上标 $(\cdot)^{(2)}$ 将在下文中

用于表示与分类器有关的变量。

$$\boldsymbol{\Phi}_p = [\boldsymbol{r}(\theta_{(p-1)I_0+1}),\cdots,\boldsymbol{r}(\theta_{pI_0})] \tag{8.16}$$

利用上述训练数据集和标签集（$\boldsymbol{\Gamma}^{(1)}$，$\boldsymbol{\Psi}^{(1)}$）训练自编码器，训练过程中将自编码器实际输出与期望输出之间的均方差作为损失函数，即

$$\boldsymbol{\varepsilon}^{(1)}(\theta_i) = \frac{1}{2}\|\widetilde{\boldsymbol{u}}(\theta_i)\|_2^2 \tag{8.17}$$

式中

$$\widetilde{\boldsymbol{u}}(\theta_i) = \boldsymbol{u}(\theta_i) - \hat{\boldsymbol{u}}(\theta_i) \tag{8.18}$$

其中：$\hat{\boldsymbol{u}}(\theta_i)$ 为输入 $\boldsymbol{r}(\theta_i)$ 时自编码器的实际输出。

依据该损失函数，采用后向传播方法更新自编码器的权值矩阵和偏置向量，反向梯度可根据求导的链式法则得到

$$\frac{\partial \boldsymbol{\varepsilon}^{(1)}(\theta_i)}{\partial [\boldsymbol{U}_{2,1}]_{i_1,i_2}} = [\widetilde{\boldsymbol{u}}(\theta_i)]_{i_1}[\boldsymbol{U}_{1,0}\boldsymbol{r}(\theta_i)+\boldsymbol{b}_1]_{i_2} \tag{8.19}$$

$$\frac{\partial \boldsymbol{\varepsilon}^{(1)}(\theta_i)}{\partial [\boldsymbol{U}_{1,0}]_{i_1,i_2}} = \widetilde{\boldsymbol{u}}^{\mathrm{T}}(\theta_i)[\boldsymbol{U}_{2,1}]_{:,i_1}[\boldsymbol{r}(\theta_i)]_{i_2} \tag{8.20}$$

$$\frac{\partial \boldsymbol{\varepsilon}^{(1)}(\theta_i)}{\partial [\boldsymbol{b}_1]_l} = \widetilde{\boldsymbol{u}}^{\mathrm{T}}(\theta_i)[\boldsymbol{U}_{2,1}]_{:,l} \tag{8.21}$$

$$\frac{\partial \boldsymbol{\varepsilon}^{(1)}(\theta_i)}{\partial [\boldsymbol{b}_2]_l} = [\widetilde{\boldsymbol{u}}(\theta_i)]_l \tag{8.22}$$

式中：$[\cdot]_l$ 表示向量的第 l 个元素；$[\cdot]_{i_1,i_2}$ 表示矩阵的第（i_1，i_2）个元素。

自编码器中各参数的更新规则为

$$\alpha_{\text{new}} = \alpha_{\text{old}} + \mu_1 \frac{\partial \boldsymbol{\varepsilon}^{(1)}(\theta_i)}{\partial \alpha} \tag{8.23}$$

式中：α 为权值矩阵 $\boldsymbol{U}_{1,0}$、$\boldsymbol{U}_{2,1}$ 和偏置向量 $\boldsymbol{b}_1$、$\boldsymbol{b}_2$ 中的任一元素；μ_1 为学习率；α_{new}、α_{old} 分别为更新前后的参数值。

图 8.2 给出了 $P=6$ 时，自编码器在［-60°，60°）空域内的输出情况，其中仿真参数的具体取值将在 8.5 节详细介绍。图 8.2（a）为滤波器的幅度响应，定义为

$$g_a^{(p)} = |\bar{\boldsymbol{r}}^{\mathrm{H}}(\theta_i)\bar{\boldsymbol{u}}_p|,\quad p=1,\cdots,P,i=1,\cdots,I \tag{8.24}$$

式中：上标 $(\cdot)^{\mathrm{H}}$ 表示矩阵或向量的共轭转置；$\bar{\boldsymbol{u}}_p$ 为 $\boldsymbol{u}_p$ 的复数形式，实部对应于 $\boldsymbol{u}_p$ 的前半部分，虚部对应于 $\boldsymbol{u}_p$ 的后半部分。

图 8.2（b）为滤波器的相位响应，定义为

$$g_b^{(p)} = \frac{|\bar{\boldsymbol{r}}^{\mathrm{H}}(\theta_i)\bar{\boldsymbol{u}}_p|}{\|\bar{\boldsymbol{r}}^{\mathrm{H}}(\theta_i)\|_2\|\bar{\boldsymbol{u}}_p\|_2}, \quad p=1,\cdots,P, i=1,\cdots,I \tag{8.25}$$

$g_b^{(p)}$ 描述了经过自编码器滤波后，$\bar{r}(\theta_i)$ 各元素之间相位差变化情况，$g_a^{(p)}$ 还综合了不同滤波器的幅度衰减因素。图 8.2（a）和（b）表明，滤波器输入和输出之间的相位一致性在各子空域内得到保持，幅度增益在各子空域边缘迅速衰减。除了各子空域对应的自编码器以外，其他自编码器的幅度增益很小、相位一致性很弱。

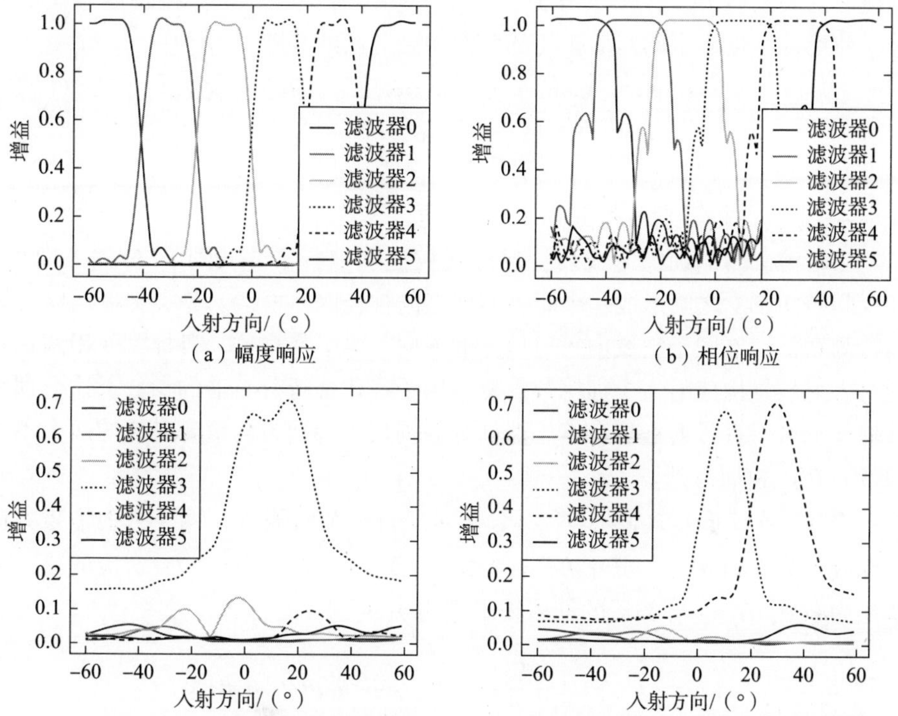

（a）幅度响应　（b）相位响应

（c）对5°和15°入射信号的自编码器输出　（d）对10°和30°入射信号的自编码器输出

图 8.2　多任务自编码器用于空域滤波的效果

接下来，将两信号同时入射场景对应的 $\boldsymbol{r}$ 向量输入到自编码器中，以测试自编码器对多个混叠信号分量的相加性。首先假设两个位于［0°，20°）子空域内的信号同时入射，信号方向分别为 $\theta_1 = 5°$ 和 $\theta_2 = 15°$，得到 6 个解码器的幅度响应输出 $g_a^{(p)}$ 如图 8.2（c）所示。［0°，20°）子空域对应解码器的增益响应与波束形成器类似，其他子空域解码器的增益非常小。随后，设置两信号入射角度为 $\theta_1 = 10°$ 和 $\theta_2 = 30°$（位于两个相邻的子空域内），得到各空域滤波器的幅度响应输出 $g_a^{(p)}$ 如图 8.2（d）所示。从图中可以看出，两个信号分量被相应的滤波器分开，其他滤波器的输出幅度值很小。

8.4.2 并行分类器训练

P 个并行分类器以对应解码器的输出作为输入，分别估计相应子空域的空间谱。与 $\boldsymbol{r}$ 相比，每一个自编码器输出 $\boldsymbol{u}_p(p=1, 2, \cdots, P)$ 所包含信号分量的入射方向范围更小。由于空域临近信号的导向向量相似度更高，因此 $\boldsymbol{u}_p$ 具有比 $\boldsymbol{r}$ 更集中的分布函数。并行分类器使用多个隐藏层和非线性激活函数来增强网络的表示能力。在深层分类器的每一层运算中，为了保持输入数据的极性，使用一个逐元素的双曲正切函数作为激活函数，即

$$\tanh(\alpha)=[\tanh(\alpha_1),\tanh(\alpha_2),\cdots,\tanh(\alpha_{-1})]^{\mathrm{T}} \tag{8.26}$$

$$\tanh(\alpha)=\frac{\mathrm{e}^{\alpha}-\mathrm{e}^{-\alpha}}{\mathrm{e}^{\alpha}+\mathrm{e}^{-\alpha}} \tag{8.27}$$

式中：α_{-1} 是 α 的最后一个元素。

当自编码器的训练完成后，保持其权值和偏置不变，则 DNN 输入向量 $\boldsymbol{r}$ 和空间谱向量 $\boldsymbol{y}$ 之间形成一个新的端到端的神经网络框架。分类神经网络应该能检测和估计不同子空域内入射信号的方向。为了实现这一目标，使用两信号同时入射场景构建另一个训练数据集，用于优化并行分类器的参数。这个训练数据集也可以直接通过将自编码器训练数据集中不同方向组合对应的两个不同向量 $\boldsymbol{r}(\theta_i)$ 相加得到。

选择若干个角度间隔 $\boldsymbol{\Delta}=\{\Delta_j\}_{j=1}^{J}$，对应每一个间隔 Δ_j，两个入射信号方向分别设置为 θ 和 $\theta+\Delta_j$，其中 $\theta^{(0)}\leqslant\theta\leqslant\theta^{(P)}-\Delta_j$，$j=1, 2, \cdots, J$，对应的输入向量记为 $\boldsymbol{r}(\theta, \Delta_j)$，分类器的期望输出记为 $\boldsymbol{y}(\theta, \Delta_j)$，且

$$[y(\theta,\Delta_j)]_l=\begin{cases}\dfrac{\bar{\theta}-\theta_{l-1}}{\theta_l-\theta_{l-1}}, & \theta_{l-1}\leqslant\bar{\theta}<\theta_l,\bar{\theta}\in\{\theta,\theta+\Delta_j\}\\[2ex] \dfrac{\theta_{l+1}-\bar{\theta}}{\theta_{l+1}-\theta_l}, & \theta_l\leqslant\bar{\theta}<\theta_{l+1},\bar{\theta}\in\{\theta,\theta+\Delta_j\}\\[2ex] 0, & \text{其他}\end{cases} \tag{8.28}$$

式（8.28）表明，重构的空间谱仅在与信号方向邻近的网格上具有非零正值，并且可以通过相邻两个网格对应空间谱幅度的线性插值精确估计每个信号的方向。

分类器的训练数据集可以表示为

$$\boldsymbol{\Gamma}^{(2)}=[\boldsymbol{\Gamma}_1^{(2)},\cdots,\boldsymbol{\Gamma}_J^{(2)}] \tag{8.29}$$

式中

$$\boldsymbol{\Gamma}_j^{(2)}=[\boldsymbol{r}(\theta_1,\Delta_j),\cdots,\boldsymbol{r}(\theta_i-\Delta_j,\Delta_j)] \tag{8.30}$$

相应的标签集为

$$\boldsymbol{\Psi}^{(2)}=[\boldsymbol{\Psi}_1^{(2)},\cdots,\boldsymbol{\Psi}_j^{(2)}] \tag{8.31}$$

式中

$$\boldsymbol{\Psi}_j^{(2)}=[\boldsymbol{y}(\theta_1,\Delta_j),\cdots,\boldsymbol{y}(\theta_i-\Delta_j,\Delta_j)] \tag{8.32}$$

在训练过程中，计算空间谱重构误差，并通过反向传播来优化并行分类器的网络参数。分别用 $\boldsymbol{y}(\theta,\ \Delta)$ 和 $\hat{\boldsymbol{y}}(\theta,\ \Delta)$ 表示 $\boldsymbol{r}(\theta,\ \Delta)$ 对应的期望和实际分类器输出，则重构误差可表示为

$$\widetilde{\boldsymbol{y}}(\theta,\Delta)=\hat{\boldsymbol{y}}(\theta,\Delta)-\boldsymbol{y}(\theta,\Delta) \tag{8.33}$$

分类器的损失函数为空间谱重构误差的 l_2 范数的平方，即

$$\varepsilon^{(2)}(\theta,\Delta)=\frac{1}{2}\|\widetilde{\boldsymbol{y}}(\theta,\Delta)\|_2^2 \tag{8.34}$$

损失函数相对于分类器网络中各变量的梯度可以通过直接的数学求导得到，在这里略过推导细节，对此感兴趣的读者可以参考文献［290］。大多数深度学习平台，例如 TensorFlow[307] 等，也自带了自动计算梯度的可调用指令。

随后，依据训练误差采用梯度下降方法优化权重矩阵和偏置向量的元素：

$$\alpha_{\text{new}}=\alpha_{\text{old}}+\mu_2\frac{\partial\varepsilon^{(2)}(\theta,\Delta)}{\partial\alpha} \tag{8.35}$$

式中：μ_2 为学习率。

依据 8.5 节中详细的设置完成对分类器的训练之后，将图 8.2（c）和（d）对应的阵列协方差向量 $\boldsymbol{r}(\theta=5°,\ \Delta=10°)$ 和 $\boldsymbol{r}(\theta=10°,\ \Delta=20°)$ 重新输入到整个 DNN，得到图 8.3（a）和（b）所示的空间谱重构结果。这组仿真

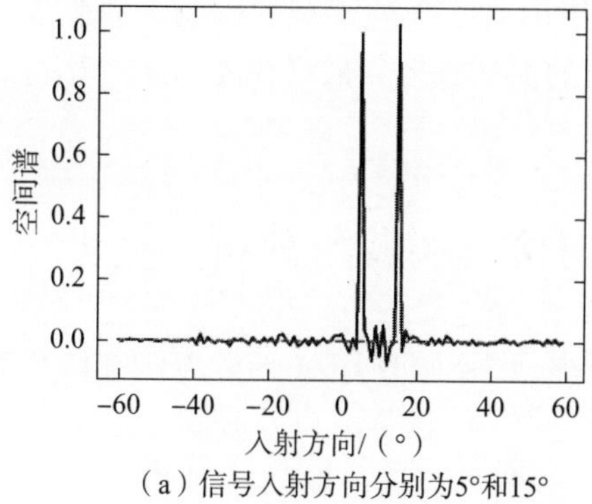

（a）信号入射方向分别为5°和15°

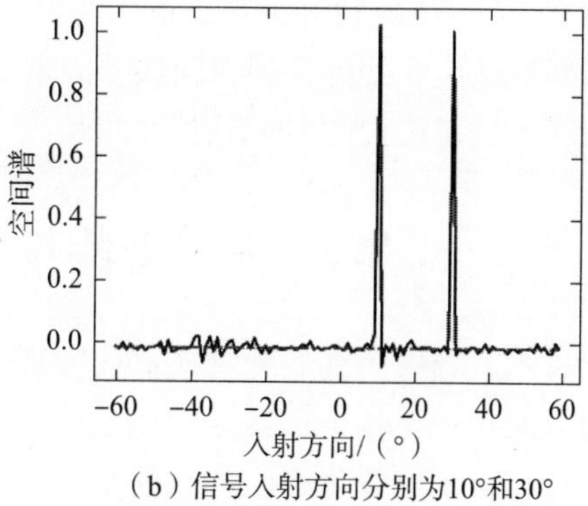

（b）信号入射方向分别为10°和30°

图 8.3　对两个同时入射信号的空间谱重构结果

结果表明，所建立的DNN框架能够实现对相同和不同空域内两个同时入射信号的良好分离，而没有入射信号的子空域对应的空间谱重构结果中只有幅度很小的轻微扰动。通过对谱峰内不同网格点对应的谱线幅度进行线性插值，最终可根据重构空间谱估计信号的入射方向。

8.4.3 对阵列误差的适应性分析

基于机器学习的DOA估计方法采用数据驱动的实现方式，因而对阵列误差等各种非理想因素具有天然的适应性，如幅相不一致[231,277]、传感器位置误差[40,276]和阵列互耦[39,220,275]等。本小节进一步深入分析该方法的误差适应性。

假设阵列响应函数中包含特定类型的误差因素或多种类型误差的组合，误差参数用向量 $\boldsymbol{e}$ 表示。从信号方向到协方差向量的映射记为 $\theta \overset{e}{\mapsto} \boldsymbol{r}_e(\theta)$，并假设没有关于阵列误差和受扰动之后的阵列响应函数的先验信息。当将受扰动向量 $\boldsymbol{r}_e(\theta_i)$（满足 $\lfloor i/I_0 \rfloor = p$）输入到自编码器时，对应的标签向量可表示为

$$\boldsymbol{u} = [\boldsymbol{u}_1^{\mathrm{T}}, \cdots, \boldsymbol{u}_P^{\mathrm{T}}]^{\mathrm{T}} = \Big[\underbrace{\boldsymbol{0}_{\kappa\times 1}^{\mathrm{T}}, \cdots, \boldsymbol{0}_{\kappa\times 1}^{\mathrm{T}}}_{(p-1)\text{个}}, \boldsymbol{r}_e^{\mathrm{T}}(\theta_i), \underbrace{\boldsymbol{0}_{\kappa\times 1}^{\mathrm{T}}, \cdots, \boldsymbol{0}_{\kappa\times 1}^{\mathrm{T}}}_{(P-p)\text{个}}\Big]^{\mathrm{T}} \tag{8.36}$$

也就是说，即使在存在阵列误差的情况下，输入向量 $\boldsymbol{r}_e(\theta_i)$ 也会被过滤到自编码器的第 p 个解码器中。

随后，解码器的输出被输入到并行分类器。因为来自方向 θ_i 的信号分量包含在第 p 个解码器的输出中，所以第 p 个分类器将对其进行处理。相应的空间谱期望值在与 θ_i 邻近的一个或两个网格上形成谱峰，通过进一步插值可以获得 θ_i 的估计结果。因此，无论阵列中存在哪种误差，也无论这些误差对阵列响应函数造成了怎样的干扰，经过充分训练的DNN框架实际上重构了 $\boldsymbol{r}_e(\theta) \overset{e}{\mapsto} \theta$ 的逆映射关系。重构所得逆映射内含了阵列误差的影响，因此也能很好地适应和处理受到相同误差因素影响的测试数据，最终在阵列误差存在的情况下获得优越的DOA估计性能。

8.5 未校准阵列测向仿真实验与分析

本节利用仿真实验验证本章所给出的基于DNN的DOA估计方法在泛化能力方面相对于基于机器学习的已有方法[279-280]的优势，以及在误差适应能力方面相对于参数化测向方法的优势，其中参数化方法选取最经典的MUSIC方法[7]。DNN方法基于深度学习平台TensorFlow[307]实现，并直接使用其自带指令计算反向梯度。已有的基于机器学习的测向方法[293-297]没有用于性能对比，

因为其中一些方法仅适应单一信号场景[294-295]，而其他方法将信号的时频表示作为输入[293,296-297]，因而它们不适用于本节所考虑的只有几百个快拍的多信号测向场景。作为对比的参数化方法 MUSIC 中没有引入阵列自校准技术[39-40,220,231,275-277]，因为测向过程中假设没有关于阵列误差类型、结构和大小的任何先验信息。这些设置有助于揭示不同方法对未校准阵列的适应性，并进行公平的性能比较。此外，该仿真设置也导致针对特定预设模型误差而设计的校准技术[39-40,220,231,275-277] 无法实现。

8.5.1 仿真参数设置

使用一个 10 元均匀线阵（Uniform Linear Array，ULA）来估计从［-60°，60°）范围内入射信号的方向，即 $M=10$，$\theta^{(0)}=-60°$，$\theta^{(P)}=60°$。阵元间距为半波长，整个信号入射空域等分为 $P=6$ 个子区域。空间谱网格量化间隔为 1°，共包含 $I=120$ 个角度网格，对应方向 $\theta_1=-60°$，$\theta_2=-59°$，…，$\theta_I=59°$，6 个子空域分别包含 $I_0=20$ 个离散网格。自编码器和分类器的训练数据集以及测试数据集中的协方差向量 $\boldsymbol{r}$ 都是由 $N=400$ 个快拍计算得到。

训练自编码器时，对［-60°，60°）空域以 1°为间隔进行离散采样，以获得 $\theta_1=-60°$，$\theta_2=-59°$，…，$\theta_i=59°$ 的方向集，并根据式（8.14）和式（8.15）计算协方差向量和自编码器的期望输出。在每个方向网格上，只采集一组快拍来计算协方差向量，信噪比为 10dB。采用批量训练策略进行自编码器训练[308]，每批数据的数量为 32，学习率 $\mu_1=0.001$，总共训练 1000 轮，每轮训练中分别对训练数据集进行随机排序。自编码器输入层的维度 $\kappa=M(M-1)/2=45$，隐含层和输出层的大小分别为$\lfloor 45/2 \rfloor=22$ 和 $\kappa I=45\times6$。

待自编码器训练过程结束后，固定自编码器参数不变，并在两信号入射场景中采集另一个数据集训练分类器。两信号间角度间隔集合 Δ 为 {2°，4°，…，40°}，它涵盖了从空域邻近信号到间隔两倍子空域宽度的两信号场景。第一个信号的角度（由 θ 表示）以 1°的间隔从-60°~60°-Δ 遍历，相应的第二个信号的角度为 $\theta+\Delta$。两个信号的信噪比均为 10dB，在每个方向组合场景中加入不同的随机噪声生成 10 组协方差向量数据。最后，总共产生 $(118+116+\cdots+80)\times10=19\,800$ 个协方差向量。仍采用批量训练策略进行并行分类器的训练，每批数据的数量为 32，学习率 $\mu_2=0.001$，总共训练 300 轮，每轮训练中分别对训练数据集进行随机排序。分类器的隐层数目取 $L_2-1=2$，以综合考虑分类器的表示能力（随着网络层加深而改善[288]）和欠训练风险（随着网络参数数目的增加而恶化[306]）。每个分类器中两个隐藏层和一个输出层的维数分别为$\lfloor 2/3\times\kappa \rfloor=30$、$\lfloor 4/9\times\kappa \rfloor=20$和$I_0=20$。DNN的所有权值和偏差在[-0.1, 0.1]范围内进行随机初始化。

仿真中考虑了三种典型的阵列误差，包括幅相不一致、阵元位置误差和阵列互耦误差。这些误差非常复杂，难以用简洁的数学模型来表示，本章对这些模型进行适当简化以方便仿真。阵列各阵元的幅度偏差设置为

$$\boldsymbol{e}_{\text{gain}}=\rho\times\left[0,\underbrace{0.2,\cdots,0.2}_{5个},\underbrace{-0.2,\cdots,-0.2}_{4个}\right]^{\mathrm{T}} \tag{8.37}$$

式中参数$\rho\in[0, 1]$用于控制幅度偏差的大小。

相位偏差为

$$\boldsymbol{e}_{\text{phase}}=\rho\times\left[0,\underbrace{-30^\circ\cdots,-30^\circ}_{5个},\underbrace{30^\circ,\cdots,30^\circ}_{4个}\right]^{\mathrm{T}} \tag{8.38}$$

位置偏差为

$$\boldsymbol{e}_{\text{pos}}=\rho\times\left[0,\underbrace{-0.2,\cdots,-0.2}_{5个},\underbrace{0.2,\cdots,0.2}_{4个}\right]^{\mathrm{T}}\times d \tag{8.39}$$

式中：d为均匀线阵的阵元间隔。

阵元间互耦系数向量为

$$\boldsymbol{e}_{\text{mc}}=\rho\times[0,\gamma^1,\cdots,\gamma^{M-1}]^{\mathrm{T}} \tag{8.40}$$

式中：γ为相邻传感器之间的互耦系数，$\gamma=0.3\mathrm{e}^{\mathrm{j}60^\circ}$。

对于一个特定的ρ值，可以确定各类阵列误差的大小，并得到受扰动的阵列响应向量为

$$\boldsymbol{a}(\theta,\boldsymbol{e})=(\boldsymbol{I}_M+\delta_{mc}\boldsymbol{E}_{mc})\times(\boldsymbol{I}_M+\text{diag}(\delta_{\text{gain}}\boldsymbol{e}_{\text{gain}}))\times\text{diag}(\exp(\mathrm{j}\delta_{\text{phase}}\boldsymbol{e}_{\text{phase}}))\times\boldsymbol{a}(\theta,\delta_{\text{pos}}\boldsymbol{e}_{\text{pos}}) \tag{8.41}$$

其中：冲激函数$\delta(\cdot)$用于标示某种类型误差是否存在；$\boldsymbol{I}_M$为$M\times M$的单位矩阵；$\text{diag}(\cdot)$表示以给定向量作为对角线生成对角矩阵；$\boldsymbol{E}_{mc}$为由向量$\boldsymbol{e}_{mc}$生成的toeplitz矩阵[39]；$\boldsymbol{a}(\theta, \delta_{\text{pos}}\boldsymbol{e}_{\text{pos}})$表示阵元位置误差为$\boldsymbol{e}_{\text{pos}}$时方向$\theta$对应的真实导向向量。

与实际阵列响应函数相比，式（8.41）中给出的阵列响应函数进行了很大的简化。尽管实际阵列响应函数可以用计算电磁方法（如文献[309-311]等）更精确地测量，式（8.37）~式（8.40）中的阵列误差公式也可以参考已有文献[227, 312-314]更精确地建模，但本章使用简化的误差模型以方便仿真。由于性能对比的各种方法中并没有利用关于阵列误差的任何先验信息，这些简化并不会影响测向方法对各类阵列误差的适应性。对基于DNN的DOA估计方法的端到端的训练和测试过程可以直接推广到其他阵列构型和误差形

式，与天线类型和阵列导向向量的偏差大小等因素无关。

8.5.2 泛化能力验证

本小节将基于DNN的DOA估计方法与基于SVR的方法[279-280]进行性能仿真，以比较它们对未包含在训练数据集中的信号场景的适应能力。仿真过程中暂时不考虑阵列误差。在本小节和8.5.3节的仿真图中，使用虚线表示信号方向的真实值，使用带有三角形或圆形标记的点表示其估计值、估计误差和统计性能。

首先，假设两个角度间隔为9.4°且信噪比为10dB的信号同时入射到阵列上，第一个信号的波达方向在-60°~50°范围内变化。该角度间隔不包含在训练数据集对应的角度间隔集合Δ中，并且第二个信号的方向偏离训练数据集和输出空间谱对应的离散方向网格。最终的DOA估计结果通过对重构空间谱中最显著峰值节点及其邻近节点进行幅度插值得到。图8.4（a）和（b）分别表示当第一个信号方向以1°的间隔从-60°增加到50°时，基于DNN的方法所得到的角度估计值与相应的估计误差。该结果表明，基于DNN的方法的DOA估计值与真实

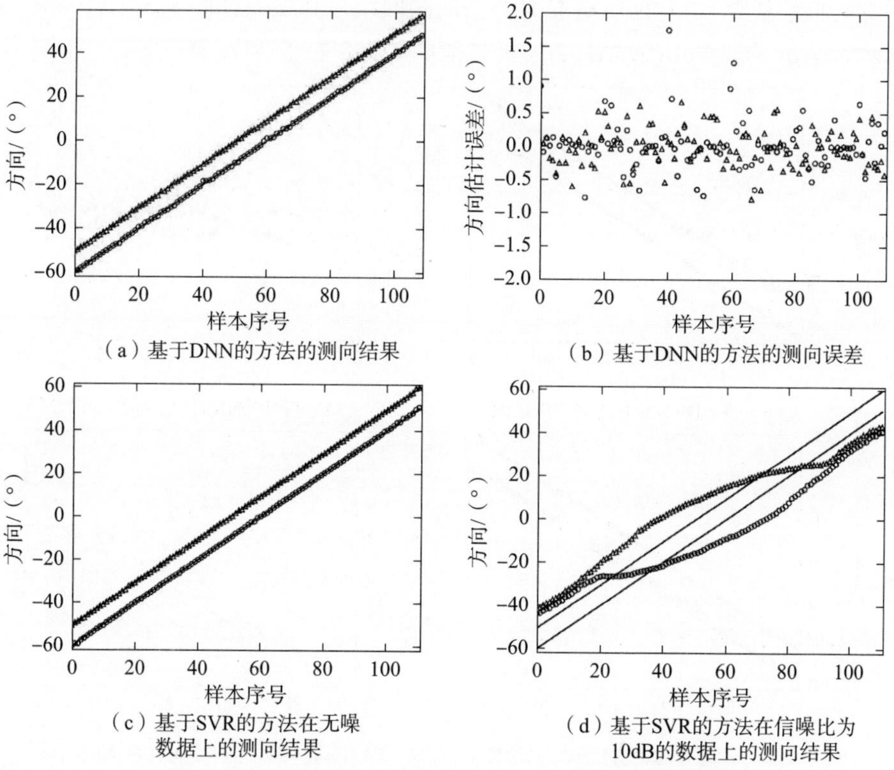

（a）基于DNN的方法的测向结果
（b）基于DNN的方法的测向误差
（c）基于SVR的方法在无噪数据上的测向结果
（d）基于SVR的方法在信噪比为10dB的数据上的测向结果

图8.4 对入射方向偏离离散网格点的信号的测向性能

值基本吻合，大多数场景中的角度估计误差小于 0.5°。图 8.4（c）和（d）中给出了相同场景下基于 SVR 的测向方法的 DOA 估计结果。在图 8.4（c）中，SVR 方法使用与 DNN 分类器相同的训练角度集进行训练，但对应的阵列输出中不包含随机噪声，而测试数据为信噪比等于 10dB 的含噪数据。在图 8.4（d）中，SVR 方法的训练数据集和测试数据集中都包含信噪比等于 10dB 的随机噪声，这是与基于 DNN 的方法完全相同的训练和测试条件。当训练数据中不包含随机噪声时，基于 SVR 的测向方法也具有很好的性能，但当训练数据集受到噪声污染时，该方法的性能明显恶化。由于无噪声训练数据在实际系统中无法采集得到，因此基于 DNN 的方法在实际应用中的性能要优于基于 SVR 的 DOA 估计方法。

随后，假设两个信噪比不同的信号同时入射到阵列上，第一个信号的信噪比为 10dB，第二个信号的信噪比为 13dB，两信号之间的角度间隔为 16.4°，第一个信号的方向从−60°~43°变化。为了增强基于 DNN 的方法对多个信号之间功率差的适应能力，对 3.3 节以及 4.2 节中介绍的分类器的训练集进行扩充，在原有训练集基础上，考虑了±6dB、±3dB 和 0dB 的信噪比差，网络的训练过程保持不变。得到基于 DNN 的 DOA 估计方法的测向结果和误差如图 8.5（a）和（b）所示，基于 SVR 的 DOA 估计方法的性能如图 8.5（c）和（d）所示。

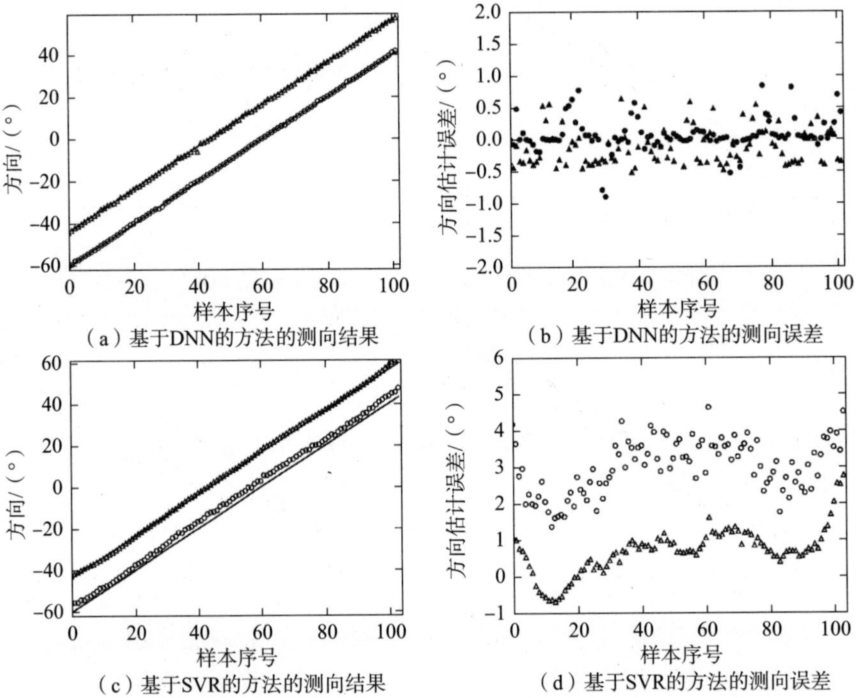

（a）基于DNN的方法的测向结果　（b）基于DNN的方法的测向误差

（c）基于SVR的方法的测向结果　（d）基于SVR的方法的测向误差

图 8.5　对信噪比分别为 10dB 和 13dB 的两个同时入射信号的测向性能

为了获得有效的DOA估计结果，用无噪声数据集训练SVR，用SNR=10dB的数据集训练DNN。尽管两信号间的信噪比不同，基于DNN的DOA估计方法仍然获得了令人满意的测向精度。但是，基于SVR的方法只能得到有偏的DOA估计结果，对低信噪比信号的测向偏差大多超过了2°。

接下来，将两个信号的信噪比都固定在10dB，将它们的角度间隔增大到60°，这一角度间隔大于训练集对应场景中两信号的最大角度间隔。当第一信号方向从-60°~-1°变化时，基于DNN的方法和基于SVR的方法的角度估计结果如图8.6所示。可见，基于DNN的测向方法再次展示出了对未训练场景的良好适应性，而基于SVR的方法无法获得有效的DOA估计结果。

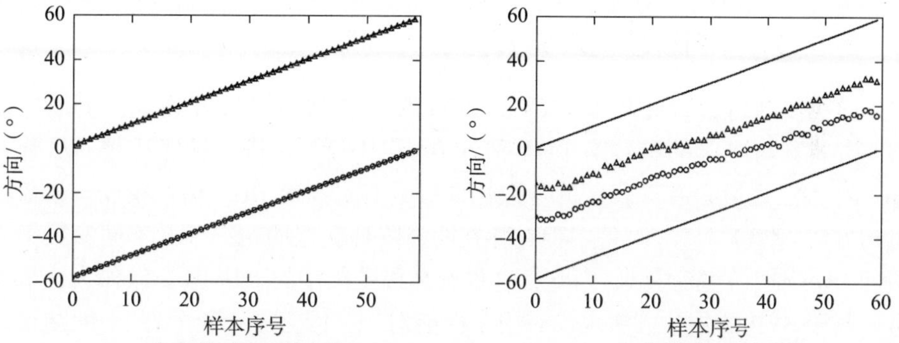

(a) 基于DNN的方法　(b) 基于SVR的方法

图8.6　对角度间隔为60°的两个同时入射信号的测向性能

本小节最后设置一组仿真实验，用于验证当测试数据中包含的信号数目与训练数据不一致时，基于机器学习的阵列测向方法的性能。DNN和SVR模型均使用两信号场景中得到的阵列观测数据进行训练，基于SVR的方法最终构建两个回归函数来处理测试数据，并依据每组输入数据得到两个DOA估计值[279-280]。如果输入的协方差向量包含更多或更少数目的信号，SVR方法的输出将没有明确的物理意义。然而，基于DNN的方法在单个信号和三个信号入射的场景中仍能得到令人满意的结果，如图8.7所示。两类场景中的信号信噪比均为10dB，且三个入射信号情况下每两个相邻信号间的角度间隔均为14°。图8.7（b）中也存在与图8.5（b）中类似的现象，即当入射信号位于自编码器对应空域滤波器所覆盖子空域的边缘时，相应的DOA估计性能会出现恶化。这一问题可考虑设计空域重叠的滤波器加以解决。

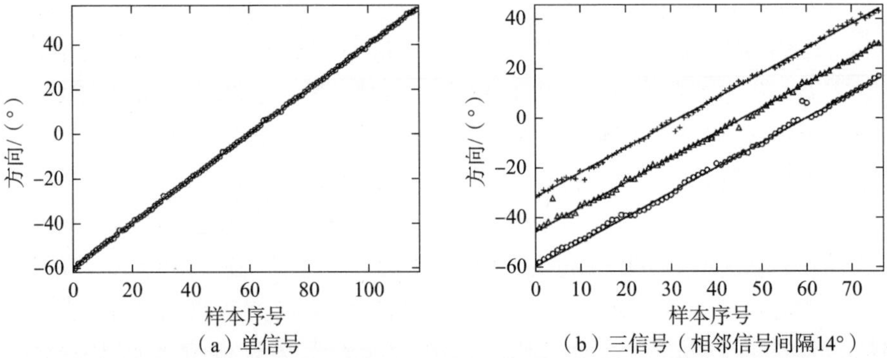

图 8.7　在两信号数据集上训练的 DNN 结构对单信号和三信号的测向性能

8.5.3　阵列误差适应能力验证

这一小节仿真验证基于 DNN 的 DOA 估计方法对各种阵列误差的适应能力，并将其与经典的参数类 DOA 估计方法 MUSIC[7] 进行性能比较。尽管在 MUSIC 方法之后，有许多新的参数化方法具有更高的 DOA 估计精度，如稀疏重构方法[196,255-260,269-270] 等，但在存在明显阵列误差的情况下，不同参数类方法的 DOA 估计性能类似。因此，这里选择最受关注的 MUSIC 方法作为性能参考。基于 SVR 的估计方法也没有用于性能对比，因为图 8.4（d）中的结果表明该方法对含噪声的训练数据集缺乏健壮性，而用无噪声数据集训练 SVR 模型会使性能比较结果变得不公平。

假设两个信噪比为 10dB 的信号分别从 31.5°和 41.5°（均偏离训练数据集和重构空间谱对应的信号角度集合）的方向同时入射到阵列上，通过改变式（8.41）中各 δ(·) 函数的取值来设置不同类型的阵列误差，通过将式（8.37）~式（8.40）中的参数 ρ 从 0~1 增大来调整阵列误差的大小。当 $\rho=0$ 时，阵列响应函数中不包含误差。首先设置 $\delta_{phase}=1$，$\delta_{gain}=1$，$\delta_{mc}=\delta_{pos}=0$，即仅考虑幅相误差，得到基于 DNN 的方法和 MUSIC 方法在 100 次仿真中对两个信号的测向 RMSE 随 ρ 的变化情况如图 8.8（a）所示。随后，设置 $\delta_{phase}=0$，$\delta_{gain}=0$，$\delta_{mc}=0$ 和 $\delta_{pos}=1$，即仅考虑阵元位置误差，得到 DOA 估计 RMSE 如图 8.8（b）所示。接下来设置 $\delta_{phase}=0$，$\delta_{gain}=0$，$\delta_{pos}=0$ 和 $\delta_{mc}=1$，即仅考虑阵列互耦，得到 DOA 估计 RMSE 如图 8.8（c）所示。最后，设置 $\delta_{phase}=1$，$\delta_{gain}=1$，$\delta_{mc}=1$ 和 $\delta_{pos}=1$ 以同时考虑三种类型的阵列误差，得到 DOA 估计 RMSE 如图 8.8（d）所示。

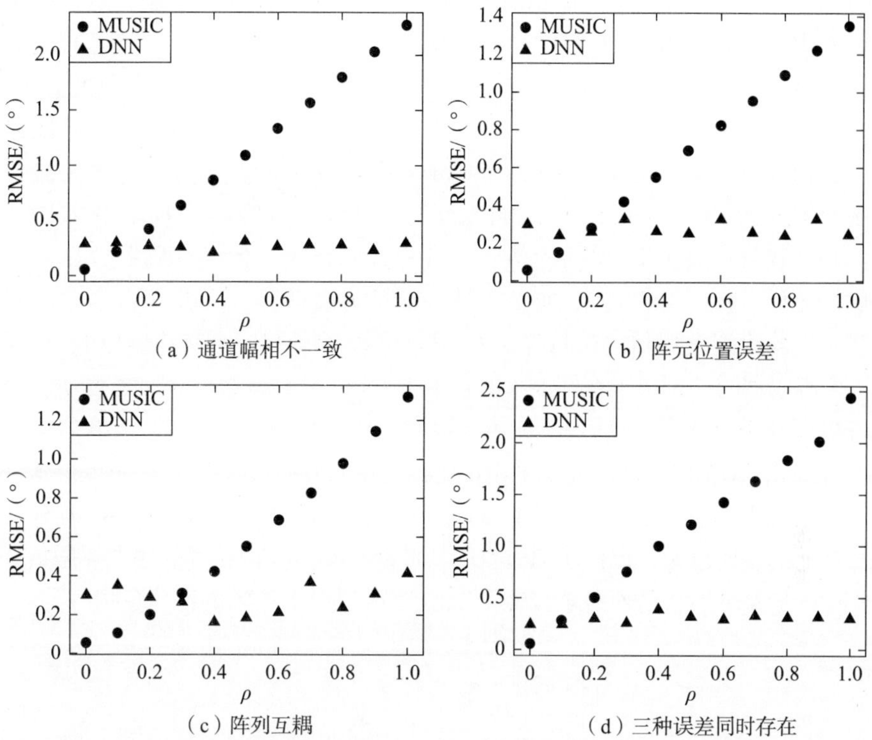

图 8.8 存在各种类型的阵列误差的情况下，基于 DNN 的方法对入射方向分别为 31.5°和 41.5°的两个信号的测向性能

当$\rho=0$时，阵列响应函数是无偏差的，与参数化方法中使用的模型一致，因此 MUSIC 方法得到了精度非常高的 DOA 估计结果。然而，随着阵列误差逐渐增大，MUSIC 方法的 DOA 估计误差几乎呈线性规律增长，表明该方法对未知的阵列误差的适应能力很弱。基于 DNN 的测向方法的表现则与之相反，当不存在阵列误差时，其测向精度略低于 MUSIC 方法，但由于它不依赖于关于阵列响应函数的任何先验信息，所以对不同类型甚至组合的阵列误差都具有很强的健壮性，其 DOA 估计精度几乎不随误差增大而发生变化。当ρ的取值为 0.1~0.3 时，基于 DNN 的方法与 MUSIC 方法的测向性能相当，当ρ进一步增大使得阵列响应函数大幅偏离其理想值时，基于 DNN 的方法的测向性能显著优于 MUSIC 方法。

为了具体说明多任务自编码器在 DOA 估计过程中的作用，下一组仿真实验通过改变自编码器中解码器的数量，来说明空域滤波器的数量对 DOA 估计精度造成了怎样的影响。解码器（空域滤波器）数目分别设置为 3、6、10，在不同类型阵列误差和不同ρ值情况下对相应的 DNN 模型进行训练和测试，训练和测试数据集以及模型参数设置与图 8.8 对应的仿真实验相同。得到基于

DNN 的方法和 MUSIC 方法的 DOA 估计均方根误差如图 8.9 所示。这一组仿真结果表明，当滤波器个数等于 3 时，每个空域滤波器覆盖一个较宽的空间范围，每个滤波器的输出向量具有较为分散的概率分布，导致训练所得 DNN 模型性能并不是很稳健，其 DOA 估计性能在部分场景中并不理想。当滤波器数目增加到 6 时，DOA 估计 RMSE 大幅减小且十分稳定。随后，当滤波器数目进一步增加到 10 时，RMSE 没有再出现显著变化。说明在该 DNN 框架中，增大解码器数目对改善 DOA 估计精度具有积极的作用，但当解码器数目大于特定阈值之后，将不会再带来 DOA 估计性能的显著改善。因此，在本章的其他仿真中，均设置解码器的数目等于 6。解码器数目的另一个特殊值是 1，当仅使用 1 个解码器时，相当于在图 8.1 所示的 DNN 框架中移除自编码器模块，直接训练单个分类器进行 DOA 估计。由图 8.9 的结果不难推断，基于单分类器的 DNN 框架的 DOA 估计性能要比采用 3 个解码器的 DNN 框架的性能更差。这一结果很好地说明了多任务自编码器对于改善本章给出的基于 DNN 框架的阵列测向方法性能的重要意义，该模块通过空间滤波使空间谱重构过程的输入数据具有更加集中的概率分布，从而显著减轻了后续 DOA 估计分类器的泛化负担。

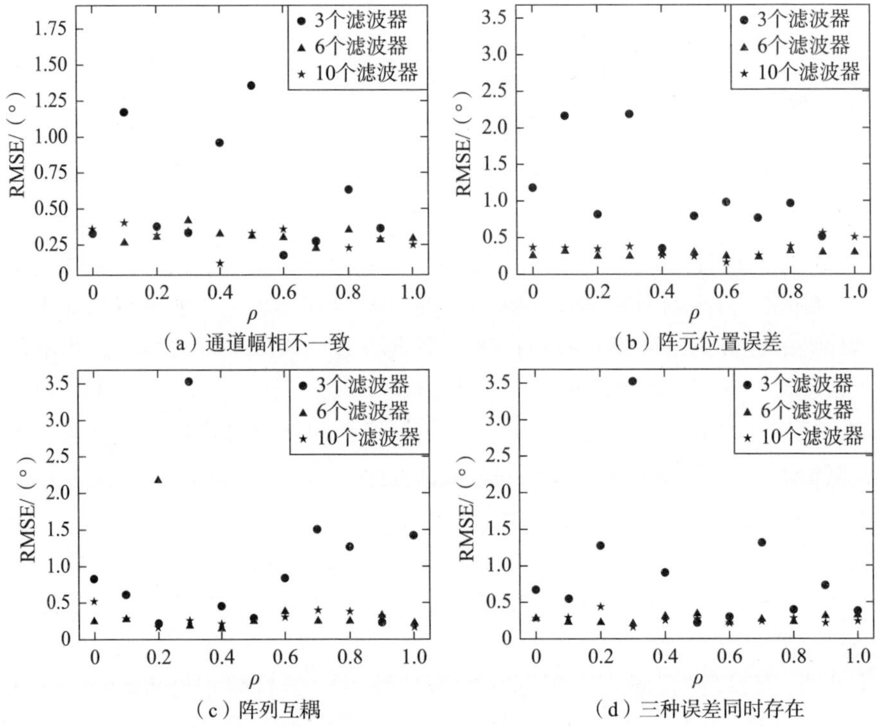

图 8.9 存在各种类型的阵列误差的情况下，包含不同数目的空域滤波器的 DNN 结构的测向性能

8.6 本章小结

本章以阵列信号的空域稀疏分布特性为基础，给出了一种使用深度神经网络来实现阵列测向的框架和方法，以弥补已有参数化测向方法在阵列误差适应能力方面的不足，以及基于机器学习的方法在泛化能力方面的不足。该框架由一个多任务自编码器和一系列并行多层分类器两个模块组成。这两个模块分别用不同的数据集进行训练，而且训练数据集仅在较为简单的信号场景中产生，无需遍历所有可能的信号场景。尽管如此，该方法仍然获得了比基于 SVR 的机器学习类测向方法更强的泛化能力，在训练数据中包含噪声、入射信号方向偏离预设网格点、多信号功率不相等、多信号角度间隔大等情况下都得到了理想的性能，甚至能适应测试数据与训练数据集中信号个数不相等的情况。同时，相对于以 MUSIC 方法为代表的参数化测向方法，基于 DNN 的方法也表现出了对各种类型阵列误差的更强的适应能力。

参考文献

[1] Trees H L V. Optimum array processing. Part IV of detection, estimation, and modulation theory [M]. New York: John Wiley & Sons, Inc., 2002.

[2] 王永良，陈辉，等．空间谱估计理论与算法［M］．北京：清华大学出版社，2004.

[3] Krim H, Viberg M. Two decades of array signal processing research: The parametric approach [J]. IEEE Signal Processing Magazine, 1996 (7): 67-94.

[4] Capon J. High-resolution frequency-wavenumber spectrum analysis [J]. Proceedings of the IEEE, 1969, 57 (8): 1408-1418.

[5] Applebaum S P. Adaptive arrays [J]. IEEE Trans. Antennas and Propagation, 1976, 24 (9): 585-598.

[6] Gabriel W F. Spectral analysis and adaptive array superresolution techniques [J]. Proceedings of the IEEE, 1980, 68 (6): 654-666.

[7] Schmidt R O. Multiple emitter location and signal parameter estimation [J]. IEEE Trans. Antennas and Propagation, 1986, 34 (2): 276-280.

[8] Roy R, Kailath T. ESPRIT-Estimation of signal parameters via rotational invariance techniques [J]. IEEE Trans. Acoustics, Speech and Signal Processing, 1989, 37 (7): 984-995.

[9] Barabell A J. Improving the resolution performance of eigenstructure-based direction-finding algorithms [C]. Proceedings of ICASSP. Boston: IEEE, 1983: 336-339.

[10] Kumaresan R, Tufts D W. Estimating the angles of arrival of multiple plane waves [J]. IEEE Trans. Aerospace and Electronic Systems, 1983, 19 (1): 134-139.

[11] Lee H B, Wengrovitz M S. Resolution threshold of beamspace MUSIC for two closely spaced emitters [J]. IEEE Trans. Acoustics, Speech, and Signal Processing, 1990, 38 (9): 1545-1559.

[12] Xu G, Silverstein S D, et al. Beamspace ESPRIT [J]. IEEE Trans. Signal Processing, 1994, 42 (2): 349-356.

[13] Stoica P, Nehorai A. MUSIC, maximum likelihood, and Cramer-Rao bound [J]. IEEE Trans. Acoustics, Speech, and Signal Processing, 1989, 37 (5): 720-741.

[14] Shan T J, Kailath T. On spatial smoothing for direction-of-arrival estimation of coherent signals [J]. IEEE Trans. Acoustics, Speech and Signal Processing, 1985, 33 (4): 806-811.

[15] Pillai S U, Kwon B H. Forward/Backward spatial smoothing techniques for coherent signal identification [J]. IEEE Trans. Acoustics, Speech and Signal Processing, 1989, 37 (1): 8-15.

[16] Moghaddamjoo A. Application of spatial filters to DOA estimation of coherent sources [J]. IEEE Trans. Signal Processing, 1991, 39 (1): 221-224.

[17] Delis A, Papadopoulos G. Enhanced forward/backward spatial filtering method for DOA estimation of narrowband coherent sources [J]. IEE Proc. -Radar, Sonar Navigation, 1996, 143 (1): 10-16.

[18] Xin J, Sano A. Direction estimation of coherent signals using spatial signature [J]. IEEE Signal Processing Letters, 2002, 9 (12): 414-417.

[19] Han F M, Zhang X D. An ESPRIT-like algorithm for coherent DOA estimation [J]. IEEE Antennas and Wireless Propagation Letters, 2005, 4: 443-446.

[20] Choi Y H. ESPRIT-based coherent source localization with forward and backward vectors [J]. IEEE Trans. Signal Processing, 2010, 58 (12): 6416-6420.

[21] Uttam S, Goodman N A. Superresolution of coherent sources in real-beam data [J]. IEEE Trans. Aerospace and Electronic Systems, 2010, 46 (3): 1557-1566.

[22] Yeh C C, Lee J H, Chen Y M. Estimating two-dimensional angles of arrival in coherent source environment [J]. IEEE Trans. Acoustics, Speech, and Signal Processing, 1989, 37 (1): 153-155.

[23] Hua Y. A pencil-MUSIC algorithm for finding two-dimensional angles and polarizations using crossed dipoles [J]. IEEE Trans. Antennas and Propagation, 1993, 41 (3): 370-376.

[24] Chen Y M. On spatial smoothing for two-dimensional direction-of-arrival estimation of coherent signals [J]. IEEE Trans. Signal Processing, 1997, 45 (7): 1689-1696.

[25] Chen F J, Fung C C. Estimation of two-dimensional frequencies using modified matrix pencil method [J]. IEEE Trans. Signal Processing, 2007, 55 (2): 718-724.

[26] Chen F J, Kwong S, Kok C W. ESPRIT-like two-dimensional DOA estimation for coherent signals [J]. IEEE Trans. Aerospace and Electronic Systems, 2010, 46 (3): 1477-1484.

[27] Wang G, Xin J, et al. Computationally efficient subspace-based method for two-dimensional direction estimation with L-shaped array [J]. IEEE Trans. Signal Processing, 2011, 59 (7): 3197-3212.

[28] Liu K J R, O'Leary D P, et al. URV ESPRIT for tracking time-varying signals [J]. IEEE Trans. Signal Processing, 1994, 42 (12): 3441-3448.

[29] Yang B. Projection approximation subspace tracking [J]. IEEE Trans. Signal Processing, 1995, 43 (1): 95-107.

[30] Xin J, Sano A. Efficient subspace-based algorithm for adaptive bearing estimation and tracking [J]. IEEE Trans. Signal Processing, 2005, 53 (12): 4485-4505.

[31] Su G, Morf M. The signal subspace approach for multiple wide-band emitter location [J]. IEEE Trans. Acoustics, Speech, and Signal Processing, 1983, 31 (6): 1502-1522.

[32] Wang H, Kaveh M. Coherent signal-subspace processing for the detection and estimation of angles of arrival of multiple wide-band sources [J]. IEEE Trans. Acoustics, Speech, and Signal Processing, 1985, 33 (4): 823-831.

[33] Valaee S, Kabal P. Wideband array processing using a two-sided correlation transformation [J]. IEEE Trans. Signal Processing, 1995, 43 (1): 160-172.

[34] Claudio E D D, Parisi R. WAVES: Weighted average of signal subspaces for robust wideband direction finding [J]. IEEE Trans. Signal Processing, 2001, 49 (10): 2179-2191.

[35] Yoon Y S, Kaplan L M, McClellan J H. TOPS: New DOA estimator for wideband signals [J]. IEEE Trans. Signal Processing, 2006, 54 (6): 1977-1989.

[36] Wu Q, Wong K M. UN-MUSIC and UN-CLE: An application of generalized correlation analysis to the estimation of the direction of arrival of signals in unknown correlated noise [J]. IEEE Trans. Signal Processing, 1994, 42 (9): 2331-2343.

[37] Belouchrani A, Amin M G, Meraim K A. Direction finding in correlated noise fields based on joint block-diagonalization of spatio-temporal correlation matrices [J]. IEEE Signal Processing Letters, 1997, 4

(9): 266-268.

[38] Wu Y, Hou C, et al. Direction-of-arrival estimation in the presence of unknown nonuniform noise fields [J]. IEEE Journal of Oceanic Engineering, 2006, 31 (2): 504-510.

[39] Friedlander B, Weiss A J. Direction finding in the presence of mutual coupling [J]. IEEE Trans. Antennas and Propagation, 1991, 39 (3): 273-284.

[40] Flanagan B P, Bell K L. Array self-calibration with large sensor position errors [J]. Signal Processing, 2001, 81: 2201-2214.

[41] Belloni F, Koivunen V. Beamspace transform for UCA: Error analysis and bias reduction [J]. IEEE Trans. Signal Processing, 2006, 54 (8): 3078-3089.

[42] Sellone F. A novel online mutual coupling compensation algorithm for uniform and linear arrays [J]. IEEE Trans. Signal Processing, 2007, 55 (2): 560-573.

[43] Liu Z, Huang Z, et al. DOA estimation with uniform linear arrays in the presence of mutual coupling via blind calibration [J]. Signal Processing, 2009, 89: 1446-1456.

[44] Ye Z, Dai J, et al. DOA estimation for uniform linear array with mutual coupling [J]. IEEE Trans. Aerospace and Electronic Systems, 2009, 45 (1): 280-288.

[45] Ferreol A, Larzabal P, Viberg M. Statistical analysis of the MUSIC algorithm in the presence of modeling errors, Taking into account the resolution probability [J]. IEEE Trans. Signal Processing, 2010, 58 (8): 4156-4166.

[46] Wu Y, Lui H S. Improved DOA estimations using the receiving mutual impedances for mutual coupling compensation: An experimental study [J]. IEEE Trans. Wireless Communications, 2011, 10 (7): 2228-2233.

[47] Liu A, Liao G, et al. An eigenstructure method for estimating DOA and sensor gain-phase errors [J]. IEEE Trans. Signal Processing, 2011, 59 (12): 5944-5956.

[48] Gardner W A. Simplification of MUSIC and ESPRIT by exploitation of cyclostationarity [J]. Proceedings of the IEEE, 1988, 76 (7): 845-847.

[49] Xu G, Kailath T. Direction-of-arrival estimation via exploitation of cyclostationarity: A combination of temporal and spatial processing [J]. IEEE Trans. Signal Processing, 1992, 40 (7): 1775-1786.

[50] Liu Z M, Huang Z T, Zhou Y Y. Generalized wideband cyclic MUSIC [J]. EURASIP Journal on Advances in Signal Processing, 2009: 1-8.

[51] Abeida H, Delmas J P. MUSIC-like estimation of direction of arrival for noncircular sources [J]. IEEE Trans. Signal Processing, 2006, 54 (7): 2678-2690.

[52] Gao F, Nallanathan A, Wang Y. Improved MUSIC under the coexistence of both circular and noncircular sources [J]. IEEE Trans. Signal Processing, 2008, 56 (7): 3033-3038.

[53] Stoica P, Nehorai A. MUSIC, maximum likelihood, and Cramer-Rao bound: Further results and comparisons [J]. IEEE Trans. Acoustics, Speech, and Signal Processing, 1990, 38 (12): 2140-2150.

[54] Sarac U, Harmanci F K, Akgui T. Experimental analysis of detection and localization of multiple emitters in multipath environments [J]. IEEE Antennas and Propagation Magazine, 2008, 50 (5): 61-70.

[55] Steinhardt A O. Thresholds in frequency estimation [C]. IEEE ICASSP, Tampa, Florida: IEEE, 1985: 1273-1276.

[56] Tufts D W, Kot A C, Vaccaro R J. The threshold analysis of SVD-based algorithms [C]. Tampa, Flori-

da: IEEE ICASSP. Kingston: IEEE, 1988: 2416-2419.

[57] Lee H B, Wengrovitz. Theoretical resolution-threshold curve for the MUSIC algorithm [C]. IEEE ICASSP. Waltham: IEEE, 1991: 3313-3316.

[58] Zhou C G, Haber F, Jaggard D L. The resolution threshold of MUSIC with unknown spatially colored noise [J]. IEEE Trans. Signal Processing, 1993, 41 (1): 511-516.

[59] Tufts D W, Kot A C, Vaccaro R J. The threshold effect in signal processing algorithms with use an estimated subspace [C]. SVD and Signal Processing II: Algorithms, Analysis and Applications. New York: Elsevier, 1991: 301-320.

[60] Thomas J K, Scharf L L, Tufts D W. The probability of a subspace swap in the SVD [J]. IEEE Trans. Signal Processing, 1995, 43 (3): 730-736.

[61] Chang L, Yeh C C. Resolution threshold for coherent sources using smoothed eigenstructure methods [J]. IEE Proceedings-F, 1991, 138 (5): 470-478.

[62] Lee H, Li F. Quantification of the difference between detection and resolution thresholds for multiple closely spaced emitters [J]. IEEE Trans. Signal Processing, 1993, 41 (6): 2274-2277.

[63] Smith S T. Statistical resolution limits and the complexified Cramer-Rao bound [J]. IEEE Trans. Signal Processing, 2005, 53 (5): 1597-1609.

[64] Weiss A J, Friedlander B. Effects of modeling errors on the resolution threshold of the MUSIC algorithm [J]. IEEE Trans. Signal Processing, 1994, 42 (6): 1519-1526.

[65] Friedlander B, Weiss A J. The resolution threshold of a direction-finding algorithm for diversely polarized arrays [J]. IEEE Trans. Signal Processing, 1994, 42 (7): 1719-1727.

[66] Johnson B A, Abramovich Y I, Mestre X. MUSIC, G-MUSIC, and maximum-likelihood performance breakdown [J]. IEEE Trans. Signal Processing, 2008, 56 (8): 3944-3958.

[67] Gershman A B. Pseudo-randomly generated estimator banks: A new tool for improving the threshold performance of direction finding [J]. IEEE Trans. Signal Processing, 1998, 46 (5): 1351-1364.

[68] Gershman A B, Stoica P. New MODE-based techniques for direction finding with an improved threshold performance [J]. Signal Processing, 1999, 76: 221-235.

[69] Mestre X, Lagunas M A. Modified subspace algorithms for DOA estimation with large arrays [J]. IEEE Trans. Signal Processing, 2008, 56 (2): 598-614.

[70] Spencer N K, Abramovich Y I. Performance analysis of DOA estimation using uniform circular antenna arrays in the threshold region [C]. IEEE ICASSP. Adelaide: IEEE, 2004, II: 233-236.

[71] Abramovich Y I, Spencer N K, Gorokhov A Y. GLRT-based threshold detection-estimation performance improvement and application to uniform circular antenna arrays [J]. IEEE Trans. Signal Processing, 2007, 55 (1): 20-31.

[72] Stoica P, Sharman K C. Maximum likelihood methods for direction-of-arrival estimation [J]. IEEE Trans. Acoustics, Speech, and Signal Processing, 1990, 38 (7): 1132-1143.

[73] Bohme J F. Estimation of source parameters by maximum likelihood and nonlinear regression [C]. IEEE ICASSP. USA, Sam Diego, 1984: 1-4.

[74] Jaffer A G. Maximum likelihood direction finding of stochastic sources: A separable solution [C]. IEEE ICASSP. New York: IEEE, 1988: 2893-2896.

[75] Kenefic R J. Maximum likelihood estimation of the parameters of a plane wave tone at an equispaced linear

array [J]. IEEE Trans. Acoustics, Speech, and Signal Processing, 1988, 36 (1): 128-130.

[76] Viberg M, Ottersten B. Sensor array processing based on subspace fitting [J]. IEEE Trans. Signal Processing, 1991, 39 (5): 1110-1121.

[77] Doron M A, Weiss A J, Messer H. Maximum-likelihood direction finding of wide-band sources [J]. IEEE Trans. Signal Processing, 1993, 41 (1): 411-414.

[78] Sheinvald J, Wax M, Weiss A J. On maximum-likelihood localization of coherent signals [J]. IEEE Trans. Signal Processing, 1996, 44 (10): 2475-2482.

[79] Chen J C, Hudson R E, Yao K. Maximum-likelihood source localization and unknown sensor location estimation for wideband signals in the near-field [J]. IEEE Trans. Signal Processing, 2002, 50 (8): 1843-1854.

[80] Vorobyov S A, Gershman A B, Wong K M. Maximum likelihood direction-of-arrival estimation in unknown noise fields using sparse sensor arrays [J]. IEEE Trans. Signal Processing, 2005, 53 (1): 34-43.

[81] Chen C E, Lorenzelli F. Stochastic maximum-likelihood DOA estimation in the presence of unknown nonuniform noise [J]. IEEE Trans. Signal Processing, 2008, 56 (7): 3038-3044.

[82] Li T, Nehorai A. Maximum likelihood direction-of-arrival estimation of underwater acoustic signals containing sinusoidal and random components [J]. IEEE Trans. Signal Processing, 2011, 59 (11): 5302-5314.

[83] Li T, Nehorai A. Maximum likelihood direction finding in spatially colored noise fields using sparse sensor arrays [J]. IEEE Trans. Signal Processing, 2011, 59 (3): 1048-1062.

[84] Ziskind I, Wax M. Maximum likelihood localization of multiple sources by alternating projection [J]. IEEE Trans. Signal Processing, 1988, 36 (10): 1553-1560.

[85] Miller M I, Fuhrmann D R. Maximum-likelihood narrow-band direction finding and the EM algorithm [J]. IEEE Trans. Acoustics, Speech, and Signal Processing, 1990, 38 (9): 1560-1577.

[86] Oh S K, Un C K. Simple computational methods of the AP algorithm for maximum likelihood localization of multiple radiating sources [J]. IEEE Trans. Signal Processing, 1992, 40 (11): 2848-2854.

[87] Stoica P, Gershman A B. Maximum-likelihood DOA estimation by data-supported grid search [J]. IEEE Signal Processing Letters, 1999, 6 (10): 273-275.

[88] Cadalli N, Arikan O. Wideband maximum likelihood direction finding and signal parameter estimation by using the tree-structured EM algorithm [J]. IEEE Trans. Signal Processing, 1999, 47 (1): 201-206.

[89] Chung P J, Bohme J F. DOA estimation using fastEM and SAGE algorithms [J]. Signal Processing, 2002, 82: 1753-1762.

[90] Chung P J, Bohme J F. Comparative convergence analysis of EM and SAGE algorithms in DOA estimation [J]. IEEE Trans. Signal Processing, 2001, 49 (12): 2940-2949.

[91] Wu J, Wang T, Bao Z. Fast realization of maximum likelihood angle estimation with small adaptive uniform linear array [J]. IEEE Trans. Antennas and Propagation, 2010, 58 (12): 3951-3960.

[92] Weiss A J, Friedlander B. Array shape calibration using sources in unknown locations—A maximum likelihood approach [J]. IEEE Trans. Acoustics, Speech, and Signal Processing, 1989, 37 (12): 1958-1966.

[93] Wax M, Kailath T. Detection of signals by information theoretic criteria [J]. IEEE Trans. Acoustics, Speech, and Signal Processing, 1985, 33 (2): 387-392.

[94] Wong K M, Zhang Q T, et al. On information theoretic criteria for determining the number of signals in high resolution array processing [J]. IEEE Trans. Acoustics, Speech, and Signal Processing, 1990, 38 (11): 1959-1971.

[95] Zhang Q T, Wong K M. Information theoretic criteria for the determination of the number of signals in spatially correlated noise [J]. IEEE Trans. Signal Processing, 1993, 41 (4): 1652-1663.

[96] Liavas A P, Regalia P A. On the behavior of information theoretic criteria for model order selection [J]. IEEE Trans. Signal Processing, 2001, 49 (8): 1689-1695.

[97] Stoica P, Selen Y. Model-order selection: A review of information criterion rules [J]. IEEE Signal Processing Magazine, 2004, 7: 36-47.

[98] Fishler E, Poor H V. Estimation of the number of sources in unbalanced arrays via information theoretic criteria [J]. IEEE Trans. Signal Processing, 2005, 53 (9): 3543-3553.

[99] Nadler B. Nonparametric detection of signals by information theoretic criteria: Performance analysis and an improved estimator [J]. IEEE Trans. Signal Processing, 2010, 58 (5): 2746-2756.

[100] Zhang Q T. Asymptotic performance analysis of information-theoretic criteria for determining the number of signals in spatially correlated noise [J]. IEEE Trans. Signal Processing, 1994, 42 (6): 1537-1539.

[101] Fishler E, Messer H. On the use of order statistics for improved detection of signals by the MDL criterion [J]. IEEE Trans. Signal Processing, 2000, 48 (8): 2242-2247.

[102] Ding Q, Kay S K. Inconsistency of the MDL: On the performance of model order selection criteria with increasing signal-to-noise ratio [J]. IEEE Trans. Signal Processing, 2011, 59 (5): 1959-1969.

[103] Schmidt D F, Makalic E. The consistency of MDL for linear regression models with increasing signal-to-noise ratio [J]. IEEE Trans. Signal Processing, 2012, 60 (3): 1508-1510.

[104] Quinlan A, Barbot J P, et al. Model order selection for short data: An exponential fitting test (EFT) [J]. EURASIP Journal on Advances in Signal Processing, 2007: 1-11.

[105] Dixon R C. Spread spectrum systems [M]. Noida: Wiley, 2010.

[106] Schleher D C. LPI radar: Fact or fiction [J]. IEEE Aerospace and Electronic Systems Magazine, 2006, 5: 3-6.

[107] Pace P E. Detecting and classifying low probability of intercept radar [M]. Boston: Artech House, 2009.

[108] Gao S, Sambell A, Zhong S S. Polarization-agile antennas [J]. IEEE Antennas and Propagation Magazine, 2006, 48 (3): 28-37.

[109] Garcia M B, Jara J S, et al. Radar sensor using low probability of interception SS-FH signals [J]. IEEE Aerospace and Electronic Systems Magazine, 2000, 4: 23-28.

[110] Sira S P, Li Y, et al. Waveform-agile sensing for tracking [J]. IEEE Signal Processing Magazine, 2009, 1: 53-64.

[111] Schoolcraft R. Low probability of detection communications—LPD waveform design and detection techniques [C]. IEEE MILCOM. Torrance: IEEE, 1991: 1-9.

[112] Mireles F R. Performance of ultrawideband SSMA using time hopping and M-ary PPM [J]. IEEE Journal on Selected Areas in Communications, 2001, 19 (6): 1186-1196.

[113] Yang L L. Time-hopping multicarrier code-division multiple access [J]. IEEE Trans. Vehicular Technology, 2007, 56 (2): 731-741.

[114] Kim B J, Cox D C. Blind equalization for short burst wireless communications [J]. IEEE Trans. Vehicular Technology, 2000, 49 (4): 1235-1247.

[115] Glover I A. Meteor burst communications—I: Meteor burst propagation [J]. Electronics and Communication Engineering Journal, 1991, 8: 185-192.

[116] 刘培国. 电磁环境基础 [M]. 西安: 西安电子科技大学出版社, 2010.

[117] Angelosante D, Giannakis G B, Sidiropoulos N D. Estimating multiple frequency-hopping signal parameters via sparse linear regression [J]. IEEE Trans. Signal Processing, 2010, 58 (10): 5044-5056.

[118] Ender J H G. On compressive sensing applied to radar [J]. Signal Processing, 2010, 90: 1402-1414.

[119] Gorodnitsky I F, George J S, Rao B D. Neuromagnetic source imaging with FOCUSS: A recursive weighted minimum norm algorithm [J]. Electroencephalogr. Clinical Neurophysiol., 1995, 95: 231-251.

[120] Lustig M, Donoho D, Pauly J M. Sparse MRI: The application of compressed sensing for rapid MR imaging [J]. Magnetic Resonance in Medicine, 2007, 58: 1182-1195.

[121] Mallat S G, Zhang Z. Matching pursuits with time-frequency dictionaries [J]. IEEE Trans. Signal Processing, 1993, 41 (12): 3397-3415.

[122] O'Brien M S, Sinclair A N, Kramer S M. Recovery of a sparse spike time series by ℓ_1 norm deconvolution [J]. IEEE Trans. Signal Processing, 1994, 42 (12): 3353-3365.

[123] Tibshirani R. Regression shrinkage and selection via the Lasso [J]. Journal of Royal Statistical Society Series B, 1996, 58 (1): 267-288.

[124] Lewicki M S, Sejnowski T J. Learning overcomplete representations [J]. Neural Computation, 2000, 12: 337-365.

[125] Candes E J, Romberg J, Tao T. Robust uncertainty principles: Exact signal reconstruction from highly incomplete frequency information [J]. IEEE Trans. Information Theory, 2006, 52 (2): 489-509.

[126] Donoho D L. Compressed sensing [J]. IEEE Trans. Information Theory, 2006, 52 (4): 1289-1307.

[127] Compressive sensing resources [EB/OL]. [2006-2021]. http://dsp.rice.edu/cs.

[128] Gribonval R, Bacry E. Harmonic decomposition of audio signals with matching pursuit [J]. IEEE Trans. Signal Processing, 2003, 51 (1): 101-111.

[129] Tipping M E. Sparse Bayesian learning and the relevance vector machine [J]. Journal of Machine Learning Research, 2001, 1: 211-244.

[130] Zibulevsky M, Elad M. L1-L2 optimization in signal and image processing [J]. IEEE Signal Processing Magazine, 2010, 5: 76-88.

[131] Eslami R, Jacob M. Robust reconstruction of MRSI data using a sparse spectral model and high resolution MRI priors [J]. IEEE Trans. Medical Imaging, 2010, 29 (6): 1297-1309.

[132] Pati Y C, Rezaiifar R, Krishnaprasad P S. Orthogonal matching pursuit: Recursive function approximation with applications to wavelet decomposition [C]. The 27th Asilomar Conference on Signals, Systems and Computers. Pacific Grove: IEEE, 1993: 40-44.

[133] Cotter S F, Adler J, et al. Forward sequential algorithms for best basis selection [J]. Proc. Inst. Elect. Eng. Vision, Image, Signal Processing, 1999, 146 (5): 235-244.

[134] Natarajan B K. Sparse approximate solutions to linear systems [J]. SIAM Journal of Computation, 1995, 24 (2): 227-234.

[135] Chen S, Wigger J. Fast orthogonal least squares algorithm for efficient subset model selection [J]. IEEE Trans. Signal Processing, 1995, 43 (7): 1713-1715.

[136] Donoho D L, Tsaig Y, et al. Sparse solution of underdetermined systems of linear equations by stagewise orthogonal matching pursuit [J]. IEEE Trans. Information Theory, 2012, 58 (2): 1094-1121.

[137] Cotter S F, Rao B D, et al. Sparse solutions to linear inverse problems with multiple measurement vectors [J]. IEEE Trans. Signal Processing, 2005, 53 (7): 2477-2488.

[138] Davies M E, Eldar Y C. Rank awareness in joint sparse recovery [J]. IEEE Trans. Information Theory, 2012, 58 (2): 1135-1146.

[139] Cotter S F, Rao B D. Sparse channel estimation via matching pursuit with application to equalization [J]. IEEE Trans. Communications, 2002, 50 (3): 374-377.

[140] Mileounis G, Babadi B, et al. An adaptive greedy algorithm with application to nonlinear communications [J]. IEEE Trans. Signal Processing, 2010, 58 (6): 2998-3007.

[141] Tropp J A. Greed is good: Algorithmic results for sparse approximation [J]. IEEE Trans. Information Theory, 2004, 50 (10): 2231-2242.

[142] Tropp J A, Gilbert A C, Strauss M J. Algorithms for simultaneous sparse approximation. Part I: Greedy pursuit [J]. Signal Processing, 2006, 86: 572-588.

[143] Davenport M A, Wakin M B. Analysis of orthogonal matching pursuit using the restricted isometry property [J]. IEEE Trans. Information Theory, 2010, 56 (9): 4395-4401.

[144] Zhang T. Sparse recovery with orthogonal matching pursuit under RIP [J]. IEEE Trans. Information Theory, 2011, 57 (9): 6215-6221.

[145] Portilla J, Mancera L. L0-based sparse approximation: Two alternative methods and some applications [C]. Wavelets XII. Spain, Madrid: SPIE Proceedings, 2007: 1-15.

[146] Mohimani H, Zadeh M B, Jutten C. A fast approach for overcomplete sparse decomposition based on smoothed ℓ^0 norm [J]. IEEE Trans. Signal Processing, 2009, 57 (1): 289-301.

[147] Hyder M M, Mahata K. An improved smoothed ℓ^0 approximation algorithm for sparse representation [J]. IEEE Trans. Signal Processing, 2010, 58 (4): 2194-2205.

[148] Mourad N, Reilly J P. Minimizing nonconvex functions for sparse vector reconstruction [J]. IEEE Trans. Signal Processing, 2010, 58 (7): 3485-3496.

[149] Gu Y, Jin J, Mei S. ℓ^0 norm constraint LMS algorithm for sparse system identification [J]. IEEE Signal Processing Letters, 2009, 16 (9): 774-777.

[150] Nikolova M, Ng M K, Tam C P. Fast nonconvex nonsmooth minimization methods for image restoration and reconstruction [J]. IEEE Trans. Image Processing, 2010, 19 (12): 3073-3088.

[151] Gorodnitsky I F, Rao B D. Sparse signal reconstruction from limited data using FOCUSS: A re-weighted minimum norm algorithm [J]. IEEE Trans. Signal Processing, 1997, 45 (3): 600-616.

[152] Zdunek R, Cichocki A. Improved M-FOCUSS algorithm with overlapping blocks for locally smooth sparse signals [J]. IEEE Trans. Signal Processing, 2008, 56 (10): 4752-4761.

[153] Rakotomamonjy A, Flamary R, et al. ℓp-ℓq penalty for sparse linear and sparse multiple kernel multitask learning [J]. IEEE Trans. Neural Networks, 2011, 22 (8): 1307-1320.

[154] Chen S S, Donoho D L, Saunders M A. Atomic decomposition by basis pursuit [J]. SIAM Review, 2001, 43 (1): 129-159.

[155] Tropp J A. Algorithms for simultaneous sparse approximation. Part II: Convex relaxation [J]. Signal Processing, 2006, 86: 589-602.

[156] Tropp J A. Just relax: Convex programming methods for identifying sparse signals in noise [J]. IEEE Trans. Signal Processing, 2006, 52 (3): 1030-1051.

[157] Stojnic M. ℓ2/ℓ1-optimization in block-sparse compressed sensing and its strong thresholds [J]. IEEE Journal of Selected Topics in Signal Processing, 2010, 4 (2): 350-357.

[158] Boyd S, Vandenberghe L. Convex optimization [M]. New York: Cambridge University Press, 2009.

[159] Sturm J S. Using SeDuMi 1.02, A Matlab toolbox for optimization over symmetric cones [EB/OL]. [2008]. http://fewcal. kub. nl/~strum.

[160] Fuchs J J. Multipath time-delay detection and estimation [J]. IEEE Trans. Signal Processing, 1999, 47 (1): 237-243.

[161] Fuchs J J, Delyon B. Minimum ℓ_1-norm reconstruction function for oversampled signals: Application to time-delay estimation [J]. IEEE Trans. Information Theory, 2000, 46 (7): 1666-1673.

[162] Fuchs J J. On the application of the global matched filter to DOA estimation with uniform circular arrays [J]. IEEE Trans. Signal Processing, 2001, 49 (4): 702-709.

[163] Model D, Zibulevsky M. Signal reconstruction in sensor arrays using sparse representations [J]. Signal Processing, 2006, 86: 624-638.

[164] Gershman A B, Sidiropoulos N D, et al. Convex optimization-based beamforming: From receive to transmit and network designs [J]. IEEE Signal Processing Magazine, 2010, 5: 62-75.

[165] Kopsinis Y, Slavakis K, Theodoridis S. Online sparse system identification and signal reconstruction using projections onto weighted ℓ1 balls [J]. IEEE Trans. Signal Processing, 2011, 59 (3): 936-952.

[166] Donoho D L, Huo X. Uncertainty principles and ideal atomic decomposition [J]. IEEE Trans. Information Theory, 2001, 47 (7): 2845-2862.

[167] Fuchs J J. On sparse representations in arbitrary redundant bases [J]. IEEE Trans. Information Theory, 2004, 50 (6): 1341-1344.

[168] Candes E J, Tao T. Decoding by linear programming [J]. IEEE Trans. Information Theory, 2005, 51 (12): 4203-4215.

[169] Chen J, Huo X. Theoretical results on sparse representations of multiple-measurement vectors [J]. IEEE Trans. Signal Processing, 2006, 54 (12): 4634-4643.

[170] Donoho D L, Elad M, Temlyakov V N. Stable recovery of sparse overcomplete representations in the presence of noise [J]. IEEE Trans. Information Theory, 2006, 52 (1): 6-18.

[171] Davies M E, Gribonval R. Restricted isometry constants where ℓp sparse recovery can fail for $0<p\leqslant 1$ [J]. IEEE Trans. Information Theory, 2009, 55 (5): 2203-2214.

[172] Wang M, Xu W, Tang A. On the performance of sparse recovery via ℓp-minimization ($0<p\leqslant 1$) [J]. IEEE Trans. Information Theory, 2011, 57 (11): 7255-7278.

[173] Zadeh M B, Jutten C. On the stable recovery of the sparsest overcomplete representations in presence of noise [J]. IEEE Trans. Signal Processing, 2010, 58 (10): 5396-5400.

[174] Maleki A, Donoho D L. Optimally tuned iterative reconstruction algorithms for compressed sensing [J]. IEEE Journal of Selected Topics in Signal Processing, 2010, 4 (2): 330-341.

[175] Tipping M E. The relevance vector machine [J]. Advances in Neural Information Processing Systems,

2000, 12: 652-658.

[176] Tipping M E. Bayesian inference: An introduction to principles and practice in machine learning [J]. Advanced Lectures on Machine Learning, 2004, 3176: 41-62.

[177] Wipf D P, Rao B D. Sparse Bayesian learning for basis selection [J]. IEEE Trans. Signal Processing, 2004, 52 (8): 2153-2164.

[178] Wipf D P, Rao B D. An empirical Bayesian strategy for solving the simultaneous sparse approximation problem [J]. IEEE Trans. Signal Processing, 2007, 55 (7): 3704-3716.

[179] Wipf D P, Rao B D, Nagarajan S. Latent variable Bayesian models for promoting sparsity [J]. IEEE Trans. Information Theory, 2011, 57 (9), 6236-6255.

[180] Kim J M, Lee O K, Ye J C. Compressive MUSIC: Revisiting the link between compressive sensing and array signals processing [J]. IEEE Trans. Information Theory, 2012, 58 (1): 278-300.

[181] Williams O, Blake A, Cipolla R. Sparse Bayesian learning for efficient visual tracking [J]. IEEE Trans. Pattern Analysis and Machine Intelligence, 2005, 27 (8): 1292-1304.

[182] Qiu K, Dogandzic A. Variance-component based sparse signal reconstruction and model selection [J]. IEEE Trans. Signal Processing, 2010, 58 (6): 2935-2952.

[183] Wu J, Liu F, et al. Compressive sensing SAR image reconstruction based on Bayesian framework and evolutionary computation [J]. IEEE Trans. Image Processing, 2011, 20 (7): 1904-1911.

[184] Babacan S D, Molina R, Katsaggelos A K. Variational Bayesian super resolution [J]. IEEE Trans. Image Processing, 2011, 20 (4): 984-999.

[185] Zhou M, Chen H, et al. Nonparametric Bayesian dictionary learning for analysis of noisy and incomplete images [J]. IEEE Trans. Image Processing, 2012, 21 (1): 130-144.

[186] Wipf D, Nagarajan S. A unified Bayesian framework for MEG/EEG source imaging [J]. NeuroImage, 2009, 44: 947-966.

[187] Wipf D P, Owen J P, et al. Robust Bayesian estimation of the location, orientation, and time course of multiple correlated neural sources using MEG [J]. NeuroImage, 2010, 49: 641-655.

[188] Zhang Z, Rao B D. Sparse signal recovery with temporally correlated source vectors using sparse Bayesian learning [J]. IEEE Journal of Selected Topics in Signal Processing, 2011, 5 (5): 912-926.

[189] Chen S, Gunn S R, Harris C J. The relevance vector machine technique for channel equalization application [J]. IEEE Trans. Neural Networks, 2001, 12 (6): 1529-1532.

[190] Hwang K, Choi S. Blind equalization method based on sparse Bayesian learning [J]. IEEE Signal Processing Letters, 2009, 16 (4): 315-318.

[191] Tan X, Li J. Range-doppler imaging via forward-backward sparse Bayesian learning [J]. IEEE Trans. Signal Processing, 2010, 58 (4): 2421-2425.

[192] Austin C D, Moses R L, et al. On the relation between sparse reconstruction and parameter estimation with model order selection [J]. IEEE Journal of Selected Topics in Signal Processing, 2010, 4 (3): 560-570.

[193] Li J, Sadler M, Viberg M. Sensor array and multichannel signal processing [J]. IEEE Signal Processing Magazine, 2011, 9: 157-158.

[194] Karabulut G Z, Kurt T, Yongacoglu A. Estimation of directions of arrival by matching pursuit (EDAMP) [J]. EURASIP Journal on Wireless Communications and Networking, 2005, 2: 197-205.

[195] Cotter S F. Multiple snapshot matching pursuit for direction of arrival (DOA) estimation [C]. 15th European Signal Processing Conference. Poznan: IEEE, 2007: 247-251.

[196] Malioutov D, Cetin M, Willsky A S. A sparse signal reconstruction perspective for source localization with sensor arrays [J]. IEEE Trans. Signal Processing, 2005, 53 (8): 3010-3022.

[197] Hyder M M, Mahata K. Direction-of-arrival estimation using a mixed $\ell_{2,0}$ norm approximation [J]. IEEE Trans. Signal Processing, 2010, 58 (9): 4646-4655.

[198] Sun K, Liu Y, et al. Adaptive sparse representation for source localization with gain/phase errors [J]. Sensors, 2011, 11: 4780-4793.

[199] Zheng C, Li G, et al. An approach of DOA estimation using noise subspace weighted ℓ_1 minimization [C]. IEEE ICASSP. Czech Republic: IEEE Prague, 2011: 2856-2859.

[200] Yin J, Chen T. Direction-of-arrival estimation using a sparse representation of array covariance vectors [J]. IEEE Trans. Signal Processing, 2011, 59 (9): 4489-4493.

[201] Panahi A, Viberg M. Fast LASSO based DOA tracking [C]. 4th IEEE International Workshop on Computational Advances in Multi-Sensor Adaptive Processing, Puerto Rico, San Juan: IEEE, 2011: 397-400.

[202] Blunt S D, Chan T, Gerlach K. Robust DOA estimation: The reiterative superresolution (RISR) algorithm [J]. IEEE Trans. Aerospace and Electronic Systems, 2011, 47 (1): 332-346.

[203] Bilik I. Spatial compressive sensing for direction-of-arrival estimation of multiple sources using dynamic sensor arrays [J]. IEEE Trans. Aerospace and Electronic Systems, 2011, 47 (3): 1754-1769.

[204] Xu X, Wei X, Ye Z. DOA estimation based on sparse signal recovery utilizing weighted ℓ_1-norm penalty [J]. IEEE Signal Processing Letters, 2012, 19 (3): 155-158.

[205] Wipf D P, Nagarajan S. Beamforming using the relevance vector machine [C]. Proc. International Conference on Machine Learning. USA Corvallis: Omnipress, 2007: 1-8.

[206] Rakotomamonjy A. Surveying and comparing simultaneous sparse approximation (or group-lasso) algorithms [J]. Signal Processing, 2011, 91: 1505-1526.

[207] Yin W, Osher S, et al. Bregman iterative algorithms for ℓ_1-minimization with applications to compressed sensing [J]. SIAM Journal of Imaging Sciences, 2008, 1 (1): 143-168.

[208] Wipf D P, Nagarajan S. A new view of automatic relevance determination [C]. Advances in Neural Information Processing Systems, Canada, Vancouver: Neural Infornation Processing Systems Foundation Inc., 2008: 1-8.

[209] Dempster A P, Laird N M, Rubin D B. Maximum likelihood from incomplete data via the EM algorithm [J]. Journal of Royal Statistical Society Series B, 1977, 39: 1-38.

[210] Wipf D P. Bayesian methods for finding sparse representations [D]. San Diego: University of California, 2006.

[211] Brillinger D R. Time series: Data analysis and theory [M]. Philadelphia: SIAM Press, 2001.

[212] 张贤达. 矩阵分析与应用 [M]. 北京: 清华大学出版社, 2004.

[213] Moussaoui S, Brie D, et al. Separation of non-negative mixture of non-negative sources using a Bayesian approach and MCMC sampling [J]. IEEE Trans. Signal Processing, 2006, 54 (11): 4133-4145.

[214] Moffet A T. Minimum-redundancy linear arrays [J]. IEEE Trans. Antennas and Propagation, 1968, 16 (2): 172-175.

[215] Donoho D L, Tanner J. Sparse nonnegative solution of underdetermined linear equations by linear programming [J]. Proceedings of the National Academy of Sciences, 2005, 102 (27): 9446-9451.

[216] Manabe T, TaKai H. Superresolution of multipath delay profiles measured by PN correlation method [J]. IEEE Trans. Antennas and Propagation, 1992, 40 (5): 500-509.

[217] Bouchereau F, Brady D, Lanzl C. Multipath delay estimation using a superresolution PN-correlation method [J]. IEEE Trans. Signal Processing, 2001, 49 (5): 938-949.

[218] Vanderveen M C, Veen A, Paulraj A. Estimation of multipath parameters in wireless communications [J]. IEEE Trans. Signal Processing, 1998, 46 (3): 682-690.

[219] Wang Z, Huang J, Zhou S. Application of compressive sensing to sparse channel estimation [J]. IEEE Communications Magazine, 2010 (11): 164-174.

[220] Svantesson T. Modeling and estimation of mutual coupling in a uniform linear array of dipoles [R]. Sweden, Dept. Signals and Systems, Chalmers Univ. of Tech., Goteborg, 1999, Tech. Rep. S-41296.

[221] Liu Z M, Huang Z T, Zhou Y Y. Bias analysis of MUSIC in the presence of mutual coupling [J]. IET Signal Processing, 2009, 3 (1): 74-84.

[222] Glegg S. A passive sonar system based on an autonomous underwater vehicle [J]. IEEE Journal of Oceanic Engineering, 2001, 26 (4): 700-710.

[223] Edelson G S, Tufts D W. On the ability to estimate narrow-band signal parameters using towed arrays [J]. IEEE Journal of Oceanic Engineering, 1992, 17 (1): 48-61.

[224] Zeira A, Friedlander B. Direction finding with time-varying arrays [J]. IEEE Trans. Signal Processing, 1995, 43 (4): 927-937.

[225] Friedlander B, Zeira A. Eigenstructure-based algorithms for direction finding with time-varying arrays [J]. IEEE Trans. Aerospace and Electronic Systems, 1996, 32 (2): 689-701.

[226] Ng B C, Ser W. Array shape calibration using sources in known locations [C]. IEEE ICCS, Singapore: IEEE, 1992: 836-840.

[227] Adve R S, Sarkar T K. Compensation for the effects of mutual coupling on direct data domain adaptive algorithms [J]. IEEE Trans. Antennas and Propagation, 2000, 48 (1): 86-94.

[228] Hui H T, Low H P, et al. Receiving mutual impedance between two normal mode helical antennas (NMHAs) [J]. IEEE Antenna and Propagation Magazine, 2006, 48 (4): 92-96.

[229] Ye Z, Liu C. On the resiliency of MUSIC direction finding against antenna sensor coupling [J]. IEEE Trans. Antennas and Propagation, 2008, 56 (2): 371-380.

[230] Weiss A J, Friedlander B. Eigenstructure methods for direction finding with sensor gain and phase uncertainties [J]. Circuits Systems Signal Processing, 1990, 9 (3): 271-300.

[231] Li Y, Er M H. Theoretical analyses of gain and phase error calibration with optimal implementation for linear equispaced array [J]. IEEE Trans. Signal Processing, 2006, 54 (2): 712-723.

[232] Chen Y M, Lee J H, Yeh C C, et al. Bearing estimation without calibration for randomly perturbed arrays [J]. IEEE Trans. Signal Processing, 1991, 39 (1): 194-197.

[233] Takahashi T, Nakamoto N, et al. On-board calibration methods for mechanical distortions of satellite phased array antennas [J]. IEEE Trans. Antennas and Propagation, 2012, 60 (3): 1362-1372.

[234] See C M S. Method for array calibration in high-resolution sensor array processing [J]. IEE Proc. Radar, Sonar, Navig., 1995, 142 (3): 90-96.

[235] Ng B C, See C M S. Sensor-array calibration using a maximum-likelihood approach [J]. IEEE Trans. Antennas and Propagation, 1996, 44 (6): 827-835.

[236] Svantesson T. Modeling and estimation of mutual coupling in a uniform linear array of dipoles [R]. Dept. Signals and Systems, Chalmers Univ. of Technology, Goteborg, Sweden, Tech. Rep. S-41296, 1999.

[237] Friedlander B, Weiss A J. Performance of direction-finding systems with sensor gain and phase uncertainties [J]. Circuits Systems Signal Processing, 1993, 12 (1): 3-35.

[238] Wahlberg B, Ottersten B, Viberg M. Robust signal parameter estimation in the presence of array perturbations [C]. IEEE ICASSP, Toronto: IEEE, 1991: 3277-3280.

[239] Figueiredo M A T. Adaptive sparseness for supervised learning [J]. IEEE Trans. Pattern Analysis and Machine Intelligence, 2003, 25 (9): 1150-1159.

[240] Tzikas D G, Likas A C, Galatsanos N P. The variational approximation for Bayesian inference [J]. IEEE Signal Processing Magazine, 2008, 6: 131-146.

[241] Wu C. On the convergence properties of the EM algorithm [J]. Annual Statistics, 1983, 11 (1): 95-103.

[242] Boyles R A. On the convergence of the EM algorithm [J]. Journal of Royal Statistics Series B, 1983, 45 (1): 47-50.

[243] Ji S, Dunson D, Carin L. Multitask compressive sensing [J]. IEEE Trans. Signal Processing, 2009, 57 (1): 92-106.

[244] Hsieh S H, Liang W J, Lu C S, et al. Diseributed Conpressive Sensing: Performance Analysis with Diverse Signal Ensembles [J]. IEEE Trans. Signal Processing, 2020, 68 (7): 3500-3514.

[245] Moon T K. The expectation-maximization algorithm [J]. IEEE Signal Processing Magazine, 1996, 6: 47-60.

[246] Shutin D, Buchgraber T, et al. Fast variational sparse Bayesian learning with automatic relevance determination for superimposed signals [J]. IEEE Trans. Signal Processing, 2011, 59 (12): 6257-6261.

[247] Stoica P, Nehorai A. Performance study of conditional and unconditional direction-of-arrival estimation [J]. IEEE Trans. Acoustics, Speech and Signal Processing, 1990, 38 (10): 1783-1795.

[248] Kendall M G, Stuart A. The advanced theory of statistics [M]. New York: Hafner, 1961.

[249] Jacobs E, Ralston E W. Ambiguity resolution in interferometry [J]. IEEE Trans. Aerospace and Electronic System, 1981, 17 (6): 766-780.

[250] Wu W, Cooper C C, Goodman N A. Switched-element direction finding [J]. IEEE Trans. Aerospace and Electronic System, 2009, 45 (3): 1209-1217.

[251] Sheinvald J, Wax M. Direction finding with fewer receivers via time-varying preprocessing [J]. IEEE Trans. Signal Processing, 1999, 47 (1): 2-9.

[252] Kawase S. Radio Interferometer for geosynchronous satellite direction finding [J]. IEEE Trans. Aerospace and Electronic System, 2007, 43 (2): 443-449.

[253] Sheinvald J, Wax M, Weiss A J. Localization of multiple sources with moving arrays [J]. IEEE Trans. Signal Processing, 1998, 42 (10): 2736-2743.

[254] Liu Z M. Direction-of-arrival estimation with time-varying arrays via Bayesian multitask learning [J]. IEEE Trans. Vehicular Technology, 2014, 63 (3): 3762-3773.

[255] Liu Z M, Huang Z T, Zhou Y Y. An efficient maximum likelihood method for direction-of-arrival estimation via sparse Bayesian learning [J]. IEEE Trans. Wireless Communications, 2012, 11 (10): 3607-3617.

[256] Liu Z M, Zhou Y Y. A unified framework and sparse Bayesian perspective for direction-of-arrival estimation in the presence of array imperfections [J]. IEEE Trans. Signal Processing, 2013, 61 (15): 3786-3798.

[257] Baraniuk R. Compressive sensing [J]. IEEE Signal Processing Magazine, 2007, 24 (4): 181-121.

[258] Candes E, Wakin M. An introduction to compressive sampling [J]. IEEE Signal Processing Magazine, 2008, 25 (2): 21-30.

[259] Strohmer T. Measure what should be measured: Progress and challenges in compressive sensing [J]. IEEE Signal Processing Letters, 2012, 19 (12): 887-893.

[260] Liu Z M, Huang Z T, Zhou Y Y. Direction-of-arrival estimation of wideband signals via covariance matrix sparse representation [J]. IEEE Trans. Signal Processing, 2011, 59 (9): 4256-4270.

[261] Liu Z M, Huang Z T, Zhou Y Y. Sparsity-Inducing Direction Finding for Narrowband and Wideband Signals Based on Array Covariance Vectors [J]. IEEE Trans. Wireless Communications, 2013, 12 (8): 3896-3907.

[262] Liu Z M, Huang Z T, Zhou Y Y. Array signal processing via sparsity-inducing representation of the array covariance matrix [J]. IEEE Trans. Aerospace & Engineering Systems, 2013, 49 (3): 1710-1724.

[263] Tropp J A, Gilbert A C. Signal recovery from random measurements via orthogonal matching pursuit [J]. IEEE Trans. Information Theory, 2007, 53 (12): 4655-4666.

[264] Johnson D H, Dudgeon D E. Array signal processing: concepts and techniques [M]. New York: Pearson, 1993.

[265] Veen B D V, Buckley K M. Beamforming: A versatile approach to spatial filtering [J]. IEEE ASSP Mag., 1988, 5 (2): 4-24.

[266] Litva J, Lo T K. Digital beamforming in wireless communications [M]. Norwood: Artech House, 1996.

[267] Li J, Stoica P. Robust adaptive beamforming [M]. Hoboken: Wiley, 2005.

[268] Gonen E, Mendel J M. Subspace-based direction finding methods [M]. in The Digital Signal Processing Handbook, FL, USA: CRC Press, 1999.

[269] Yang Z, Xie L, Zhang C. Off-grid direction of arrival estimation using sparse Bayesian inference [J]. IEEE Trans. Signal Processing., 2013, 61 (1): 38-43.

[270] Liu Z M, Guo F C. Azimuth and elevation estimation with rotating long-baseline interferometers [J]. IEEE Trans. Signal Processing, 2015, 63 (9): 2405-2419.

[271] Allen B, Ghavami M. Adaptive array systems: fundamentals and applications [M]. Hoboken: Wiley, 2006.

[272] Porat B, Friedlander B. Accuracy requirements in off-line array calibration [J]. IEEE Trans. Aerospace and Electronic Systems, 1997, 33 (2): 545-556.

[273] Hopkinson G R, Goodman T M, Prince S R. A guide to the use and calibration of detector array equipment [M]. Bellingham: SPIE Press, 2004.

[274] Viberg M, Swindlehurst A L. Analysis of the combined effects of finite samples and model errors on array processing performance [J]. IEEE Trans. Signal Processing, 1994, 42 (11): 3073-3083.

[275] Lin M, Yang L. Blind calibration and DOA estimation with uniform circular arrays in the presence of mu-

tual coupling [J]. IEEE Antennas and Wireless Propagation Letters, 2006, 5 (1): 315-318.

[276] Weiss A J, Friedlander B. Array shape calibration using eigenstructure methods [J]. Signal Processing, 1991, 22 (3): 251-258.

[277] Paulraj A, Kailath T. Direction of arrival estimation by eigenstructure methods with unknown sensor gain and phase [C]. IEEE ICASSP. Tampa: IEEE, 1985: 640-643.

[278] Stavropoulos K V, Manikas A. Array calibration in the presence of unknown sensor characteristics and mutual coupling [C]. 10th European Signal Processing Conference. Tampere: IEEE, 2000: 1-4.

[279] Pastorino M, Randazzo A. A smart antenna system for direction of arrival estimation based on a support vector regression [J]. IEEE Trans. Antennas Propagation, 2005, 53 (7): 2161-2168.

[280] Randazzo A, Abou-Khousa M A, Pastorino M, et al. Direction of arrival estimation based on support vector regression: Experimental validation and comparison with MUSIC [J]. IEEE Antennas and Wireless Propagation Letters, 2007, 6: 379-382.

[281] Rawat A, R. Yadav N, Shrivastava S. Neural network applications in smart antenna arrays: A review [J]. AEU-International Journal of Electronics and Communications, 2012, 66 (11): 903-912.

[282] Terabayashi K, Natsuaki R, Hirose A. Ultrawideband direction-of-arrival estimation using complex-valued spatiotemporal neural networks [J]. IEEE Trans. Neural Networks and Learning Systems, 2014, 25 (9): 1727-1732.

[283] Gao Y, Hu D, Chen Y, et al. Gridless 1-b DOA estimation exploiting SVM approach [J]. IEEE Communications Letters, 2017, 21 (10): 2210-2213.

[284] Jha S, Durrani T. Direction of arrival estimation using artificial neural networks [J]. IEEE Trans. Systems, Man, and Cybernetics., 1991, 21 (5): 1192-1201.

[285] Southall H L, Simmers J A, O'Donnell T H. Direction finding in phased arrays with a neural network beamformer [J]. IEEE Trans. Antennas Propagation, 1995, 43 (12): 1369-1374.

[286] Zooghby A H E, Christodoulou C G, Georgiopoulos M. A neural network-based smart antenna for multiple source tracking [J]. IEEE Trans. Antennas Propagation, 2000, 48 (5): 768-776.

[287] Hinton G E, Salakhutdinov R R. Reducing the dimensionality of data with neural networks [J]. Science, 2006, 313 (5786): 504-507.

[288] LeCun Y, Bengio Y, Hinton G. Deep learning [J]. Nature, 2015, 521 (7553): 436-444.

[289] Schmidhuber J. Deep learning in neural networks: An overview [J]. Neural Networks, 2015, 61: 85-117.

[290] Goodfellow I, Bengio Y, Courville A. Deep learning [M]. Cambridge: MIT Press, 2016.

[291] Quiоñero-Candela J, Sugiyama M, Schwaighofer A, et al. Dataset shift in machine learning [M]. Cambridge: MIT Press, 2009.

[292] Sugiyama M, Kawanabe M. Machine learning in non-stationary environments: introduction to covariate shift adaptation [M]. Cambridge: MIT Press, 2012.

[293] Takeda R, Komatani K. Discriminative multiple sound source localization based on deep neural networks using independent location model [C]. Proc. IEEE Spoken Language Technology. Workshop (SLT). San Diego: IEEE, 2016: 603-609.

[294] Xiao X, Zhao S, Zhong X, et al. A learning-based approach to direction of arrival estimation in noisy and reverberant environments [C]. Proc. IEEE Int. Conf. Acoust., Speech Signal Process. (ICASSP). South Brisbane: IEEE, 2015: 2814-2818.

[295] Vesperini F, Vecchiotti P, Principi E, et al. A neural network based algorithm for speaker localization in a multiroom environment [C]. 26th International Workshop on Machine learning for Signal Processing (MLSP). Vietrisul Mare: IEEE, 2016: 1-6.

[296] Chakrabarty S, Habets E A P. Broadband DOA estimation using Convolutional neural networks trained with noise signals [J]. [Online]. arxiv: 1705. 00919, 2017.

[297] Adavanne S, Politis A, Virtanen T. Direction of arrival estimation for multiple sound sources using convolutional recurrent neural network [J]. [Online]. arxiv: 1710. 10059, 2017.

[298] Liu Z M, Zhang C, Yu P S. Direction-of-arrival estimation based on deep neural networks with robustness to array imperfections [J]. IEEE Transactions on Antennas and Propagation, 2018, 66 (12): 7315-7327.

[299] Chakrabarty S, Habets E A P. Multi-speaker DOA estimation using deep convolutional networks trained with noise signals [J]. IEEE Journal of Selected Topics in Signal Processing, 2019, 13 (1): 8-21.

[300] Wu L, Liu Z M, Huang Z T. Deep convolution network for direction of arrival estimation with sparse prior [J]. IEEE Signal Processing Letters, 2019, 26 (11): 1688-1692.

[301] Elbir A M. DeepMUSIC: Multiple signal classification via deep learning [J]. IEEE Sensors Letters, 2020, 4 (4): 1-4.

[302] Varanasi V, Gupta H, Hegde R M. A deep learning framework for robust DOA estimation using spherical harmonic decomposition [J]. IEEE/ACM Transactions on Audio, Speech, and Language Processing, 2020, 28: 1248-1259.

[303] Shi B, Ma X, Zhang W, et al. Complex-valued convolutional neural networks design and its application on UAV DOA estimation in urban environments [J]. Journal of Communications and Information Networks, 2020, 5 (2): 130-137.

[304] Chen M, Gong Y, Mao X. Deep neural network for estimation of direction of arrival with antenna array [J]. IEEE Access, 2020, 8: 140688-140698.

[305] Nguyen T N T, Gan W S, Ranjan R, et al. Robust source counting and DOA estimation using spatial pseudo-spectrum and convolutional neural network [J]. IEEE/ACM Transactions on Audio, Speech, and Language Processing, 2020, 28: 2626-2637.

[306] Ioffe S, Szegedy C. Batch normalization: Accelerating deep network training by reducing internal covariate shift [C]. International Conference on Machine Learning. Lile: Omnipress, 2015: 448-456.

[307] Abadi M, et al. TensorFlow: Large-scale machine learning on heterogeneous distributed systems [J]. [On line]. arxiv: 1603. 04467, 2016.

[308] Cotter A, Shamir O, Srebro N, et al. Better mini-batch algorithms via accelerated gradient methods [C]. Proc. Adv. Neural Inf. Process. Syst. 21th Conference on Neural Information Processing Systems. Granada: Neural Information Processing Syseems Foundation Inc, 2011: 1647-1655.

[309] Kindt R W, Sertel K, Volakis J L. A review of finite array modeling via finite-element and integral-equation-based decomposition methods [J]. Radio Science Bulletin, 2011, 336: 12-22.

[310] Hu J, Lu W, Shao H, et al. Electromagnetic analysis of large scale periodic arrays using a two-level CBFs method accelerated with FMM-FFT [J]. IEEE Trans. Antennas Propagation, 2012, 60 (12): 5709-5716.

[311] Ludick D J, Botha M M, Maaskant R, et al. The CBFM-enhanced Jacobi method for efficient finite an-

tenna array analysis [J]. IEEE Antennas and Wireless Propagation Letters, 2017, 16: 2700-2703.

[312] Pasala K M, Friel E M. Mutual coupling effects and their reduction in wideband direction of arrival estimation [J]. IEEE Trans. Aerosp. Electron. Syst., 1994, 30 (4): 1116-1122.

[313] Lau C K E, Adve R S, Sarkar T K. Minimum norm mutual coupling compensation with applications in direction of arrival estimation [J]. IEEE Trans. Antennas Propag., 2004, 52 (8): 2034-2041.

[314] Lui H S, Hui H T. Direction-of-arrival estimation: Measurement using compact antenna arrays under the influence of mutual coupling [J]. IEEE Antennas Propagation. Magarzine, 2015, 57 (6): 62-68.

内容简介

本书以阵列信号普遍具有的空域稀疏性为基本出发点，介绍对阵列信号进行空域稀疏重构，并据此实现高精度阵列测向的理论与方法。全书共分为四部分，8章：第1章和第2章为第一部分，介绍阵列信号处理技术的发展现状和基于信号空域稀疏性的阵列处理理论框架；第3章和第4章为第二部分，分别针对窄带信号和宽带信号介绍相应的阵列信号空域稀疏重构与波达方向估计方法；第5章和第6章为第三部分，介绍在可变构型的阵列中实现信号重构和测向的方法；第7章和第8章为第四部分，介绍在各种阵列观测模型误差条件下，实现误差自校正与信号测向的方法和对误差不敏感的测向方法。

本书主要作为雷达、通信、水声等领域从事阵列信号处理、统计信号处理等方向的工程、技术、教学科研人员的参考用书。

By taking the spatial sparsity of array signals as a basis, this book introduces the theory and methods of spatial sparse reconstruction of array signals, and realizes high-precision direction-of-arrival (DOA) estimation. The book consists of eight chapters, Which divide into four parts Chapter 1 and Chapter 2 are the first part, which introduce the state of the art of array signal processing technology and establishes a theoretical framework of spatial sparsity-based array processing; Chapter 3 and Chapter 4 are the second part, which focus on narrowband and wideband signals respectively, and introduce corresponding methods for spatial signal reconstruction and DOA estimation; Chapter 5 and Chapter 6 constitute the third part, they introduce signal reconstruction and DOA estimation methods in arrays with variable configurations. Chapter 7 and Chapter 8 are the fourth part, they take array imperfections into consideration, and introduce DOA estimation methods that realize self-calibration of the imperfections or are insensitive to them.

This book can be used as a reference book for engineers, technicist, professoriat and researchers engaged in array signal processing and statistical signal processing in areas of radar, communication, underwater acoustic, etc.